대치동 프리미엄 개념서

감성수학

각적으로

적올리는

학의 비밀

습개념서

고등
수학

상(上)

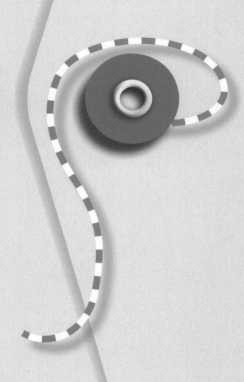

고교학점제를 대비하는 **최선의 선택**

도서
출판 **오스틴북스**

감성수학 개념서란?

대한민국 입시교육의 최전선은 대치동입니다.

그러한 대치동 한복판에서 그 누구보다 치열하게 공부하고 있는 학생들은 어떤 개념서를 사용하고 있을까요? 급변하는 입시체계속에서도 흔들리지 않고, 목표한 지점을 향한 묵묵한 발걸음속에는 든든한 뿌리개념서가 되어야 합니다.

또한, 고교학점제를 대비하여, 학생들에게 가장 중요한 기본 개념의 이해와 습득이 가능해야 합니다.

더불어 단순 기본 개념문제라 할지라도 서술형으로 충분히 출제가 가능한 핵심 유형문제를 최우선으로 배치하여, 단순히 1회독만 하더라도, 기대이상의 학습효과를 낼 수 있도록 정교한 문항배치가 되어야 합니다.

이 책은 그러한 요구에 충분히 부응하고 있으며, 대치 감성수학 현장강의에서 사용되는 모든 노하우가 추가되었습니다.

대치동 학생들과 동일한 스타트를 할 수 있는 최고의 기본개념서를 활용하여, 부디 목표한 바를 성취하시길 바랍니다.

– 감성수학 대치본원 선생님 일동 –

Special Thanks

강동균	감성수학 목동1센터
김경미	감성수학 신림센터
김현주	감성수학 의정부센터
김재웅	감성수학 송도센터
나병철	감성수학 부천센터
박태임	감성수학 대구센터
송시영	감성수학 전주센터
여은정	감성수학 하남센터
이동헌	감성수학 경산센터
이상학	감성수학 일산센터
이정인	감성수학 사당센터
이혜경	감성수학 서울대센터
정재호	감성수학 남동탄센터
장시맥	감성수학 마산센터
정미꼬	감성수학 일산3센터
최자호	감성수학 동탄1센터
채정하	감성수학 목동2센터
한성희	감성수학 입시연구소장

01 개념정리

각 단원마다 중요한 개념을 정확히 이해하고 중요한 공식이 있다면 확인해 볼 수 있도록 정리하였습니다. 또한 주요한 예시를 통해 개념을 적용시켜볼 수 있도록 되어 있습니다.

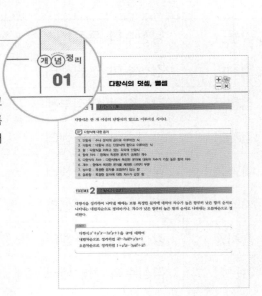

02 필수예제

필수예제에서는 그 단원에서 반드시 알아야 할 문제를 수록하고 내신과 수능에 대비하도록 구성하였습니다. 또한 대치동만의 꿀팁을 정리함으로써 문제를 바라보는 시야가 만들어 질 수 있도록 하였습니다.

03 유제

필수예제를 통해 개념을 적용시키는 방법을
공부했다면 유제를 통해 이를 연습하고 훈련
해 볼 수 있도록 했습니다.
최대 5번까지 복습하여 자주 틀리는 유형을
스스로 확인할 수 있도록 구성 하였습니다.

04 대치동 꿀팁

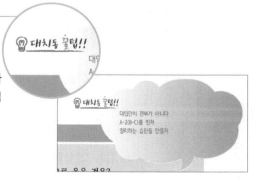

대치동 현장강의에서 많은 학생들이 질문하
는 부분들을 콕 찍어내서, 속시원한 과외수업
처럼 친절하게 설명하였습니다.

| 목차 |

III 부등식

IV 도형의 방정식

I

다항식

다항식의 연산

개념정리

01 | 다항식의 덧셈, 뺄셈

THEME 1 다항식의 뜻

다항식은 한 개 이상의 단항식의 합으로 이루어진 식이다.

💬 **다항식에 대한 용어**

1. 단항식 : 수나 문자의 곱으로 이루어진 식
2. 다항식 : 다항식 또는 단항식의 합으로 이루어진 식
3. 항 : 다항식을 이루고 있는 각각의 단항식
4. 항의 차수 : 항에서 특정한 문자가 곱해진 개수
5. 다항식의 차수 : 다항식에서 특정한 문자에 대하여 차수가 가장 높은 항의 차수
6. 계수 : 항에서 특정한 문자를 제외한 나머지 부분
7. 상수항 : 특정한 문자를 포함하지 않는 항
8. 동류항 : 특정한 문자에 대한 차수가 같은 항

THEME 2 다항식의 정리

다항식을 정리하여 나타낼 때에는 보통 특정한 문자에 대하여 차수가 높은 항부터 낮은 항의 순서로 나타내는 내림차순으로 정리하거나, 차수가 낮은 항부터 높은 항의 순서로 나타내는 오름차순으로 정리한다.

🔍 **보기**

다항식 $x^3 + y^3x - 3x^2y + 1$을 x에 대하여

내림차순으로 정리하면 $x^3 - 3yx^2 + y^3x + 1$

오름차순으로 정리하면 $1 + y^3x - 3yx^2 + x^3$

THEME 3 다항식의 덧셈, 뺄셈

다항식의 덧셈과 뺄셈은 동류항끼리 모아서 계산한다.

이때, 두 다항식 A, B에 대하여 $A-B$는 A에 B의 각 항의 부호를 바꾼 $-B$를 더하여 계산한다.

즉, $A-B=A+(-B)$이다.

🔍 보기

두 다항식 $A=3x^2+2x-1$, $B=x^2-5x+3$에 대하여

$$A+B=(3x^2+2x-1)+(x^2-5x+3)$$
$$=(3+1)x^2+(2-5)x+(-1+3)$$
$$=4x^2-3x+2$$

$$A-B=(3x^2+2x-1)-(x^2-5x+3)$$
$$=(3x^2+2x-1)+(-x^2+5x-3)$$
$$=(3-1)x^2+(2+5)x+(-1-3)$$
$$=2x^2+7x-4$$

💬 다항식의 덧셈에 대한 성질

다항식 A, B, C에 대하여
(1) 교환법칙 $A+B=B+A$
(2) 결합법칙 $(A+B)+C=A+(B+C)$

02 다항식의 곱셈과 곱셈 공식

THEME 1 지수법칙

중학교때 배웠던 지수법칙에 대하여 알고 넘어가자.

> **지수법칙**

$a \neq 0$이고 m, n이 자연수일 때

❶ $a^m a^n = a^{m+n}$ ❷ $(a^m)^n = a^{mn}$

❸ $(ab)^m = a^m b^m$ ❹ $a^m \div a^n = a^{m-n}$ (단, $m > n$)

THEME 2 다항식의 곱셈

두 다항식의 곱은

$$(a+b)(x+y+z) = ax + ay + az + bx + by + bz$$

와 같이 분배법칙을 이용하여 전개한 다음 동류항끼리 모아서 정리한다.

예를 들어, 두 다항식 $x+2$와 x^2+x+1의 곱은

$$
\begin{aligned}
(x+2)(x^2+x+1) &= x(x^2+x+1) + 2(x^2+x+1) \\
&= x^3 + x^2 + x + 2x^2 + 2x + 2 \\
&= x^3 + 3x^2 + 3x + 2
\end{aligned}
$$

이다.

일반적으로 수의 곱셈처럼 다항식의 곱셈도 다음과 같은 성질이 성립한다.

다항식의 곱셈

다항식의 곱셈

(1) 동류항과 지수법칙을 이용하여 전개한다.

(2) 동류항끼리 계산한 후 정리한다.

다항식의 곱셈에 대한 성질

다항식 A, B, C에 대하여

❶ 교환법칙 $AB = BA$

❷ 결합법칙 $(AB)C = A(BC)$

❸ 분배법칙 $(A + B)C = AC + BC$

$\quad\quad\quad\quad A(B + C) = AB + AC$

THEME 3 곱셈 공식

(1) $(a \pm b)^2 = a^2 \pm 2ab + b^2$

(2) $(a + b)(a - b) = a^2 - b^2$

(3) $(x + a)(x + b) = x^2 + (a + b)x + ab$

(4) $(ax + b)(cx + d) = acx^2 + (ad + bc)x + bd$

(5) $(a + b)^3 = a^3 + 3a^2b + 3ab^2 + b^3$, $(a - b)^3 = a^3 - 3a^2b + 3ab^2 - b^3$

$\quad$ $(a + b)^3 = a^3 + b^3 + 3ab(a + b)$, $(a - b)^3 = a^3 - b^3 - 3ab(a - b)$

(6) $(a \pm b)(a^2 \mp ab + b^2) = a^3 \pm b^3$

(7) $(a + b + c)^2 = a^2 + b^2 + c^2 + 2ab + 2bc + 2ca$

(8) $(a + b + c)(a^2 + b^2 + c^2 - ab - bc - ca) = a^3 + b^3 + c^3 - 3abc$

THEME 4 곱셈 공식의 변형

(1) $a^2 + b^2 = (a + b)^2 - 2ab = (a - b)^2 + 2ab$

(2) $a^2 + b^2 + c^2 = (a + b + c)^2 - 2(ab + bc + ca)$

(3) $a^3 + b^3 = (a + b)^3 - 3ab(a + b)$

$\quad$ $a^3 - b^3 = (a - b)^3 + 3ab(a - b)$

(4) $a^2 + b^2 + c^2 - ab - bc - ca = \dfrac{1}{2}\{(a - b)^2 + (b - c)^2 + (c - a)^2\}$

💬 역수의 합

1. $x + \dfrac{1}{x} = t$일 때,

(1) $x^2 + \dfrac{1}{x^2} = t^2 - 2$

(2) $x^3 + \dfrac{1}{x^3} = t^3 - 3t$

(3) $\left(x + \dfrac{1}{x}\right)^2 - \left(x - \dfrac{1}{x}\right)^2 = 4 \;\Rightarrow\; x - \dfrac{1}{x} = \pm\sqrt{t^2 - 4}$

2. $x - \dfrac{1}{x} = \heartsuit$일 때,

(1) $x^2 - \dfrac{1}{x^2} = \left(x - \dfrac{1}{x}\right)\left(x + \dfrac{1}{x}\right) = \pm\,\heartsuit\,\sqrt{\heartsuit^2 + 4}$

(2) $x^3 - \dfrac{1}{x^3} = \heartsuit^3 + 3\heartsuit$

03 다항식의 나눗셈

THEME 1 다항식의 나눗셈

다음을 계산하여 몫과 나머지를 각각 구해보자.

(1) $(3x^2 - 10x + 8) \div (x + 2)$

(1)
$$
\begin{array}{r}
3x - 16 \quad\longleftarrow \text{ 몫} \\
x+2\,)\overline{3x^2 - 10x + 8} \\
\underline{3x^2 + \;6x} \quad\longleftarrow (x+2) \times 3x \\
-16x + \;8 \\
\underline{-16x - 32} \quad\longleftarrow (x+2) \times (-16) \\
40 \quad\longleftarrow \text{ 나머지}
\end{array}
$$

따라서 몫은 $3x - 16$, 나머지는 40이다.

(2) $(2x^3 + 3x + 5) \div (x^2 + 2x - 1)$

(2)
$$
\begin{array}{r}
2x - 4 \quad\longleftarrow \text{ 몫} \\
x^2+2x-1\,)\overline{2x^3 + 0x^2 + 3x + 5} \\
\underline{2x^3 + 4x^2 - 2x} \quad\longleftarrow (x^2+2x-1) \times 2x \\
-4x^2 + 5x + 5 \\
\underline{-4x^2 - 8x + 4} \quad\longleftarrow (x^2+2x-1) \times (-4) \\
13x + 1 \quad\longleftarrow \text{ 나머지}
\end{array}
$$

따라서 몫은 $2x - 4$, 나머지는 $13x + 1$이다.

💬 **다항식의 나눗셈**

다항식 A를 다항식 $B(B \neq 0)$로 나누었을 때의 몫을 Q, 나머지를 R라고 하면
$A = BQ + R$로 나타낼 수 있다. 이때, R의 차수는 B의 차수보다 낮다.
특히, $R = 0$일 때, A는 B로 나누어떨어진다고 한다.

THEME 2 조립제법

다항식 $P(x)$를 $x - \alpha$로 나누었을 때의 몫과 나머지를 간편하게 구하는 방법에 대하여 알아보자.
예를 들어, 나눗셈 $(3x^3 + 4x^2 + 5x + 6) \div (x - 2)$를 계산해 보자.

$$
\begin{array}{r}
3x^2 + 10x + 25 \\
x - 2 \overline{) 3x^3 + 4x^2 + 5x + 6} \\
\underline{3x^3 - 6x^2} \\
10x^2 + 5x + 6 \\
\underline{10x^2 - 20x} \\
25x + 6 \\
\underline{25x - 50} \\
56
\end{array}
$$

- 몫
- 3 … x^2의 계수
- $4 + 3 \times 2 = 10$ … x의 계수
- $5 + 10 \times 2 = 25$ … 상수항
- $6 + 25 \times 2 = 56$ … 나머지

이때, 위의 나눗셈에서 몫과 나머지를 다음과 같은 방법으로 간편하게 구할 수 있다.

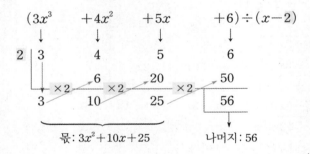

이와 같이 다항식 $P(x)$를 $x - \alpha$로 나눌 때, 다항식 $P(x)$의 계수와 α만을 이용하여 몫과 나머지를 구하는 방법을 『조립제법』이라고 한다.

🔍 보기

조립제법을 이용하여 다항식 $x^3 + 2x^2 + 3x - 1$을 $x + 1$로 나누었을 때의 몫과 나머지를 각각 구하여라.

오른쪽과 같이 조립제법을 이용하면 다항식
$x^3 + 2x^2 + 3x - 1$을 $x + 1$로 나누었을 때의 몫은
$x^2 + x + 2$이고, 나머지는 -3이다.

$$
\begin{array}{r|rrrr}
-1 & 1 & 2 & 3 & -1 \\
   &   & -1 & -1 & -2 \\
\hline
   & 1 & 1 & 2 & -3
\end{array}
$$

조립제법을 이용하면 다항식 $P(x)$를 $x-\alpha$로 나누었을 때의 몫과 나머지를 간편하게 구할 수 있다.

만약, 나누는 식의 일차항의 계수가 1이 아닐 때, 즉 나누는 식이 $ax-b\,(a\neq0)$의 꼴일 때에는 조립제법을 이용하여 다항식 $P(x)$를 $x-\dfrac{b}{a}$로 나누었을 때의 몫과 나머지를 먼저 구하면 된다.

🔍보기

조립제법을 이용하여 다음 나눗셈에서 몫과 나머지를 각각 구하여라.

$(2x^3-3x^2+5x-4)\div(2x-1)$

조립제법을 이용하여 다항식 $2x^3-3x^2+5x-4$를 $x-\dfrac{1}{2}$로 나누면 다음과 같다.

$$
\begin{array}{r|rrrr}
\frac{1}{2} & 2 & -3 & 5 & -4 \\
& & 1 & -1 & 2 \\
\hline
& 2 & -2 & 4 & -2
\end{array}
$$

이를 식으로 나타내면
$$
\begin{aligned}
2x^3-3x^2+5x-4 &= \left(x-\frac{1}{2}\right)(2x^2-2x+4)-2 \\
&= \frac{1}{2}(2x-1)\cdot2(x^2-x+2)-2 \\
&= (2x-1)(x^2-x+2)-2
\end{aligned}
$$

따라서 다항식 $2x^3-3x^2+5x-4$를 $2x-1$로 나누었을 때의 몫은 x^2-x+2이고, 나머지는 -2이다.

필수예제 01 다항식의 덧셈과 뺄셈

$A = 3x^3 - x^2y + 2xy^2$, $B = -2x^2y - 4xy^2 + y^3$,

$C = x^3 + xy^2 + 3y^3$일 때, $A - 2(B - C)$를 계산한 것으로 옳은 것은?

① $4x^3 - 3x^2y - xy^2 + 4y^3$

② $5x^3 + 3x^2y + 12xy^2 + 4y^3$

③ $4x^3 + x^2y + 7xy^2 + 2y^3$

④ $5x^3 + 3x^2y - xy^2 + 2y^3$

⑤ $x^3 + 4x^2y - 2xy^2 + y^3$

 유제 01 두 다항식 $A = 3x^2 + 2xy - 4y^2$, $B = 2x^2 - xy + 2y^2$에 대하여 $3A - 2(A + B)$를 계산하여라.

 유제 02 두 다항식 $A = xy + x - 2y$, $B = 2y^2 - 4xy - 6y$에 대하여 $2(A + P) = B$일 때, 다항식 P를 구하여라.

 유제 03 x의 다항식 A, B, C가 $A = -x + 3x^2 + 4 - 7x^4$, $B = -6x^2 + 8x^3 + 1$,

$C = 9x^4 - 3x^3 - 1 + 4x$일 때, $A + 2B - 3C$을 계산하여라.

필수예제 02 · 다항식의 나눗셈

다음 식을 계산하여라.

(1) $(x^3 - 2x^2 - 10x + 15) \div (x + 3)$

(2) $(2x^3 - 9x^2 + 17x - 3) \div (x^2 - 3x + 2)$

유제 04

다항식 $6x^3 - 11x^2 + 6x + 2$를 일차식 $2x - 1$로 나눈 몫과 나머지를 구하여라.

유제 05

다항식 $2x^3 - 12x^2 + 20x - 1$을 일차식 $2x - 6$으로 나눈 몫과 나머지를 조립제법을 써서 구하여라.

유제 06

다항식 $x^4 - 3x^2 + x - 5$를 다항식 A로 나눈 몫이 $x^2 - x + 3$이고, 나머지가 $-7x + 10$일 때, 다항식 A는?

① $x^2 - x - 3$ 　　② $x^2 - x + 2$ 　　③ $x^2 + x - 3$

④ $x^2 + x - 5$ 　　⑤ $x^2 + 2x - 4$

필수예제 03 | 곱셈공식

다음 식을 전개하여라.

(1) $(x+4)^2$

(2) $(3x-2y)^2$

(3) $(a+2b)(a-2b)$

(4) $(2x+5y)(2x-5y)$

(5) $(a+b-c)(a-b+c)$

(6) $(x+2)(x-5)$

(7) $(2x+5)(3x+4)$

(8) $(x-2y+3)^2$

다음 식을 전개하여라.

(1) $(a+2b)^3$

(2) $(3x-2)^3$

(3) $(x+1)(x+2)(x-4)$

(4) $(x+2)(x^2-2x+4)$

(5) $(2a-3b)(4a^2+6ab+9b^2)$

유제 07 다음 식을 전개하여라.

(1) $(2x - y + 3z)(2x + y - 3z)$ (2) $(a^2 - 5bc)(a^2 + 5bc)$

(3) $(x^2 + x + 1)(x^2 - x + 1)$ (4) $(a^2 + 2ab + 4b^2)(a^2 - 2ab + 4b^2)$

(5) $(a - 2b - c)^2$ (6) $(-x + 2y + 3z)^2$

 유제 08 다음 식을 전개하여라.

(1) $(2x - 3y)^3$

(2) $(3x + y)^3$

(3) $(x + 1)(x - 2)(x + 3)$

(4) $(x - 2)(x - 3)(x - 4)$

  유제 09 다음 식을 전개하여라.

(1) $(2a - b)(4a^2 + 2ab + b^2)$

(2) $(2x - 3y)(4x^2 + 6xy + 9y^2)$

💡대치동 꿀팁!! 치환이 하고 싶으면 언제든지 활용하자.
단, 상황에 따라 돌아올 수 있어야 한다.
이 문제는 결과가 x에 대한 식이어야 한다.

필수예제 04 치환하여 전개하기

다음 각 식을 전개하여라.

(1) $(x^2 + x + 2)(x^2 + x - 4)$

(2) $(x-1)(x-2)(x+3)(x+4)$

유제 10 다음 식을 전개하여라.

$(x^2 + 3x + 1)(x^2 + 3x + 3)$

유제 11 다음 식을 전개하여라.

(1) $(x-1)(x+2)(x-3)(x+4)$

(2) $(x+1)(x+2)(x-2)(x-3)$

유제 12 다음 식을 전개하여라.

$(x^2 - 2x)^2 - 2x^2 + 4x + 1$

필수예제 05 계수 구하기

$(2x^3 - 3x^2 + 3x + 4)(3x^4 + 2x^3 - 2x^2 - 7x + 8)$ 을 전개한 식에서 x^3의 계수는?

$(1 + 2x + 3x^2 + 4x^3 + 5x^4)^2$을 전개한 식에서 x^6의 계수는?

유제 13

$(4x^4 + 3x^2 - 2x - 6)(5x^5 - 3x^3 - x^2 + 4x - 2)$의 전개식에서 x^4의 계수를 구하면?

① -7 ② -5 ③ 1

④ 4 ⑤ 12

유제 14

$(x^2 + ax + 2)(x^2 + bx + 2)$의 전개식에서 x^3과 x^2의 계수가 모두 0일 때, 실수 a, b에 대하여 $|a - b|$의 값을 구하시오.

유제 15

다항식 $(2x^2 + x - 3)(x^2 + 2x + k)$의 전개식에서 일차항의 계수가 5일 때, 상수 k의 값을 구하여라.

필수예제 06 **합차공식의 응용**

$9 \times 11 \times 101$을 계산하여라.

$(2+1)(2^2+1)(2^4+1)(2^8+1)(2^{16}+1)$을 간단히 하면?

① $2^{16}-1$ ② $2^{16}+1$ ③ 2^{32}

④ $2^{32}-1$ ⑤ $2^{32}+1$

유제 16 $(4+3)(4^2+3^2)(4^4+3^4)$을 간단히 하면?

① 4^6-3^6 ② 4^6+3^6 ③ 4^8-3^8

④ 4^8+3^8 ⑤ $4^{16}-3^{16}$

유제 17 다음 중 $8 \times 12 \times 104 \times 10016$의 값과 같은 것은?

① 10^8-256 ② 10^8-128 ③ 10^8-16

④ 10^8+128 ⑤ 10^8+256

유제 18 $(3+1)(3^2+1)(3^4+1)(3^8+1)$의 값을 구하시오.

필수예제 07 곱셈공식의 변형(1)

$a+b=2$, $ab=1$일 때, 다음 식의 값을 구하여라.	$x-y=4$, $xy=3$일 때, 다음 식의 값을 구하여라.	$a+b=1$, $a^3+b^3=16$일 때, a^2+b^2의 값은?
(1) a^2+b^2	(1) x^2+y^2	
(2) a^3+b^3	(2) x^3-y^3	

유제 19 $x^3+y^3=9$이고 $x+y=3$일 때, xy의 값은?

① 0   ② 1   ③ 2

④ 3   ⑤ 4

유제 20 $x+y=2\sqrt{2}$, $x^2+y^2=4$를 만족시킬 때, x^3+y^3의 값은?

① 2   ② $2\sqrt{2}$ ③ 4

④ $4\sqrt{2}$ ⑤ $8\sqrt{2}$

유제 21 $x=1+i$, $y=1-i$일 때, x^3+y^3의 값은? (단, $i^2=-1$)

① -4 ② -2 ③ 0

④ 2   ⑤ 4

필수예제 08 **곱셈공식의 변형(2)**

$a+b+c=2$, $ab+bc+ca=-1$일 때, $a^2+b^2+c^2$의 값은?

$a+b+c=4$, $ab+bc+ca=-2$, $abc=3$일 때, $a^3+b^3+c^3$의 값을 구하여라.

유제 22 $a+b+c=3$, $a^2+b^2+c^2=15$, $abc=3$일 때, $\dfrac{1}{a}+\dfrac{1}{b}+\dfrac{1}{c}$의 값을 구하여라.

유제 23 $a-b+c=4$, $ab+bc-ca=-2$ 일 때, $a^2+b^2+c^2$의 값을 구하여라.

유제 24 $a+b+c=\sqrt{2}$, $a^2+b^2+c^2=3$, $abc=-\dfrac{\sqrt{2}}{2}$일 때, $a^3+b^3+c^3$의 값은?

① $\dfrac{\sqrt{2}}{2}$ ② $\sqrt{2}$ ③ $\dfrac{3\sqrt{2}}{2}$

④ $2\sqrt{2}$ ⑤ $\dfrac{5\sqrt{2}}{2}$

필수예제 09 **곱셈공식의 변형(3)**

$x + \dfrac{1}{x} = 5$일 때, $x^2 + \dfrac{1}{x^2} = a$, $x^3 + \dfrac{1}{x^3} = b$라 한다. 이때 $a+b$의 값은?

유제 25

$x - \dfrac{1}{x} = 3$일 때, $x^3 - \dfrac{1}{x^3}$의 값은?

① 6   ② 9   ③ 11

④ 12   ⑤ 36

유제 26

$x^2 + \dfrac{1}{x^2} = 14$일 때, $x^3 + \dfrac{1}{x^3}$의 값은? (단, $x > 0$)

① 50   ② 51   ③ 52

④ 53   ⑤ 54

유제 27

$x + \dfrac{1}{x} = \sqrt{13}$일 때, $x - \dfrac{1}{x}$의 값을 구하시오. (단, $x > 1$)

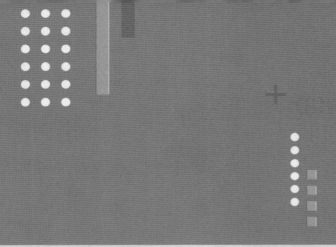

>> I 다항식

항등식과 나머지정리

THEME 1 항등식

등식 $x(x+1) = x^2 + x$, $(a-b)^2 = a^2 - 2ab + b^2$과 같이 문자에 어떠한 실수 값을 대입해도 항상 성립하는 등식을 그 문자에 대한 항등식이라고 한다.

> **식의 구분**
>
> 1 등식 : 등호(=)를 써서 두 수 또는 식이 같음을 나타낸 식
> 2 부등식 : 부등호($<$, $\leq$, $>$, $\geq$)를 써서 두 수 또는 식의 대소 관계를 나타낸 식
> 3 항등식 : 식 중의 문자에 어떤 값을 대입해도 항상 성립하는 등식
> 4 방정식 : 미지수의 값에 따라 참이 되기도 하고, 거짓이 되기도 하는 등식

> **보기**
>
> (1) $3x - x = 2x$는 항등식이다. (2) $3x - x = 0$은 방정식이다.
> (3) $3x - x > 2$는 부등식이다.

THEME 2 항등식의 성질

등식 $ax + b = 0$은 x에 대한 항등식인가? 방정식인가?

만약 $a \neq 0$이면 $x = -\dfrac{b}{a}$의 해를 갖는 일차방정식이다. 하지만 $a = 0$, $b = 0$이면
$0 \times x + 0 = 0$이 되어 모든 x에 대하여 항상 등식이 성립하므로 항등식이다.

이번엔 등식 $ax^2 + bx + c = 0$이 x에 대한 항등식이 되기 위한 조건에 대하여 알아보자.

등식 $ax^2 + bx + c = 0$이 x에 대한 항등식이면 x에 어떠한 실수 값을 대입하더라도 성립한다.

특히, x의 값이 0, 1, -1일 때에도 성립한다.

$$x = 0을 \text{ 대입하면} \qquad c = 0$$
$$x = 1을 \text{ 대입하면} \qquad a + b + c = 0$$
$$x = -1을 \text{ 대입하면} \qquad a - b + c = 0$$

위의 세 식을 연립하여 풀면 $a=0$, $b=0$, $c=0$이다. 거꾸로 $a=0$, $b=0$, $c=0$이면
등식 $ax^2+bx+c=0$은 모든 x의 값에 대하여 성립하므로 x에 대한 항등식이다.
따라서 등식 $ax^2+bx+c=0$이 x에 대한 항등식이 되기 위한 조건은 $a=0$, $b=0$, $c=0$이다.
즉, x에 대한 항등식이 되려면 다음을 만족해야 한다.

> ① $ax+b=0 \qquad \Leftrightarrow a=0,\ b=0$
> ② $ax+b=cx+d \ \Leftrightarrow a=c,\ b=d$
> ③ $ax^2+bx+c=0 \Leftrightarrow a=0,\ b=0,\ c=0$
> ④ $ax^2+bx+c=dx^2+ex+f \Leftrightarrow a=d,\ b=e,\ c=f$

cf) 항등식의 여러 가지 표현들 ⇒ 다음 표현은 모두 x에 대한 항등식을 나타내는 말이다.
(1) x의 값에 관계없이 성립한다.
(2) 모든 x에 대하여 성립한다.
(3) 임의의 x에 대하여 성립한다.
(4) x가 어떤 값을 갖더라도 성립한다.

THEME 3 미정계수법

항등식의 성질을 이용하여 항등식에서 결정되지 않은 계수의 값을 정하는 방법을 『**미정계수법**』이라고
한다.
계수를 결정하고자 할 때에는 항등식의 성질을 이용하여 계수를 비교하는 『**계수비교법**』,
항등식의 정의를 이용하여 양변에 적당한 값을 대입하여 계수사이의 관계식을 구하는 『**수치대입법**』을
이용한다.

> 💬 미정계수법
>
> 1 계수비교법 : 양변의 동류항을 비교하는 방법
> 2 수치대입법 : 문자에 적당한 수를 대입하여 계수를 구하는 방법

다음 등식이 x에 대한 항등식이 되도록 상수 a, b, c의 값을 각각 정하여라.

$$3x^2 - x - 2 = a(x-1)^2 + b(x-1) + c$$

[방법 1] 계수비교법

주어진 식의 우변을 전개하여 정리하면

$3x^2 - x - 2 = ax^2 + (b-2a)x + a - b + c$ 양변의 계수를 각각 비교하면

$a = 3$, $b - 2a = -1$, $a - b + c = -2$

세 식을 연립하여 풀면 $a = 3$, $b = 5$, $c = 0$

[방법 2] 수치대입법

주어진 등식의 양변에 $x = 2$, $x = 1$, $x = 0$을

각각 대입하여 정리하면 $8 = a + b + c$, $0 = c$, $-2 = a - b + c$

세 식을 연립하여 풀면 $a = 3$, $b = 5$, $c = 0$

THEME 4 다항식의 나눗셈과 항등식

7을 3으로 나눈 몫은 2이고, 나머지가 1이다. 즉, $7 = 3 \times 2 + 1$이다.

이때, 우변은 좌변을 풀어서 쓴 것과 같으므로 (좌변) = (우변)이다.

이것을 다항식의 나눗셈에 적용시켜도 마찬가지로 성립한다.

$x^3 + 2x^2 - 3$을 $x^2 + x - 4$로 나누어 보면 몫은 $x+1$이고 나머지는 $3x+1$이다.

따라서 $x^3 + 2x^2 - 3 = (x^2 + x - 4)(x+1) + 3x + 1$과 같이 되며, 이 식의 우변을 정리하면

좌변과 같은 식이 되므로 이 식은 x에 대한 항등식이다.

💬 다항식의 나눗셈과 항등식

x에 대한 다항식 $f(x)$를 $A(x)$으로 나눈 몫을 $Q(x)$, 나머지를 $R(x)$라 한다면

등식 $f(x) = A(x)Q(x) + R(x)$는 항등식이다.

(1) $R(x)$의 차수는 $A(x)$의 차수보다 작다.

(2) $A(x)$의 차수 + $Q(x)$의 차수 = $A(x)$의 차수

x에 대한 다항식 $x^3 + ax^2 + b$를 $x^2 + x - 2$로 나누면 나머지가 $2x + 1$일 때, a, b를 구해보자.

[방법 1] 계수비교법

삼차식을 이차식으로 나눈 몫은 일차식이므로 몫을 $px + q$로 놓으면

$x^3 + ax^2 + b = (x^2 + x - 2)(px + q) + 2x + 1$이고,

이를 전개해보면 $x^3 + ax^2 + b = px^3 + (p + q)x^2 + (2 - 2p + q)x + 1 - 2q$이다.

이때, 동류항의 계수를 비교해보면

$p = 1$, $q = 0$, $a = 1$, $b = 1$이다.

[방법 2] 수치대입법

몫을 $px + q$라 하지 말고 $Q(x)$라고만 표현을 해보자.

$x^3 + ax^2 + b = (x^2 + x - 2)Q(x) + 2x + 1$에서

$x^2 + x - 2 = (x - 1)(x + 2)$로 인수분해가 되므로

$x^3 + ax^2 + b = (x - 1)(x + 2)Q(x) + 2x + 1$의 식의 양변에

$x = 1$, $x = -2$를 각각 대입하면 $1 + a + b = 3$, $-8 + 4a + b = -3$이고, 두 식을 연립하여 풀면 $a = 1$, $b = 1$이다.

02 나머지 정리

THEME 1 나머지정리

다항식을 일차식으로 나누었을 때의 나머지를 나눗셈을 하지 않고 간편하게 구하는 방법에 대하여 알아보자.

다항식 $P(x)$를 $x-\alpha$로 나누었을 때의 몫을 $Q(x)$, 나머지를 R라고 하면

$$P(x) = (x-\alpha)Q(x) + R$$

가 성립한다. 이 등식은 x에 대한 항등식이므로 양변에 $x=\alpha$를 대입하면
$P(\alpha) = (\alpha-\alpha)Q(\alpha) + R = 0 \cdot Q(\alpha) + R = R$ 이다. 즉, $R = P(\alpha)$이다.

이와 같은 성질을 『나머지정리』라고 한다.

> **보기**
>
> 다항식 $P(x) = x^2 + 6x - 1$을 $x+1$로 나누었을 때의 나머지는
> $$P(-1) = (-1)^2 + 6 \cdot (-1) - 1 = -6$$

> **나머지 정리**
>
> (1) x에 대한 다항식 $f(x)$를 $x-\alpha$로 나누었을 때의 나머지는 $f(\alpha)$이다.
>
> (2) x에 대한 다항식 $f(x)$를 $ax+b \ (a \neq 0)$로 나누었을 때의 나머지는 $f\left(-\dfrac{b}{a}\right)$이다.

> **보기**
>
> 다항식 $P(x)$를 $ax+b(a \neq 0)$로 나누었을 때의 나머지가 $P\left(-\dfrac{b}{a}\right)$임을 보이자.
>
> 다항식 $P(x)$를 $ax+b$로 나누었을 때의 몫을 $Q(x)$, 나머지를 R라고 하면
> $$P(x) = (ax+b)Q(x) + R = \left(x + \frac{b}{a}\right) \cdot aQ(x) + R$$ 이므로 R는 $P(x)$를 $x + \dfrac{b}{a}$로 나누었을 때의 나머지와 같다.
>
> 즉, $R = P\left(-\dfrac{b}{a}\right)$이다.

나머지정리로부터 다항식 $P(x)$를 $x-\alpha$로 나누었을 때의 나머지는 $P(\alpha)$이므로 $P(x)$가 $x-\alpha$로 나누어떨어지면 $P(\alpha)=0$이다. 거꾸로 $P(\alpha)=0$이면 다항식 $P(x)$는 $x-\alpha$로 나누어떨어진다. 이와 같은 성질을 『인수정리』라고 한다.

💬 인수정리

다항식 $P(x)$가 $x-\alpha$로 나누어떨어지면 $P(\alpha)=0$이다.
반대로 $P(\alpha)=0$이면 다항식 $P(x)$는 $x-\alpha$로 나누어 떨어진다.

나머지 $R=P(\alpha)=0 \iff P(x)=(x-\alpha)Q(x) \iff P(x)$가 $x-\alpha$로 나누어떨어진다.
$\qquad\qquad\qquad\qquad\qquad\qquad\qquad \iff x-\alpha$는 $P(x)$의 인수이다.

💬 나머지 정리와 인수정리의 차이점

나머지정리 : x에 대한 다항식 $P(x)$를 $x-\alpha$로 나눈 나머지는 $P(\alpha)$
인수정리 : x에 대한 다항식 $P(x)$가 $x-\alpha$로 나누어 떨어진다. $\iff P(\alpha)=0$
즉, 나머지정리를 나누어떨어지는 경우에 적용한 것이 인수정리이다.

대입을 통해 필요한 식을 찾아야할지, 전개를 통해 계수를 비교해야할지 판단하자. 몇 번 연습하다보면 몸이 기억할 것이다.

💡대치동 꿀팁!!

필수예제 01   항등식의 미정계수

다음 각 등식이 x에 대한 항등식이 되도록 하는 상수 a, b, c의 값을 구하여라.

(1) $(2x-3)(x^2+ax+b)=2x^3-x^2+cx-6$

(2) $x^3-ax^2-bx+8=(x^2+2x-1)(x-c)$

(3) $x^2-ax+4=bx(x-1)+c(x-1)(x-2)$

(4) $ax(x-1)+b(x-1)(x-2)+cx(x-2)=x^2+2x-4$

 유제 01

모든 실수 x에 대하여 등식 $x^3+ax^2-36=(x+3)(x^2+bx-12)$가 성립할 때, 상수 a, b의 합 $a+b$의 값을 구하여라.

등식 $x^3 + x^2 = A + B(x-1) + C(x-1)(x-2) + D(x-1)(x-2)(x-3)$이 x에 대한 항등식일 때, 상수 A, B, C, D의 합 $A + B + C + D$의 값을 구하여라.

$x^2 \neq 4$인 모든 실수 x에 대하여 $\dfrac{x+6}{x^2-4} = \dfrac{a}{x+2} - \dfrac{b}{x-2}$를 만족시키는 상수 a와 b가 있다. 이때, $a + b$의 값은?

① -6 ② -3 ③ -1

④ 2 ⑤ 4

모든 실수 k에 대하여
= 임의의 실수 k에 대하여
= k값에 관계없이
= 어떤 k의 값에 대하여도
모두 같은 표현이다. 식들을 k에 대하여 예쁘
게 정리해보자.

🗨️ 대치동 꿀팁!!

필수예제 02 **항등식의 다양한 표현**

등식 $(4k+3)x - (k+7)y + 50 = 0$이 어떤 k의 값에 대하여도 항상 성립하도록 x, y의 값을 정할 때, $2x+y$의 값은?

유제 04 등식 $(k^2 - 3k - 2)x + 3ky + z = 2k^2 - 3$이 k의 값에 관계없이 항상 성립하도록 하는 상수 x, y, z에 대하여 $x+y+z$의 값을 구하여라.

유제 05 등식 $(k^2 - 2k + 2)x + (3k+1)y - z = k^2 - 1$이 모든 실수 k에 대하여 항상 성립하도록 하는 상수 x, y, z에 대하여 $z - x - y$의 값을 구하여라.

유제 06 이차방정식 $x^2 - (k+1)x - a(k-1) + b = 0$이 k의 값에 관계없이 항상 -1을 근으로 가질 때, 상수 a, b의 곱 ab의 값은?

① -3 ② -2 ③ -1
④ 1 ⑤ 2

모든 실수 x, y에 대하여 항상 성립한다면 x를 갖고 있는 녀석들끼리, y를 갖고 있는 녀석들끼리 예쁘게 정리해보자. 만약 x와 y의 관계식이 주어졌다면 관계식을 이용해 한 문자를 소거하도록 하자. 2개를 모르는 것보단 한 개를 모르는 것이 할만하다.

💡 대치동 꿀팁!!

필수예제 03 | **여러 문자에 관한 항등식**

모든 실수 x, y에 대하여
등식 $a(x+2y)+b(2x-y)+10y=0$이
성립할 때, 상수 a, b의 합 $a+b$의 값을 구하여라.

$x-y=2$를 만족시키는 모든 x, y에 대하여
$ax^2+bxy+y^2+x+cy-6=0$이
성립할 때, abc의 값은?

 유제 07

다음 등식 $(2x+y)a+(y-2z)b+(z+2x)c+2y=0$이 x, y, z에 대한 항등식일 때, 상수 a, b, c에 대하여 $a-b-c$의 값을 구하여라.

 유제 08

$x-y=1$을 만족하는 모든 실수 x, y에 대하여 $px^2+qx+y^2-2xy+ry+2=0$이 항상 성립할 때, 상수 p, q, r의 합 $p+q+r$의 값은?

① -2 ② -1 ③ 1
④ 2 ⑤ 3

 유제 09

$x+y-z=1$, $2x-2y+z=1$을 만족시키는 모든 x, y, z에 대하여
$ax^2+by^2+cz^2=1$이 성립할 때, 상수 a, b, c의 값을 구하여라.

필수예제 04   나머지 정리

다항식 $P(x) = 2x^3 + 3x^2 - 4x - 1$을 다음의 일차식으로 나누었을 때, 나눈 식과 나머지가 바르게 연결된 것은?

① $x - 1$, 1

② $x + 1$, 4

③ $x + 2$, 4

④ $2x - 1$, 2

⑤ $x - 3$, 58

다항식 $f(x)$를 $x - 1$로 나눈 나머지가 3일 때, $(x^2 + 1)f(x - 1)$를 $x - 2$으로 나눈 나머지를 구하시오.

유제 **10** 다항식 $x^{22} + x^{11} + 22x + 11$을 $x + 1$로 나눈 나머지는?

① -33 ② -22 ③ -11

④ 11 ⑤ 33

유제 **11** 다항식 $f(x)$를 $x - 2$로 나눈 나머지가 3일 때, $(x + 1)\,f(x - 1)$를 $x - 3$로 나눈 나머지는?

유제 **12** 다항식 $f(x)$를 $x - 2$로 나눈 나머지는 3이고, 다항식 $g(x)$를 $x - 2$로 나눈 나머지는 -2이다. 이때 $2f(x) + 3g(x)$를 $x - 2$로 나눈 나머지는?

① -6 ② -2 ③ 0

④ 3 ⑤ 6

대치동 꿀팁!! 나누어 떨어진다는 것은 나머지가 0이라는 뜻이다. 1차식으로 나눈 나머지는 나머지정리를 이용해서 빠르게 구하도록 하자.

필수예제 05 나머지정리와 미정계수

$x^3 + ax^2 + bx - 4$는 $x - 2$로 나누어떨어지고, $x + 1$로 나누면 나머지가 6이다. 이때 a, b의 값을 구하여라.

 유제 **13**

다항식 $f(x) = x^4 - 4x^2 + kx - 5$를 $x - 2$로 나누었을 때의 나머지가 3일 때, 상수 k의 값은?

① 1   ② 2   ③ 3

④ 4   ⑤ 5

 유제 **14**

x에 대한 다항식 $x^3 + ax^2 - 3x + 2$를 $x + 1$로 나누었을 때의 나머지와 $x - 3$으로 나누었을 때의 나머지가 같을 때, 상수 a의 값을 구하여라.

 유제 **15**

x에 대한 삼차식 $x^3 + ax^2 + bx + c$를 $x + 1$, $x - 1$, $x - 2$로 나눈 나머지가 각각 -3, 3, 9일 때, abc의 값을 구하여라.

2차식으로 나눈 나머지는 나머지정리를 사용할 수 없다. 하지만 인수분해가 되는 2차식으로 나눌때는 앞에서 배운 항등식을 작성해서 대입을 통해 나머지를 구할 수 있다. 또한 2차식으로 나눈 나머지는 1차 이하의 식이어야 함을 항상 조심하자.

🎓대치동 꿀팁!!

필수예제 06 **이차식으로 나눈 몫과 나머지**

다항식 $x^4 + 3x + 2$를 $x^2 - 1$로 나눈 나머지를 구하시오.

다항식 $f(x)$를 $x-1$로 나누었을 때의 나머지는 -5이고, $x+2$로 나누었을 때의 나머지는 -2이다.

이 다항식을 $x^2 + x - 2$로 나누었을 때의 나머지를 구하여라.

유제 **16**

$f(x) = x^4 - 3x + 1$을 $x^2 - 3x + 2$로 나눌 때, 나머지는?

① $10x + 11$ ② $12x - 13$ ③ $11x + 10$

④ $11x - 10$ ⑤ $10x + 9$

유제 **17**

다항식 $f(x)$를 $x-2$로 나눈 나머지는 5이고, $x+2$로 나눈 나머지가 -1일 때, $f(x)$를 $x^2 - 4$로 나눈 나머지를 구하시오.

유제 **18**

다항식 $f(x)$를 $x-1$, $x-3$으로 나눈 나머지가 각각 2, 4일 때, $xf(x)$를 $x^2 - 4x + 3$으로 나눈 나머지를 구하시오.

인수분해가 안되는 2차식으로 나누는 경우는
가장 어려운 유형이다. 나머지끼리 덧셈연산이
가능하다는 방법을 이용해도 좋고, 주어진 식을
인수분해가 안되는 2차식으로 정리하는 것도
좋다. 같은 방법이지만 받아들이는 느낌이 조금
차이가 있기 때문에 둘 다 연습하는 것을 추천
한다.

ⓜ 대치동 꿀팁!!

필수예제 07 **삼차식으로 나눈 몫과 나머지**

다항식 $f(x)$를 $(x-2)^2$으로 나눈 나머지는 $x-6$이고 $x+1$로 나눈 나머지는 2일 때, $f(x)$를 $(x-2)^2(x+1)$로 나눈 나머지를 구하여라.

유제 19 다항식 $f(x)$를 $(x-1)^2$으로 나눈 나머지는 $2x-1$이고, $x-3$으로 나눈 나머지는 1 이다. 이때 $f(x)$를 $(x-1)^2(x-3)$으로 나눈 나머지를 구하여라.

유제 20 다항식 $f(x)$를 x^2+1로 나누었을 때의 나머지는 $x+2$이고, $x+1$로 나누었을 때의 나머지는 3 이다. 이 다항식 $f(x)$를 $(x^2+1)(x+1)$로 나누었을 때의 나머지를 구하여라.

유제 21 다항식 $f(x)$를 x^2-x+1로 나눈 나머지는 $3x+2$이고, $x-2$로 나눈 나머지는 5이다. 이때 다항식 $f(x)$를 $(x^2-x+1)(x-2)$로 나눈 나머지를 $g(x)$라 하면 $g(1)$의 값은?

① 0   ② 1   ③ 2

④ 3   ⑤ 4

대치동 꿀팁!!

나눗셈은 항등식으로 바꿀 수 있다. 직접나누기가 불가능하면 선택의 여지가 없이 항등식을 만들어 내도록 하자. 그 뒤는 매우 쉬운 계산이 진행될 것이다.

필수예제 08 $f(ax+b)$를 나누는 경우

다항식 $f(x)$를 $x^2 - 5x - 6$으로 나누었을 때의 나머지가 $2x + 6$일 때, $f(3x)$를 $x - 2$로 나누었을 때의 나머지를 구하여라.

유제 22

다항식 $f(x)$를 $x^2 - x - 2$로 나누었을 때의 나머지가 $3x + 1$일 때, $f(2x + 1)$를 $x + 1$로 나눈 나머지를 구하여라.

유제 23

다항식 $f(x)$를 $x^2 - 2x - 8$로 나눈 나머지가 $2x + 5$일 때, $f(-3x + 1)$를 $x - 1$로 나눈 나머지를 구하여라.

유제 24

x에 대한 다항식 $f(x) - 1$이 $x^2 - 3x + 2$로 나누어떨어질 때, $f(x + 1)$을 $x^2 - x$로 나누었을 때의 나머지를 구하여라.

😃 대치동 꿀팁!!

필수예제 09 **몫을 나누는 경우**

다항식 $f(x)$ 를 $x+2$ 로 나누면 몫은 $Q(x)$, 나머지는 3이고, $Q(x)$ 를 $x+1$ 로 나누었을 때의 나머지는 2이다. 이때, $f(x)$ 를 $x+1$ 로 나누었을 때의 나머지를 구하여라.

유제 25 다항식 $f(x)$ 를 $x+1$ 로 나누었을 때의 몫은 $Q(x)$, 나머지는 5일 때, 몫 $Q(x)$ 를 $x+2$ 로 나눈 나머지가 -2 이다. 이때 다항식 $f(x)$ 를 $x+2$ 로 나눈 나머지는?

① 4　　　　　　　② 5　　　　　　　③ 6
④ 7　　　　　　　⑤ 8

유제 26 다항식 $f(x)$ 를 $x-1$ 로 나눌 때의 몫은 $Q(x)$, 나머지는 3이다. $f(x)$ 를 $x-2$ 로 나눈 나머지가 5일 때, $Q(x)$ 를 $x-2$ 로 나눈 나머지는?

① 1　　　　　　　② 2　　　　　　　③ 3
④ 4　　　　　　　⑤ 5

유제 27 다항식 $x^3 - 2x^2 + mx - 4$ 를 $x-1$ 로 나눈 몫이 $Q(x)$ 이고, 몫 $Q(x)$ 를 $x+1$ 로 나눈 나머지가 -5 일 때, 상수 m 의 값을 구하여라.

3차 이상의 다항식을 인수분해 할 때는 조립제법을 이용하는 것을 추천한다. 인수를 이용해 형태를 예측하고 전개를 통해 계수비교하는 방법도 좋은 방법이다.

💡대치동 꿀팁!!

필수예제 **10** 인수정리

다항식 $x^2 + ax + b$가 $x^2 - 3x + 2$로 나누어 떨어질 때, 상수 a, b에 대하여 $b - a$의 값은?

다항식 $x^3 + ax^2 + bx + 3$이 $(x-1)^2$으로 나누어떨어질 때, 상수 a, b의 값을 구하시오.

 유제 28

다항식 $2x^3 + ax^2 - x + b$가 $x^2 - x - 2$로 나누어떨어지도록 하는 상수 a, b의 값을 구하여라.

 유제 29

다항식 $x^3 + ax + b$가 $(x+1)^2$으로 나누어떨어지기 위한 상수 a, b의 값을 구하시오.

 유제 30

다항식 $x^3 + ax^2 + bx - 6$은 $x - 2$로 나누어떨어지고, $x + 1$로 나누면 나머지가 -3이다. 이때 $a + b$의 값은? (단, a, b는 상수)

문제의 형태를 잘 기억하자. 계속해서 알아둬야할 변형법이다. 그리고 풀이법을 기억하는 것도 추천한다. 조립제법을 계속 진행하는 방법을 외우자.

@ 대치동 꿀팁!!

필수예제 11 **조립제법을 이용한 항등식**

$x^3 - 2x + 3 = a(x-2)^3 + b(x-2)^2 + c(x-2) + d$가 x에 대한 항등식 일 때, $a+b+c-d$의 값을 구하시오.

유제 31
다음 등식이 x의 항등식이 되도록 a, b, p의 값을 정하여라. (단, $p > 0$ 이다.)
$$x^2 - 2x - 8 = a(x-p)^2 + b(x-p)$$

유제 32
$2x^3 + x^2 - 3x + 1 = a(x+1)^3 + b(x+1)^2 + c(x+1) + d$가 x에 관한 항등식일 때, $a+b+c+d$의 값을 구하시오.

유제 33
등식 $(1 - x + x^2)^{10} = a_0 + a_1 x + a_2 x^2 + \cdots + a_{20} x^{20}$ 은 x의 값에 관계없이 항상 성립한다. 이때, 다음을 구하여라.

(1) $a_0 + a_1 + a_2 + \cdots + a_{20}$

(2) $a_0 + a_2 + a_4 + \cdots + a_{20}$

>> I 다항식

인수분해

인수분해 공식

THEME 1 인수분해의 뜻

하나의 다항식을 두 개 이상의 다항식의 곱으로 나타내는 것을 인수분해라 한다.

예를 들어, $(x-1)(x-3) = x^2 - 4x + 3$이므로

다항식 $x^2 - 4x + 3$을 인수분해하면

$x^2 - 4x + 3 = (x-1)(x-3)$이고,

$x-1$, $x-3$은 $x^2 - 4x + 3$의 인수이다.

$$\overbrace{a^3 + 3a^2b + 3ab^2 + b^3 = (a+b)^3}^{\text{인수분해}}_{\text{전개}}$$

cf) 고등학교 과정에서는 특별한 조건이 없으면 다항식의 인수분해는 계수가 유리수인 범위에서 더 이상 인수분해 할 수 없을 때까지 한다.

예를 들면 $(x-1)(x^2-4)$는 인수분해가 완전히 끝난 것이 아니고

$(x-1)(x+2)(x-2)$까지 인수분해 해야 한다.

또한 $(x-1)(x^2-2)$의 경우에는 "무리수범위까지 인수분해 해라"라는 언급이 있을 때에만

$(x-1)(x+\sqrt{2})(x-\sqrt{2})$까지 인수분해 하도록 하자.

인수분해는 다항식의 전개 과정을 거꾸로 생각한 것이므로 곱셈 공식으로부터 다음과 같은 인수분해 공식을 얻을 수 있다.

> 💬 **인수분해의 기본공식**
>
> (1) $ma - mb + mc = m(a - b + c)$
>
> (2) $a^2 + 2ab + b^2 = (a + b)^2$ $\qquad\qquad$ $a^2 - 2ab + b^2 = (a - b)^2$
>
> (3) $a^2 - b^2 = (a + b)(a - b)$
>
> (4) $x^2 + (a + b)x + ab = (x + a)(x + b)$
>
> (5) $acx^2 + (ad + bc)x + bd = (ax + b)(cx + d)$
>
> (6) $a^3 + 3a^2b + 3ab^2 + b^3 = (a + b)^3$
> $\quad$ $a^3 - 3a^2b + 3ab^2 - b^3 = (a - b)^3$
>
> (7) $a^3 + b^3 = (a + b)(a^2 - ab + b^2)$
> $\quad$ $a^3 - b^3 = (a - b)(a^2 + ab + b^2)$
>
> (8) $x^3 + (a + b + c)x^2 + (ab + bc + ca)x + abc = (x + a)(x + b)(x + c)$
>
> (9) $a^2 + b^2 + c^2 + 2ab + 2bc + 2ca = (a + b + c)^2$
>
> (10) $a^3 + b^3 + c^3 - 3abc = (a + b + c)(a^2 + b^2 + c^2 - ab - bc - ca)$
>
> (11) $a^4 + a^2b^2 + b^4 = (a^2 + ab + b^2)(a^2 - ab + b^2)$

02 복잡한 식의 인수분해

THEME 1 공통부분이 있는 경우

공통 부분이 있는 다항식은 그 식을 하나의 문자로 치환하여 인수분해한다. 치환은 어려운 것이 아니다. 문제를 보면 나도 모르게 치환하고 싶어질 것이다. 그 때 하면 된다!

🔍 보기

다항식 $(x^2 + 2x)(x^2 + 2x - 2) - 3$을 인수분해 해보도록 하자.

$x^2 + 2x = X$로 놓으면
$(x^2 + 2x)(x^2 + 2x - 2) - 3 = X(X-2) - 3 = X^2 - 2X - 3 = (X+1)(X-3)$
$= (x^2 + 2x + 1)(x^2 + 2x - 3) = (x+1)^2(x+3)(x-1)$

THEME 2 복이차식의 인수분해

일반적으로 $ax^4 + bx^2 + c$ 꼴의 다항식은 $x^2 = X$로 치환하거나 인수분해가 가능한 적절한 꼴로 변형하여 인수분해한다.

🔍 보기

다항식 $x^4 - 3x^2 - 4$를 인수분해 하시오.

$x^2 = X$로 놓으면
$x^4 - 3x^2 - 4 = X^2 - 3X - 4$
$\qquad\qquad = (X-4)(X+1)$
$\qquad\qquad = (x^2 - 4)(x^2 + 1)$
$\qquad\qquad = (x+2)(x-2)(x^2 + 1)$

다항식 $x^4 + x^2 + 1$를 인수분해 하시오.

이 경우에는 $x^2 = X$로 놓아도 $X^2 + X + 1$이 되버려서 인수분해가 안된다.

이럴 때에는 $A^2 - B^2$의 형태를 억지로 만들어 보자.

$$x^4 + x^2 + 1 = (x^4 + 2x^2 + 1) - x^2$$
$$= (x^2 + 1)^2 - x^2$$
$$= (x^2 + x + 1)(x^2 - x + 1)$$

THEME 3 여러 개의 문자로 표현된 식의 인수분해

두 개 이상의 문자를 포함하고 있는 다항식은 앞서 다룬 기본적인 내용들을 모두 활용함과 동시에 한 문자(일반적으로 낮은 차수를 갖는 문자 또는 차수가 동등하다면 생소한 문자)에 대하여 내림차순으로 정리해보자.

💬 복잡한 식의 인수분해 요령

(1) 공통인수를 찾아라.   (공통인수로 묶는다)
(2) 인수분해 공식을 이용한다.
(3) 공통부분이 있으면 치환법을 이용한다.   (복 이차식의 꼴은 치환)
(4) 복잡한 식은 한 문자(낮은 차수)에 대하여 내림차순으로 정리한다.
(5) 더하고 빼서 완전제곱형으로 고쳐 $A^2 - B^2$의 꼴로 유도한다.

다항식 $a^3 - ab^2 - b^2c + a^2c$를 인수분해 하시오.

문자 c에 대하여 내림차순으로 정리하면

$$a^3 - ab^2 - b^2c + a^2c = c(a^2 - b^2) + a(a^2 - b^2)$$
$$= (a^2 - b^2)(c + a)$$
$$= (a + b)(a - b)(c + a)$$

🔍 **보기**

다항식 $2x^2 + 5xy + 2y^2 - 7x - 5y + 3$를 인수분해 하시오.

문자 x에 대하여 내림차순으로 정리하면

$2x^2 + 5xy + 2y^2 - 7x - 5y + 3$

$= 2x^2 + (5y - 7)x + 2y^2 - 5y + 3$

$= 2x^2 + (5y - 7)x + (y - 1)(2y - 3)$

$= \{x + (2y - 3)\}\{2x + (y - 1)\}$

$= (x + 2y - 3)(2x + y - 1)$

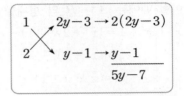

03 인수정리를 이용한 고차식의 인수분해

THEME 1 인수정리를 이용한 고차식의 인수분해

삼차 이상의 다항식이 일차식인 인수를 갖는 경우에는 인수정리를 이용하여 인수를 찾고, 조립제법으로 몫을 구하여 인수분해하면 편리하다. 일반적으로 최고차항의 계수가 1이고 계수가 모두 정수인 다항식이 $x - \alpha$(α는 정수)를 인수로 가지면 α는 다항식의 상수항의 약수이다.

즉, 다항식 $P(x) = x^3 + 2x^2 - 5x - 6 = (x + a)(x^2 + bx + c)$와 같이 계수가 정수인 두 다항식의 곱으로 인수분해 된다고 하자. 이 등식은 x에 대한 항등식이므로 양변의 상수항을 비교하면 $ac = -6$이다.

이때 a는 곱해서 -6이 되는 정수이므로 ± 1, ± 2, ± 3, ± 6 중 어느 하나이다.
이들 값 중에서 -1을 $P(x)$에 대입하면 $P(-1) = (-1)^3 + 2 \times (-1)^2 - 5 \times (-1) - 6 = 0$ 이므로 인수정리에 의하여 $P(x)$는 $x + 1$을 인수로 갖는다.
따라서 조립제법을 이용하여 다음과 같이 인수분해 할 수 있다.

$$
\begin{aligned}
P(x) &= x^3 + 2x^2 - 5x - 6 \\
&= (x + 1)(x^2 + x - 6) \\
&= (x + 1)(x + 3)(x - 2)
\end{aligned}
$$

$$
\begin{array}{r|rrr|r}
-1 & 1 & 2 & -5 & -6 \\
& & -1 & -1 & 6 \\
\hline
& 1 & 1 & -6 & 0
\end{array}
$$

필수예제 01 공통인수로 묶기

다음 식을 인수분해 하여라.

(1) $3a^3b - 6ab^2$

(2) $(x+2y)^2 - 5(x+2y)$

(3) $x(y-1) - y + 1$

유제 01 다음 각 식을 인수분해 하여라.

(1) $4a^2b^3c - 6a^3b^2c^2$

(2) $4a^2b^3 - 6ab^2 + 12a^3b$

(3) $(a+b)x^2y - (a+b)xy^2$

(4) $(a-b)x^2 + (b-a)xy$

유제 02 다음 중 다항식을 인수분해 한 것으로 옳지 않은 것은?

① $(a-b)c - b(b-a) = (a-b)(b+c)$

② $x(x+1) - 2 = (x-1)(x+2)$

③ $(2x-1)y - (1-2x) + (2x-1)z = (2x-1)(y-1+z)$

④ $8ab - 2abx^2 = 2ab(2-x)(2+x)$

⑤ $2x(1+y) - 4x^2(1+y) = 2x(1-2x)(1+y)$

 유제 03 다음 식을 인수분해 하여라.

(1) $2ab^2 + 6b$

(2) $a(x-y) - b(y-x)$

(3) $1 - m - n + mn$

인수분해 공식이 자유롭지 못하다면 지금 당장 외우도록 하자. 공식을 보면서 지금 이 문제를 푼들 크게 도움되지 않을 것이다. 인수분해공식은 선택이 아닌 필수!

대치동 꿀팁!!

필수예제 02 ┃ **항이 두 개일 때**

다음 식을 인수분해 하여라.

(1) $x^4 + x$

(2) $x^4 - y^4$

(3) $3(4x-1)^2 - 12$

(4) $9(a+b)^2 - c^2$

(5) $x^3 + 64y^3$

(6) $(a+b)^3 - (a-b)^3$

(7) $x^8 - y^8$

 유제 **04**

 다음 식을 인수분해 하여라.

(1) $a^3 + 8$

(2) $8x^3 + 27y^3$

유제 05 다음 식을 인수분해 하여라.

(1) $27a^3 - 64b^3$

(2) $ax^3 - 27ay^3$

유제 06 $x^6 - y^6$을 인수분해 하여라.

필수예제 03 항이 세 개일 때

다음 각 식을 인수분해 하여라.

(1) $x^2 - (2a+3)x + (a+1)(a+2)$

(2) $2(x-1)^2 + 3(x-1)(x+2) + (x+2)^2$

유제 07

다음 식을 인수분해 하여라.

(1) $(x+y)^2 - (x+y)z - 2z^2$

(2) $2(a+5)^2 - 5(a+5)(a-3) + 3(a-3)^2$

유제 08

다음 식을 인수분해 하여라.

(1) $2x^2 + (3y-4)x + (y-1)(y-2)$

(2) $x^2 - (2y+3)x + (y+1)(y+2)$

(3) $2(x+2)^2 + 3(x-1)(x+2) + (x-1)^2$

유제 09

$x^2 - 2x - 3$과 $2x^2 - x - 3$의 공통인수는?

① x ② $x+1$ ③ $x-1$

④ $x+3$ ⑤ $x-3$

인수분해 방법이 절대 한가지가 아니다! 이것 저것 시도해 보는 것을 절대 시간낭비라 생각 하지 말자. 시도하다 보면 얻어걸리는 것이 아 니라 가장 효율적인 방법을 스스로 찾게 될 것 이다. 바로 공식을 적용하는 것이 아니라 항들 을 재배열해서 정리하는 연습을 해보자.

💡 대치동 꿀팁!!

필수예제 04 | 항이 네 개일 때

다음 중 $x^2 + 4x - y^2 + 4$의 인수인 것은?

① $x + y + 1$

② $x + y - 2$

③ $x - y - 2$

④ $x - y + 1$

⑤ $x - y + 2$

다음 중 $a^2b + b^2c - b^3 - a^2c$를 인수분해 한 것은?

① $(a+b)^2(b+c)$

② $(a+b)^2(b-c)$

③ $(a+b)(a-b)(b-c)$

④ $(a-b)^2(b-c)$

⑤ $(a-b)^2(b+c)$

유제 10

다음 중 다항식 $x^2 - y^2 + 2y - 1$ 의 인수인 것은?

① $x + y + 1$　　　② $x + y - 1$　　　③ $x - y - 1$

④ $x + 2y + 1$　　　⑤ $x + 2y - 1$

유제 11

$xy + y^2 + 2x - 4$ 를 인수분해 하여라.

유제 12

$a^2 + 4b^2 - 9c^2 + 4ab = (a + mb + 3c)(a + 2b + nc)$ 일 때, 상수 m, n의 합 $m + n$의 값 을 구하여라.

대치동 꿀팁!!

필수예제 05 **복이차식의 인수분해**

(1) $x^4 - 9x^2 + 16 = (x^2 + ax + b)(x^2 + cx + d)$일 때, $a+b+c-d$의 값을 구하여라. (단, a, b, c, d는 상수)

(2) $x^4 + x^2 - 2$를 인수분해 하여라.

유제 13

 다음 중 다항식 $x^4 + 4x^2 - 5$의 인수가 아닌 것은?

① $x^2 - 1$ ② $x + 1$ ③ $x - 1$

④ $x^2 + 5$ ⑤ $x^2 - 5$

유제 14

 다음 식을 인수분해 하여라.

(1) $x^4 + 4x^2 y^2 + 16 y^4$

(2) $16 x^4 + 36 x^2 y^2 + 81 y^4$

(3) $x^4 + x^2 + 1$

유제 15

 $x^4 - 13 x^2 + 36$ 을 인수분해하면 네 개의 서로 다른 일차식의 곱으로 인수분해 된다. 이 때, 네 개의 서로 다른 일차식의 합을 구하여라.

여러항을 전개하는 경우에는 하는 김에 공통부분이 최대한 생길 수 있도록 하자. 그냥 막 전개를 통해서도 답을 구할 수 있지만 지금은 공통부분을 찾기 위한 연습을 할 때이다. 또한 막연하게 앞에 2개 뒤에 2개를 해보는 학생이 많은데 문제마다 다르기 때문에 조금만 더 생각할 수 있도록 하자.

🔆대치동 꿀팁!!

필수예제 06 치환을 이용하는 인수분해

다항식 $(x-1)(x-2)(x-3)(x-4)-24$를 인수분해 하여라.

유제 16 다음 각 식을 유리수 범위에서 인수분해 하여라.

(1) $(a^2+3a-2)(a^2+3a+4)-27$

(2) $(x^2-3x)^2-2x^2+6x-8$

(3) $(x-1)(x-3)(x+2)(x+4)+24$

유제 17 x에 대한 다항식 $(x^2-4x)(x^2-4x-17)+60$을 인수분해 할 때, 다음 중 인수가 될 수 없는 것은?

① $x-6$ ② $x-5$ ③ $x+1$

④ $x+2$ ⑤ $x+6$

유제 18 다항식 $(x+1)(x+3)(x+5)(x+7)+k$가 x에 대한 이차식의 완전제곱식으로 인수분해 될 때, 상수 k의 값은?

① 13 ② 14 ③ 15

④ 16 ⑤ 17

💡대치동 꿀팁!!

필수예제 07 **항의 개수가 많은 식의 인수분해**

$x^2 - 3xy + 2y^2 + 4x - 5y + 3$을 인수분해 하였더니
$(ax - y + b)(x - cy - d)$가 되었다.
이때, $a + b + c + d$의 값을 구하여라. (단, a, b, c, d는 정수)

유제 **19**

$x^2 + xy - 2y^2 - x - 5y - 2$를 인수분해 하였더니 $(x + Ay + B)(x + Cy + 1)$이었다. 이때, 상수 A, B, C의 합 $A + B + C$의 값은?

① -2 ② -1 ③ 1

④ 2 ⑤ 3

유제 **20**

다음 중 다항식 $a^3 - a^2b + ab^2 + ac^2 - b^3 - bc^2$의 인수인 것은?

① $a + b$ ② $a + c$ ③ $a + b + c$

④ $a - b + c$ ⑤ $a^2 + b^2 + c^2$

유제 **21**

다항식 $x^2 + xy - ky^2 + 2x + 7y - 3$이 x, y에 대한 두 일차식의 곱으로 인수분해 될 때, 상수 k의 값을 구하여라.

🔆대치동 꿀팁!!

필수예제 **08** 순환꼴의 인수분해

다음 보기 중 $ab(b-a)+ac(c-a)+bc(2a-b-c)$의 인수인 것을 모두 고르면?

─────〈보기〉─────

ㄱ. $a-b$ ㄴ. $b-c$ ㄷ. $a-c$

① ㄱ   ② ㄴ   ③ ㄱ, ㄷ   ④ ㄴ, ㄷ   ⑤ ㄱ, ㄴ, ㄷ

유제 **22**

다음 식을 인수분해 한 것은?

$$a^2(b-c)+b^2(c-a)+c^2(a-b)$$

① $(a-b)(b-c)(c-a)$ ② $-(a+b)(b+c)(c+a)$

③ $-(a-b)(b-c)(c-a)$ ④ $(a+b)(b+c)(c+a)$

⑤ $-(a-b)(b-c)(c+a)$

유제 **23**

다음 식을 인수분해 하여라.

$$ab(a-b)+bc(b-c)+ca(c-a)$$

유제 **24**

$a^2(b+c)+b^2(c+a)+c^2(a+b)+2abc$를 인수분해하면?

① $(a+b)(b+c)(c+a)$ ② $(a-b)(b-c)(c-a)$

③ $(a-b)(b-c)(a-c)$ ④ $(a+b)(b-c)(c+a)$

⑤ $(a+b)(b-c)(c-a)$

3차 이상의 다항식을 인수분해 할 때는 조립제법을 적극 활용하자. 조립제법이 먹혀들지 않는 문제도 출제되는데 이런 경우는 대칭방정식의 형태일 가능성이 높다. 역수의 합 공식을 이용해 대칭방정식을 해결해 보자.

필수예제 09 **고차식의 인수분해**

(1) $3x^3 + 7x^2 - 4$를 인수분해 하여라.

(2) $x^4 - 3x^3 + x^2 + 3x - 2$를 인수분해 하여라.

다음 중 $x^4 - 4x^3 + 5x^2 - 4x + 1$의 인수인 것은?

① $x^2 - x + 1$

② $x^2 + x + 1$

③ $x^2 + x - 1$

④ $x^2 + 2x - 1$

⑤ $x^2 - 2x - 1$

 유제 **25**
$x^3 - 4x^2 + x + 6$을 인수분해 하여라.

유제 **26**
다음 각 식을 인수분해 하여라.

(1) $x^4 + x^3 - 3x^2 - x + 2$

(2) $x^4 + 2x^3 - 31x^2 - 32x + 60$

(3) $4x^4 - 2x^3 - x - 1$

유제 **27**
$2x^4 - 3x^3 + 5x^2 - 3x + 2$를 인수분해 하였더니 $(x^2 + Ax + 1)(2x^2 + Bx + 2)$이었다. 이때, 정수 A, B에 대하여 $A - B$의 값을 구하여라.

필수예제 10 | 인수분해와 삼각형

삼각형의 세 변 a, b, c가 $(b-c)a^2 + (c-a)b^2 + (a-b)c^2 = 0$을 만족할 때, 이 삼각형은 어떤 삼각형인가?

① 정삼각형   ② 이등변삼각형

③ 직각삼각형   ④ 직각이등변삼각형

⑤ 둔각삼각형

유제 28

$\triangle ABC$의 세 변의 길이 a, b, c에 대하여 $a^4 + b^2c^2 = a^2c^2 + b^4$이 성립할 때, 이 삼각형의 모양은?

① 정삼각형

② $\angle B = 90°$인 직각삼각형

③ $B = C$인 이등변삼각형

④ 빗변의 길이가 C인 직각이등변삼각형

⑤ $A = B$인 이등변삼각형 또는 $\angle c = 90°$인 직각삼각형

유제 29 삼각형 ABC의 세 변의 길이 a, b, c에 대하여 $a^3 + a^2b - ac^2 + ab^2 + b^3 - bc^2 = 0$이 성립할 때, 삼각형 ABC는 어떤 삼각형인가?

① $a = b$인 이등변삼각형

② $b = c$인 이등변삼각형

③ $\angle A = 90°$인 직각삼각형

④ $\angle B = 90°$인 직각삼각형

⑤ $\angle C = 90°$인 직각삼각형

유제 30 삼각형의 세 변의 길이 a, b, c에 대하여 $a^3 + b^3 + c^3 - 3abc = 0$이 성립할 때, 이 삼각형은 어떤 삼각형인가?

① 정삼각형

② $a = b$인 이등변삼각형

③ a를 빗변의 길이로 하는 직각삼각형

④ b를 빗변의 길이로 하는 직각삼각형

⑤ c를 빗변의 길이로 하는 직각삼각형

🔆 대치동 꿀팁!! 숫자로 직접 계산해서 답을 내지 말자. 주어진
식에서 몇 개의 숫자만 문자로 바꿔 익숙한 형
태의 식을 만들어 보고 이를 변형해서 깔끔하
게 답을 내는 연습을 해보자.

필수예제 11   인수분해를 이용한 수의 계산

$\dfrac{2005^3 - 1}{2005 \cdot 2006 + 1}$ 의 값을 구하여라.

유제 31 $\sqrt{50 \times 51 \times 52 \times 53 + 1}$ 의 값은?

① 2550   ② 2551   ③ 2650

④ 2651   ⑤ 2700

유제 32 $16^2 - 15^2 + 14^2 - 13^2 + \cdots + 2^2 - 1^2$의 값은?

① 108   ② 119   ③ 123

④ 136   ⑤ 140

유제 33 $95^3 + 5 \cdot 95^2 - 5^2 \cdot 95 - 5^3$의 값은?

① 750000   ② 800000   ③ 850000

④ 900000   ⑤ 950000

II

방정식

복소수

01 복소수의 뜻

THEME 1 허수단위 i

제곱해서 음수가 되는 실수는 없으므로 방정식 $x^2 + 1 = 0$은 실수의 범위에서 해를 갖지 않는다.

방정식 $x^2 + 1 = 0$이 해를 갖도록 수의 범위를 확장해 보자. 제곱하여 -1이 되는 새로운 수를 생각하여 이것을 i로 나타내고 **허수단위**라고 한다. 즉 $i^2 = -1$이며, 제곱해서 -1이 된다는 뜻으로 $i = \sqrt{-1}$로 나타내기도 한다.

THEME 2 복소수

실수 a, b에 대하여 $a + bi$의 꼴의 수를 **복소수**라고 한다.
이때 a를 $a + bi$의 **실수부분**, b를 $a + bi$의 **허수부분**이라고 한다.
복소수 $a + bi$에서 $a = 0$일 때, $0 + bi$는 간단히 bi로 나타내고, $0i = 0$으로 정의한다.
또 $b = 0$일 때, $a + 0i$는 a이므로 실수도 복소수이다.
한편 $b \neq 0$일 때, $a + bi$는 실수가 아닌 복소수이다. 실수가 아닌 복소수를 **허수**라고 한다.
이상으로부터 복소수는 다음과 같이 분류할 수 있다.

$$
\text{복소수 } a + bi
\begin{cases}
\text{실수 } a & (b = 0) \\
\text{허수 } a + bi & (b \neq 0)
\end{cases}
\quad (\text{단, } a, b \text{는 실수})
$$

또한 허수 $a + bi$에서 $a = 0, b \neq 0$일 때, 즉, $bi \ (b \neq 0)$를 순허수라고 한다.

cf) 실수는 크기가 있는 수이지만 허수는 크기가 없는 수이다.
즉, $i < 2i$, $\quad i > -i$, $i + 1 > i$와 같이 허수의 크기를 비교하는 것은 불가능하다.

THEME 3 복소수가 서로 같을 조건

두 복소수 $a+bi$와 $c+di$(a, b, c, d는 실수)의 실수부분과 허수부분이 각각 같을 때, 즉 $a=c$이고 $b=d$ 일 때, 두 복소수는 서로 같다고 하고 $a+bi=c+di$로 나타낸다. 또 $a+bi=c+di$이면 $a=c$, $b=d$이다.

> **서로 같은 복소수**
>
> (a, b, c, d가 실수일 때)
> 1. $a=c$이고 $b=d$이면 $a+bi=c+di$이다.
> 2. $a+bi=c+di$이면 $a=c$, $b=d$이다. 특히 $a+bi=0$이면 $a=0$, $b=0$이다.

보기

> x, y가 실수일 때
> **1.** $x+yi=2-i$이면 $x=2$, $y=-1$이다.
> **2.** $(x+2)+(y-3)i=0$이면 $x=-2$, $y=3$이다.

THEME 4 켤레복소수

복소수 $a+bi$(a, b는 실수)에 대하여 허수부분의 부호를 바꾼 복소수 $a-bi$를 $a+bi$의 **켤레복소수**라 하고, 이것을 기호로 $\overline{a+bi}$와 같이 나타낸다. 즉 $\overline{a+bi}=a-bi$이다.

또 $\overline{a-bi}=a+bi$이므로 $a-bi$의 켤레복소수는 $a+bi$이다.

> 복소수 $z=a+bi$(a, b는 실수)에 대하여 z의 켤레복소수는 $\overline{z}=a-bi$이다.

보기

> $\overline{-3+2i}=-3-2i$, $\overline{2}=2$, $\overline{-i}=i$

THEME 5 복소수의 덧셈, 뺄셈

중학교에서 무리수의 덧셈과 뺄셈은 $\sqrt{2}$ 를 문자로 생각하여

$$(2+3\sqrt{2})+(4+2\sqrt{2})=(2+4)+(3+2)\sqrt{2}=6+5\sqrt{2}$$
$$(2+3\sqrt{2})-(4+2\sqrt{2})=(2-4)+(3-2)\sqrt{2}=-2+\sqrt{2}$$

와 같이 계산하였다.

마찬가지로 복소수의 덧셈과 뺄셈에서도 허수단위 i 를 문자로 생각하여 실수부분은 실수부분끼리, 허수부분은 허수부분끼리 계산한다. 일반적으로 복소수의 덧셈과 뺄셈은 다음과 같이 계산한다.

> 💬 **복소수의 덧셈과 뺄셈**
>
> (a, b, c, d가 실수일 때)
> 1. 덧셈 $(a+bi)+(c+di)=(a+c)+(b+d)i$
> 2. 뺄셈 $(a+bi)-(c+di)=(a-c)+(b-d)i$

🔍 **보기**

1. $(3-8i)+(2+4i)=(3+2)+(-8+4)i=5-4i$
2. $(2+3i)-(1+2i)=(2-1)+(3-2)i=1+i$

THEME 6 복소수의 곱셈

중학교에서 무리수의 곱셈은 $\sqrt{2}$ 를 문자로 생각하고 $(\sqrt{2})^2=2$ 임을 이용하여
$(2+\sqrt{2})(3+2\sqrt{2})=6+7\sqrt{2}+2(\sqrt{2})^2=10+7\sqrt{2}$ 와 같이 계산하였다. 마찬가지로 복소수의 곱셈에서도 허수단위 i 를 문자로 생각하고, 그 과정에서 i^2 이 나오면 $i^2=-1$ 임을 이용하여 계산한다.

즉 a, b, c, d가 실수일 때
$(a+bi)(c+di)=ac+adi+bci+bdi^2=ac+(ad+bc)i-bd=(ac-bd)+(ad+bc)i$ 이다.
일반적으로 복소수의 곱셈은 다음과 같이 계산한다.

(a, b, c, d가 실수일 때)
$$(a+bi)(c+di) = (ac-bd)+(ad+bc)i$$

THEME 7 복소수의 나눗셈

중학교에서 무리수의 나눗셈은 분모를 유리화하여

$$\frac{3+\sqrt{2}}{2+\sqrt{2}} = \frac{(3+\sqrt{2})(2-\sqrt{2})}{(2+\sqrt{2})(2-\sqrt{2})} = \frac{4-\sqrt{2}}{2}$$ 와 같이 계산하였다.

마찬가지로 복소수의 나눗셈 $\dfrac{a+bi}{c+di}$ (a, b, c, d는 실수, $c+di \neq 0$)를 계산할 때에는

분모에 있는 복소수 $c+di$의 켤레복소수 $c-di$를 분모, 분자에 각각 곱하여 계산한다.

즉 $\dfrac{a+bi}{c+di} = \dfrac{(a+bi)(c-di)}{(c+di)(c-di)} = \dfrac{(ac+bd)+(bc-ad)i}{c^2+d^2} = \dfrac{ac+bd}{c^2+d^2} + \dfrac{bc-ad}{c^2+d^2}i$ 이다.

💬 복소수의 나눗셈

a, b, c, d가 실수이고 $c+di \neq 0$일 때
$$\frac{a+bi}{c+di} = \frac{ac+bd}{c^2+d^2} + \frac{bc-ad}{c^2+d^2}i$$

02 복소수의 성질

실수의 연산에서와 같이 복소수의 연산에서도 다음 성질이 성립한다.

복소수의 연산에 대한 성질

복소수 z, w, v에 대하여
1. 교환법칙 $z+w=w+z$, $zw=wz$
2. 결합법칙 $(z+w)+v=z+(w+v)$, $(zw)v=z(wv)$
3. 분배법칙 $z(w+v)=zw+zv$, $(z+w)v=zv+wv$

cf) 복소수의 덧셈과 곱셈에서 결합법칙이 성립하므로 이를 보통 괄호 없이 $z+w+v$, zwv 로 나타낸다.

실수의 거듭제곱과 마찬가지로 복소수 z를 n번 곱한 것을 z^n으로 나타낸다.

n이 자연수일 때, $(-1)^n$의 값을 차례로 나열하면 -1, 1, -1, 1, -1, $\cdots$ 과 같이 -1, 1이 차례로 반복된다.

마찬가지로 n이 자연수일 때, i^n의 값을 차례로 나열하면 $i^1=i$, $i^2=-1$, $i^3=-i$, $i^4=1$, $i^5=i$, $\cdots$와 같이 i, -1, $-i$, 1이 차례로 반복된다. 따라서 $i^{4n}=(i^4)^n=1^n=1$이 성립함을 알 수 있다.

i의 거듭제곱

$(i^4=1$의 성질에 의해서$)$

① $\dfrac{1}{i^7}=\dfrac{1}{i^3}=i=i^5=i^9=i^{13}=\cdots$ ② $\dfrac{1}{i^6}=\dfrac{1}{i^2}=-1=i^2=i^6=i^{10}=\cdots$

③ $\dfrac{1}{i^5}=\dfrac{1}{i}=-i=i^3=i^7=i^{10}=\cdots$ ④ $\dfrac{1}{i^8}=\dfrac{1}{i^4}=1=i^4=i^8=i^{12}=\cdots$

⑤ $i^n+i^{n+1}+i^{n+2}+i^{n+3}=0$ (단, n은 자연수(정수))

① $(1+i)^2 = 2i$ ② $(1-i)^2 = -2i$ ③ $(1+i)(1-i) = 2$

④ $\dfrac{1+i}{1-i} = i$ ⑤ $\dfrac{1-i}{1+i} = -i$ ⑥ $\dfrac{1}{i} = -i$

THEME 3 켤레복소수의 성질

두 복소수 $z_1 = a+bi$, $z_2 = c+di$ (단 a, b, c, d는 실수)에 대하여

$$\overline{z_1 + z_2} = \overline{(a+bi)+(c+di)} = \overline{(a+c)+(b+d)i} = (a+c)-(b+d)i$$

$$\overline{z_1} + \overline{z_2} = \overline{(a+bi)} + \overline{(c+di)} = a-bi+c-di = (a+c)-(b+d)i$$

$$\therefore \overline{z_1 + z_2} = \overline{z_1} + \overline{z_2}$$

$$\overline{z_1 z_2} = \overline{(a+bi)(c+di)} = \overline{(ac-bd)+(ad+bc)i} = (ac-bd)-(ad+bc)i$$

$$\overline{z_1}\,\overline{z_2} = \overline{(a+bi)}\,\overline{(c+di)} = (a-bi)(c-di) = (ac-bd)-(ad+bc)i$$

$$\therefore \overline{z_1 z_2} = \overline{z_1}\,\overline{z_2}$$

이와 같이 켤레복소수는 다음과 같은 성질이 성립한다.

💬 켤레복소수의 성질

두 복소수 z_1, z_2에 대하여

1. $\overline{z_1 + z_2} = \overline{z_1} + \overline{z_2}$

2. $\overline{z_1 - z_2} = \overline{z_1} - \overline{z_2}$

3. $\overline{z_1 z_2} = \overline{z_1}\,\overline{z_2}$

4. $\overline{\left(\dfrac{z_1}{z_2}\right)} = \dfrac{\overline{z_1}}{\overline{z_2}}$ (단, $z_2 \neq 0$)

5. $\overline{(\overline{z_1})} = z_1$

6. z_1이 실수 $\Leftrightarrow z_1 = \overline{z_1}$

   z_2이 순허수 $\Leftrightarrow z_2 + \overline{z_2} = 0$

또한, 복소수와 그 켤레복소수의 합과 곱은 항상 실수이다.

1. $(a+bi) + \overline{(a+bi)} = (a+bi)+(a-bi) = 2a$

2. $(a+bi)\overline{(a+bi)} = (a+bi)(a-bi) = a^2+b^2$ (단, a, b는 실수)

03 음수의 제곱근

THEME 1 음수의 제곱근

두 복소수 $\sqrt{3}\,i$, $-\sqrt{3}\,i$에 대하여 $(\sqrt{3}\,i)^2 = -3$, $(-\sqrt{3}\,i)^2 = -3$이므로 $\sqrt{3}\,i$, $-\sqrt{3}\,i$는 -3의 제곱근이다.

이와 같이 양수 a에 대하여 $-a$의 제곱근은 $\sqrt{a}\,i$, $-\sqrt{a}\,i$이다. 한편, 양수 a의 제곱근을 $\pm\sqrt{a}$로 나타내는 것과

같이 $-a$의 제곱근을 $\pm\sqrt{-a}$로 나타내기도 한다. 이때, $\sqrt{-a} = \sqrt{a}\,i$로 정한다.

> **음수의 제곱근**
>
> $a > 0$일 때
> (1) $\sqrt{-a} = \sqrt{a}\,i$
> (2) $-a$의 제곱근은 $\pm\sqrt{a}\,i$

> **음수의 제곱근의 성질**
>
> (1) $a \leq 0$, $b \leq 0$일 때, $\sqrt{a}\,\sqrt{b} = -\sqrt{ab}$, $a \geq 0$, $b < 0$일 때, $\dfrac{\sqrt{a}}{\sqrt{b}} = -\sqrt{\dfrac{a}{b}}$
>
> (2) $\sqrt{a}\,\sqrt{b} = -\sqrt{ab}$일 때, $a \leq 0$, $b \leq 0$, $\dfrac{\sqrt{a}}{\sqrt{b}} = -\sqrt{\dfrac{a}{b}}$일 때, $a \geq 0$, $b < 0$

필수예제 01 **복소수의 정의**

다음 보기의 수들에 대한 설명 중 옳은 것을 모두 고른 것은?

───〈보기〉───

$$-2, \quad 2-3i, \quad -\sqrt{5}\,i, \quad \frac{1}{3}-\sqrt{2}\,i, \quad \frac{\pi}{3}, \quad 0$$

㉠ 복소수는 모두 3개다.　　　　㉡ 순허수는 오직 1개다.

㉢ 허수는 모두 3개다.　　　　㉣ 실수는 모두 5개이다.

① ㉡　　　　　　　　　　　② ㉠, ㉡

③ ㉡, ㉢　　　　　　　　　　④ ㉠, ㉡, ㉣

⑤ ㉠, ㉢, ㉣

유제 01 오른쪽 벤다이어그램에서 어두운 부분에 속하는 원소는?

① 0　　　　　　　　② 2

③ $\sqrt{2}\,i$　　　　　　　　④ $2-i$

⑤ -2

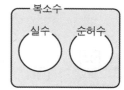

유제 02 다음 설명 중 옳지 않은 것은? (단, $i=\sqrt{-1}$)

① 제곱하여 -5가 되는 수는 $\pm\sqrt{5}\,i$이다.

② $\sqrt{-4}=2i$이다.

③ 2의 허수부분은 0이다.

④ $-3i$는 순허수이다.

⑤ $a=0, \ b\neq 0$이면 $a+bi$는 실수이다.

유제 03 $3+5i$의 실수부분을 a라 하고 $2-3i$의 허수부분을 b라 할 때, $a+b$의 값은?

① 6　　　　② 0　　　　③ $5-3i$　　　④ $3-3i$　　　⑤ 2

필수예제 **02** 복소수의 연산

다음 식을 간단히 하여라.

(1) $(3+4i)-(7+2i)$

(2) $\sqrt{8}\,i-\sqrt{2}\,i$

(3) $3\sqrt{-8}+\sqrt{-32}-5\sqrt{-2}$

다음 식을 간단히 하여라.

(1) $\sqrt{-4}\times\sqrt{-25}$

(2) $(2+\sqrt{-3})(\sqrt{3}-\sqrt{-4})$

(3) $\dfrac{1-\sqrt{-2}}{\sqrt{2}+\sqrt{-1}}$

(4) $\dfrac{1}{1+i}+\dfrac{1+i}{2+i}$

유제 04

$\dfrac{1}{1+i}+\dfrac{i}{2}$ 를 간단히 하면?

① 1 ② 2 ③ $\dfrac{1}{2}$ ④ i ⑤ $\dfrac{1+i}{2}$

유제 05

$z=\dfrac{2}{1-i}$ 일 때, z^2+z의 값은?

① $1+3i$ ② $1-3i$ ③ $3+i$ ④ $3-i$ ⑤ $3i$

유제 06

$\dfrac{1}{2+i}+\dfrac{1+i}{1-2i}=a+bi$의 꼴로 나타내었을 때, $a+b$의 값을 구하시오.
(단, a, b는 실수)

⭐️대치동 꿀팁!!

$i^4 = 1$을 이용한 여러 성질들을 다시 한번 확인해보자. 알아두어야 할 6가지 i관련식 (75쪽 참고)도 반드시 외워서 불필요한 계산을 줄이도록 하자.

필수예제 03 i의 거듭제곱

$i^{1969} + i^{1988} + i^{2010} + i^{2015}$의 값은?

① i

② $-i$

③ 0

④ 1

⑤ -1

$$1 + \left(\frac{1+i}{1-i}\right) + \left(\frac{1+i}{1-i}\right)^2 + \left(\frac{1+i}{1-i}\right)^3 + \cdots$$
$$+ \left(\frac{1+i}{1-i}\right)^{2010}$$
$$= a + bi$$

일 때, $a+b$의 값을 구하여라.

(단, a, b는 실수)

유제 07

$i + i^2 + i^3 + i^4 + \cdots + i^{4000}$의 값은?

① i ② 1 ③ 0

④ 501 ⑤ $4000i$

유제 08

$\dfrac{1}{i} + \dfrac{1}{i^2} + \cdots + \dfrac{1}{i^{10}} = x + yi$일 때, 실수 x, y의 합 $x+y$의 값을 구하여라.

유제 09

$i + 2i^2 + 3i^3 + 4i^4 + \cdots + 39i^{39} + 40i^{40} = a + bi$일 때, $a-b$의 값을 구하시오.

(단, a, b는 실수)

🎯 대치동 꿀팁!!

필수예제 04 — 복소수 상등정리 (복소수가 같을 조건)

다음 등식을 만족하는 실수 x, y의 값을 구하여라.

(1) $(x-2)+(y+1)i = 0$

(2) $(x-y)+(2x+3y)i = 3-4i$

실수 x, y에 대하여
$(3-i)x+(1+3i)y = 2+4i$가
성립할 때, $10x+5y$의 값은?

유제 **10**

등식 $2x(2-i)-y(1+3i) = 7+7i$를 만족하는 실수 x, y에 대하여 $x+y$의 값은?

① -2 ② -1 ③ 0

④ 1 ⑤ 2

유제 **11**

다음 등식이 성립하는 실수 x, y에 대하여 xy의 값을 구하시오.

$$(1-i)x-y+3i = -4+2i$$

유제 **12**

다음 등식을 만족하는 실수 x, y를 각각 구하여라.

(1) $(2x+i)(3+2i) = -8+yi$

(2) $\dfrac{x}{1+i}+\dfrac{y}{1-i} = 1-3i$

대치동 꿀팁!!

2차식 정도라면 직접 대입해서 계산하는 것이 가능하다. 하지만 3차식 이상부터는 상당히 어려운 계산이 예상된다. 걸림돌이 되는 i를 우선 해결하기 위해 조건식을 적당히 이항해보고 제곱하는 방법을 생각해보도록 하자.

필수예제 05 **식의 값 구하기**

$x = -1 + i$일 때, $x^2 + 2x + 3$의 값을 구하여라.

$x = 1 + 2i$일 때, $x^3 - 2x^2 + 3x + 5$의 값을 구하여라.

유제 **13** $x = 1 + 2i$일 때, $x^3 + 2x^2 - x + 3$의 값을 구하여라.

유제 **14** $x = 2 + i$일 때, $x^3 - 4x^2 + 6x + 2$의 값을 구하여라.

유제 **15** $x = \dfrac{1 + \sqrt{3}\,i}{2}$일 때, x^3의 값을 구하여라. (단, $i = \sqrt{-1}$)

켤레복소수를 구할 때 눈에 보이는 부호를 바꾸는 것은 조심하도록 하자. 항상 허수부분의 부호를 바꾼다고 생각해야 한다. 또한 실수의 켤레복소수는 실수 자신이라는 것도 조심하도록.

필수예제 06 켤레복소수

복소수 $z = a + bi$(단, a, b는 실수)의 켤레복소수는 $\overline{z} = a - bi$이다. 다음 중 옳지 않은 것을 고르시오.

① $\overline{2 + i} = 2 - i$

② $\overline{2i + 3} = 2i - 3$

③ $\overline{2} = 2$

④ $\overline{-3i} = 3i$

⑤ $\overline{-2 - 5i} = -2 + 5i$

복소수 $z = -2 - 3i$의 켤레복소수를 $\overline{z}$라 할 때, 다음 중 옳지 않은 것은?

① $\overline{z} = -2 + 3i$

② $z + \overline{z} = -4$

③ $z - \overline{z} = -6i$

④ $z\overline{z} = 13$

⑤ $\dfrac{\overline{z}}{z} = 1 - i$

유제 16 다음 중 틀린 것을 고르시오.

① $\overline{\sqrt{3} - 2i} = \sqrt{3} + 2i$ ② $\overline{-4i} = 4i$ ③ $\overline{3i + 2} = -3i + 2$

④ $\overline{0} = 0$ ⑤ $\overline{4} = -4$

유제 17 $z_1 = 2 + i$, $z_2 = -1 - 2i$일 때, $z_1 \overline{z_2} + \overline{z_1} z_2$의 값은? (단, $\overline{z_1}$, $\overline{z_2}$는 각각 z_1, z_2의 켤레복소수이다.)

① -8 ② $6i$ ③ $8 - 6i$

④ $-8 + 6i$ ⑤ $6 + 8i$

유제 18 $w = 3 - i$에 대하여 $z = \dfrac{w + 2}{3w - 1}$일 때, $z\overline{z}$의 값을 구하여라.

필수예제 07 복소수 구하기

복소수 $z=a+bi$에 대하여 $-2z+3i\bar{z}=-3+7i$일 때, $a+b$의 값을 구하여라.(단, a, b는 실수)

① 1
② 2
③ 3
④ 4
⑤ 5

유제 19 복소수 $z=a+bi$의 켤레복소수가 $\bar{z}$일 때, $4iz+(3-i)\bar{z}=3i-1$을 만족하는 복소수 z의 값은?(단, a, b는 실수)

① $-2-2i$ ② $-2i$ ③ $i+1$
④ $2+i$ ⑤ $3+2i$

유제 20 복소수 z와 그 켤레복소수 $\bar{z}$에 대하여 $(2-i)z+4i\bar{z}=1-4i$가 성립할 때, 복소수 z를 구하여라.

유제 21 복소수 z와 그 켤레복소수 $\bar{z}$에 대하여 $z+\bar{z}=4$, $z\bar{z}=20$이 성립 할 때, 복소수 z는?

① $4\pm2i$ ② $-4\pm2i$ ③ $2\pm2i$
④ $-2\pm4i$ ⑤ $2\pm4i$

필수예제 08   실수, 순허수가 되기 위한 조건

복소수 $(x^2 + 2x - 3) + (x^2 + x - 6)i$ 가 0이 아닌 실수가 되기 위한 x의 값을 α, 순허수가 되도록 하는 실수 x의 값을 β라고 한다면, $\alpha^2 + \beta$의 값은?

유제 22   복소수 $(1+i)x^2 - x - (2+i)$가 순허수가 되기 위한 x의 값을 구하여라.

유제 23   복소수 $(x^2 - 1) + (x^2 - 3x - 4)i$를 제곱하면 양의 실수가 된다고 한다. x의 값을 구하여라.

유제 24   복소수 $z = a + bi$에 대하여 z^2이 음의 실수가 되기 위한 조건, 양의 실수가 되기 위한 조건을 바르게 고른 것은?

	z^2이 음의 실수가 되기 위한 조건	z^2이 양의 실수가 되기 위한 조건
①	$a = 0,\ b \neq 0$	$a = 0,\ b \neq 0$
②	$a = 0,\ b \neq 0$	$a \neq 0,\ b = 0$
③	$a \neq 0,\ b = 0$	$a = 0,\ b \neq 0$
④	$a \neq 0,\ b = 0$	$a \neq 0,\ b = 0$
⑤	$a \neq 0,\ b = 0$	$a \neq 0,\ b = 0$

루트끼리 연산할 때 곱하기와 나누기는 상당히 자유롭게 합치거나 쪼갤수 있다. 다만 각각 한 경우씩은 합치거나 쪼개는 과정에서 ─가 생긴다. 어떤 경우에 그런 일이 일어나는지 기억나지 않는다면 개념을 참고하도록 해보자.(76쪽 참고)

💡 대치동 꿀팁!!

필수예제 **09** 음수 제곱근의 성질

$\sqrt{x-5}\sqrt{2-x}=-\sqrt{(x-5)(2-x)}$ 를 만족시키는 모든 정수 x의 값의 합을 구하여라.

등식 $\dfrac{\sqrt{x-1}}{\sqrt{x-5}}=-\sqrt{\dfrac{x-1}{x-5}}$ 을 만족시키는 정수 x의 개수는?

① 2개 ② 3개 ③ 4개

④ 5개 ⑤ 6개

유제 **25**

다음 두 조건을 만족하는 정수 a, b에 대하여 $a+b$의 최댓값과 최솟값의 차이를 구하시오.

$$\sqrt{-a+1}\sqrt{a-2}=-\sqrt{(-a+1)(a-2)}, \quad \dfrac{\sqrt{b+2}}{\sqrt{b-1}}=-\sqrt{\dfrac{b+2}{b-1}}$$

유제 **26**

0이 아닌 임의의 실수 a, b에 대하여 $\dfrac{\sqrt{a}}{\sqrt{b}}=-\sqrt{\dfrac{a}{b}}$ 일 때, $|b-a|+|a|-|b|$를 간단히 하시오.

유제 **27**

0이 아닌 두 실수 a, b가 $\dfrac{\sqrt{a}}{\sqrt{b}}=-\sqrt{\dfrac{a}{b}}$ 를 만족시킬 때, 다음 보기 중 항상 옳은 것의 개수는?

─────〈보기〉─────

㉠ $a+b<0$ ㉡ $\dfrac{\sqrt{b}}{\sqrt{a}}=-\sqrt{\dfrac{b}{a}}$ ㉢ $\sqrt{a^2b^2}=-ab$

㉣ $|a-b|=|a|+|b|$ ㉤ $ab<0$

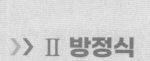

>> Ⅱ 방정식

이차방정식의 성질

01 이차방정식의 해

THEME 1 일차방정식의 풀이

등식 $ax = b$에서

(1) $a \neq 0$이면 (이 상황을 정확히 일차방정식이라 부름 : 문제에서 일차방정식이라는 언급이 있을 때에는 방정식 $ax = b$에서 $a \neq 0$이라는 조건을 스스로 말할 수 있어야 한다) 이 등식은 방정식이 되며 해는 $x = \dfrac{b}{a}$(오직 한 근)이다.

(2) $a = 0$, $b = 0$이면 이 등식은 $0 \times x = 0$의 꼴이므로 항등식이 된다. 즉, 항상 등호가 성립하는 등식이므로 주어진 등식을 만족하는 x는 모든 실수(해가 무수히 많다)

(3) $a = 0$, $b \neq 0$이면 이 등식은 성립하지 않는다. 즉, x에 어떤 값을 넣어도 성립하지 않으므로 해가 없다.

> 💬 **절댓값을 포함한 방정식**
>
> 방정식 안에 절댓값이 보이는 경우에는 절댓값 안에 있는 내용물이 0이 될 때를 기준으로 빠르게 케이스를 나누어서 풀어준다. 만약 $|x - a| = bx + c$일 때, 절댓값 안에 있는 내용물 $x - a$가 0이 될 때는 $x = a$일 때 이므로 $x \leq a \leq x$ 즉, $x \leq a$인 경우와 $a \leq x$인 경우로 나누어서 풀어준다.
> 또한 $|x - a| + |x - b| = cx + d$ $(a < b)$일 때에는 내용물 $x - a$가 0이 될 때와 $x - b$가 0이 될 때를 생각하면 $x = a, b$이므로 $x \leq a \leq x \leq b \leq x$ 즉, $x \leq a$, $a \leq x \leq b$, $b \leq x$인 세 가지 경우로 나누어서 풀어준다.

> 💬 **가우스 기호를 포함한 방정식**
>
> 잘 나오진 않지만 킬러문항으로 등장할 수 있는 가우스기호를 포함한 방정식
> 방정식에 $[x] = 3$과 같이 가우스기호를 포함하고 있으면 일반적으로 해는 부등식의 형태로 나타난다.
> 가우스기호의 뜻이 x를 넘지 않는 최대정수라는 뜻이고 그것이 3이라면 $3 \leq x < 4$이어야 하므로 방정식의 해는 $3 \leq x < 4$이다. 또한 $[x]^2 - [x] - 2 = 0$와 같이 여러 개의 $[x]$가 있다면 과감하게 $[x] = t$로 치환해서 문제를 풀어주면 된다.
> 이때, 주의할 사항은 치환을 했기 때문에 범위를 조심해야 하고, 가우스기호의 경우는 무조건 적으로 정수값만을 출력할 수 밖에 없기 때문에 $[x] = t$와 같이 치환(단, $t \leq x < t + 1$)을 하고 조심스럽게 (t는 정수)라는 조건을 써주도록 하자.

THEME 2 　인수분해를 이용한 이차방정식의 풀이

중학교 과정에서 $x^2 - 2x - 3 = 0 \Rightarrow (x+1)(x-3) = 0$과 같이 이차방정식의 좌변이 두 일차식의 곱으로 인수분해되면 $x + 1 = 0$ 또는 $x - 3 = 0$ 이므로 $x = -1, 3$이다.
(방정식에서의 콤마(,)는 일반적으로 "또는"을 의미 한다.)

💬 **인수분해에 이용한 이차방정식의 풀이**

1. x에 대한 이차방정식 $(x - \alpha)(x - \beta) = 0$의 근 $\Rightarrow x = \alpha,\ \beta$

2. x에 대한 이차방정식 $(ax - b)(cx - d) = 0$의 근 $\Rightarrow x = \dfrac{b}{a},\ \dfrac{d}{c}$

THEME 3 　근의 공식을 이용한 이차방정식의 풀이

이차방정식 $x^2 - 2 = 0$은 실수의 범위에서 $x = \sqrt{2}$ 또는 $x = -\sqrt{2}$ 를 근으로 갖는다.

한편, 이차방정식 $x^2 + 2 = 0$은 실수의 범위에서는 근을 갖지 않는다.

그러나 $(\sqrt{2}\,i)^2 = -2$, $(-\sqrt{2}\,i)^2 = -2$ 이므로 $x = \sqrt{2}\,i$ 또는 $x = -\sqrt{2}\,i$는 $x^2 + 2 = 0$을 만족한다.

따라서 $x = \sqrt{2}\,i$ 또는 $x = -\sqrt{2}\,i$ 는 이차방정식 $x^2 + 2 = 0$의 근이다.

이와 같이 계수가 실수인 이차방정식은 복소수의 범위까지 확장하면 그 근을 구할 수 있다.

계수 a, b, c가 실수인 이차방정식 $ax^2 + bx + c = 0$의 근을 구해 보자.

이차방정식 $ax^2 + bx + c = 0$의 좌변이 인수분해될 때에는 그 근을 쉽게 구할 수 있지만,

인수분해되지 않을 때에는 완전제곱식으로 식을 변형하여 그 근을 구할 수 있다.

그러나 이차방정식을 풀 때마다 완전제곱식으로 변형하는 것은 번거로우므로 다음과 같은 근의 공식

을 이용하면 편리하다. 이차방정식 $ax^2 + bx + c = 0$의 근은 $x = \dfrac{-b \pm \sqrt{b^2 - 4ac}}{2a}$

💬 **이차방정식의 근의 공식**

a, b, c가 실수일 때,

1. $ax^2 + bx + c = 0$ $(a \neq 0)$의 근 $\Rightarrow x = \dfrac{-b \pm \sqrt{b^2 - 4ac}}{2a}$

2. $ax^2 + 2b'x + c = 0$ $(a \neq 0)$의 근 $\Rightarrow x = \dfrac{-b' \pm \sqrt{(b')^2 - ac}}{a}$: 짝수 근의 공식

THEME 4 이차방정식의 실근과 허근

위의 근의 공식에서 $b^2 - 4ac \geq 0$이면 $\sqrt{b^2 - 4ac}$는 실수 $b^2 - 4ac < 0$이면 $\sqrt{b^2 - 4ac}$는 허수이다.

따라서 계수가 실수인 이차방정식은 복소수의 범위에서 반드시 근을 가진다는 것을 알 수 있다.

이때 실수인 근을 『실근』이라 하고, 허수인 근을 『허근』이라고 한다.

특별한 언급이 없는 한 이차방정식의 계수는 실수이고, 방정식의 해는 복소수의 범위에서 구한다.

02 이차방정식의 판별식

THEME 1 판별식

이차방정식의 근을 직접 구하지 않고, 근이 실근인지 허근인지를 판별하는 방법에 대하여 알아보자.

계수가 실수인 이차방정식 $ax^2 + bx + c = 0$ $(a \neq 0)$의 근은 $x = \dfrac{-b \pm \sqrt{b^2 - 4ac}}{2a}$

이므로 근이 실근인지 허근인지는 근호 안에 있는 $b^2 - 4ac$의 부호에 의하여 결정된다. 즉,

(i) $b^2 - 4ac > 0$이면 서로 다른 두 실근
(ii) $b^2 - 4ac = 0$이면 중근(실근)
(iii) $b^2 - 4ac < 0$이면 서로 다른 두 허근

을 가진다. 이와 같이 $b^2 - 4ac$의 부호에 따라 주어진 이차방정식의 근을 판별할 수 있으므로 $b^2 - 4ac$를 이차방정식 $ax^2 + bx + c = 0$ $(a \neq 0)$의 『판별식』이라 하고, 보통 기호 D로 나타낸다. 즉, $D = b^2 - 4ac$이다.

> **이차방정식의 근의 판별**
>
> 계수가 실수인 이차방정식 $ax^2 + bx + c = 0$ $(a \neq 0)$의 판별식 $D = b^2 - 4ac$에 대하여
> (1) $D > 0$서로 다른 두 실근을 가진다. 또 서로 다른 두 실근을 가지면 $D > 0$이다.
> (2) $D = 0$이면 중근'(실근)을 가진다. 또 중근을 가지면 $D = 0$이다.
> (3) $D < 0$이면 서로 다른 두 허근을 가진다. 또 서로 다른 두 허근을 가지면 $D < 0$이다.

> **이차방정식의 짝수 판별식**
>
> 이차방정식 $ax^2 + 2b'x + c = 0$ $(a \neq 0)$의 근의 공식 $x = \dfrac{-b' \pm \sqrt{(b')^2 - ac}}{a}$에서 근호 안의
> $(b')^2 - ac$의 부호로도 근을 판별할 수 있고, 이 식을 $\dfrac{D}{4}$로 나타낸다. 즉,
> (1) $\dfrac{D}{4} > 0$서로 다른 두 실근을 가진다. 또 서로 다른 두 실근을 가지면 $\dfrac{D}{4} > 0$이다.
> (2) $\dfrac{D}{4} = 0$이면 중근'(실근)을 가진다. 또 중근을 가지면 $\dfrac{D}{4} = 0$이다.
> (3) $\dfrac{D}{4} < 0$이면 서로 다른 두 허근을 가진다. 또 서로 다른 두 허근을 가지면 $\dfrac{D}{4} < 0$이다.

cf) 일반적으로 이차방정식에서 2차항의 계수는 1로 많이 출제될 것이다.(아니더라도 양수(+)일 것이다.) 이때 주어진 이차방정식에서 상수항의 부호가 음(-)이면 이차방정식은 무조건 서로 다른 두 실근을 갖는다.

THEME 2 판별식의 활용

판별식은 곡선과 직선, 곡선과 곡선 사이의 위치 관계를 알아보는 데 있어서도 이용되고, 최대·최소 문제의 해결에도 이용된다. 여기서는 우선 다음 두 경우의 응용을 생각해 보기로 한다.

(1) 실수 조건에의 응용(부정방정식 테마에서도 나옴)

방정식 $f(x, y) = 0$의 x, y가 실수인 경우에 준 방정식을 x (또는 y)에 관하여 정리하여 이것이 x의 이차방정식이면 $D \geq 0$으로부터 $(y - \beta)^2 \leq 0$과 같이 유도되어 y의 값을 구할 수 있는 경우가 있다.

보기

$x^2 + y^2 - 2x + 4y + 5 = 0$을 만족하는 실수 x, y의 값을 구하여라.

x가 실수라는 말은 x의 방정식으로 볼 때 실근을 갖는다는 말과 같다.

x가 실수 $\Rightarrow$ 근이 실수 $\Rightarrow$ 실근 $\Rightarrow D \geq 0$

준 식을 x에 관하여 정리하면 $x^2 - 2x + y^2 + 4y + 5 = 0$이 식을 x의 이차방정식으로 생각하면 x는 실수이므로

$D/4 = 1 - (y^2 + 4y + 5) \geq 0$ $\therefore (y+2)^2 \leq 0$ $\therefore y = -2$ 이 값을 준 식에 대입하고 풀면 $x = 1$

(2) 완전제곱식에의 응용

x에 대한 이차식 $ax^2 + bx + c \, (a \neq 0)$에서 $D = b^2 - 4ac = 0 \Leftrightarrow ax^2 + bx + c = a\left(x + \dfrac{b}{2a}\right)^2$

x에 대한 이차식 $f(x) = ax^2 + bx + c \, (a, b, c$는 실수)에 대하여 $f(x) = 0$을 만족하는 실수 x가 존재하려면 이차방정식 $ax^2 + bx + c = 0$이 실근을 가지면 되므로 $b^2 - 4ac \geq 0$, 즉 $D \geq 0$이다.

또 이차식 $f(x) = ax^2 + bx + c$가 x에 대한 완전제곱식이 되려면 이차방정식 $ax^2 + bx + c = 0$이 중근을 가지면 되므로 ($a(x-m)^2 = 0$의 형태가 되어야 하므로) $b^2 - 4ac = 0$, 즉 $D = 0$이다.

x의 이차식 $kx^2 - 8x + k$가 완전제곱식일 때, k의 값을 구하여라.

$D/4 = (-4)^2 - k \times k = 0$ 으로부터 $k^2 - 16 = 0$ $\therefore k = \pm 4$

03 근과 계수와의 관계

이차방정식의 두 근의 합과 곱은 각 항의 계수와 어떤 관계가 있는지 알아보자.

이차방정식 $ax^2 + bx + c = 0$의 두 근을

$$\alpha = \frac{-b + \sqrt{b^2 - 4ac}}{2a}, \quad \beta = \frac{-b - \sqrt{b^2 - 4ac}}{2a} \text{ 라고 하면}$$

$$\alpha + \beta = \frac{-b + \sqrt{b^2 - 4ac}}{2a} + \frac{-b - \sqrt{b^2 - 4ac}}{2a} = -\frac{b}{a},$$

$$\alpha\beta = \frac{-b + \sqrt{b^2 - 4ac}}{2a} \times \frac{-b - \sqrt{b^2 - 4ac}}{2a} = \frac{(-b)^2 - (\sqrt{b^2 - 4ac})^2}{4a^2} = \frac{4ac}{4a^2} = \frac{c}{a} \text{이다.}$$

이상에서 이차방정식의 근과 계수 사이에는 다음이 성립함을 알 수 있다.

> 이차방정식 $ax^2 + bx + c = 0$의 두 근을 α, β라고 하면
>
> 1. 두 근의 합 : $\alpha + \beta = -\dfrac{b}{a}$
>
> 2. 두 근의 곱 : $\alpha\beta = \dfrac{c}{a}$

두 수 α, β를 근으로 하고 x^2의 계수가 1인 이차방정식을 구해 보자. 구하는 방정식을 $x^2 + bx + c = 0$이라고 하면, 근과 계수의 관례로부터 $\alpha + \beta = -b$, $\alpha\beta = c$이므로
$x^2 + bx + c = x^2 - (\alpha + \beta)x + \alpha\beta = 0$이다.
따라서 다음이 성립한다.

> 💬 **두 수를 근으로 하는 이차방정식**

> 두 수 α, β를 근으로 하고 x^2의 계수가 1인 이차방정식은
> ⇨ $x^2 -$ (두 근의 합)$x +$ (두 근의 곱)$= 0$
> ⇨ $x^2 - (\alpha + \beta)x + \alpha\beta = 0$

04 이차방정식의 실근의 부호

THEME 1 켤레근

이차방정식이나 고차방정식의 문제는 켤레근을 이용하면 쉽게 해결되는 경우가 있으므로
이차방정식 $x^2 + bx + c = 0$에서 켤레근에 대한 다음과 같은 성질이 있음을 알아보자.

(1) a, b, c가 유리수일 때, 무리수 $m + n\sqrt{p}$ (m, n은 유리수)가 근이면 $m - n\sqrt{p}$도 근이다.
(2) a, b, c가 실수일 때, 허수 $m + ni$ (m, n은 실수, $i = \sqrt{-1}$)가 근이면 $m - ni$도 근이다.

THEME 2 이차방정식의 실근과 부호

이차방정식 $x^2 - 3x + 2 = 0$ 은 $x^2 - 3x + 2 = 0 \Leftrightarrow (x-1)(x-2) = 0 \Leftrightarrow x = 1,\ 2$ 이므로
이 방정식은 서로 다른 두 양근을 가짐을 알 수 있다.
그러나 위와 같이 실제로 두 근을 구하지 않고서도 두 실수 α, β에 대하여

$\alpha > 0,\ \beta > 0 \Leftrightarrow \alpha + \beta > 0,\ \alpha\beta > 0$
$\alpha < 0,\ \beta < 0 \Leftrightarrow \alpha + \beta < 0,\ \alpha\beta > 0$
$(\alpha > 0,\ \beta < 0)$ 또는 $(\alpha < 0,\ \beta > 0) \Leftrightarrow \alpha\beta < 0$

을 이용하면 이차방정식의 근의 부호를 쉽게 알아볼 수도 있다.
위에서 예를 든 이차방정식 $x^2 - 3x + 2 = 0$ 에서 두 근을 α, β 라고 하면
$\alpha + \beta = 3 > 0,\ \alpha\beta = 2 > 0,\ \mathrm{D} = (-3)^2 - 4 \times 1 \times 2 = 1 > 0$이므로 $\alpha > 0$, $\beta > 0$ 임을 알 수 있다.

여기에서 특히 주의할 것은 $\alpha + \beta > 0$, $\alpha\beta > 0$이라고 해도 α, β가 실수라는 조건이 없으면
반드시 $\alpha > 0$, $\beta > 0$인 것은 아니라는 것이다.
이를테면 $\alpha + \beta > 0$, $\alpha\beta > 0$인 α, β는 $\alpha = 2 + i$, $\beta = 2 - i$인 경우도 있기 때문이다.
마찬가지로 $\alpha + \beta < 0$, $\alpha\beta > 0$이라 해서 반드시 $\alpha < 0$, $\beta < 0$인 것은 아니다.
그래서 $\alpha + \beta$, $\alpha\beta$의 부호로써 α, β의 부호를 조사하고자 할 때에는 'α, β가 실수'라는 조건이
필요하다는 것에 주의하기를 바란다.

💬 **이차방정식의 실근의 부호**

실계수 이차방정식 $ax^2 + bx + c = 0$ 의 두 근을 α, β 라고 할 때,
(1) 두 근이 모두 양 $\Leftrightarrow D \geq 0$, $\alpha + \beta > 0$, $\alpha\beta > 0$
(2) 두 근이 모두 음 $\Leftrightarrow D \geq 0$, $\alpha + \beta < 0$, $\alpha\beta > 0$
(3) 두 근이 다른 부호 $\Leftrightarrow \alpha\beta < 0$

(3)의 경우 $\alpha\beta = \dfrac{c}{a} < 0$일 때, 곧 $ac < 0$일 때에는 $D = b^2 - 4ac$에서 $b^2 \geq 0$, $-4ac > 0$이므로 $D = b^2 - 4ac > 0$, 따라서 이때에는 굳이 실근 조건을 생각할 필요가 없다.

미지수를 포함한 방정식에서는 함부로 나누는 연산이 불가능하다는 것을 주의 하도록 하자. 나누고 싶다면 0이 아니라는 조건이 필요하다. 0이라면 나누지 않고 해결해야 한다. 절댓값을 포함한 방정식을 풀이할 때는 절댓값 안의 내용물이 0이 될 때를 기준으로 케이스를 분류해서 접근해보자. 절댓값을 처리하고 나면 간단한 문제이다.

🍯 대치동 꿀팁!!

필수예제 01 일차방정식의 풀이

x에 관한 다음 방정식을 풀어라.

$(a^2+6)x+2 = a(5x+1)$

방정식 $|x-2|+|x+1| = x+10$을 만족시키는 두 근을 α, β라 할 때, $\alpha+\beta$의 값을 구하여라.

  유제 01

x에 대한 방정식 $a^2x-4a-x+4 = 0$에 대하여 다음 물음에 답하여라.

(1) 방정식의 해가 없을 때, 상수 a의 값을 구하여라.

(2) 방정식의 해가 무수히 많을 때, 상수 a의 값을 구하여라.

  유제 02

방정식 $|x-1|+2x+5 = 0$을 풀어라.

 유제 03

다음 방정식을 풀어라.

(1) $|x-2| = 3$

(2) $|x-4|+|x-3| = 2$

(3) $|x-3|-|4-x| = 0$

앞서 배운 전개식과 인수분해를 이용해
이차방정식을 풀어보자. 또한 $x^2 = |x|^2$이
항상 성립함을 기억하자. 이 문제들 역시
절댓값을 해결하면 답은 간단하게 구할 수
있다.

🔲대치동 꿀팁!!

필수예제 02 이차방정식의 풀이

다음 이차방정식을 풀어라.

(1) $2x^2 - 3x - 5 = 0$

(2) $(x+1)^2 = 2(x-1)^2$

(3) $4x^2 - 8x + 5 = 0$

다음 이차방정식을 풀어라.

(1) $x^2 - |x| - 2 = 0$

(2) $x^2 - 2|x-1| - 1 = 0$

 유제 04

다음 이차방정식을 풀어라.

(1) $x^2 - 8x + 15 = 0$

(2) $x^2 - 2x - 2 = 0$

(3) $3x^2 - 2x + 1 = 0$

유제 05 방정식 $x^2 - |x| - 20 = 0$ 의 해를 구하여라.

유제 06 방정식 $|x^2 - 1| - 2x + 1 = 0$의 두 근을 α, β라 할 때, $\alpha + \beta$의 값은?

① -2 ② $1 - \sqrt{3}$ ③ 1

④ 2 ⑤ $1 + \sqrt{3}$

대치동 꿀팁!!

$[x]$가 가질 수 있는 값은 언제나 정수값만 가능하다.
또한, 방정식 $[x]=n$의 해는 $n \leq x < n+1$과 같이 부등식의 형태
로 나올 수 있다. 가우스를 포함한 방정식을 풀 때는 가우스를 먼저 처리
해야 하는지 치환을 통해 방정식을 먼저 처리해야 하는지를 잘 판단하도
록 하자. 시행착오를 경험해야하고 연습만이 해결법이다.

필수예제 03   가우스를 포함하는 방정식

$[x]$는 x를 넘지 않는 최대의 정수라 할 때, 다음 방정식을 풀어라.

(1) $[x] - 3 = \dfrac{[x] - 4}{2}$ 를 풀어라. (단, $[x]$는 x보다 크지 않은 최대의 정수)

(2) $2[x]^2 + 3[x] - 2 = 0$를 풀어라. (단, $[x]$는 x보다 크지 않은 최대정수)

(3) 방정식 $x^2 - 2x + [x] = 0$ $(0 \leq x < 3)$의 해를 구하여라. (단, $[x]$는 x를 넘지 않는 최대의 정수)

유제 07   방정식 $3[x]^2 - 5[x] - 2 = 0$을 풀어라. (단, $[x]$는 x보다 크지 않은 최대의 정수이다.)

유제 08 $0 < x < 2$일 때, 방정식 $x^2 - 3[x] = -1$의 해를 구하여라. (단, $[x]$는 x보다 크지 않은 최대의 정수이다.)

유제 09 방정식 $2[x+1]^2 - 3[x+3] + 1 = 0$의 해가 $a \leq x < b$일 때, ab의 값은?

(단, $[x]$는 x보다 크지 않은 최대의 정수이다.)

① -2 ② -1 ③ 0

④ 1 ⑤ 2

이차방정식 $ax^2 + bx + c = 0$에서 근의 판별은 판별식 $D = b^2 - 4ac$의 부호를 통해 확인할 수 있다. 또한 $b = 2m$의 형태 인 경우 짝수판별식 $D/4 = m^2 - ac$의 부호를 확인하는 것을 강력 추천한다. 익숙해져 보자. 그럼 계산이 매우 쉽고 재미있어질 것이다.

필수예제 04 판별식

이차방정식 $x^2 + 2(a-1)x + a^2 - 1 = 0$는 실근을 갖고 이차방정식
$x^2 + 4x + 2a + 6 = 0$은 허근을 가질 때, 실수 a값의 범위를 구하시오.

x에 대한 이차방정식
$x^2 - k(2x-1) + 6 = 0$이 중근을 갖도록 하 는 양수 k의 값과 중근 α에 대하여 $k - \alpha$의 값을 구하시오.

유제 10

다음 보기 중 실근을 갖는 이차방정식을 모두 고른 것은?

〈보기〉

ㄱ. $x^2 - 3x + 2 = 0$ ㄴ. $x^2 + \sqrt{2}\,x + 2 = 0$

ㄷ. $2x^2 - 4x + 3 = 0$ ㄹ. $x^2 = 8(x-2)$

ㅁ. $x^2 - 2ax + 3a^2 = 0 \quad (a < 0)$

① ㄱ   ② ㄱ, ㄹ   ③ ㄴ, ㄷ

④ ㄹ, ㅁ   ⑤ ㄴ, ㄷ, ㅁ

x에 대한 이차방정식 $x^2 + 2(p-1)x + p^2 + p + 2 = 0$이 서로 다른 두 실근을 갖도록 하는 실수 p의 값의 범위는?

① $p < -\dfrac{1}{3}$ 　　　　② $p < -\dfrac{1}{6}$ 　　　　③ $p > \dfrac{3}{2}$

④ $-\dfrac{1}{3} < p < 3$ 　　　　⑤ $-\dfrac{1}{6} < p < \dfrac{3}{2}$

 x에 대한 이차방정식 $x^2 + (a+2k)x + k^2 + 2k + b = 0$이 실수 k에 관계없이 중근을 가질 때, 실수 a, b의 합 $a+b$의 값은?

① -3 　　　　② -2 　　　　③ 1

④ 3 　　　　⑤ 5

필수예제 05 **허수계수 이차방정식**

다음 이차방정식을 풀어라.

$ix^2 + (2-i)x - 1 - i = 0$

(단, $i = \sqrt{-1}$)

$(1+i)x^2 - 2(a+i)x + (5-3i) = 0$이 실근을 갖도록 실수 a의 값을 정하여라.

 유제 13

이차방정식 $(1+i)x^2 + 2(1-i)x - (1+i) = 0$을 풀어라.

 유제 14

x에 대한 아치방정식 $x^2 + (a-i)x - 3 + 2i = 0$이 실근을 갖도록 하는 실수 a의 값은?

(단, $i = \sqrt{-1}$)

① $-\dfrac{3}{2}$ ② -1 ③ $-\dfrac{1}{2}$

④ $\dfrac{1}{2}$ ⑤ 1

 유제 15

x에 대한 이차방정식 $x^2 + 2(a+i)x + b + 4i = 0$이 중근을 갖도록 하는 실수 a, b에
대하여 $a+b$의 값은? (단, $i = \sqrt{-1}$)

① 1 ② 2 ③ 3

④ 4 ⑤ 5

💡대치동 꿀팁!!

필수예제 06 **판별식의 활용**

a, b, c는 삼각형의 세 변의 길이를 나타낸다. x에 대한 이차방정식
$x^2 - 2bx + a^2 + c^2 = 0$이 중근을 가질 때, 이 삼각형은 어떤 삼각형인가?
① 정삼각형
② a를 빗변으로 하는 직각삼각형
③ b를 빗변으로 하는 직각삼각형
④ $a = c$인 이등변삼각형
⑤ $b = c$인 이등변삼각형

x, y에 대한 이차식
$2x^2 + xy - y^2 - x + ky - 1$이
x, y에 대한 두 일차식의 곱으로 인수분해 될 때, 상수 k의 값을 구하여라.

유제 16 x에 대한 이차식 $x^2 - (k+1)x + k^2 + 2k - 2$가 완전제곱식이 되도록 하는 모든 실수 k의 값의 합은?

① -2　　　　　　② -1　　　　　　③ 0

④ 1　　　　　　⑤ 2

유제 17 x에 대한 이차식 $(x-a)(x-c) + (x-b)(2x-a-c)$가 완전제곱식이 될 때, a, b, c를 세 변의 길이로 하는 삼각형은 어떤 삼각형인가?

① c가 빗변의 길이인 직각삼각형　　　② b가 빗변의 길이인 직각삼각형

③ $a = b \neq c$인 이등변삼각형　　　④ $a = c \neq b$인 이등변삼각형

⑤ $a = b = c$인 정삼각형

유제 18 이차식 $2x^2 + xy + ay^2 + 5x + 5y + 2$가 x, y에 대한 두 일차식의 곱으로 인수분해될 때, 상수 a의 값은?

① -3　　　② -2　　　③ 1　　　④ 2　　　⑤ 3

필수예제 07 **근과 계수와의 관계**

💡 대치동 꿀팁!!

이차방정식 $ax^2 + bx + c = 0$의 두 근을
α, β라 할 때, 두 근의 합은
$\alpha + \beta = -\dfrac{b}{a}$, 두 근의 곱은 $\alpha\beta = \dfrac{c}{a}$
이다. 또한 근은 x값 이므로
$a\alpha^2 + b\alpha + c = 0$, $a\alpha^2 = -b\alpha - c$를
함께 써주도록 하자. 2차의 α^2을 1차로 낮춰줄 수 있는 매우 유용한 식이다.

이차방정식 $2x^2 - 6x + 1 = 0$의 두 근을 a, β라 할 때 다음을 구하시오.

(1) $\alpha^2 + \beta^2$

(2) $\dfrac{\alpha}{\beta} + \dfrac{\beta}{\alpha}$

(3) $(\alpha - \beta)^2$

(4) $(\alpha^2 + \beta)(\beta^2 + \alpha)$

x에 대한 이차방정식
$x^2 - (a-3)x + a = 0$의 두 근의 비가
2 : 5일 때, 상수 a의 값을 모두 구하여라.

유제 19 $x^2 - 3x - 5 = 0$의 두 근이 α, β일 때, 다음 식의 값을 구하여라.

(1) $\alpha^2 + \beta^2$ (2) $\alpha^3 + \beta^3$

(3) $\dfrac{\beta}{\alpha} + \dfrac{\alpha}{\beta}$ (4) $\alpha - \beta$

유제 20 x에 대한 이차방정식 $x^2 - 2x - a = 0$의 두 근이 α, β이고, $\alpha - \beta = 4$일 때, 상수 a의 값을 구하여라.

유제 21 x에 대한 이차방정식 $ax^2 + (2a-4)x - 8a = 0$의 두 근이 부호가 다르고, 절댓값의 비가 2 : 1이 되도록 하는 실수 a의 값은?

① 1 ② 2 ③ 3 ④ 4 ⑤ 5

근과 계수와의 관계를 이용한 문제풀이 시에는 반드시 2차를 1차로 낮출 수 있다면 그렇게 하도록 하자. 3차 이상은? 잘 나오지 않지만 이런 경우는 차수낮추기 보다는 항등식의 개념을 사용해서 답을 구할 수 있다. 난이도가 올라가면 나오기 때문에 그때 해결해 보도록 하자.

🌱대치동 꿀팁!!

필수예제 08 근과 계수의 관계 활용

이차방정식 $x^2 - 5x + 1 = 0$의 두 근을 α, β라 할 때, $(\alpha^2 - 3\alpha + 2)(\beta^2 - 3\beta + 2)$의 값은?

① 9 ② 10 ③ 12
④ 14 ⑤ 15

유제 22 이차방정식 $x^2 - 2x + 2 = 0$의 두 근을 α, β라 할 때, $(\alpha^2 - \alpha + 2)(\beta^2 + \beta + 2)$의 값은?

① 6 ② 7 ③ 8
④ 10 ⑤ 12

유제 23 이차방정식 $x^2 - 2x + 3 = 0$의 두 근을 α, β라 할 때, $\dfrac{9\beta}{\alpha^2 + \alpha + 3} + \dfrac{9\alpha}{\beta^2 + \beta + 3}$의 값은?

① -4 ② -2 ③ 0
④ 2 ⑤ 4

유제 24 이차방정식 $x^2 - 3x + 1 = 0$의 두 근을 α, β라 할 때, $\dfrac{3}{\alpha} + \dfrac{\alpha}{\beta}$의 값을 구하여라.

이차방정식이 켤레근을 갖는다는 사실을 반드시 알아야 한다. 단, 무리켤레근이면 계수는 유리수라는 조건이 있어야 하고, 복소켤레근이면 계수가 실수라는 조건이 있어야 한다. 조건을 만족시키지 않다면 켤레근을 갖는다고 확신할 수 없음을 명심하자!

🔦 대치동 꿀팁!!

필수예제 09 　이차방정식의 켤레근

x에 대한 이차방정식 $x^2 + 2ax + b = 0$의 한 근이 $1 + \sqrt{2}$ 일 때, 유리수 a, b의 곱 ab의 값을 구하여라.

이차방정식 $x^2 + ax + b = 0$의 한 근이 $\dfrac{1+i}{1-i}$ 일 때, 두 실수 a, b의 합 $a+b$을 구하시오. (단, $i = \sqrt{-1}$)

유제 25

유리수 p, q에 대하여 이차방정식 $x^2 + px + q = 0$의 한 근이 $\dfrac{1}{\sqrt{3}+2}$ 일 때, p, q의 값을 구하여라.

유제 26

x에 대한 이차방정식 $x^2 + ax + b = 0$의 한 근이 $\dfrac{1}{1-i}$ 일 때, 두 실수 a, b의 합 $a+b$의 값은?

① -1 　　　　　② $-\dfrac{1}{2}$ 　　　　　③ 0

④ $\dfrac{1}{2}$ 　　　　　⑤ 1

유제 27

$2 + \sqrt{5}$ 를 근으로 가지는 최고차항의 계수가 1인 유리계수 이차방정식을 구하여라.

두 근이 α, β일 때 최고차항의 계수가 1인 x의 이차방정식은 $(x-\alpha)(x-\beta)=0$으로 작성될 수 있다. 그러나 이를 전개해 보면 $x^2-(\alpha+\beta)x+\alpha\beta=0$이 되는데 당연한 것이라고 그냥 넘어가는 학생들이 많다. 외우자! 계산이 매우 빨라지고 복잡한 계산이 쉬워지는 효과를 반드시 확인할 수 있을 것이다.

💡대치동 꿀팁!!

필수예제 10 이차방정식의 작성

이차방정식 $x^2-2x+4=0$의 두 근을 α, β라 할 때, 다음 두 수를 근으로 가지는 최고차항의 계수가 1인 x의 이차방정식을 구하여라.

$$\alpha^2+1, \quad \beta^2+1$$

x에 대한 이차방정식 $f(x)=0$의 두 근 α, β에 대하여 $\alpha+\beta=2$, $\alpha\beta=4$일 때, x에 대한 이차방정식 $f(2x-2)=0$의 두 근의 곱은?

유제 28

이차방정식 $2x^2-x+3=0$의 두 근을 α, β라 할 때, 다음 중 $\dfrac{1}{\alpha}$, $\dfrac{1}{\beta}$을 두 근으로 하는 이차방정식은?

① $3x^2-x+2=0$ ② $3x^2+x+2=0$

③ $3x^2-x-2=0$ ④ $3x^2+x-2=0$

⑤ $x^2-x+2=0$

유제 29

이차방정식 $x^2+3x-1=0$의 두 근을 α, β라 할 때, $\dfrac{\beta}{\alpha}$, $\dfrac{\alpha}{\beta}$를 두 근으로 하는 이차방정식은?

① $x^2-10x+1=0$ ② $x^2+10x+1=0$

③ $x^2+11x-1=0$ ④ $x^2+11x+1=0$

⑤ $x^2-11x-1=0$

유제 30

x에 대한 이차방정식 $f(x)=0$의 두 근의 합이 5일 때, x에 대한 이차방정식 $f(3x-2)=0$의 두 근의 합은?

① 2 ② 3 ③ 4

④ 5 ⑤ 6

😊대치동 꿀팁!!

모든항의 계수가 실수인 이차방정식
$ax^2 + bx + c = 0$ 의 두 근을 α, β 라고 할 때
(1) 두 근이 모두 양
   $\Leftrightarrow D \geq 0$, $\alpha + \beta > 0$, $\alpha\beta > 0$
(2) 두 근이 모두 음
   $\Leftrightarrow D \geq 0$, $\alpha + \beta < 0$, $\alpha\beta > 0$
(3) 두 근이 다른 부호 $\Leftrightarrow \alpha\beta < 0$

필수예제 11 이차방정식의 실근의 부호

x에 관한 이차방정식
$x^2 + (m+2)x + m + 5 = 0$의 두 근이 모두
양수가 되도록 하는 실수 m의 범위를
구하시오.

x에 대한 이차방정식
$x^2 + 2(k-1)x + k - 3 = 0$의 두 근의 부호
가 서로 다르고 음수인 근의 절대값이
양수인 근보다 클 때, 정수 k의 값을 구하
시오.

유제 31

x에 대한 이차방정식 $x^2 + 2(k-1)x + 3 - k = 0$의 두 근이 모두 음수가 되도록 하는
실수 k의 범위를 구하시오.

유제 32

x에 대한 이차방정식 $x^2 - ax + 2a - 4 = 0$이 한 개의 양의 근과 한 개의 음의 근을 갖도
록 하는 실수 a의 값이 될 수 있는 것은?

① 1   ② 2   ③ 4
④ 5   ⑤ 7

유제 33

x에 대한 이차방정식 $x^2 + (a^2 - 3a - 4)x - a + 2 = 0$의 두 실근의 절댓값이 같고 부호
가 서로 다를 때, 상수 a의 값을 구하여라.

MEMO

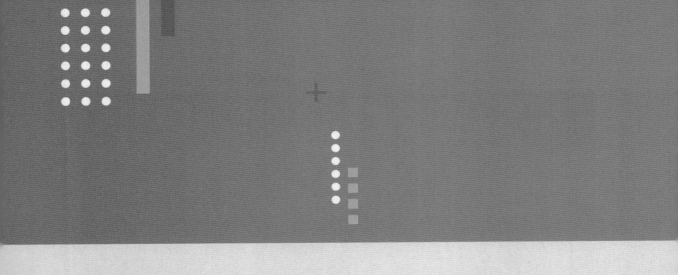

>> II 방정식

06

이차함수의 그래프

01 다항함수의 그래프

THEME 1 일차함수의 그래프

y가 x의 함수일 때, 이것을 기호로 $y = f(x)$와 같이 나타내고, 함수 $y = f(x)$에서 x의 값에 대응하는 함숫값을 $f(x)$로 나타낸다. 일반적으로 함수 $y = f(x)$에서 y가 x에 대한 일차식 $y = ax + b$(a, b는 상수, $a \neq 0$)로 나타내어질 때, y를 x의 『일차함수』라 한다.

🔍보기

1. 세 함수 $y = 3x + 2$, $y = 5x$, $y = -\dfrac{1}{2}x + 3$은 모두 일차함수이다.

2. 세 함수 $y = \dfrac{1}{x} + 3$, $y = 3$, $y = 2x^2 - 1$은 모두 일차함수가 아니다.

---

* 일차함수의 그래프 그리기

(1) 절편을 이용하여 그래프 그리기

일차함수 $y = -\dfrac{2}{3}x + 2$의 그래프를 좌표평면에 나타내면 오른쪽

그림과 같다.

이때 이 그래프가 x축과 만나는 점의 좌표는 $(3, 0)$이고, 이 점의 x좌표는 3이다.

또 이 그래프가 y축과 만나는 점의 좌표는 $(0, 2)$이고, 이 점의 y좌표는 2이다.

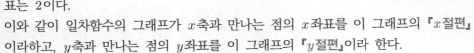

이와 같이 일차함수의 그래프가 x축과 만나는 점의 x좌표를 이 그래프의 『x절편』

이라하고, y축과 만나는 점의 y좌표를 이 그래프의 『y절편』이라 한다.

(2) 기울기와 지나는 점(y절편)을 이용하여 그래프 그리기

일차함수 $y = 2x + 3$의 그래프의 기울어진 정도와 지나는 점(y절편)을 알아보자.

오른쪽 그림과 같이 일차함수 $y = 2x + 3$의 그래프는 $(0, 3)$을 지나고 x의 값이 1만큼 증가할 때 y의 값은 2만큼 증가하고, x의 값이 3만큼 증가할 때 y의 값은 6만큼 증가한다. 이때 x의 값의 증가량에 대한 y의 값의 증가량의 비율은

$$\frac{(y\text{의 값의 증가량})}{(x\text{의 값의 증가량})} = \frac{2}{1} = \frac{6}{3} = 2$$

로 일정하고, 이 값은 일차함수 $y = 2x + 3$에서 x의 계수 2와 같음을 알 수 있다.

일반적으로 일차함수 $y = ax + b$에서 x의 값의 증가량에 대한 y의 값의 증가량의 비율은 항상 일정하며, 그 비율은 x의 계수 a와 같다. 이 비율 a를 일차함수 $y = ax + b$의 그래프의 『기울기』라 한다. 또한 b를 『y절편』이라 한다.

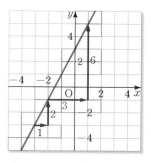

💬 일차함수의 그래프의 기울기와 y절편

일차함수 $y = ax + b$에서

$$(\text{기울기}) = \frac{(y\text{의 값의 증가량})}{(x\text{의 값의 증가량})} = a, \ (y\text{절편}) = b$$

🔍 보기

일차함수 $y = -2x + 5$의 그래프의 기울기는 -2이고, y절편은 5이다.

THEME 2 이차함수의 그래프

일반적으로 함수 $y = f(x)$에서 y가 x에 대한 이차식 $y = ax^2 + bx + c$ ($a, \ b, \ c$는 상수, $a \neq 0$)로 나타내어질 때, y를 x의 『이차함수』라 한다.

🔍 보기

1. 두 함수 $y = 3x^2$, $y = -2x^2 + x$는 모두 이차함수이다.

2. 세 함수 $y = 2x - 3$, $y = 1$, $y = -x^3 + 2$는 모두 이차함수가 아니다.

이차함수 $y = ax^2$의 그래프와 같은 모양의 곡선을 『포물선』이라한다.

포물선은 선대칭도형으로 그 대칭축을 포물선의 『축』이라 하고, 포물선과 축의 교점을 포물선의 『꼭짓점』이라 한다.

일반적으로 이차함수 $y = ax^2$의 그래프는 다음과 같은 성질이 있다.

💬 **이차함수 $y = ax^2$의 그래프**

이차함수 $y = ax^2$의 그래프는

1. 원점을 꼭짓점으로 하고, y축을 축으로 하는 포물선이다.
2. $a > 0$이면 아래로 볼록하고, $a < 0$이면 위로 볼록하다.
3. $|a|$가 클수록 그래프의 폭이 좁아진다.
4. 이차함수 $y = -ax^2$의 그래프와 x축에 대칭이다.

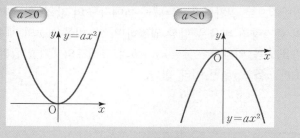

cf) 포물선의 축을 나타내는 직선의 방정식을 축의 방정식이라 한다. 이차함수 $y = ax^2$의 그래프의 축은 y축이므로 축의 방정식은 $x = 0$이다.

💬 **이차함수 $y = a(x-p)^2 + q$의 그래프**

이차함수 $y = a(x-p)^2 + q$의 그래프는

1. 이차함수 $y = ax^2$의 그래프를 x축의 방향으로 p만큼, y축의 방향으로 q만큼 평행이동한 것이다.
2. 직선 $x = p$를 축으로 하고, 점 (p, q)를 꼭짓점으로 하는 포물선이다.

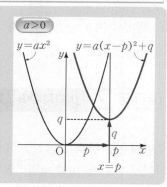

💬 **이차함수 $y = ax^2 + bx + c$의 그래프**

이차함수 $y = ax^2 + bx + c$의 그래프는

1. $y = a(x - p)^2 + q$의 꼴로 고쳐서 그릴 수 있다.(완전제곱식)

   → $p = -\dfrac{b}{2a}$, $q = -\dfrac{b^2 - 4ac}{4a}$ (p는 외워두는 것이 좋다)

2. y축 위의 점 $(0,\ c)$를 지난다.

3. $a > 0$이면 아래로 볼록하고, $a < 0$이면 위로 볼록하다.

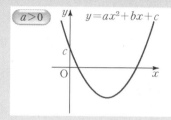 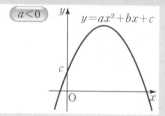

THEME 3 이차함수의 식 구하기

$y = a(x - p)^2 + q$, $y = ax^2 + bx + c$의 꼴의 이차함수의 그래프를 그리는 것에 대하여 공부를 했다. 이제는 역으로 그래프에 대한 정보를 보고 그 정보에 알맞은 이차함수의 식을 구하는 방법에 대하여 알아보도록 하자.

💬 **이차함수의 식 구하기**

0이 아닌 상수 a에 대하여

1 꼭짓점의 좌표 (p, q)가 주어질 때 ⇨ $y = a(x - p)^2 + q$

2 그래프와 x축과의 두 교점 $(\alpha, 0)$, $(\beta, 0)$이 주어질 때 ⇨ $y = a(x - \alpha)(x - \beta)$

🔍**보기**

그래프의 꼭짓점의 좌표가 $(1, 2)$이고 한 점 $(2, 4)$를 지나는 이차함수의 식을 구해 보자.

이차함수의 그래프의 꼭짓점의 좌표가 $(1, 2)$이므로 $y = a(x - p)^2 + q$에서
$p = 1$, $q = 2$를 대입하면 $y = a(x - 1)^2 + 2$ 또한, $y = a(x - 1)^2 + 2$의 그래프가
한 점 $(2, 4)$을 지나므로 $x = 2$, $y = 4$를 대입하면
$4 = a(2 - 1)^2 + 2$ ∴ $a = 2$ ∴ $y = 2(x - 1)^2 + 2$

02 | 기호를 포함한 함수

절댓값 기호와 가우스 기호를 포함한 함수의 그래프를 그리는 방법을 간단히 소개하겠다.
이 부분은 "수학(하)"에서 자세히 다룰 내용이므로 간단히 확인하고 넘어가길 바란다.

THEME 1 절댓값을 포함한 함수의 그래프

(1) 절댓값 기호가 있는 식의 그래프는 절댓값 안의 식을 $f(x)$라 할 때, $f(x) \geq 0$과 $f(x) < 0$의 두 경우로 나누어 생각한다.

(2) 함수식에서 절댓값 기호가 포함된 식의 그래프
  ① $y = |f(x)|$
    $y = f(x)$의 그래프에서 $y \geq 0$인 부분은 그대로 그리고, x축의 아랫부분$(y < 0)$을 x축에 대칭
  ② $y = f(|x|)$
    $y = f(x)$의 그래프에서 $x \geq 0$인 부분은 그대로 그리고, $x < 0$인 부분은 $x \geq 0$의 부분을 y축에 대칭복사
  ③ $|y| = f(x)$
    $y = f(x)$의 그래프에서 $y \geq 0$인 부분은 그대로 그리고, $y < 0$인 부분은 $y \geq 0$의 부분을 x축에 대칭복사
  ④ $|y| = f(|x|)$
    $y = f(x)$의 그래프에서 $x \geq 0$, $y \geq 0$인 부분은 그대로 그리고, 나머지는 x축, y축, 원점에 대칭복사

(1) $y = [x]$에서

$\vdots$

$-1 \leq x < 0$일 때 $y = -1$,

$0 \leq x < 1$일 때 $y = 0$,

$1 \leq x < 2$일 때 $y = 1$,

$2 \leq x < 3$일 때 $y = 2$,

$\vdots$

(2) $y = x - [x]$에서

$\vdots$

$-1 \leq x < 0$일 때 $y = x + 1$,

$0 \leq x < 1$일 때 $y = x$,

$1 \leq x < 2$일 때 $y = x - 1$,

$2 \leq x < 3$일 때 $y = x - 2$,

$\vdots$

이 단원에서 학생들이 가장 어려워 하는 유형이다. 항상 성립해야 한다는 이야기는 결국 함수로 해석했을 때 가장 쉽게 해결할 수 있음을 기억하자. 또한 미지수를 포함한 일차함수라면 반드시 지나는 점을 확인해서 그래프를 그리도록 하자.

⚲대치동 꿀팁!!

필수예제 01 ## 일차함수의 치역

$-1 < x < 1$에서 함수 $y = mx + 3m + 1$이 항상 음의 값을 가지도록 하는 상수 m의 값의 범위를 구하여라.

$0 \leq x \leq 3$에서 함수 $y = (3-k)x + 2k + 3$이 양의 값과 음의 값을 모두 가지도록 하는 상수 k의 값의 범위를 구하시오.

유제 01 함수 $y = 3mx + m - 2$에 대하여 $-1 \leq x < 1$에서 y의 값이 항상 음이 되도록 하는 실수 m의 값의 범위는?

① $m < -1$　　　　② $-1 < m \leq \dfrac{1}{2}$　　　　③ $m \geq \dfrac{1}{2}$

④ $-\dfrac{1}{2} < m \leq 1$　　　　⑤ $m > 1$

유제 02 일차함수 $y = ax - a - 2$에 대하여 $2 < x < 4$에서 y가 양수와 음수의 값을 갖도록 하는 정수 a의 개수는?

① 1　　　　　　② 2　　　　　　③ 3
④ 4　　　　　　⑤ 5

유제 03 일차함수 $y = ax + b$의 정의역이 $\{x \mid 1 \leq x \leq 3\}$, 치역이 $\{y \mid 1 \leq y \leq 2\}$일 때, 다음 중 $4(a^2 + b^2)$의 값이 될 수 있는 것은?

① 24　　　　　　② 26　　　　　　③ 28
④ 30　　　　　　⑤ 32

대치동 꿀팁!!

절댓값이 포함된 그래프는 절댓값안의 내용물이 0이 되는 상황을 기준으로 케이스를 나눠서 절댓값을 우선 제거시켜주면 좋겠다. 다만 앞에서 배운 개념을 적용할 수 있는 $y = a|x - b| + c$의 그래프는 바로 브이(V)의 개형을 갖는다는 사실을 통해 바로 그려야 함을 기억하자.

필수예제 02 **절댓값이 있는 그래프 1**

$|x| \leq 2$에서 $y = x - 2|x - 1|$의 최댓값을 M, 최솟값을 m이라 할 때, $M + m$의 값을 구하여라.

$y = |x + 2| + 2|x - 2|$의 그래프를 그려라.

유제 04

함수 $y = |2x + 4| - 1 \ (-3 \leq x \leq 1)$의 최댓값을 M, 최솟값을 m이라고 할 때, $M + m$의 값을 구하여라.

유제 05

함수 $y = |x - 2| + |x + 3|$의 최솟값은?

① 2   ② 3   ③ 4

④ 5   ⑤ 6

유제 06

함수 $y = |x + 1| + |x - 5| + |x - 7|$은 $x = a$일 때 최솟값 b를 가진다. 이때, 상수 a, b의 합 $a + b$의 값은?

① 11   ② 13   ③ 15

④ 17   ⑤ 19

⊜대치동 꿀팁!!

필수예제 03 **절댓값이 있는 그래프 2(대칭성)**

함수 $y = f(x)$의 그래프가 오른쪽 그림과 같을 때,
다음 중 옳지 않은 것은?

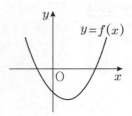

①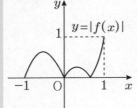

②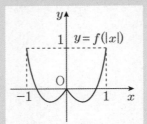

③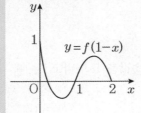

④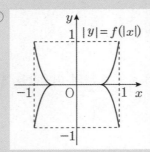

⑤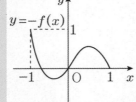

유제 07

함수 $y = f(x)$의 그래프가 아래 그림과 같을 때,
다음 보기 중 $|y| = f(x)$와 $y = |f(x)|$의 그래프를 순서대로
고르면?

ㄱ. 　ㄴ. 　ㄷ. 　ㄹ.

① ㄱ, ㄴ　　　　② ㄴ, ㄷ　　　　③ ㄱ, ㄷ

④ ㄱ, ㄹ　　　　⑤ ㄹ, ㄴ

유제 08

함수 $y = f(x)$의 그래프가 아래 그림과 같을 때,

다음 중 함수 $|y| = f(|x|)$의 그래프의 개형으로 적당한 것은?

① 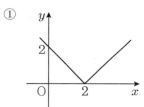　　②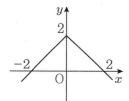

③ 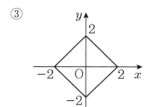　　④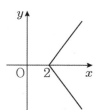

⑤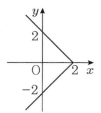

대치동 꿀팁!!

필수예제 04 이차함수

$y = -2x^2 - 4x + 16$의 꼭짓점, 대칭축, x절편, y절편을 구하고 그 그래프를 그리시오.

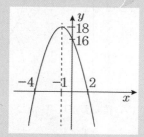

다음 조건을 만족하는 포물선의 방정식을 구하여라.

(1) 대칭축이 y축에 평행하며 꼭짓점이 $(-1, 2)$이고, 점 $(0, 3)$을 지난다.

(2) 세 점 $(0, 0)$, $(2, 1)$, $(1, -3)$을 지난다.

(3) x축과의 교점이 $(-2, 0)$, $(1, 0)$이고 y절편이 4이다.

유제 09

이차함수 $f(x)$의 그래프가 오른쪽 그림과 같을 때, $f(5)$의 값을 구하시오.

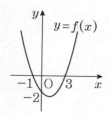

유제 10 축의 방정식이 $x = 2$이고 두 점 $(0,\ 7)$, $(3,\ 1)$을 지나는 이차함수가 $y = ax^2 + bx + c$일 때, 상수 a, b, c의 곱 abc의 값을 구하여라.

유제 11 포물선 $y = x^2 + kx - k$는 k의 값에 관계없이 일정한 점을 지나고 이 점이 포물선의 꼭짓점일 때, k의 값을 구하여라.

이차함수의 꼭짓점을 반드시 완전제곱식으로
바꿔 구할 필요는 없다.
이차함수 $y = ax^2 + bx + c$의 꼭짓점의
x좌표가 $-\dfrac{b}{2a}$인 것을 기억하고 문제풀이연
습을 해보자. 별 것 아니지만 괜히 완전제곱식
으로 바꾸다가 계산실수가 발생할 수 있다.

대치동 꿀팁!!

필수예제 05 이차함수의 꼭짓점

이차함수 $y = x^2 + 2x + 1$의 그래프를 x축에 대하여 대칭이동 한 후, y축의 방향으로 2만큼 평행
이동한 그래프의 꼭짓점의 좌표를 $(a, \ b)$라 할 때, 상수 $a, \ b$의 합 $a+b$의 값을 구하여라.

포물선 $y = x^2 - 2kx + k^2 + 2k + 3$에 대하여 다음에 답하여라.

(1) 꼭짓점이 제 1사분면에 있을 때, 상수 k의 값의 범위를 구하여라.

(2) 꼭짓점이 직선 $y = x + 1$ 위에 있을 때, 상수 k의 값을 구하여라.

 유제 12 포물선 $y = 2x^2 - 8x + 7$을 x축의 방향으로 a만큼, y축의 방향으로 b만큼 평행이동하면
$y = 2x^2 + 4x - 3$의 그래프와 겹쳐진다. 이때 상수 $a, \ b$의 합 $a+b$의 값을 구하여라.

 유제 13 이차함수 $y = x^2 - 2ax + 2a + 3$의 그래프의 꼭짓점이 제 4사분면 위에 있을 때, 실수
a의 값의 범위를 구하여라.

 유제 14 이차함수 $y = x^2 + 2ax + a^2 + 1$의 그래프의 꼭짓점과 이차함수 $y = -x^2 + 4x + b$의
그래프의 꼭짓점이 일치할 때, 상수 a, b에 대하여 $a - b$의 값을 구하여라.

최고차항의 부호가 위로볼록인지 아래로볼록인지 이야기 해준다. 또한 (4)~(7)은 적당한 x값을 함수에 대입했을 때 나오는 결과임을 기억해야 하고 정수값만을 생각하지 말고 $\frac{1}{2}$, $-\frac{1}{2}$과 같은 값들도 생각하도록 하자.

필수예제 06 **이차함수 계수와 그래프**

이차함수 $y = ax^2 + bx + c$의 그래프가 그림과 같을 때, 다음 각 식의 부호를 정하여라.

(1) a (2) b (3) c

(4) $a - b + c$ (5) $a + b + c$ (6) $a - 2b + 4c$ (7) $4a - 2b + c$

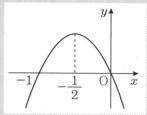

유제 15

이차함수 $y = ax^2 + bx + c$의 그래프가 오른쪽 그림과 같을 때, 다음 중 옳지 않은 것은?

① $a > 0$ ② $b > 0$

③ $c < 0$ ④ $a - b + c < 0$

⑤ $a - 2b + 4c > 0$

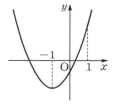

이차함수 $y = ax^2 + bx + c$ 의 그래프가 오른쪽 그림과 같을 때, 〈보기〉 중 에서 옳은 것의 개수는?

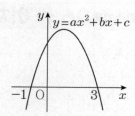

─────〈보기〉─────
ㄱ. $ab < 0$ ㄴ. $ac > 0$

ㄷ. $a + b + c > 0$ ㄹ. $a - b + c < 0$

ㅁ. $4a - 2b + c > 0$

① 1   ② 2   ③ 3   ④ 4   ⑤ 5

함수 $y = ax^2 + bx + c$의 그래프가 오른쪽 그림과 같을 때, 함수 $y = cx^2 + bx + a$의 그래프의 개형은?

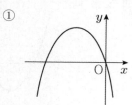

①   ②

③   ④

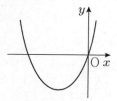

⑤

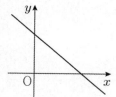

🗨️대치동 꿀팁!!

가우스가 포함된 그래프를 그릴 때는 $n \leq x < n+1$(단, n은 정수)와 같이 범위를 나눠서 가우스를 해결하는 것이 먼저이다. 지금 이 문제는 $-2 \leq x < -1$, $-1 \leq x < 0$, $0 \leq x < 1$, $1 \leq x < 2$, $x = 2$일 때로 범위를 나누는 것이 핵심이다.

필수예제 07   가우스함수 그래프 (심화)

$-2 \leq x \leq 2$에서 함수 $y = x[x-1]$의 그래프와 직선 $y = -x + k$가 서로 다른 두 점에서 만나기 위한 모든 양수 k의 값의 합을 구하시오. (단, $[x]$는 x보다 크지 않은 최대의 정수이다.)

유제 18   다음 각 물음에 답하여라. (단, $[x]$는 x를 넘지 않는 최대 정수를 나타낸다.)

(1) $-1 \leq x \leq 3$일 때, 함수 $y = x - [x]$의 그래프를 그려라.

(2) (1)의 그래프를 이용하여 방정식 $x - [x] = \dfrac{1}{4}x$의 해의 개수를 구하여라.

유제 19   실수 x보다 크지 않은 최대의 정수를 $[x]$로 나타낼 때, 다음 보기 중 옳은 것을 모두 골라라.

㉠ 모든 실수 x에 대하여 $[x] + [-x] = -1$

㉡ 어떤 실수 x에 대하여 $[x] + [-x] = 0$

㉢ 모든 실수 x, y에 대하여 $[x+y] = [x] + [y]$

㉣ 어떤 실수 x, y에 대하여 $[x+y] = [x] + [y]$

유제 20   함수 $y = 2[x]^2 - [x] - 1$의 그래프와 x축이 만나는 선분의 길이는? (단, $[x]$는 x보다 크지 않은 최대 정수)

① 1   ② 2   ③ 3   ④ 4   ⑤ 5

>> Ⅱ 방정식

이차함수의 활용

<u>THEME</u> **1** 이차함수의 그래프와 x축의 위치 관계

이차함수 $y = ax^2 + bx + c$의 그래프와 x축의 교점의 x좌표는 이차방정식 $ax^2 + bx + c = 0$의 실근이다.

이때, 이차방정식 $ax^2 + bx + c = 0$의 실근의 개수는 판별식 $D = b^2 - 4ac$의 부호에 따라 결정되므로 이차함수 $y = ax^2 + bx + c$의 그래프와 x축과의 교점의 개수도 판별식 D의 부호에 따라 다음과 같이 결정된다.

	$D > 0$	$D = 0$	$D < 0$
$ax^2 + bx + c = 0$ $(a \neq 0)$의 근	서로 다른 두 실근 $\alpha, \beta (\alpha < \beta)$	중근 α	서로 다른 두 허근
$y = ax^2 + bx + c$ $(a > 0)$의 그래프			
$y = ax^2 + bx + c$ $(a < 0)$의 그래프			
$y = ax^2 + bx + c$ $(a \neq 0)$의 그래프와 x축의 위치 관계	서로 다른 두 점에서 만난다.	한 점에서 만난다. (접한다.)	만나지 않는다.

💬 이차함수의 그래프와 x축의 위치관계

이차함수 $y = ax^2 + bx + c$에서 $D = b^2 - 4ac$라고 할 때,
그래프가 x축과 서로 다른 두 점에서 만난다. $\Leftrightarrow D > 0$
그래프가 x축과 접한다. $\Leftrightarrow D = 0$
그래프가 x축과 만나지 않는다. $\Leftrightarrow D < 0$

보기

이차함수 $y = x^2 - 2x - 3$의 그래프와 x축과의 만남을 생각해 보자.

판별식을 D라고 하면 $D = (-2)^2 - 4 \cdot 1 \cdot (-3) = 16 > 0$이므로
이차함수 $y = x^2 - 2x - 3$의 그래프는 x축과 서로 다른 두 점에서 만난다. 따라서
이차함수 $y = x^2 - 2x - 3$의 그래프와 x축의 교점은 2개다.

THEME 2 이차함수의 그래프와 이차방정식의 해

이차함수의 그래프는 x축과 서로 다른 두 점에서 만나거나, 한 점에서 만나거나, 만나지 않는다.
이제 이차함수의 그래프를 그리지 않고 이차함수의 그래프와 x축의 위치 관계를 알 수 있는 방법에
대하여 알아보자.
이차함수 $y = ax^2 + bx + c$의 그래프와 x축이 만날 때, 그 교점의 y좌표가 항상 0이므로 x좌표는
이차방정식 $ax^2 + bx + c = 0$의 실근과 같다. 한편 이차함수 $y = ax^2 + bx + c$의 그래프와 x축이 만
나지 않으면 이차방정식 $ax^2 + bx + c = 0$은 실근을 갖지 않는다.

이차함수의 그래프와 직선의 위치관계

THEME 1 이차함수의 그래프와 직선의 위치 관계

이차함수의 그래프와 직선의 위치 관계에 대하여 알아보자.

이차함수와 직선의 방정식을 각각 $y = ax^2 + bx + c \cdots$ ① $y = mx + n \cdots$ ② 이라고 할 때, y를 소거하면

$ax^2 + bx + c = mx + n \Rightarrow ax^2 + (b-m)x + c - n = 0 \cdots$ ③

이차함수 ①의 그래프와 직선 ②의 교점의 x좌표는 이차방정식 ③의 실근이다.

따라서 이차함수 ①의 그래프와 직선 ②의 위치 관계는 이차방정식 ③의 판별식 $D = (b-m)^2 - 4a(c-n)$의 부호에 따라 다음과 같다.

이차함수의 그래프와 직선의 위치 관계(그림은 $a > 0$, $m > 0$인 경우이다.)

판별식 $D = (b-m)^2 - 4a(c-n)$의 부호	$D > 0$	$D = 0$	$D < 0$
이차함수 $y = ax^2 + bx + c$의 그래프와 직선 $y = mx + n$ 의 위치 관계	서로 다른 두 점에서 만난다.	한 점에서 만난다. (접한다.)	만나지 않는다.

THEME 2 이차함수의 그래프와 직선의 교점

이번엔 이차함수의 그래프와 직선의 교점을 구해보도록 하자.

이차함수 $y = x^2 - 1$ …… ①와 직선 $y = x + 1$ …… ②의 그래프를 그려 보면 두 곡선의 교점의 좌표가 $(-1, 0)$과 $(2, 3)$임을 알 수 있다. 이 좌표를 식으로 구하기 위해서는 연립방정식 ①, ②의 해를 구하면 된다.

즉, ①, ②에서 y를 소거하면 $x^2 - 1 = x + 1$ $\therefore x^2 - x - 2 = 0$ $\therefore (x+1)(x-2) = 0$ $\therefore x = -1, 2$이 값을 ②에 대입하면 $y = 0, 3$ 따라서 교점의 좌표는 $(-1, 0)$, $(2, 3)$이다.

이와 같이 이차함수의 그래프와 직선의 교점의 좌표는 함수의 식에서 y를 소거하여 연립방정식을 풀면 구할 수 있다.

💬 **이차함수와 직선의 교점**

이차함수 $y = ax^2 + bx + c$와 직선 $y = mx + n$의

교점의 좌표는 연립방정식 $\begin{cases} y = ax^2 + bx + c \\ y = mx + n \end{cases}$ 의 해이다.

cf) 일반적으로 두 곡선 $y = f(x)$와 $y = g(x)$의 교점의 좌표는

연립방정식 $\begin{cases} y = f(x) \\ y = g(x) \end{cases}$ 의 해이다.

🔍 **보기**

다음 두 함수의 그래프의 교점을 구하여라.

$y = 2x^2 - x + 2$ ······ ① $y = 4x - 1$ ······ ②

①, ②에서 y를 소거하면 $2x^2 - x + 2 = 4x - 1$ ∴ $2x^2 - 5x + 3 = 0$

∴ $(2x - 3)(x - 1) = 0$ ∴ $x = \dfrac{3}{2}, 1$

이 값을 ②에 대입하여 y를 구하면 $(x, y) = \left(\dfrac{3}{2}, 5 \right), (1, 3)$

03 이차함수의 최대, 최소

이차함수 $y = ax^2 + bx + c$의 최대, 최소

두 이차함수 $y = x^2 - 6x + 10 \cdots$ ① $y = -x^2 + 4x - 1 \cdots$ ② 에서

①은 $y = (x - 3)^2 + 1$, ②는 $y = -(x - 2)^2 + 3$ 으로 변형되므로 그 그래프는 아래와 같다.

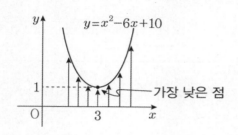

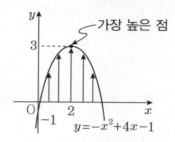

이 두 그래프에서 살펴보면 ①은 $x = 3$에서 최솟값이 1이고, 최댓값은 없음을 알 수 있고,

②는 $x = 2$에서 최댓값이 3이고, 최솟값은 없음을 알 수 있다. 또, 이와 같은 사실을 식에서 살펴보면

$y = (x - 3)^2 + 1$에서는 $(x - 3)^2 \geq 0$이므로 $(x - 3)^2$의 최솟값은 0이다.

따라서 $(x - 3)^2 = 0$, 곧 $x = 3$일 때 y의 최솟값은 1임을 알 수 있다.

$y = -(x - 2)^2 + 3$에서는 $-(x - 2)^2 \leq 0$이므로 $-(x - 2)^2$의 최댓값은 0이다.

따라서 $-(x - 2)^2 = 0$, 곧 $x = 2$일 때 y의 최댓값은 3임을 알 수 있다.

$y = ax^2 + bx + c = a\left(x + \dfrac{b}{2a}\right)^2 - \dfrac{b^2 - 4ac}{4a}$ $(a \neq 0)$에서

(1) $a > 0$일 때 최솟값

$x = -\dfrac{b}{2a}$일 때, 최솟값 $-\dfrac{b^2 - 4ac}{4a}$

(2) $a < 0$을 때 최댓값

$x = -\dfrac{b}{2a}$일 때, 최댓값 $-\dfrac{b^2 - 4ac}{4a}$

보기

다음 이차함수의 최댓값 또는 최솟값을 구하여라.

(1) $y = 2x^2 + 8x + 5$ (2) $y = -2(x + 1)(x - 3)$

이차함수 $y = ax^2 + bx + c$의 꼴을 $\Rightarrow$ $y = a(x - m)^2 + n$의 꼴로 변형!

(1) $y = 2x^2 + 8x + 5 = 2(x^2 + 4x + 2^2 - 2^2) + 5$

$\qquad = 2(x+2)^2 - 3$

$\therefore$ $x = -2$에서 최솟값 -3, 최댓값 없다.

(2) $y = -2(x+1)(x-3) = -2(x^2 - 2x - 3)$

$\qquad = -2(x^2 - 2x + 1^2 - 1^2 - 3) = -2(x-1)^2 + 8$

$\therefore$ $x = 1$에서 최댓값 8, 최솟값 없다.

cf) $y = -2(x+1)(x-3)$의 그래프는

x 축과 $x = -1$, $x = 3$에서 만나므로

축은 $x = \dfrac{-1+3}{2} = 1$이다.

(이차함수의 대칭성 이용)

이때, y가 최대이므로 최댓값은 $x = 1$을 대입하여 구할 수도 있다.

곧, $x = 1$일 때 $y = -2(1+1)(1-3) = 8$

$\Rightarrow$ $y = a(x-\alpha)(x-\beta)$는 $x = \dfrac{\alpha+\beta}{2}$일 때 최댓값 또는 최솟값을 가진다.

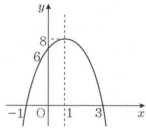

THEME 2 제한된 범위에서의 최대, 최소

일차함수 $y = \dfrac{1}{2}x + 1$의 x의 범위에 제한이 있을 때 최댓값과 최솟값은 다음과 같이 그래프를 그려서 찾으면 편하다. 곧,

x가 실수 전체일 때	$0 \le x \le 2$일 때	$0 < x \le 2$일 때
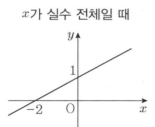	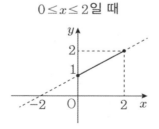	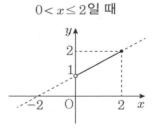

이차함수 역시 제한 범위가 있는 경우 그래프를 그려 해결한다.

💬 제한된 범위에서의 최대, 최소

이차함수 $y = a(x-m)^2 + n \, (\alpha \leq x \leq \beta)$의 최대와 최소

(1) $\alpha \leq m \leq \beta$일 때(꼭짓점의 x좌표가 α, β 사이에 있을 때)

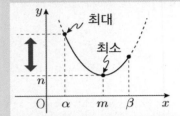 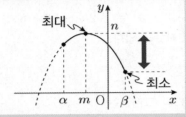

(2) $m \geq \beta$ 또는 $m \leq \alpha$일 때(꼭짓점의 x좌표가 α, β 사이에 없을 때)

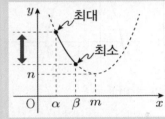 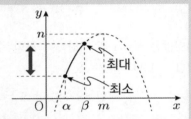

04 근의 분리

이차방정식 $ax^2 + bx + c = 0$(단, $a > 0$)의 두 실근을 α, β라 하자.
만약 문제에서 두 실근 α, β사이에 ~ 가 오도록 하는 조건을 구해야 하는 경우에는 이차함수($y = ax^2 + bx + c$)와 x축($y = 0$)과의 만남을 그림으로 그려보자.

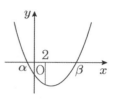

그런 다음 α, β사이에 문제에서 요구하는 값(여기서는 2라 하겠다.)을 α, β사이에 셋팅해보면 주어진 이차함수 $y = ax^2 + bx + c$에 의해 2를 집어넣은 이차함수의 함수값이 반드시 0보다 작아야 함을 알 수 있다.

> 두 근 사이에 ~가 오도록 ⇒ 함숫값만 따져도 되는 경우
> 문제에서 요구하는 값을 2차 식(최고차항의 계수가 양수인)에 집어넣은 함숫값이 반드시 0보다 작아야 한다.

앞에서 이차방정식 $ax^2 + bx + c = 0$의 근이 실수 0을 기준으로 두 근이 모두 양수 일 때, 음수 일 때, 두 근의 부호가 다를 때인 경우를 배웠다. 이번엔 근이 0이 아닌 실수 2를 기준으로 하여

    ① 두 근이 모두 2보다 크다.
    ② 두 근이 모두 2보다 작다.
    ③ 2가 두 근 사이에 있다.

는 경우를 생각할 수 있다. 그런데 주어진 방정식의 실근은 포물선 $y = ax^2 + bx + c$의 x절편이므로 각 조건을 만족하는 그래프는 다음과 같다.

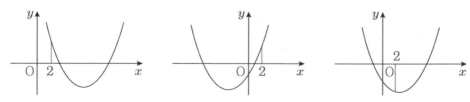

③의 경우는 두 근 사이에 ~ 오도록(THEME 1)의 경우이므로 $x = 2$일 때 y의 값(함숫값)의 부호만 따져도 된다. 즉, ①, ②의 경우는 두 근 사이에 ~ 오도록의 경우가 아니기 때문에 그래프에서 $x = 2$

일 때 y의 값(함숫값)의 부호, 축의 위치(꼭짓점의 x좌표), 판별식의 부호를 조사하여 필요한 조건을
찾아야 한다.

이차방정식 $ax^2 + bx + c = 0$의 근의 분리 문제는

이차방정식 $ax^2 + bx + c = 0$의 실근

$\Leftrightarrow$ 이차함수($y = ax^2 + bx + c$)와 x축($y = 0$)과의 만남(함수로 해석하기)을 생각한 다음

첫째 : $y = ax^2 + bx + c$의 그래프를 조건에 알맞게 그리고,
둘째 : 두 근 사이에 ~ 오도록(THEME 1)의 경우인지, 그렇지 않은 (THEME 2) 경우인지를 따져서
셋째 : THEME 1의 경우는 경계에서의 y의 부호(함숫값)만을 따지고
　　　THEME 2의 경우는 경계에서의 y의 부호(함숫값), 축의 위치(꼭짓점의 x좌표), 판별식을 모두 따져야 한다.

🔍 **보기**

$c > 0$, $b = c + 1 < 0$이면 이차방정식 $x^2 + bx + c = 0$의 한 근은 0과 1사이에 있음을 보여라.

$f(x) = x^2 + bx + c$라고 하면
　　　$f(0) = c > 0$, $f(1) = 1 + b + c < 0$이므로
$y = f(x)$의 그래프는 오른쪽과 같이 $0 < x < 1$에서
x축과 만난다.
따라서 한 근은 0과 1사이에 있다.

cf) 근의 분리문제를 근의 부호 문제로 바꿔 풀 수 있다!

이차방정식 $f(x) = 0$의 두 근이 실수 m을 기준으로 두 근이 모두 m보다 크다, 작다, 두 근 사이
에 m이 있다.
$\Leftrightarrow$ 평행이동의 원리를 적용시키면 이차함수 $f(x) = 0$를 x축의 방향으로 $-m$만큼 평행이동시킨
함수 $y = f(x + m)$의 그래프와 x축 과의 만남으로 바꿔 해석이 가능하고 이는, 방정식
$f(x + m) = 0$의 두 근이 실수 0을 기준으로 두 근이 모두 0보다 크다, 작다, 두 근 사이에 0이
있다로 바꿔 풀 수 있다. 앞에서 배운 실근의 부호 문제로 바꿔 풀 수 있다.

두 함수의 그래프가 서로 다른 두 점에서 만난다. ⇔ 연립방정식의 실수해가 서로 다른 두 쌍이다. 보통 이런 경우 두 식을 같다고 놓고 방정식을 풀게 되고 이는 x에 대한 이차방정식으로 예쁘게 정리가 될 것이다. 이때, x에 대한 이차방정식이 서로 다른 두 실근을 갖도록 하는 조건만 생각해 주면 된다.

필수예제 01 **이차함수와 위치관계**

이차함수 $y = -x^2 + kx$의 그래프와 직선 $y = x + 1$이 서로 다른 두 점에서 만날 때, k의 값의 범위를 구하여라.

유제 **01** 이차함수 $y = x^2 - 2x + 3a$의 그래프가 x축과 만나고, 이차함수 $y = 3x^2 + 2ax + 1$의 그래프가 x축과 만나지 않을 때, 상수 a의 값의 범위를 구하여라.

유제 **02** 두 집합 $A = \{(x, y)|y = x^2 - ax + 2\}$, $B = \{(x, y)|y = x + 1\}$에 대하여 $A \cap B = \varnothing$을 만족하도록 하는 모든 정수 a의 값의 합을 구하여라.

유제 **03** 이차함수 $y = x^2 - 2x + 4$의 그래프에 접하면서 원점을 지나는 직선의 기울기를 구하시오.

두 함수의 그래프가 접한다. ⇔ 연립방정식의 실수해가 중근이다.
보통 이런 경우 두 식을 같다고 놓고 방정식을 풀게 되고 이는 x에 대한 이차방정식으로 예쁘게 정리가 될 것이다. 이때, x에 대한 이차 방정식이 중근을 갖도록 하는 조건만 생각해 주면 된다.

♡대치동 꿀팁!!

필수예제 02 **이차함수의 접선**

곡선 $y = -x^2 + 2x - 3$에 접하고, 직선 $y = -2x + 5$에 평행한 접선의 방정식을 구하여라.

유제 04 직선 $y = ax + b$가 직선 $3x + y - 1 = 0$과 평행하고 이차함수 $y = 2x^2 + x - 3$의 그래프와 접할 때, 상수 a, b의 합 $a + b$의 값은?

① -8 ② -6 ③ -4

④ -2 ⑤ 0

유제 05 점 $(2, 1)$을 지나고 이차함수 $y = x^2 - 2x + 2$에 접하는 직선의 기울기를 m이라 할 때, 모든 m의 값들의 합은?

① 1 ② 2 ③ 3

④ 4 ⑤ 5

유제 06 직선 $y = mx + m^2$이 m의 값에 관계없이 항상 포물선 $y = ax^2 + b$에 접할 때, 상수 a, b의 값을 구하여라.

🌝 대치동 꿀팁!!

이차함수와 직선의 교점을 구하고 싶다면 두 식을 연립한다. 같다고 놓고 방정식을 풀었을 때 두 근이 바로 교점의 x좌표 이다.

필수예제 03 이차함수와 이차방정식

이차함수 $y = 2x^2 - 3x + 1$의 그래프와 직선 $y = ax + b$의 두 교점의 x좌표가 각각 -2, 3일 때, 상수 a, b의 합을 구하시오.

 유제 07

이차함수 $y = x^2 + ax - 2$의 그래프와 직선 $y = 3x + b$의 두 교점의 좌표가 각각 -2, 4 일 때, $a^2 + b^2$의 값은?

  유제 08

이차함수 $y = x^2$의 그래프와 직선 $y = ax + b$가 서로 다른 두 점 P, Q에서 만난다. 점 P의 x좌표가 $1 - \sqrt{3}$일 때, $a + b$의 값을 구하여라.(단, a, b는 유리수)

  유제 09

두 이차함수 $y = x^2 + 2x + 3$, $y = -2x^2 + ax + b$의 교점을 지나는 직선의 방정식이 $y = 3x + 9$일 때, a, b의 값은?

이차함수와 직선이 그래프로 그려져 있다면 교점의 x좌표에 주목하자. 교점의 x좌표를 구하는 방법은 이차함수와 직선식을 같다고 놓고 방정식을 풀어주면 된다. 또한 이차함수 $f(x)$가 x축과 만나서 생기는 x절편이 a, b라면 $f(a) = 0$, $f(b) = 0$의 관계가 성립되고 $f(\star) = 0$을 만족시키는 $\star$의 값은 a, b뿐이라는 사실을 기억하자. $f(x)$가 2차식이기 때문에 a, b말고는 존재할 수 없다.

💡 대치동 꿀팁!!

필수예제 04 그래프를 이용한 근

이차함수 $y = x^2 + mx + 1$의 그래프와 직선 $y = -x + n$이 다음 그림과 같을 때, 상수 m, n의 합 $m + n$의 값은?

① 3   ② 4   ③ 5

④ 6   ⑤ 7

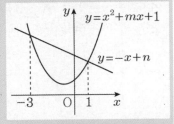

이차함수 $y = f(x)$의 그래프가 오른쪽 그림과 같을 때, 이차방정식 $f(x + 2) = 0$의 두 실근의 합은?

① -3 ② -1 ③ 3

④ 5   ⑤ 7

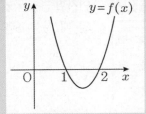

유제 10

두 함수 $f(x) = x^2 + mx + 3$, $g(x) = 2x - n$에 대하여 $y = f(x)$, $y = g(x)$의 그래프가 오른쪽 그림과 같을 때, $a + b$의 값을 구하여라.

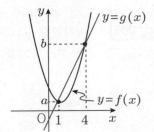

유제

유제 11 이차함수 $y = f(x)$의 그래프가 오른쪽 그림과 같을 때, 이차방정식 $f\left(\dfrac{x-2}{3}\right) = 0$의 두 근의 합은?

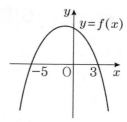

① -4 ② -2

③ 2 ④ 4

⑤ 6

유제 12 이차함수 $y = x^2 + mx + 1$과 직선 $y = nx + 2$의 그래프가 그림과 같다. 이때, 두 그래프의 교점의 x좌표 α, β의 곱을 구하여라.

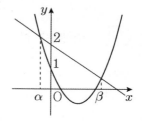

필수예제 05 | 이차함수의 최대최소 (1)

이차함수 $y = 2x^2 + 4x + 5$는 $x = a$일 때, 최솟값 b를 갖는다. 이때 $a + b$의 값은?

유제 **13**

이차함수 $f(x) = x^2 - 2ax + b$의 최솟값이 -1이고, $g(x) = -x^2 + 4x + a + b$의 최댓값 이 9일 때, 실수 a, b의 값을 구하여라. (단, $a < 0$)

유제 **14**

이차함수 $f(x) = -x^2 + 2kx - 2k$의 최댓값이 8이 되도록 하는 모든 상수 k의 값의 곱은?

① -8 ② -2 ③ 4 ④ 6 ⑤ 8

유제 **15**

이차함수 $y = x^2 - 2ax + 2a$의 최솟값을 $g(a)$라고 할 때, $g(a)$의 최댓값은?

① -2 ② -1 ③ 0 ④ 1 ⑤ 2

필수예제 06 **이차함수의 최대최소 (2)**

다음 이차함수의 최댓값과 최솟값을 각각 구하여라.

(1) $y = -\dfrac{1}{2}(x+2)^2 + 3 \; \{x \mid -4 \leq x \leq 4\}$

(2) $y = x^2 - 4x + 3 \; (1 \leq x \leq 5)$

유제 16

정의역이 $\{x \mid 0 \leq x \leq 3\}$일 때, 함수 $y = x^2 - 2x + 2$의 최댓값은 M, 최솟값은 m이라 한다. 이때, $M+m$의 값은?

① 6   ② 7   ③ 8   ④ 9   ⑤ 10

유제 17

정의역이 $\{x \mid 1 \leq x \leq 4\}$인 이차함수 $f(x) = 2x^2 - 12x + k$의 최솟값이 -11일 때, 상수 k의 값과 이 함수의 최댓값 M의 곱 kM의 값을 구하여라.

유제 18

정의역이 $\{x \mid -1 \leq x \leq 2\}$인 함수 $y = (x^2 - 2x + 3)^2 - 4(x^2 - 2x + 3) + 1$ 의 최댓값 M과 최솟값 m의 합 $M+m$의 값을 구한 것은?

① 6   ② 8   ③ 10   ④ 12   ⑤ 14

대치동 꿀팁!!

x, y 두 변수의 관계식이 없다면 두 변수는 독립변수이다. 정말 각각이 따로 행동할 수 있는 상태이므로 주어진 식을 x를 갖고 있는 식과 y를 갖고 있는 식으로 예쁘게 정리해서 각각의 최솟값을 구하려고 노력해보자. 단, 두 변수의 관계식이 있다면 이를 통해 한 문자로 예쁘게 정리해야 하는데 이때 두 변수를 종속변수라고 한다.

필수예제 07 이차식의 최대최소 (1)

x, y가 실수일 때 $x^2 - 6x + 2y^2 + 4y + 7$는 $x = \alpha$, $y = \beta$일 때 최솟값 k를 갖는다. $\alpha\beta + k$의 값을 구하여라.

x, y가 실수이고 $x^2 - 4x + y^2 = 0$을 만족할 때, $y^2 - 2x$의 최댓값과 최솟값을 구하여라.

유제 19 x, y가 실수일 때, $2x^2 + 8x + y^2 - 6y + 10$의 최솟값을 구하여라.

유제 20 실수 x, y에 대하여 $x^2 + y^2 = 9$일 때, $4x + y^2$의 최댓값과 최솟값을 각각 구하시오.

유제 21 $x \geq 0$, $y \geq 0$이고 $x + y = 1$일 때, $2x^2 + y^2$의 최댓값과 최솟값을 차례대로 구하여라.

필수예제 08 이차식의 최대최소 (2)

실수 x, y가 방정식

$2x^2 + 2xy + y^2 - 9 = 0$을 만족할 때,

x의 최댓값은?

$x > 0$, $y > 0$에 대하여

(1) $2x + 3y = 12$일 때, xy의 최댓값은?

(2) $xy = 12$에 대하여 $3x + 4y$의 최솟값은?

유제 22

실수 x, y에 대하여 $x^2 + 4y^2 - 8x + 16y - 4 = 0$을 만족할 때, y의 최댓값과 최솟값의 차를 구하여라.

유제 23

$a^2 + b^2 = 1$일 때, $\dfrac{1}{a^2} + \dfrac{1}{b^2}$의 최솟값은? (단, a, b는 0이 아닌 실수)

① 1   ② $\sqrt{2}$ ③ $\sqrt{3}$

④ $\sqrt{5}$ ⑤ 4

유제 24

x가 실수일 때, $y = \dfrac{x^2 + 2x - 3}{x^2 - 2x + 3}$의 최솟값과 최댓값을 구하여라.

가로의 길이를 a, 세로의 길이를 b라고 셋팅해 보자. 철망의 길이가 700m라는 사실을 이용하면 a, b의 관계식이 나올것이다!

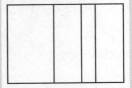

필수예제 09 최대 최소의 활용

어떤 농부가 길이 700m의 철망을 가지고 오른쪽 그림과 같이 네 개의 작은 직사각형으로 이루어진 직사각형 모양의 가축의 우리를 만들려고 한다. 이때, 우리의 전체 넓이를 최대로 하는 바깥 직사각형의 가로, 세로의 길이 중 짧은 것은 몇 m인가?

① 60m ② 70m ③ 80m

④ 90m ⑤ 100m

유제 25

한 개의 가격이 100원인 어떤 물건이 400개씩 팔리고 있다. 시장 조사를 해본 결과 이 물건값을 x원 올리면 판매개수는 $2x$개 줄어든다는 사실을 알았다. 판매총액을 최대로 하려면 이 물건 값을 얼마로 정해야 하는가?

① 50원 ② 100원 ③ 150원

④ 200원 ⑤ 250원

유제 26

지면으로부터 18m의 높이에서 비스듬히 위쪽으로 공을 던질 때, t초 후의 공의 높이 y는 지면으로부터 $y = -2t^2 + 16t + 18 \text{(m)}$이라고 한다. 이 공은 $t = a$일 때 최고 높이에 도달하고, $t = b$일 때 지면에 도착한다. 이때 $a + b$의 값은?

① 9 ② 10 ③ 11

④ 12 ⑤ 13

근의 분리중에서 두 근 사이에 ~ 가 있을 때를 생각하자. 간단하게 함숫값의 부호만으로 조건을 만들 수 있을 것이다.

🔵대치동 꿀팁!!

필수예제 10 **근의 분리 (근의 위치) 1**

x에 대한 이차방정식 $x^2 - 2kx - k + 2 = 0$의 서로 다른 두 근의 사이에 1이 있기 위한 상수 k의 값의 범위는?

① $k > 0$ ② $k < 0$ ③ $0 < k < 1$

④ $k > 1$ ⑤ $k < 1$

유제 27

이차방정식 $x^2 - (m+1)x + 2m - 1 = 0$의 두 근 중 한 근은 -1보다 작고, 다른 한 근은 1보다 클 때, 실수 m의 값의 범위를 구하여라.

유제 28

$x^2 + ax + a^2 - 1 = 0$의 두 근을 α, $\beta(\alpha < \beta)$라 할 때, $-1 < \alpha < 1 < \beta$가 되도록 a의 값의 범위를 정하여라.

유제 29

x에 대한 이차방정식 $x^2 - 2x + m = 0$의 한 근만이 이차방정식 $x^2 + x - 2 = 0$의 두 근 사이에 있을 때, 정수 m의 개수는?

① 6개   ② 7개   ③ 8개

④ 9개   ⑤ 10개

대치동 꿀팁!!

근의 분리중에서 두 근 사이에 ~ 가 있을 때가
아니라면 함숫값만 생각하면 안된다. 함숫값,
축의 방정식, 판별식을 모두 활용해서 조건을
구해보자.

필수예제 11 근의 분리 (근의 위치) 2

이차방정식 $x^2 - mx + 4 = 0$의 두 근이 모두 1보다 클 때, m의 값의 범위를 구하여라.

유제 30

이차방정식 $ax^2 + 2x - 2a = 0$의 두 근이 모두 1보다 작을 때, 실수 a의 값의 범위는?
(단, $a > 0$)

① $0 < a < 2$ ② $1 < a < 3$ ③ $2 < a < 4$

④ $3 < a < 5$ ⑤ $4 < a < 6$

유제 31

이차방정식 $x^2 + 2mx - m + 2 = 0$의 두 근이 모두 -2와 2사이에 있을 때, 상수 m의
값의 범위를 구하여라.

유제 32

이차방정식 $x^2 + 2mx + m = 0$의 서로 다른 두 실근이 -1과 1사이에 있을 때, 실수 m
값의 범위를 구하여라.

MEMO

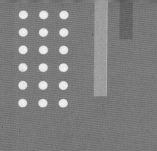

>> Ⅱ 방정식

여러 가지 방정식

01 | 삼차방정식

THEME 1 삼차방정식과 사차방정식

x에 대한 다항식 $P(x)$의 차수가 삼차, 사차일 때, 방정식 $P(x) = 0$을 각각 x에 대한 삼차방정식,
사차방정식이라고 한다. 예를 들어, 방정식 $x^3 + 2x - 9 = 0$은 x에 대한 삼차방정식이고, 방정식
$x^4 + 5x^3 - 2x + 4 = 0$은 x에 대한 사차방정식이다. 일반적으로 삼차방정식이나 사차방정식에서는
인수분해를 이용하면 그 근을 쉽게 구할 수 있다.

cf) 이 단원에서는 삼차방정식과 사차방정식 중에서 인수분해 공식이나 인수정리를 이용하여 간단하
게 근을 구할 수 있는 경우에 대해서만 다루기로 한다.

❶ 인수분해 공식을 이용한 풀이
인수분해 공식을 이용하여 삼차방정식과 사차방정식을 푸는 방법에 대하여 알아보자.

🔍 **보기**

다음 방정식을 풀어라.
(1) $x^3 - 1 = 0$　　　　　　　　(2) $x^4 - 16 = 0$

(1) $a^3 - b^3 = (a-b)(a^2 + ab + b^2)$
을 이용하여 좌변을 인수분해하면
$(x-1)(x^2 + x + 1) = 0$
$x - 1 = 0$ 또는 $x^2 + x + 1 = 0$
따라서 방정식의 해는 $x = 1$
또는 $x = \dfrac{-1 \pm \sqrt{3}\, i}{2}$

(2) $a^2 - b^2 = (a-b)(a+b)$를
이용하여 좌변을 인수분해하면
$(x^2 - 4)(x^2 + 4) = 0$
$x^2 - 4 = 0$ 또는 $x^2 + 4 = 0$
따라서 방정식의 해는 $x = \pm 2$

또는 $x = \pm 2i$

❷ 인수정리를 이용 한 풀이

방정식 $x^4 - x^3 - 7x^2 + x + 6 = 0$을 풀어라.

$P(x) = x^4 - x^3 - 7x^2 + x + 6$으로 놓으면
$P(1) = 0$
인수정리에 의하여 $P(x)$는 $x - 1$을 인수로 가지므로
조립제법을 이용하여 인수분해하면
$P(x) = (x-1)(x^3 - 7x - 6)$
또, $Q(x) = x^3 - 7x - 6$으로 놓으면 $Q(-1) = 0$.
인수정리에 의하여 $Q(x)$는
$x + 1$을 인수로 가지므로 조립제법을 이용하여 인수분해하면
$Q(x) = (x+1)(x^2 - x - 6) = (x+1)(x+2)(x-3)$
즉 주어진 방정식은 $(x-1)(x+1)(x+2)(x-3) = 0$
따라서 구하는 해는 $x = 1$ 또는 $x = -1$ 또는 $x = -2$ 또는 $x = 3$

```
 1 | 1  -1  -7   1   6
   |     1   0  -7  -6
-1 | 1   0  -7  -6 | 0
   |    -1   1   6
     1  -1  -6 | 0
```

THEME 2 삼, 사차방정식의 근과 계수의 관계(교육과정 外)

이차방정식의 경우와 마찬가지로 삼차방정식에 있어서도 직접 근을 구하지 않고서도 다음 관계를 이용하여 세 근의 합, 세 근의 곱 등을 구할 수 있다.

> 삼차방정식 $ax^3 + bx^2 + cx + d = 0\,(a \neq 0)$의 세 근을 α, β, γ 라 하면
> $\alpha + \beta + \gamma = -\dfrac{b}{a},\ \ \alpha\beta + \beta\gamma + \gamma\alpha = \dfrac{c}{a},\ \ \alpha\beta\gamma = -\dfrac{d}{a}$인 관계가 성립한다.

삼차방정식 $ax^3 + bx^2 + cx + d = 0\,(a \neq 0)$의 근은 세 개다.
이것을 α, β, γ 라고 하면 $ax^3 + bx^2 + cx + d = a(x-\alpha)(x-\beta)(x-\gamma)$ 이다.
우변을 전개하여 정리하면
$ax^3 + bx^2 + cx + d = ax^3 - a(\alpha+\beta+\gamma)x^2 + a(\alpha\beta + \beta\gamma + \gamma\alpha)x - a\alpha\beta\gamma$

이것이 x에 관한 항등식이므로 양변의 같은 차수의 항의 계수를 비교하면
$$b = -a(\alpha+\beta+\gamma), \ c = a(\alpha\beta+\beta\gamma+\gamma\alpha), \ d = -a\alpha\beta\gamma$$

이 세 식의 양변을 각각 a로 나누면 $\alpha+\beta+\gamma = -\dfrac{b}{a}, \ \alpha\beta+\beta\gamma+\gamma = \dfrac{c}{a}, \ \alpha\beta\gamma = -\dfrac{d}{a}$이다.

💬 **고차방정식의 근과 계수의 관계**

n차 방정식 $ax^n + bx^{n-1} + \cdots + cx + d = 0$에서

(모든 근의 합)$= -\dfrac{b}{a}$, (모든 근의 곱)$= (-1)^n \times \dfrac{d}{a}$

THEME 3 복이차방정식

$ax^4 + bx^2 + c = 0(a \neq 0)$의 꼴의 방정식을 『복이차방정식』이라고 한다. 이와 같은 꼴의 방정식은 $x^2 = X$로 치환하여 X를 구한 후 다시 이차방정식 $x^2 = X$의 근을 구하면 된다.

🔍 **보기**

$x^4 + 3x^2 - 10 = 0$의 근을 구해보자.

$x^2 = X$로 놓으면 주어진 사차방정식은
$X^2 + 3X - 10 = 0, \ (X-2)(X+5) = 0$
$X = 2$ 또는 $X = -5$ 즉, $x^2 = 2$ 또는 $x^2 = -5$이다.
따라서 구하는 근은 $x = \pm\sqrt{2}$ 또는 $x = \pm\sqrt{5}\,i$이다.

$x^4 - 6x^2 + 1 = 0$의 근을 구해보자.

$x^2 = X$로 놓으면 주어진 사차방정식은 $X^2 - 6X + 1 = 0$가 되어 더 이상 인수분해가 되질 않는다. 이 경우에는 치환하지 않고 억지로 식을 변형해 주면 되고, 수단과 방법을 가리지 말고 $A^2 - B^2$의 형태를 만들어 내도록 하자!

$x^4 - 6x^2 + 1 = 0 \implies x^4 - 2x^2 + 1 - 4x^2 = 0$

$\therefore (x^2 - 1)^2 - (2x)^2 = 0 \qquad\qquad \therefore (x^2 - 1 + 2x)(x^2 - 1 - 2x) = 0$

$\therefore x^2 + 2x - 1 = 0$ 또는 $x^2 - 2x - 1 = 0 \quad \therefore x = -1 \pm \sqrt{2}, 1 \pm \sqrt{2}$

THEME 4 치환을 이용한 고차방정식의 풀이

공통부분이 있는 고차방정식은 공통부분을 치환하여 차수가 낮은 방정식으로 변형하여 푼다.

$(x^2 + 3x - 3)(x^2 + 3x + 4) = 8$의 근을 구해보자.

$x^2 + 3x = X$로 놓으면 $(X - 3)(X + 4) = 8$

$\therefore (X - 4)(X + 5) = 0 \quad \therefore X = 4$ 또는 $X = -5$

$\therefore x^2 + 3x = 4$ 또는 $x^2 + 3x = -5$

$x^2 + 3x = 4$에서 $x^2 + 3x - 4 = 0 \qquad \therefore x = -4, 1$

$x^2 + 3x = -5$에서 $x^2 + 3x + 5 = 0 \qquad \therefore x = \dfrac{-3 \pm \sqrt{11}\,i}{2}$

02 | $x^3 = 1$의 허근 ω의 성질

THEME 1 $x^3 = 1$의 허근 ω의 성질

삼차방정식 $x^3 = 1$에서 $x^3 - 1 = 0$ $\therefore$ $(x-1)(x^2 + x + 1) = 0$

$\therefore x = 1$ 또는 $x = \dfrac{-1 \pm \sqrt{3}\,i}{2}$

이때, 이차방정식 $x^2 + x + 1 = 0$의 한 허근을 ω라 할 때, $\omega = \dfrac{-1 + \sqrt{3}\,i}{2}$라 하면

$\overline{\omega} = \dfrac{-1 - \sqrt{3}\,i}{2}$도 이 방정식의 근이다. 또한 이차방정식의 근과 계수와의 관계에 의하여

$\omega + \overline{\omega} = -1$, $\omega\overline{\omega} = 1$이다.

$x^3 = 1$의 한 허근을 ω라 하면

(1) $\omega^3 = 1$, $\omega^2 + \omega + 1 = 0$ (2) $\omega + \overline{\omega} = -1$, $\omega\overline{\omega} = 1$ (3) $\omega^2 = \dfrac{1}{\omega} = \overline{\omega}$

보기

$x^3 = 1$의 한 허근을 ω라고 할 때, 다음 값을 구해보자.

(1) $\omega^{20} + \omega^7$　　　　　　　　　　(2) $1 + \omega + \omega^2 + \omega^3 + \cdots + \omega^{18}$

(1) $\omega^{20} + \omega^7 = (\omega^3)^6 \cdot \omega^2 + (\omega^3)^2 \cdot \omega$　　(2) $= (1 + \omega + \omega^2) + \omega^3(1 + \omega + \omega^2)$
　　　$= \omega^2 + \omega = -1$　　　　　　　　　　$+ \cdots + \omega^{15}(1 + \omega + \omega^2) + \omega^{18}$
　　　　　　　　　　　　　　　　　　　　　　$= \omega^{18} = (\omega^3)^6 = 1$

필수예제 01 인수정리를 이용한 고차방정식의 풀이

삼차방정식 $x^3 - 3x^2 - 13x + 15 = 0$의 세 근 중 가장 큰 근을 α, 가장 작은 근을 β라 할 때, $\alpha + \beta$의 값은?

사차방정식 $x^4 - 2x^2 - 3x - 2 = 0$의 모든 실근의 합은?

유제 01

다음 방정식을 풀어라.

(1) $3x^3 - 14x^2 + 20x - 9 = 0$

(2) $x^4 + 4x^3 - x^2 - 16x - 12 = 0$

유제 02

사차방정식 $x^4 - 2x^3 + x^2 - 4 = 0$이 두 실근을 α, β라 하고, 두 허근을 γ, δ라 할 때, $|\alpha - \beta| + \gamma\delta$의 값은?

① -3 ② -1 ③ 1

④ 3 ⑤ 5

유제 03

사차방정식 $2x^4 - x^3 - 6x^2 - x + 2 = 0$의 해 중에서 양의 실수해의 합은?

① $\dfrac{1}{2}$ ② 1 ③ $\dfrac{3}{2}$

④ 2 ⑤ $\dfrac{5}{2}$

필수예제 02 　복이차방정식 / 상반방정식

다음 방정식을 풀어라.

(1) $x^4 - x^2 - 72 = 0$

(2) $x^4 - 6x^2 + 1 = 0$

 유제 04　다음 사차방정식을 풀어라.

(1) $x^4 - 3x^2 - 4 = 0$ 　　　　　　　(2) $x^4 - 8x^2 - 9 = 0$

(3) $x^4 - 7x^2 + 9 = 0$ 　　　　　　　(4) $x^4 = -4$

 유제 05　방정식 $x^4 + 4x^3 - 3x^2 + 4x + 1 = 0$의 한 실근을 α라 할 때, $\alpha + \dfrac{1}{\alpha}$의 값은?

 유제 06　방정식 $x^4 - 13x^2 + 36 = 0$의 네 근 중 가장 큰 근과 가장 작은 근의 곱은?

① 9　　　　　　　② 4　　　　　　　③ -4

④ -6　　　　　　⑤ -9

🧠대치동 꿀팁!!

방정식, 부등식, 최대, 최소를 해결할 때는 치환을 해도 좋다. 치환을 할 경우 범위를 꼭 생각해야 한다는 것이 주의할 점이다. 또한 치환할 내용이 바로 보이지 않는 경우 적당히 전개를 통해 공통이 발생할 수 있도록 식을 변형해야 하니 전개하는 것도 염두해두도록 하자.

필수예제 03 치환을 이용하는 고차방정식

$(x^2 - 3x - 1)^2 - 6(x^2 - 3x) - 21 = 0$의 양수인 근의 합을 구하여라.

사차방정식
$x(x+1)(x-2)(x-3) - 10 = 0$의 모든 실근의 곱을 구하시오.

유제 **07**

다음 사차방정식 $(x^2 - 3x)^2 - 2(x^2 - 3x) - 8 = 0$의 근이 아닌 것은?

① -2 ② -1 ③ 1

④ 2 ⑤ 4

유제 **08**

방정식 $(x+1)(x+2)(x+3)(x+4) - 24 = 0$의 근 중 허근을 구하여라.

유제 **09**

사차방정식 $(x^2 + 4x + 5)^2 - 12(x^2 + 4x) = 40$의 모든 근의 합은?

① -8 ② -5 ③ -3

④ 1 ⑤ 12

🔖대치동 꿀팁!!

필수예제 04 삼차방정식의 해 판별

삼차방정식 $x^3 + (2m-1)x + 2m = 0$이 중근과 다른 한 실근을 가질 때, 모든 상수 m의 값의 합은?

① $-\dfrac{7}{8}$　　　　② $-\dfrac{3}{8}$　　　　③ $-\dfrac{1}{8}$

④ $\dfrac{3}{8}$　　　　⑤ $\dfrac{5}{8}$

  유제 10

x에 대한 삼차방정식 $x^3 + (3p-1)x - 3p = 0$이 중근을 가질 때, 모든 실수 p의 값의 합을 구하여라.

 유제 11

x에 대한 삼차방정식 $x^3 + (1-k^2)x - k = 0$이 허근을 가질 때, 실수 k의 값의 범위는?

① $-3 < k < 1$　　　　② $-2 < k < 1$　　　　③ $-2 < k < 2$

④ $2 < k < 4$　　　　⑤ $2 < k < 6$

  유제 12

삼차방정식 $2x^3 + ax^2 + ax + 2 = 0$이 한 실근과 두 허근을 갖도록 하는 정수 a의 개수는?

① 6　　　　② 7　　　　③ 8

④ 9　　　　⑤ 10

필수예제 05 | 삼차방정식의 근과 계수의 관계

삼차방정식 $x^3 - 6x^2 + 11x - 6 = 0$의 세 근을 α, β, γ라 할 때, 다음 중 옳지 않은 것은?

① $\alpha + \beta + \gamma = 6$ ② $\alpha\beta + \beta\gamma + \gamma\alpha = 11$

③ $\alpha\beta\gamma = 6$ ④ $\alpha^2 + \beta^2 + \gamma^2 = 14$

⑤ $\alpha^3 + \beta^3 + \gamma^3 = 33$

유제 삼차방정식 $x^3 - 2x^2 + x - 2 = 0$의 세 근을 α, β, γ라 할 때, 다음 식의 값을 구하여라.

(1) $\dfrac{1}{\alpha} + \dfrac{1}{\beta} + \dfrac{1}{\gamma}$ (2) $(\alpha+1)(\beta+1)(\gamma+1)$

유제 삼차방정식 $x^3 - 3x^2 + x - 2 = 0$의 세 근을 α, β, γ라 할 때, $(\alpha+\beta)(\beta+\gamma)(\gamma+\alpha)$의 값은?

① -2 ② -1 ③ 0

④ 1 ⑤ 2

유제 삼차방정식 $x^3 - x^2 - 2x + 3 = 0$의 세 근을 α, β, γ라 할 때, $\alpha^3 + \beta^3 + \gamma^3$의 값은?

① -2 ② -1 ③ 0

④ 1 ⑤ 2

삼차방정식에서도 켤레근이 존재한다. 계수가 모두 유리수인 경우 한 근이 $a + \sqrt{b}$ (단, a는 유리수, $\sqrt{b}$는 무리수)라면 또 다른 한 근은 $a - \sqrt{b}$이다. 물론 삼차방정식이니까 또 다른 한 근이 있다는 사실을 잊지말자.(보통 (문제에 k가 없다면) k라고 놓고 문제를 진행한다.)

필수예제 06 **삼차방정식의 켤레근**

삼차방정식 $x^3 - 3x^2 - 3x + a = 0$의 한 근이 $2 + \sqrt{3}$일 때, 유리수 a의 값과 이 방정식의 나머지 근을 구하여라.

유제 16 삼차방정식 $x^3 + ax^2 + bx - 3 = 0$의 한 근이 $1 + \sqrt{2}\,i$일 때, 실수 a, b에 대하여 ab의 값을 구하여라. (단, $i = \sqrt{-1}$)

유제 17 계수가 유리수인 x에 대한 삼차방정식 $x^3 - ax^2 + bx + 4 = 0$의 한 근이 $2 + \sqrt{2}$일 때, $a + b$의 값을 구하여라.

유제 18 x에 대한 삼차방정식 $x^3 - ax^2 + 4x + b = 0$의 한 근이 $1 - i$일 때, 실수 a, b에 대하여 ab의 값을 구하여라. (단, $i = \sqrt{-1}$)

🗨️대치동 꿀팁!!

복소수 단원의 복습테마이다. 여러 가지 방정식에서 똑같이 다루게 되는 내용이니 앞내용을 철저히 복습할 수 있도록 해야겠다.

필수예제 07 $x^3 = 1$**의 허근의 성질**

삼차방정식 $x^3 = 1$의 한 허근을 ω라 할 때, 다음 값을 구하여라.

(1) $\omega^2 + \omega$

(2) $\omega^4 + \omega^5 + \omega^6$

(3) $1 + \omega + \omega^2 + ... + \omega^9$

(4) $\omega^7 + \dfrac{1}{\omega^{10}}$

이차방정식 $x^2 - x + 1 = 0$의 한 허근을 α라 할 때, $\alpha^{10} + \alpha^2 - 4$의 값을 구하시오.

유제 19

방정식 $x + \dfrac{1}{x} = -1$의 한 허근을 ω라 할 때, $1 + \omega + \omega^2 + \omega^3 + \cdots + \omega^{30}$의 값은?

① -2 ② -1 ③ 0

④ 1 ⑤ 2

유제 20

$x = \dfrac{1 + \sqrt{3}\,i}{2}$ 일 때, $x^{10} - x^5 + 3$의 값은?

① 0 ② 1 ③ 2

④ 4 ⑤ 5

유제 **21** 방정식 $x^3 = 1$의 한 허근을 ω라 할 때, 다음 보기 중 옳은 것을 모두 고르면?

────────── 〈보기〉 ──────────

ㄱ. $\omega^2 + \omega + 1 = 0$

ㄴ. $\omega^{1005} + \omega^{1004} = -\omega$

ㄷ. $\omega^{100} + \dfrac{1}{\omega^{100}} = -1$

① ㄱ   ② ㄷ   ③ ㄱ, ㄴ

④ ㄴ, ㄷ   ⑤ ㄱ, ㄴ, ㄷ

MEMO

>> Ⅱ 방정식

연립방정식

연립일차방정식

$x + y = 11$, $4x + 2y = 32$와 같이 미지수가 2개이고, 각 미지수의 차수가 1인 방정식을 미지수가 2개인 일차방정식이라 한다. 일반적으로 x, y에 대한 일차방정식은 다음과 같이 나타낼 수 있다. $ax + by + c = 0$ (a, b, c는 상수, $a \neq 0$, $b \neq 0$) (미지수가 2개인 일차방정식을 간단히 일차방정식이라 하기도 한다.)

$\begin{cases} x + y = 11 \\ 4x + 2y = 32 \end{cases}$ 와 같이 미지수가 2개인 두 일차방정식을 한 쌍으로 묶어 놓은 것을 미지수가 2개인 연립일차방정식 또는 간단히 연립방정식이라 한다. 이때 두 일차방정식을 동시에 만족하는 x, y의 값을 연립방정식의 해라 하고, 연립방정식의 해를 구하는 것을 연립방정식을 푼다고 한다. 미지수가 2개인 연립방정식은 미지수가 1개인 일차방정식으로 고쳐서 풀 수 있다. 이때 미지수를 소거하는 2가지 방법을 알아보자.

🔍 **보기**

연립방정식 $\begin{cases} 2x + y = 9 \cdots\cdots ① \\ x - 2y = 2 \cdots\cdots ② \end{cases}$ 를 풀어라.

x를 소거하기 위해 ②에 2를 곱하면	$2x - 4y = 4 \cdots\cdots ③$
①에서 ③을 빼면	$(2x + y) - (2x - 4y) = 9 - 4$　$5y = 5$, $y = 1$
$y = 1$을 ②에 대입하면	$x - 2 \times 1 = 2$, $x = 4$
따라서 주어진 연립방정식의 해는	$x = 4$, $y = 1$

이처럼 두 방정식을 변끼리 더하거나 빼어서 한 미지수를 소거하는 방법을 『가감법』이라 한다.

연립방정식 $\begin{cases} y = 2 - x & \cdots\cdots ① \\ 2x - y = 1 & \cdots\cdots ② \end{cases}$ 을 풀어라.

①을 ②에 대입하면	$2x - (2 - x) = 1$, $3x = 3$, $x = 1$
$x = 1$을 ①에 대입하면	$y = 1$
따라서 주어진 연립방정식의 해는	$x = 1$, $y = 1$

이처럼 한 방정식을 다른 방정식에 대입하여 한 미지수를 소거하는 방법을 『대입법』이라 한다.

cf) 연립일차방정식은 해가 한 쌍만 있는 경우도 있지만, 해가 무수히 많거나 해가 없는 경우도 있다. (교육과정 外)

다음 연립방정식을 풀어라.

(1) $\begin{cases} x + y = 3 & \cdots\cdots ① \\ 3x + 3y = 9 & \cdots\cdots ② \end{cases}$ 　　　(2) $\begin{cases} x - y = 1 & \cdots\cdots ① \\ 4x - 4y = 5 & \cdots\cdots ② \end{cases}$

    (1) ①에 3을 곱하면 $3x + 3y = 9$가 되어 ②와 같은 방정식이 된다.
　　　따라서 주어진 연립방정식의 해는 무수히 많다.

    (2) ③에 4를 곱하면 $4x - 4y = 4$ $\cdots\cdots$⑤ 이때 ④와 ⑤의 좌변은 같지만 우변은
　　　5와 4로 다르다.
　　　따라서 주어진 연립방정식의 해는 없다.

연립방정식 $ax + by + c = 0$, $a'x + b'y + c' = 0$에서

$\dfrac{a}{a'} = \dfrac{b}{b'} \neq \dfrac{c}{c'}$ 일 때 해가 없다. $\dfrac{a}{a'} = \dfrac{b}{b'} = \dfrac{c}{c'}$ 일 때 해가 무수히 많다.

THEME 2 미지수가 3개인 연립일차방정식(교육과정 外)

미지수가 2개인 연립일차방정식을 풀 때에는 두 방정식에서 하나의 미지수를 소거하여 해를 구한다는 것을 배웠다. 마찬가지로 미지수가 3개인 연립일차방정식도 미지수 중에서 어느 하나를 소거하여 미지수가 2개인 연립방정식으로 만들어 풀 수 있다.

🔍 보기

다음 연립일차방정식을 풀어라.

(1) $\begin{cases} x + y + z = 0 & \cdots\cdots ① \\ 2x + y - z = 8 & \cdots\cdots ② \\ 2x - 2y + z = -1 & \cdots\cdots ③ \end{cases}$

(2) $\begin{cases} x + y = 7 & \cdots\cdots ① \\ y + z = 10 & \cdots\cdots ② \\ z + x = 9 & \cdots\cdots ③ \end{cases}$

(1)

①+②를 하면	$3x + 2y = 8 \cdots\cdots ④$
②+③을 하면	$4x - y = 7 \cdots\cdots ⑤$
④, ⑤를 연립하여 풀면	$x = 2,\ y = 1$
$x,\ y$의 값을 ①에 대입하면	$z = -3$
따라서 구하는 해는	$x = 2,\ y = 1,\ z = -3$

(2) 이런 형태의 방정식을 순환형이라 한다.

①+②+③을 하면	$2x + 2y + 2z = 26 \implies x + y + z = 13 \cdots ④$
④-②를 하면	$x = 3$
④-③을 하면	$y = 4$
④-①을 하면	$z = 6$
따라서 구하는 해는	$x = 3,\ y = 4,\ z = 6$

또한 미지수가 3개인 연립방정식에서도 해가 무수히 많거나 해가 없는 경우도 있다.

다음 연립일차방정식을 풀어라.

(1) $\begin{cases} x - y = -1 & \cdots\cdots \text{①} \\ y - z = 2 & \cdots\cdots \text{②} \\ x - z = 1 & \cdots\cdots \text{③} \end{cases}$ (2) $\begin{cases} x + y + z = 2 & \cdots\cdots \text{①} \\ x + 2y + 3z = 4 & \cdots\cdots \text{②} \\ 2x + 5y + 8z = 9 & \cdots\cdots \text{③} \end{cases}$

(1) ① + ②를 하면 $x - z = 1$　　$\cdots\cdots$ ④

③과 ④는 일치하므로 이를 동시에 만족하는 x와 z는 하나로 정해지지 않는다.

이때, $x = k$(k는 임의의 실수)라고 하면 ④에서 $z = k - 1$

$z = k - 1$을 ②에 대입하면 $y = k + 1$

따라서 주어진 연립일차방정식의 해는 $x = k$, $y = k + 1$, $z = k - 1$ (단, k는 임의의 실수)

이다.

(2) ② − ①을 하면 $y + 2z = 2$　　$\cdots\cdots$ ④

③ − ② × 2를 하면 $y + 2z = 1$이 되어 ④와 모순된다. 따라서 주어진 연립일차방정식의

해는 없다.

02 연립이차방정식

THEME 1 일차방정식과 이차방정식으로 이루어진 연립이차방정식

일차방정식과 이차방정식으로 이루어진 연립이차방정식을 풀 때에는 일차방정식의 한 미지수를 다른한 미지수에 대한 식으로 나타낸 후, 이것을 이차방정식에 대입하여 푼다.

🔍**보기**

다음 연립이차방정식을 풀어보자. $\begin{cases} x - y = 2 & \cdots ① \\ x^2 + y^2 = 10 & \cdots ② \end{cases}$

①에서 $y = x - 2 \cdots ③$ 이때, ③을 ②에 대입하면 $x^2 + (x-2)^2 = 10$, $x^2 - 2x - 3 = 0$,
$\quad (x+1)(x-3) = 0$
$x = -1$ 또는 $x = 3 \Rightarrow x = -1$을 ③에 대입하면 $y = -3$, $x = 3$을 ③에 대입하면 $y = 1$
따라서 $x = -1$일 때 $y = -3$, $x = 3$일 때 $y = 1$이다.

THEME 2 두 이차방정식으로 이루어진 연립이차방정식

두 이차방정식으로 이루어진 연립이차방정식을 풀 때에는 인수분해를 이용하여 한 미지수를 다른 한 미지수에 대한 식으로 나타낸 후, 일차방정식과 이차 방정식으로 이루어진 연립방정식으로 바꾸어 푼다.

🔍**보기**

다음 연립이차방정식을 풀어보자. $\begin{cases} x^2 - 2xy - 3y^2 = 0 & \cdots ① \\ x^2 + y^2 = 10 & \cdots ② \end{cases}$

①의 좌변을 인수분해하면 $(x+y)(x-3y) = 0$, $x = -y$ 또는 $x = 3y$
(i) $x = -y$일 때, 이것을 ②에 대입하면 $2y^2 = 10$, $y^2 = 5 \Rightarrow y = \sqrt{5}$
　 또는 $y = -\sqrt{5}$
　 따라서 $y = \sqrt{5}$일 때 $x = -\sqrt{5}$, $y = -\sqrt{5}$일 때 $x = \sqrt{5}$이다.
(ii) $x = 3y$일 때, 이것을 ②에 대입하면 $10y^2 = 10$, $y^2 = 1 \Rightarrow y = 1$ 또는 $y = -1$
　 따라서 $y = 1$일 때 $x = 3$, $y = -1$일 때 $x = -3$이다.

❶ 이차항을 소거하여 일차식이 나오는 경우

🔍**보기**

다음 연립이차방정식을 풀어라.

$2x^2 + 2y^2 + 3x + y = 12 \cdots\cdots ①$ $x^2 + y^2 + x - y = 6 \cdots\cdots ②$

① $-$ ② $\times 2$하면 x^2과 y^2이 소거되면서 $x + 3y = 0$ $\therefore x = -3y \cdots\cdots ③$

이때, 일차식 ③을 이차식 ②에 대입하면 $9y^2 + y^2 - 3y - y - 6 = 0$

$\therefore 5y^2 - 2y - 3 = 0$

$\therefore (y-1)(5y+3) = 0 \therefore y = 1, -\dfrac{3}{5}$, 이때, $x = -3, \dfrac{9}{5}$

$\therefore x = -3, y = 1$또는 $x = \dfrac{9}{5}, y = -\dfrac{3}{5}$

❷ 상수항을 소거하였더니 그 식이 인수분해가 되는 경우

🔍**보기**

다음 연립이차방정식을 풀어라.

$x^2 - xy + y^2 = 7 \quad\cdots\cdots ①$ $4x^2 - 9xy + y^2 = -14 \cdots\cdots ②$

① $\times 2$ + ②하면 상수항이 소거되어 $6x^2 - 11xy + 3y^2 = 0$와 같은 인수분해가

가능한 이차방정식이 만들어 진다. 이 식을 인수분해 하면 $(3x - y)(2x - 3y) = 0$

$\therefore y = 3x$ 또는 $y = \dfrac{2}{3}x$

$y = 3x$일 때, ①에서 $x^2 = 1 \therefore x = \pm 1$ 이때 $y = \pm 3$

$y = \dfrac{2}{3}x$일 때, ①에서 $x^2 = 9$ $\therefore x = \pm 3$ 이때, $y = \pm 2$

$\therefore x = \pm 1, y = \pm 3$또는 $x = \pm 3, y = \pm 2$ (복부호동순)

❸ 곱셈 공식의 변형식 $x^2 + y^2 = (x+y)^2 - 2xy$를 이용하여 주어진 식을 $x+y$, xy와 상수항으로 나타낼 수 있는 경우

🔍 보기

다음 연립이차방정식을 풀어라.

$x^2 + y^2 = 10 \cdots$ ① $xy = 3 \cdots$ ②

$x+y = u$, $xy = v$로 놓으면

① $u^2 - 2v = 10$ ····· ③, ②는 $v = 3$ ····· ④

④을 ③에 대입하면 $u^2 = 16$ ∴ $u = \pm 4$

∴ $\begin{cases} u = 4 \\ v = 3 \end{cases}$ $\begin{cases} u = -4 \\ v = 3 \end{cases}$ 곧, $\begin{cases} x+y = 4 \\ xy = 3 \end{cases}$ $\begin{cases} x+y = -4 \\ xy = 3 \end{cases}$

∴ $\begin{cases} x = 1 \\ y = 3 \end{cases}$, $\begin{cases} x = 3 \\ y = 1 \end{cases}$, $\begin{cases} x = -1 \\ y = -3 \end{cases}$, $\begin{cases} x = -3 \\ y = -1 \end{cases}$

THEME 1 부정방정식

$xy = 2$ 또는 $x^2 + y^2 - 2x + 4y + 5 = 0$과 같이 미지수의 수보다 방정식의 수가 적을 때에는 일반적으로 그 해가 무수히 많다. 이와 같은 방정식을 『부정방정식(不定方程式)』이라고 한다. 그러나 여기에 또 다른 조건 곧, 해가 정수인 조건, 실수인 조건 등이 주어지면 그 근이 확정될 수도 있다.

🔍보기

x, y가 정수이고, $xy = 2$일 때, x, y의 값을 구하여라.

$xy = 2$를 만족하는 x, y의 쌍은 다음과 같이 무수히 많다.

① $\begin{cases} x = 1 \\ y = 2 \end{cases}$　② $\begin{cases} x = 2 \\ y = 1 \end{cases}$　③ $\begin{cases} x = -1 \\ y = -2 \end{cases}$　④ $\begin{cases} x = -2 \\ y = -1 \end{cases}$　⑤ $\begin{cases} x = \dfrac{1}{2} \\ y = 4 \end{cases}$ ⋯

이중에서 x, y가 정수인 것은 ①, ②, ③, ④의 경우뿐이므로

방정식의 해는 $\begin{cases} x = 1 \\ y = 2 \end{cases}$　$\begin{cases} x = 2 \\ y = 1 \end{cases}$　$\begin{cases} x = -1 \\ y = -2 \end{cases}$　$\begin{cases} x = -2 \\ y = -1 \end{cases}$

　cf) 「x, y가 정수」라는 조건이 하나의 식의 역할을 하여 x, y가 정수, $xy = 2$인 두 식을 연립하여 푼 것이라고 생각할 수도 있다. 만일 「x, y가 양의 정수」라는 조건이 붙으면 ①, ②만 답이다.

───

　부정방정식에서 정수 또는 자연수 조건이 있다면 다음과 같은 형태의 식을 만들 수 있는지를 확인해 보자.
$$(\quad) \times (\quad) = 정수$$

───

🔍보기

다음 식을 만족하는 실수 x, y의 값을 구하여라.
$$x^2 + y^2 - 2x + 4y + 5 = 0$$

준 식을 변형하면 $(x^2 - 2x + 1) + (y^2 + 4y + 4) = 0$

∴ $(x-1)^2 + (y+2)^2 = 0$

그런데 x, y가 실수이므로 $x - 1 = 0, y + 2 = 0$　∴ $x = 1, y = -2$

cf) 만일 「x, y가 실수」라는 조건이 없다면

$(x-2)^2 + (y+2)^2 = 0$을 만족하는 x, y의 쌍은 다음과 같이 무수히 많다.

$$\begin{cases} x-1=1 \\ y+2=i, \end{cases} \begin{cases} x-1=i \\ y+2=1, \end{cases} \begin{cases} x-1=2 \\ y+2=2i, \end{cases} \begin{cases} x-1=2i \\ y+2=2 \end{cases} \cdots$$

부정방정식에서 실수라는 조건이 있다면 다음의 성질을 의심해 보도록 하자.

a, b가 실수일 때 $a^2 + b^2 = 0 \Leftrightarrow a=0, b=0$

THEME 2 공통근

두 개의 이차방정식 $(x-3)(x+2)=0$, $(x-3)(x+5)=0$에서 $x=3$은 위의 두 식을 동시에 만족한다.

이와 같이 두 개 이상의 방정식을 동시에 만족하는 미지수의 값을 『공통근』이라고 한다.

대개의 경우 공통근은 다음 방법에 따라 구한다.

💬 다항식의 정리

방정식 $f(x)=0$, $g(x)=0$의 공통근은

(1) 방정식 $f(x)=0$의 해와 $g(x)=0$의 해 중에서 공통인 값을 찾는다.

(2) 방정식의 해를 바로 구할 수 없는 경우 공통근을 α로 놓고 $f(\alpha)=0$, $g(\alpha)=0$를 연립(보통 두 식을 뺀다)하여 α의 값을 찾는다.

cf) 세 개 이상의 방정식에 대해서도 위와 똑같은 방법으로 공통근을 구한다.

🔍 보기

다음 세 방정식의 공통근이 있으면 구하여라.

$x^2 + x - 6 = 0$, $x^2 - 8x + 12 = 0$, $x^3 - 2x^2 - x + 2 = 0$

$x^2 + x - 6 = 0$에서 $(x-2)(x+3)=0$ ∴ $x = 2, -3$

$x^2 - 8x + 12 = 0$에서 $(x-2)(x-6)=0$ ∴ $x = 2, 6$

$x^3 - 2x^2 - x + 2 = 0$에서 $(x-2)(x+1)(x-1)=0$

∴ $x = 2, -1, 1$ 따라서 공통근은 $x = 2$이다.

이차방정식의 근에 정수 조건이 있는 경우에는 근과 계수의 관계나 판별식을 이용하여 해결하는 것이 보통이다.

💬 이차방정식의 정수근

(근에 정수 조건이 있을 때)
(1) 근과 계수의 관계를 이용해 본다.
(2) $b^2 - 4ac \geq 0$을 만족하는 범위를 먼저 구해 본다.
(3) $b^2 - 4ac = k^2$으로 놓아서 부정방정식의 해로 이끌어 본다.

이를테면 x의 이차방정식 $x^2 - mx - 1 = 0$이 주어질 때, 이 식만으로는 근 x나 상수 m의 값을 구할 수 없다. 그러나 '근이 정수'라는 조건이 하나 더 주어지면 근 x나 상수 m의 값을 구할 수 있는 경우가 있다.
또한, 이차방정식 $ax^2 + bx + c = 0(a \neq 0)$의 근이 정수이려면 일단은 $b^2 - 4ac \geq 0$이어야 한다.

식이 완전히 똑같은 두 일차식(함수로 해석하면 같은 1차함수가 되는 경우)을 연립하면 해는 모든 실수(무수히 많다)가 된다. 반대로 함수로 해석했을 때 평행한 1차함수가 되는 경우 교점이 발생할 수 없으므로 해가 없는 상태가 된다.

3개의 일차식을 연립할 때는 순환형(반복되는 느낌의 식)이 아닌 경우 2개의 식을 연립해서 한문자를 소거시키는 방법을 추천한다. 그 뒤로는 이용하지 않은 식에 대입해서 나머지 관계를 찾아갈 수 있을 것이다. 또한 치환도 과감하게(방정식이니까) 사용해서 복잡한 식을 예쁘게 정리하기도 한다.

🍯대치동 꿀팁!!

필수예제 01 **연립일차방정식**

x, y에 대한 연립방정식 $\begin{cases} 2x + (3+a)y = 4+a \\ (3-a)x + 4y = 5 \end{cases}$ 의 해가 무수히 많을 때의 a의 값을 α, 해가 없을 때의 a의 값을 β라 한다. 이때 $\alpha + \beta$의 값을 구하여라.

연립방정식 $\begin{cases} x + y + z = 2 \\ 3x + 2y + z = 5 \\ 2x - y + z = 6 \end{cases}$ 의 해를

$x = \alpha, \ y = \beta, \ z = \gamma$라 할 때, $\alpha^2 + \beta^2 + \gamma^2$의 값을 구하여라.

유제 01

연립방정식 $\begin{cases} ax + y = 4 \\ 6x + (a+1)y = 12 \end{cases}$ 가 무수히 많은 해를 가질 때의 a의 값을 α, 해가 없을 때의 a의 값을 β라 할 때, $\alpha\beta$의 값을 구하여라.

√ 5회복습
1	2	3	4	5

유제 **02**

연립방정식 $\begin{cases} x+2y=4 \\ 2y+3z=-1 \\ 3z+x=-1 \end{cases}$ 의 해를 $x=\alpha$, $y=\beta$, $z=\gamma$라 할 때, $\alpha+\beta+\gamma$의 값은?

① 1　　　　　② 2　　　　　③ 3

④ 4　　　　　⑤ 5

유제 **03**

다음 연립방정식을 만족하는 x, y, z에 대하여 $x^2+y^2+z^2$의 값을 구하여라.

$$\begin{cases} \dfrac{1}{x}+\dfrac{1}{y}+\dfrac{2}{z}=3 & \cdots ㉠ \\[2mm] \dfrac{1}{x}+\dfrac{2}{y}+\dfrac{1}{z}=4 & \cdots ㉡ \\[2mm] \dfrac{2}{x}+\dfrac{1}{y}+\dfrac{1}{z}=1 & \cdots ㉢ \end{cases}$$

연립방정식의 해결법은 오직 1차식을 찾는 과정이라고 생각하면 된다. 문제에 1차식과 2차식을 연립해야 한다면 이미 1차식을 찾았고 이를 2차식에 대입해서 연립방정식을 해결하면 되겠다. 보통 2차식과 2차식의 연립에서는 한 2차식이 인수분해가 되어 보기좋게 1차식 2개가 나옴을 확인할 수 있을 것이다.

필수예제 02 연립이차방정식

연립방정식 $\begin{cases} x^2 + y^2 = 5 \\ x - y = 3 \end{cases}$ 을 만족시키는 x, y에 대하여 $|x| + |y|$의 값을 구하시오.

연립방정식 $\begin{cases} x^2 - 5xy + 6y^2 = 0 \\ x^2 + y^2 = 10 \end{cases}$ 의 해를 $x = a, y = b$라 할 때, $a + b$의 최댓값을 구하여라.

유제 04

연립방정식 $\begin{cases} x - y = 4 \qquad \cdots \text{㉠} \\ x^2 + 2xy + y^2 = 4 \cdots \text{㉡} \end{cases}$ 을 만족하는 x, y에 대하여 xy의 값은?

① -6 ② -3 ③ 1

④ 3 ⑤ 6

유제 05

연립방정식 $\begin{cases} x^2 - 5xy + 4y^2 = 0 \\ x^2 + 3xy + 2y^2 = 30 \end{cases}$ 의 해를 $x = \alpha, y = \beta$라 할 때, 다음 중 $\alpha + \beta$의 값이 될 수 있는 것은?

① 1 ② 2 ③ 3

④ 4 ⑤ 5

유제 06

x, y에 대한 연립방정식 $\begin{cases} -2x + y = k \\ x^2 + y^2 = 9 \end{cases}$ 가 오직 한 쌍의 해를 갖도록 하는 상수 k의 값은?

① $1, 2 + \sqrt{3}$ ② 1 ③ $\sqrt{3}, 1 + \sqrt{3}$

④ $\pm 2\sqrt{5}$ ⑤ $\pm 3\sqrt{5}$

보통 2차식과 2차식의 연립에서는 한 2차식이
인수분해가 되는데 그렇지 못한 경우가 있을
수도 있다. 이때는 상수항이 걸림돌이 되는 경
우가 많고 상수항을 제거시키려는 노력을 하길
바란다. 그렇게 만들어진 식이 인수분해가 되어
1차식 2개가 나올 것을 기대하면 되겠다.

필수예제 03   연립이차방정식의 변형

연립방정식 $\begin{cases} x^2 - 2xy - 3y^2 = 5 & \cdots \text{㉠} \\ 2x^2 + 3xy + y^2 = 3 & \cdots \text{㉡} \end{cases}$ 의
해를 구하여라.

연립방정식 $\begin{cases} x^2 + y^2 + 2x = 0 & \cdots \text{㉠} \\ x^2 + y^2 + x + y = 2 & \cdots \text{㉡} \end{cases}$ 의
해를 구하여라.

유제 07

연립이차방정식 $\begin{cases} x^2 - xy + y^2 = 3 \\ x^2 + 2xy - 4y^2 = 4 \end{cases}$ 의 정수해를 $x = \alpha$, $y = \beta$라 할 때, $\alpha\beta$의 값을
구하여라.

유제 08

연립방정식 $\begin{cases} x^2 - y^2 + 2x + y = 8 \\ 2x^2 - 2y^2 + x + y = 9 \end{cases}$ 를 만족하는 정수 x, y의 값을 구하여라.

유제 09

연립방정식 $\begin{cases} 3x^2 + 5y - 2x = 6 \\ x^2 + 2y - x = 2 \end{cases}$ 를 만족하는 실수 x, y에 대하여 다음 중
$x^2 + y^2$의 값이 될 수 있는 것은?

① 6   ② 7   ③ 8
④ 9   ⑤ 10

두 2차식이 공통근을 갖는 경우는
$a(x-m)(x-n)$, $b(x-m)(x-l)$
과 같은 경우인데 두 식을 더하거나 빼면
$(x-a)\{(a\pm b)x-(an\pm bl)\}$처럼 식
이 정리되어 여전히 공통인수 $(x-a)$가 보일
수 밖에 없다.

필수예제 04 **공통근을 갖는 방정식**

다음 두 이차방정식이 공통근을 갖도록 a의 값을 정하여라.
$$x^2+(a+1)x+4a=0, \ x^2-(a-5)x-4a=0$$

 유제 **10**

x에 대한 두 이차방정식 $x^2+(a-1)x-a=0, \ 2x^2+3ax-a+2=0$이 오직 한 개의 공통근을 갖도록 하는 a의 값은?

① -2　　　　　　② -1　　　　　　③ 0

④ 1　　　　　　⑤ 2

 유제 **11**

x에 대한 두 이차방정식 $3x^2-(k+1)x+4k=0, \ 3x^2+(2k-1)x+k=0$이 단 하나의 공통근 α를 가질 때, $3k+\alpha$의 값은? (단, k는 실수)

① -1　　　　　　② 0　　　　　　③ 1

④ 2　　　　　　⑤ 3

 유제 **12**

다음 두 방정식이 오직 하나의 공통근을 갖도록 m이 값을 정하고, 이때 공통이 아닌 두 근을 모두 구하여라.

$$x^2+4mx-(2m-1)=0, \quad x^2+mx+(m+1)=0$$

💡대치동 꿀팁!!

필수예제 05 **부정방정식**

방정식 $xy - x - 3y - 2 = 0$을 만족시키는 정수 x, y에 대하여 xy의 값이 될 수 없는 것은?

① -8 ② 0 ③ 8

④ 16 ⑤ 24

방정식 $2x^2 + 4y^2 + 4xy + 2x + 1 = 0$을 만족시키는 실수 x, y에 대하여 $x + y$의 값을 구하여라.

유제 13

방정식 $2xy - 6x + y + 3 = 0$을 만족하는 정수 x, y의 순서쌍 (x, y)의 개수는?

① 1 개   ② 2 개   ③ 3 개

④ 4 개   ⑤ 5 개

유제 14

방정식 $x^2 - 4xy + 5y^2 + 2y + 1 = 0$을 만족하는 두 실수 x, y에 대하여 $x + y$의 값은?

① -1 ② -2 ③ -3

④ -4 ⑤ -5

유제 15

방정식 $x^2 - 2xy + 2y^2 + 4x - 6y + 5 = 0$을 만족시키는 실수 x, y에 대하여 $x + y$의 값을 구하여라.

⑨대치동 꿀팁!!

필수예제 06 이차방정식의 정수근

x에 대한 이차방정식

$x^2 - mx + m + 5 = 0$의 두 근이 모두 음의 정수일 때, 상수 m의 값을 구하여라.

x에 대한 이차방정식

$x^2 - 2mx + 3m^2 - 4 = 0$의 두 근이 정수가 되도록 하는 정수 m의 값과 두 근을 구하여라.

유제 16

다음 x에 관한 이차방정식의 두 근이 정수가 되도록 정수 m의 값을 정하여라.

$$x^2 + (m-1)x + m + 1 = 0$$

유제 17

x에 관한 이차방정식 $x^2 - mx + m^2 - 1 = 0$이 정수근을 가지도록 정수 m의 값을 정하여라.

유제 18

이차방정식 $x^2 - 2(m+1)x + 2m^2 - 2m + 4 = 0$의 두 근이 모두 정수일 때, 정수 m의 값의 합을 구하시오.

III

부등식

일차부등식

01 연립일차부등식

실수의 대소에 관한 성질과 대소에 관한 정의는 부등식의 성질을 이해하는 기본이므로 다시 한 번 정리해 보자.

❶ 실수의 대소에 관한 기본 성질

(1) a가 실수일 때, 다음 중 어느 하나만 성립한다. $a > 0$, $a = 0$, $a < 0$

(2) $a > 0$, $b > 0$이면 $a + b > 0$, $ab > 0$이다.

❷ 두 실수 a, b의 대소에 관한 정의

(1) $a - b > 0$ $\Leftrightarrow$ $a > b$ (2) $a - b = 0$ $\Leftrightarrow$ $a = b$ (3) $a - b < 0$ $\Leftrightarrow$ $a < b$

이와 같은 실수의 대소에 관한 기본 성질과 대소에 관한 정의로부터 다음과 같은 부등식의 성질을 얻는다.

지금까지 부등식에 관한 문제를 푸는 데 이용하던 성질이지만 다시 한번 정리해 두기로 한다.

💬 부등식의 성질

(1) $a > b$, $b > c$이면 $a > c$

(2) $a > b$이면 $a + m > b + m$, $a - m > b - m$

(3) $a > b$, $m > 0$이면 $am > bm$, $\dfrac{a}{m} > \dfrac{b}{m}$ (부등호 방향 그대로!)

(4) $a > b$, $m < 0$이면 $am < bm$, $\dfrac{a}{m} < \dfrac{b}{m}$ (부등호 방향 반대로!)

(5) a와 b가 같은 부호이면 $ab > 0$, $\dfrac{b}{a} > 0$, $\dfrac{a}{b} > 0$,

      a와 b가 다른 부호이면 $ab < 0$, $\dfrac{b}{a} < 0$, $\dfrac{a}{b} < 0$

주의!! 부등식의 양변에 음수를 곱할 때나, 양변을 음수로 나눌 때에는

     ⇒ 부등호의 방향이 반대가 된다는 것에 주의해야 한다.

     즉, $6 > 2$에서 양변에 -2를 곱하면 $-12 < -4$,

         $6 > 2$에서 양변에 -2로 나누면 $-3 < -1$

정리했을 때 $ax > b\,(ax \geq b)$ 또는 $ax < b\,(ax \leq b)\ (a \neq 0)$의 꼴이 되는 부등식을 x에 관한 일차부등식이라고 한다.

부등식 $ax > b$에서 특히 $a = 0$인 경우를 생각하면

(ⅰ) $0 \times x > 3$ $\Rightarrow$ x가 어떤 실수라도 성립하지 않는다.

(ⅱ) $0 \times x > 0$ $\Rightarrow$ x가 어떤 실수라도 성립하지 않는다.

(ⅲ) $0 \times x > -3$ $\Rightarrow$ 모든 실수 x에 대하여 성립한다.

그래서 (ⅰ), (ⅱ)의 경우는 해가 없다고 말하고, (ⅲ)의 경우는 x는 모든 실수라고 말한다.

💬 일차부등식

부등식 $ax > b$의 해는

$a > 0$일 때

(1) $x > \dfrac{b}{a}$ ⟸ 부등호 방향은 그대로!

(2) $a < 0$일 때 $x < \dfrac{b}{a}$ ⟸ 부등호 방향은 반대로!

$a = 0$일 때

(1) $b \geq 0$이면 해는 없다.

(2) $b < 0$이면 x는 모든 실수

THEME **3** 연립일차부등식

두 개 이상의 부등식을 한 묶음으로 하여 나타낸 것을 연립부등식이라고 한다.
연립부등식의 해는 각 부등식의 해의 공통 범위이다.

🔍 보기

다음 연립부등식을 풀어라.

(1) $\begin{cases} 7x + 4 \geq 2x - 6 \\ 6x + 3 < 2x + 15 \end{cases}$ (2) $\begin{cases} 3x + 1 \leq 5x - 7 \\ 5x - 15 > 2x + 3 \end{cases}$

이와 같은 연립부등식을 풀 때에는 각각의 부등식을 푼 다음, 그들의 공통범위를 구하면 된다.
또, 공통 범위를 구할 때에는 수직선을 이용하면 알기 쉽다.

(1) $7x+4 \geq 2x-6$ 에서 $5x \geq -10$

   $\therefore x \geq -2$

   $6x+3 < 2x+15$ 에서 $4x < 12$

   $\therefore x < 3$

따라서 공통범위는 $-2 \leq x < 3$

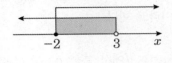

(2) $3x+1 \leq 5x-7$ 에서 $-2x \leq -8$

   $\therefore x \geq 4$

   $5x-15 > 2x+3$ 에서 $3x > 18$

   $\therefore x > 6$

따라서 공통 범위는 $x > 6$

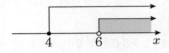

주의!! 부등식을 풀 때에는 같아도 되는지, 안되는지(경계의 점이 포함되는가, 안 되는가)를 꼭
따지도록 하자. 부등식을 해결하는 중간에 머리 아프게 일일이 따져가면서 문제를 풀지
말고~ 마지막 답을 확정 지어줄 때 따지는 습관을 만들어 가는 것이 좋다!

부등식 문제를 최댓값, 최솟값 개념으로 해결할 수도 있다. $A \leq f(x, y) \leq B$에서 A는 $f(x, y)$의 최솟값, B는 $f(x, y)$의 최댓값이므로 $f(x, y)$의 최댓값, 최솟값을 생각한다.

(1) $x + y$ $\Rightarrow$
- x가 최대, y도 최대일 때, $x + y$는 최대이다.
- x가 최소, y도 최소일 때, $x + y$는 최소이다.

(2) $x - y$ $\Rightarrow$
- x가 최대, y가 최소일 때, $x - y$는 최대이다.
- x가 최소, y가 최대일 때, $x - y$는 최소이다.

(3) xy (단, $x > 0$, $y > 0$일 때) $\Rightarrow$
- x가 최대, y도 최대일 때, xy는 최대이다.
- x가 최소, y도 최소일 때, xy는 최소이다.

(4) $\dfrac{x}{y}$ (단, $x > 0$, $y > 0$일 때) $\Rightarrow$
- x가 최대, y가 최소일 때, $x \div y$는 최대이다.
- x가 최소, y가 최대일 때, $x \div y$는 최소이다.

일반적으로 부등식끼리의 사칙연산은 다음과 같이 한다.

① 덧셈

$$
\begin{array}{r}
a > b \\
+)\ c > d \\
\hline
a + c > b + d
\end{array}
$$

② 뺄셈

$$
\begin{array}{r}
a > b \\
-)\ c > d \\
\hline
a - d > b - c
\end{array}
$$

③ 곱셈

$$
\begin{array}{r}
a > b \\
\times)\ c > d \\
\hline
ac > bd
\end{array}
$$

④ 나눗셈

$$
\begin{array}{r}
a > b \\
\div)\ c > d \\
\hline
a \div d > b \div c
\end{array}
$$

여기서 곱셈과 나눗셈에서는 a, b, c, d가 모두 양수일 때만 성립한다.

02 절댓값을 포함한 일차부등식

THEME 1 절댓값을 포함한 일차부등식

$a > 0$일 때, 절댓값의 뜻에 따라 다음이 성립한다.

(ⅰ) $|x| < a$이면 $-a < x < a$이다.

또, $-a < x < a$이면 $|x| < a$이다.

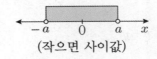

(작으면 사이값)

(ⅱ) $|x| > a$이면 $x < -a$ 또는 $x > a$이다.

또, $x < -a$ 또는 $x > a$이면 $|x| > a$이다.

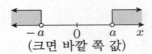

(크면 바깥 쪽 값)

이와 같은 성질을 이용하면 절댓값 기호를 포함한 부등식을 풀 수 있다.

🔍 **보기**

(1) $|x - 3| < 2$ (2) $|2x - 5| \geq 1$

(1) $|x - 3| < 2$이면 $-2 < x - 3 < 2$

$-2 < x - 3$에서 $x > 1$ ……①, $x - 3 < 2$에서 $x < 5$ ……②

∴ ①, ②의 공통부분은 $1 < x < 5$

(2) $|2x - 5| \geq 1$이면 $2x - 5 \leq -1$ 또는 $2x - 5 \geq 1$

$2x - 5 \leq -1$에서 $2x \leq 4$, $x \leq 2$ ……①,

$2x - 5 \geq 1$에서 $2x \geq 6$, $x \geq 3$ ……②

∴ ①, ②에서 $x \leq 2$ 또는 $x \geq 3$

THEME 2 절댓값을 2개 포함한 일차부등식

절댓값을 2개 포함한 일차부등식을 만나게 되면 절댓값 기호 안의 식의 값이 0이 되는 미지수의 값을 기준으로 범위를 나눈 다음, 절댓값 기호를 없앤 식으로 나타내어 푼다.

🔍 **보기**

부등식 $|x| + |x-2| \leq 6$을 풀어라.

주어진 부등식에서

$$|x| = \begin{cases} x \ (x \geq 0) \\ -x \ (x < 0) \end{cases}, \quad |x-2| = \begin{cases} x-2 & (x \geq 2) \\ -(x-2) & (x < 2) \end{cases}$$

이므로 절댓값 기호 안의 식의 값이 0이 되는 미지수 0, 2를 기준으로
범위를 나누면 x의 값의 범위는 $x < 0$, $0 \leq x < 2$, $x \geq 2$의 세 경우이다.

(i) $x < 0$일 때, $-x - (x-2) \leq 6$에서 $-2x + 2 \leq 6 \Rightarrow 2x \geq -4 \Rightarrow x \geq -2$
　　그런데 $x < 0$이므로 $-2 \leq x < 0$ ······①

(ii) $0 \leq x < 2$일 때, $x - (x-2) \leq 6$에서 $2 \leq 6$이므로 부등식은 주어진 범위에서 항상 성
　　립한다. $0 \leq x < 2$ ······②

(iii) $x \geq 2$일 때, $x + (x-2) \leq 6$에서 $2x - 2 \leq 6 \Rightarrow 2x \leq 8 \Rightarrow x \leq 4$
　　그런데 $x \geq 2$이므로 $2 \leq x \leq 4$ ······③

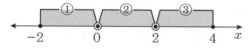

①, ②, ③에서 $-2 \leq x \leq 4$

필수예제 01 **일차부등식**

x에 관한 다음 각 부등식을 풀어라.

(1) $ax + 1 > x + a^2$

(2) $ax + 3 > x + a$

(3) $ax + b < cx + d$

유제 **01**

x에 관한 부등식 $ax - 2 > x + 1$을 풀어라.

유제 **02**

x에 관한 부등식 $ax + 3 > 2x + a$을 풀어라.

🔵대치동 꿀팁!!

필수예제 02   **연립일차부등식**

다음 연립부등식을 풀어라.

$$\begin{cases} 2x + 4 \geq -x + 16 \\ 6x - 1 \leq 4x + 11 \end{cases}$$

다음 연립부등식을 풀어라.

$$\begin{cases} 3x - 7 > 5x - 13 \\ \dfrac{2x + 5}{3} \leq -\dfrac{3x - 1}{4} \end{cases}$$

유제 03 다음 연립부등식을 풀어라.

$$\begin{cases} -x + 3 \geq 4x - 2 \\ 3x - 5 < -2x + 10 \end{cases}$$

유제 04 다음 연립부등식을 풀어라.

$$\begin{cases} \dfrac{1}{2}(x + 3) > \dfrac{1}{4}x + 1 \\ 0.2x - 0.3 \leq 0.5x - 0.2 \end{cases}$$

💡대치동 꿀팁!!

$A < B < C$ 와 같은 연립부등식을 해결할 때는 $A < B$와 $B < C$ 를 연립했다고 생각하자.

필수예제 03 $A < B < C$ 꼴의 연립일차부등식

다음 연립부등식을 풀어라.

$3x - 4 < 4x - 1 \leq 2x + 5$

다음 연립부등식을 풀어라.

$3x - 2 \leq \dfrac{x+6}{2} \leq 2(x+1)$

유제 **05** 다음 연립부등식을 풀어라.

$4x - 3 \leq -x + 2 \leq -5x + 3$

유제 **06** 다음 연립부등식을 풀어라.

$4 - \dfrac{x}{3} < \dfrac{-3x+1}{2} < -x + 3$

연립부등식은 두 식을 동시에 만족시키는 범위를 말한다. 즉, 그 범위가 방정식처럼 한 개의 값만이 될 수도 있고 해가 없을 수도 있다. 이 역시 수직선위에서 정확히 판단 가능하다.

필수예제 **04** 특이한 해를 갖는 연립일차부등식

다음 연립부등식을 풀어라.

$$\begin{cases} x - 4 \geq -2(x-1) \\ -(3x-7) \geq 2x - 3 \end{cases}$$

다음 연립부등식을 풀어라.

$$\begin{cases} 3x - 2 \geq 2x + 6 \\ 5x - 13 < x + 3 \end{cases}$$

유제 **07** 다음 연립부등식을 풀어라.

$$2x + 5 \leq x + 2 \leq 3x + 8$$

유제 **08** 다음 연립부등식을 풀어라.

$$\begin{cases} 2(x+2) - 6 \leq 2x - 2 \\ 3x - 2 > 5(x-1) + 1 \end{cases}$$

유제 **09** 다음 연립부등식을 풀어라.

$$\begin{cases} 4(x+1) + x \leq 5(x-1) \\ 8(x+1) < 2(x+2) + 4x \end{cases}$$

부등식의 해를 보고 부등식의 원래 모습을 추론하는 문제이다. 여기서 주목할 것은 부등호의 방향이다. 방향이 그대로 유지가 된다면 x앞의 계수가 양수이고 방향이 반대가 된다면 x앞의 계수가 음수라는 사실에 주의 하도록 하자.

필수예제 05 **일차부등식의 미정계수**

부등식 $(2a-b)x+3a-2b<0$의 해가 $x<-3$이고, 부등식 $(a-4b)x+2a+3b>0$의 해의 집합을 S라 할 때, 다음 중 옳은 것은?

① $S=\{x\,|\,x>2\}$

② $S=\{x\mid x<1\}$

③ $S=\{x\mid x<0\}$

④ $S=\{x\mid x<1\}$

⑤ $S=\{x\mid x>1\}$

유제 10 x에 대한 부등식 $ax+b>0$의 해가 $x<-2$일 때, 부등식 $(a+b)x<5b$를 풀면?

① $x>10$ ② $x<10$ ③ $x>\dfrac{10}{3}$

④ $x<\dfrac{10}{3}$ ⑤ $x<5$

유제 11 x에 대한 부등식 $ax<2a+bx$의 해가 $x>1$일 때, 부등식 $ax>2b$의 해는?

① $x>-2$ ② $x>2$ ③ $x<-2$

④ $x<2$ ⑤ $0<x<2$

유제 12 x에 대한 부등식 $bx-(a+b)<0$의 해가 $x>2$일 때, x에 대한 부등식 $ax+2a+b<0$의 해를 구하여라.

연립부등식의 해를 보고 각각의 부등식이 어떤 모습이었는지를 추론하는 문제이다. 부등호에 등호가 섞인 부분과 등호가 없는 부분을 잘 보고 어떤 부등식의 결과물인지를 판단하는 것이 문제를 쉽게 해결하는 방법이다. x 앞의 계수가 미지수이거나 두 부등식이 모두 등호를 포함하는 경우에는 난이도가 많이 올라간다. 지금은 연습하지 않지만 실력을 올려서 도전해 보도록 하자.

💡 대치동 꿀팁!!

필수예제 06 **연립일차부등식의 미정계수**

연립부등식 $\begin{cases} 5x - 2 \le 3x + a \\ 2x + b < 4x + 7 \end{cases}$ 의 해가 $-5 < x \le 4$일 때, 두 상수 a, b의 값을 구하시오.

유제 13

연립부등식 $\begin{cases} 7x - 3 \le 5x + a \\ 3x - b \le 4x - 4 \end{cases}$ 의 해가 $x = 2$일 때, 두 상수 a, b의 값을 구하시오.

유제 14

연립부등식 $5x - a \le x - 6 < 4x + b$의 해가 $-1 < x \le 3$일 때, $a + b$의 값을 구하시오. (단, a, b는 상수)

일차부등식의 결과물이 모든 실수 또는 해가 없는 경우라면 x 앞의 계수가 0임을 생각해야 한다. 이때 함수로 해석해서 접근하면 정확하게 답을 낼 수 있을 것이다.

🧀대치동 꿀팁!!

필수예제 07 **해의 조건이 주어질 때의 일차부등식의 미정계수**

x에 대한 부등식 $a^2x - a \leq 4x - 2$의 해가 모든 실수일 때의 a의 값을 m, 해가 없을 때의 a의 값을 n이라 할 때, $m - n$의 값을 구하여라.

유제 15 x에 대한 부등식 $ax > a + x + 1$의 해가 존재하지 않을 때, 상수 a의 값을 구하여라.

유제 16 모든 실수 x에 대하여 부등식 $a^2(x + 1) > x + a$가 성립하도록 하는 상수 a의 값은?

① -2 ② -1 ③ 0

④ 1 ⑤ 2

유제 17 모든 실수 x에 대하여 부등식 $ax - a > x - 3$이 성립할 때, 실수 a의 값을 구하여라.

$\heartsuit$ 대치동 꿀팁!!

필수예제 08 **해의 조건이 주어질 때의 연립일차부등식의 미정계수**

연립부등식 $\begin{cases} 3x + a \geq x - 7 \\ 2x + 4 < x + 2 \end{cases}$ 의 해가 없도록 하는 실수 a값의 범위를 구하시오.

연립부등식 $\begin{cases} 3x + 1 > 4 \\ x \leq a \end{cases}$ 를 만족시키는 정수 x가 3개일 때, 실수 a의 값의 범위를 구하시오.

유제 18

연립부등식 $\begin{cases} 3 - x \leq 2x - a \\ 5x - 4 \leq 3x + 2 \end{cases}$ 의 해가 한 개뿐일 때, 상수 a의 값을 구하시오.

유제 19

연립부등식 $3x - 8 < 2x - 3 < 4x - a$를 만족시키는 자연수 x가 2개 일 때, 실수 a의 최솟값을 구하시오.

$|x| < 2$와 같이 기본절댓값 부등식을 해결할 때는 절댓값을 제외한 반대쪽 항이 반드시 양수일 때 적용할 수 있다. $|x| < a$와 같이 미지수로 정의되어 있다면 a가 양수일때와 음수일때로 나눠 접근해야 함을 조심하자. 또한 기본 절댓값 부등식이 아닐 경우 절댓값 안의 내용물이 0이 될 때를 기준으로 범위를 나눠보자. 고등 '하' 파트의 함수단원을 공부하면 좀더 쉽게 그래프를 이용해 불필요한 계산을 줄일 수 있지만 지금은 노가다성 풀이로 연습해야 한다.

필수예제 09   절댓값 기호를 포함한 일차부등식

다음 부등식을 풀어라.

(1) $|2x - 1| < 3$

(2) $|x + 1| + |x - 2| \leq 5$

다음 ⬚ 안에 알맞은 수를 차례대로 써 넣어라.

$|a + 1| < 1$, $|b - 1| < 3$ 이면

⬚ $< a + b <$ ⬚ 이고,

⬚ $< 2a - 3b <$ ⬚ 이다.

유제 **20**   다음 각 부등식을 풀어라.

(1) $|x - 2| < 3$

(2) $|x - 1| < 2x - 5$

(3) $|x + 1| + |3 - x| > 6$

다음 ⬚ 안에 알맞은 수를 차례대로 써 넣어라.

$3 \leq x \leq 10$, $2 \leq y \leq 6$일 때

(1) ⬚ $\leq x+y \leq$ ⬚

(2) ⬚ $\leq x-y \leq$ ⬚

(3) ⬚ $\leq xy \leq$ ⬚

(4) ⬚ $\leq \dfrac{x}{y} \leq$ ⬚

부등식 $|ax+b| \leq 4$의 해가 $-2 \leq x \leq 6$일 때, 상수 a, b의 값을 구하여라.

$[a]$는 a보다 크지 않은 최대 정수를 나타낸다.

$[x]=3$, $[y]=-2$, $[z]=1$일 때, $[x+y-z]$의 값을 모두 구하여라.

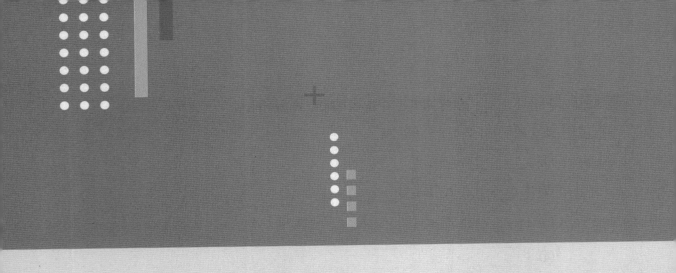

>> Ⅲ 부등식

이차부등식

01 | 이차함수와 이차부등식의 관계

THEME 1 이차부등식의 해

부등식의 모든 항을 좌변으로 이항하여 정리하였을 때 좌변이 x에 대한 이차식으로 나타나는 부등식을 x에 대한 이차부등식이라고 한다. 이차부등식을 풀이 할 때에는 이차함수의 그래프를 이용하도록 하자.

이차부등식 $x^2 - 4x + 3 > 0$의 해는 이차함수 $y = x^2 - 4x + 3$에서 $y > 0$이 되도록 하는 x의 값, 즉 그래프가 x축보다 위에 있는 x값의 범위이므로
$x < 1$ 또는 $x > 3$이다.

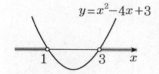

한편 이차부등식 $x^2 - 4x + 3 < 0$의 해는 이차함수 $y = x^2 - 4x + 3$에서 $y < 0$이 되도록 하는 x의 값, 즉 그래프가 x축보다 아래에 있는 x값의 범위이므로 $1 < x < 3$이다.

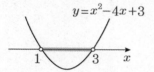

일반적으로 이차부등식 $ax^2 + bx + c > 0 \ (a \neq 0)$의 해는 이차함수 $y = ax^2 + bx + c$의 그래프가 x축보다 위에 있는 x값의 범위이고, 이차부등식 $ax^2 + bx + c < 0$의 해는 이차함수 $y = ax^2 + bx + c$의 그래프가 x축보다 아래에 있는 x값의 범위이다.

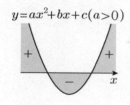

따라서 이차방정식 $ax^2 + bx + c = 0 \ (a > 0)$의 판별식을 $D = b^2 - 4ac$라고 할 때, 이차함수의 그래프와 이차부등식의 해 사이에는 다음과 같은 관계가 성립한다.
이차함수의 그래프와 이차방정식의 해 $(a > 0$인 경우$)$

판별식의 부호	$D > 0$	$D = 0$	$D < 0$
$y = ax^2 + bx + c$ 의 그래프			
$ax^2 + bx + c > 0$ 의 해	$x < \alpha$ 또는 $x > \beta$	$x \neq \alpha$인 모든 실수	모든 실수
$ax^2 + bx + c \geq 0$ 의 해	$x \leq \alpha$ 또는 $x \geq \beta$	모든 실수	모든 실수
$ax^2 + bx + c < 0$ 의 해	$\alpha < x < \beta$	없다.	없다.
$ax^2 + bx + c \leq 0$ 의 해	$\alpha \leq x \leq \beta$	$x = \alpha$	없다.

cf) $a < 0$인 경우에는 주어진 부등식의 양변에 -1을 곱하여 부등식을 변형한 다음 푼다. 이때 부등호의 방향이 바뀌는 것에 주의한다.

또한 이차부등식의 경우 매번 그래프를 그려서 해결하는 것이 상당히 귀찮기 때문에 그래프 그리는 것이 숙달 된 뒤에는 다음의 방법을 이용해 풀이하는 것이 좋다.

💬 이차부등식의 해를 그래프 없이 해결하는 방법

$\alpha < \beta$ 로 인수분해 되는 경우 - 판별식 $D > 0$인 경우)

$(a > 0, \ ax^2 + bx + c = a(x - \alpha)(x - \beta),$

$ax^2 + bx + c > 0 \Rightarrow x < \alpha, \ \beta < x,$

$ax^2 + bx + c \geq 0 \Rightarrow x \leq \alpha, \ \beta \leq x$(크면 바깥 쪽 값)

$ax^2 + bx + c < 0 \Rightarrow \alpha < x < \beta,$

$ax^2 + bx + c \leq 0 \Rightarrow \alpha \leq x \leq \beta$(작으면 사이 값)

THEME 2 이차부등식의 작성

이차부등식의 해를 구하는 방법을 역으로 생각하면 해가 주어질 때, 이차부등식을 구할 수 있다.

예를 들어 해가 $2 < x < 5$이고 이차항의 계수가 1인 이차부등식을 구해보자.

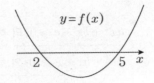

그림과 같이 x축과 2, 5에서 만나는 이차함수 $y = f(x)$를 생각할 수 있는데,

이차방정식 $f(x) = 0$의 두 근이 2, 5이므로 $f(x) = (x-2)(x-5)$이다.

이때, $2 < x < 5$는 $y < 0$인 x값의 범위이므로

이차부등식 $(x-2)(x-5) < 0$의 '해'임을 알 수 있다.

☰ 이차부등식의 작성

1. 해가 $\alpha < x < \beta$이고 x^2의 계수가 1인 이차부등식
   $\Rightarrow (x-\alpha)(x-\beta) < 0$, 즉, $x^2 - (\alpha+\beta)x + \alpha\beta < 0$

2. 해가 $x < \alpha$, $\beta < x$이고 x^2의 계수가 1인 이차부등식
   $\Rightarrow (x-\alpha)(x-\beta) > 0$, 즉, $x^2 - (\alpha+\beta)x + \alpha\beta > 0$

cf) 1. 해가 $x = \alpha$이고 x^2의 계수가 1인 이차부등식 $\Rightarrow (x-\alpha)^2 \leq 0$

   2. 해가 $x \neq \alpha$인 모든 실수이고 x^2의 계수가 1인 이차부등식 $\Rightarrow (x-\alpha)^2 > 0$

02 연립이차부등식

THEME 1 연립이차부등식

연립부등식을 이루고 있는 부등식 중에서 차수가 가장 높은 부등식이 이차부등식일 때, 이 연립부등식을 연립이차부등식이라고 한다. 연립이차부등식을 풀 때는 연립부등식을 이루고 있는 각 부등식의 해를 구한 후에 이들의 공통부분을 구하면 된다.

이때 수직선 위에 각 부등식의 해를 나타낸 후에 공통부분을 찾으면 된다.

🔍 **보기**

다음 연립부등식을 풀어라. $\begin{cases} 3x - 6 > 0 & \cdots\cdots ① \\ x^2 - 6x + 5 \le 0 & \cdots\cdots ② \end{cases}$

① 을 풀면 $x > 2$ $\cdots\cdots ③$

② 를 풀면

$(x-1)(x-5) \le 0 \Rightarrow 1 \le x \le 5$ $\cdots\cdots ④$

③, ④ 의 공통부분은 $2 < x \le 5$

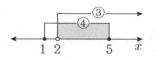

🔍 **보기**

다음 연립부등식을 풀어라. $\begin{cases} x^2 + x - 6 \le 0 & \cdots\cdots ① \\ x^2 - x > 0 & \cdots\cdots ② \end{cases}$

① 을 풀면

$(x+3)(x-2) \le 0 \Rightarrow -3 \le x \le 2$ $\cdots\cdots ③$

② 를 풀면

$x(x-1) > 0 \Rightarrow x < 0$ 또는 $x > 1$ $\cdots\cdots ④$

③, ④ 의 공통부분은 $-3 \le x < 0$ 또는 $1 < x \le 2$

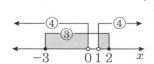

이차부등식을 해결할 때는 크면 바깥쪽, 작으면 사잇값을 기억하고 해결하도록 하자. 단, 최고차항이 양수일 때만 적용되는 것이므로 최고차항이 음수라면 이항을 통해 최고차항을 양수로 만든 다음 진행하도록 하자. 인수분해가 안 되더라도 근의 공식을 이용해 해를 직접 구해야 하며 만약 부등식을 방정식으로 해석했는데 중근 또는 허근이 나온다면 그래프를 그려보고 그 해를 말할 수 있어야 한다.

☺대치동 꿀팁!!

필수예제 01 　**이차부등식의 풀이**

다음 각 이차부등식을 풀어라.

(1) $x^2 - x > 2$

(2) $-x^2 - x + 12 > 0$

(3) $x^2 < 4x - 1$

다음 각 이차부등식을 풀어라.

(1) $x^2 + 2x + 1 > 0$

(2) $x^2 - 4x + 4 \geq 0$

(3) $x^2 + 6x + 9 \leq 0$

(4) $x^2 - 2x + 1 < 0$

 유제 01

이차부등식 $x^2 + 3x - 10 < 0$의 해가 $\alpha < x < \beta$이고, $-x^2 + 2x + 1 \leq 0$의 해가 $x \leq \gamma$ 또는 $x \geq \delta$일 때, $\alpha + \beta + \gamma + \delta$의 값은?

① -1 　　　　② 0 　　　　③ 1

④ 2 　　　　⑤ $2\sqrt{2}$

 유제 02

x에 대한 이차부등식 $x^2 - 2(k-3)x - k + 3 \leq 0$이 오직 하나의 해를 가질 때, 실수 k의 값을 구하여라.

 유제 03

연립부등식 $\begin{cases} x^2 - x - 20 \leq 0 \\ x^2 - 6x + 7 > 0 \end{cases}$ 을 만족하는 모든 정수 x의 합은?

① -5 　　　　② -4 　　　　③ -3

④ -2 　　　　⑤ -1

필수예제 02 **이차부등식의 풀이 2**

다음 각 이차부등식을 풀어라.

(1) $x^2 + 3x + 4 > 0$

(2) $x^2 - 4x + 6 \geq 0$

(3) $x^2 + 2x + 7 \leq 0$

(4) $x^2 - x + 1 < 0$

이차부등식 $x^2 + k^2 \geq (k+1)x$ 가 모든 실수 x에 대하여 성립하기 위한 실수 k의 값의 범위를 구하시오.

유제 04
연립부등식 $\begin{cases} x^2 - x - 12 \leq 0 \\ x^2 - 3x + 5 > 0 \end{cases}$ 를 만족하는 모든 정수 x의 합을 구하시오.

유제 05
x에 대한 이차부등식 $ax^2 - 2ax + 2 \geq 0$이 모든 실수 x에 대하여 성립할 때, 정수 a의 개수를 구하여라.

유제 06
부등식 $mx^2 + 2mx + 3 > x^2 + 2x$ 가 x의 값에 관계없이 항상 성립하도록 하는 실수 m의 값의 범위를 구하여라.

🔦대치동 꿀팁!!

부등식 $f(x) > g(x)$ 의 의미는 $y = f(x)$ 의 그래프가 $y = g(x)$ 의 그래프 보다 위쪽에 있는 x 값의 범위를 나타내는 표현이다.

필수예제 03 이차함수와 부등식

일차함수 $y = mx + n$ 과 이차함수 $y = ax^2 + bx + c$ 의 그래프가 다음 그림과 같다. 이때 부등식 $ax^2 + bx + c \geq mx + n$ 의 해는?

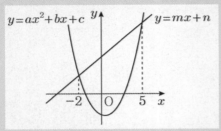

이차함수 $y = x^2 + 2x + 2$ 의 그래프가 직선 $y = mx + n$ 보다 아래쪽에 있는 x 값의 범위가 $2 < x < 3$ 일 때, 상수 m, n 에 대하여 $m + n$ 의 값을 구하여라.

유제 07

두 이차함수 $y = f(x)$, $y = g(x)$ 의 그래프가 오른쪽 그림과 같을 때, 부등식 $f(x) - g(x) \leq 0$ 의 해를 구하여라.

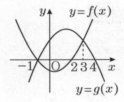

유제 08

$y = 3x + 1$ 의 그래프가 이차함수 $y = x^2 + x + a$ 의 그래프 아래쪽에 있는 범위가 $x < -1$, $x > b$ 일 때, $a + b$ 의 값은?

유제 09

함수 $y = (m+2)x^2 - 4x + 1$ 의 그래프가 직선 $y = 2mx - 3$ 보다 항상 위쪽에 있도록 하는 실수 m 의 값의 범위는?

① $-2 < m < 2$ ② $-2 \leq m < 2$ ③ $-2 < m \leq 2$

④ $-2 \leq m \leq 2$ ⑤ $-2 \leq m \leq 0$

🔔대치동 꿀팁!!

이차부등식의 해를 보고 부등식의 원래 모습을 추론하는 문제이다. 여기서 주목할 것은 부등호의 방향이다. 이차식이 0보다 크다고 되어있다면 부등식은 일반적으로 바깥쪽 값이 되어야 하지만 사잇값으로 결정됐다면 x^2의 계수가 음수였음을 뜻한다. 또한 부등식의 결과에서 경계값들이 곧 방정식의 해라는 사실을 알고 방정식으로 해석해서 문제를 해결할 수 있도록 하자.

필수예제 04 　이차부등식의 미정계수 1

부등식 $ax^2+5x+b>0$을 풀어서 $\dfrac{1}{3}<x<\dfrac{1}{2}$이라는 해를 얻었다고 한다. 이때, a, b의 값을 구하여라.

이차부등식 $ax^2+bx+c>0$의 해가 $-3<x<4$일 때, 이차부등식 $ax^2-bx+c>0$의 해를 구하여라.

유제 10

이차부등식 $x^2+ax+b<0$의 해가 $-2<x<3$일 때, 이차부등식 $ax^2-x-b<0$의 해는?

① $-3<x<2$ 　　　② $-2<x<3$ 　　　③ $x<2$ 또는 $x>3$

④ $x<-3$ 또는 $x>2$ 　　　⑤ $x<-2$ 또는 $x>3$

유제 11

이차부등식 $ax^2+bx+c>0$의 해가 $2<x<4$일 때, 이차부등식 $cx^2-4bx+16a>0$의 해를 구하여라.

유제 12

부등식 $x^2+ax+b>0$의 해가 $x<-3$ 또는 $x>4$일 때, 부등식 $x^2+(a-1)x+b-1<0$의 해는 $\alpha<x<\beta$이다.

이때, 두 실수 α, β에 대하여 $\alpha^2+\beta^2$의 값은?

① 10 　　　　② 15 　　　　③ 25

④ 30 　　　　⑤ 35

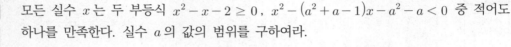

부등식 $(a+1)x^2 - 2(a+1)x + 6 > 0$이 모든 실수 x에 대하여 성립하도록 하는 모든 정수 a의 값의 합을 구하여라.

이차부등식 $x^2 - 4ax + a^2 - 2a + 1 < 0$의 해가 존재하지 않도록 하는 실수 a의 값의 범위를 구하여라.

유제 13 모든 실수 x는 두 부등식 $x^2 - x - 2 \geq 0$, $x^2 - (a^2 + a - 1)x - a^2 - a < 0$ 중 적어도 하나를 만족한다. 실수 a의 값의 범위를 구하여라.

유제 14 이차부등식 $(x-1)(x-5) \leq k(x-p)$가 실수 k의 값에 관계없이 항상 해를 갖도록 하는 실수 p의 값의 범위는 $\alpha \leq p \leq \beta$이다. $\alpha + \beta$의 값을 구하여라.

유제 15 모든 실수 x에 대하여 부등식 $-1 \leq (a-1)x + b \leq x^2 + 2x + 2$가 성립할 때, 점 (a, b)가 나타내는 도형의 길이는?

① 1 ② $\dfrac{5}{4}$ ③ $\dfrac{7}{4}$ ④ 2 ⑤ $\dfrac{9}{4}$

미지수가 포함된 부등식이 제한된 범위에서 항상 성립하기 위한 해결법은 함수로 해석하는 방법이 가장 좋다. 특히 미지수가 상수항에만 포함되어 있다면 미지수를 포함한 상수항만 한쪽에 놓고 나머지 항들을 전부 이항해서 식을 예쁘게 정리한 후 함수로 해석하는 방법을 연습하자. 계속 될 것이다. 수1, 수2, 미적분 등에 계속 활용하게 될 스킬이니 지금부터 습관을 들이도록 하자.

필수예제 06 | **제한된 범위에서 항상 성립하는 이차부등식**

$-2 \leq x \leq 2$에서 이차부등식 $x^2 - 6x - a^2 + 6a \geq 0$이 항상 성립하도록 하는 실수 a의 값의 범위를 구하여라.

유제 16

$-1 \leq x \leq 2$를 만족시키는 모든 실수 x에 대하여 부등식 $x^2 - 2x + a > 0$이 항상 성립하도록 실수 a의 값의 범위를 정하여라.

유제 17

$2 \leq x \leq 5$를 만족시키는 모든 실수 x에 대하여 부등식 $x^2 - (a+4)x - a > 0$이 항상 성립하도록 실수 a의 값의 범위를 정할 때, 이를 만족시키는 정수 a의 최댓값을 구하여라.

유제 18

이차부등식 $(x-3)(x-4) \leq 0$을 만족시키는 모든 실수 x에 대하여 이차부등식 $(x - a^2 + 2)(x - a^2 - 7) \leq 0$이 성립할 때, 모든 양의 정수 a의 값의 합을 구하여라.

대치동 꿀팁!!

절댓값과 가우스기호는 풀이법을 외우다시피 하는 것을 추천한다. 너무나도 자주 나오기 때문에 문제를 보고 당황하지 않도록 나올 때마다 꾸준한 연습을 해야 한다. 또 가우스의 경우에 방정식을 풀었음에도 부등식과 같은 해가 나올 수 있음을 염두에 두길 바란다.

필수예제 07 기호를 포함한 이차부등식

다음 부등식을 풀어라.

(1) $|x-2| < |3+2x|$

(2) $|x^2-4| < 3x$

실수 x에 대하여 $n \leq x < n+1$을 만족하는 정수 n을 $[x]$로 나타낼 때, 다음 방정식 또는 부등식을 풀어라.

(1) $[x]^2 - 3[x] + 2 = 0$

(2) $2[x]^2 - 9[x] + 4 < 0$

유제 19

다음 부등식을 풀어라.

(1) $|x^2 - 6x - 8| < 8$

(2) $|x^2 - 4x| < 3$

유제 20

부등식 $||x-2|-1| < 10$을 만족시키는 모든 정수 x의 개수를 구하여라.

유제 21

실수 x보다 크지 않은 최대 정수를 $[x]$로 나타낼 때, 다음 방정식 또는 부등식을 풀어라.

(1) $[x]^2 + [x] - 2 = 0$

(2) $[x]^2 + 4[x] + 3 \leq 0$

각각의 부등식을 해결하고 절대 눈으로 답을 구하지 말자. 정확하게 푸는 것이 우리가 해야 할 일이다. 수직선 위에 각각의 해를 표현하고 공통범위를 답으로 제출하도록!

💡대치동 꿀팁!!

필수예제 08 연립이차부등식

다음 연립부등식을 풀어라.

(1) $\begin{cases} x-1 > 2x-3 \\ x^2 \leq x+2 \end{cases}$

(2) $\begin{cases} x^2 - 2x > 8 \\ x^2 - 3x \leq 18 \end{cases}$

(3) $\begin{cases} x^2 - 16 < 0 \\ x^2 - 4x - 12 < 0 \end{cases}$

(4) $\begin{cases} x^2 - 2x - 1 > 0 \\ x^2 - x - 6 \leq 0 \end{cases}$

(5) $\begin{cases} x^2 + 2x - 35 > 0 \\ |x-2| < 5 \end{cases}$

유제 **22**

연립부등식 $\begin{cases} x^2 - 3x - 4 \geq 0 \\ x^2 - x - 12 \leq 0 \end{cases}$ 을 풀어라.

유제 **23**

연립부등식 $\begin{cases} x^2 - 7x + 6 \geq 0 \\ x^2 - 3x - 10 > 0 \end{cases}$ 을 풀어라.

유제 **24**

둘레의 길이가 $40m$이고 넓이가 $96m^2$ 이상이 되는 직사각형 모양의 가축우리를 만들려고 한다. 세로의 길이가 가로의 길이 보다 작거나 같을 때, 세로의 길이의 범위를 구하여라.

💡대치동 꿀팁!!

필수예제 09 ## 연립이차부등식의 미정계수

x에 관한 연립부등식 $\begin{cases} x^2 < (2n+1)x \\ x^2 - (n+1)x + n \geq 0 \end{cases}$ 의 해 중에서 정수가 100개일 때, 자연수 n의 값을 구하여라.

유제 25 두 부등식 $x^2 - 2x - 8 < 0$, $x^2 + (4-a)x - 4a \geq 0$을 동시에 만족하는 정수 x가 한 개일 때, 실수 a의 값의 범위를 구하여라.

유제 26 $a > 1$일 때, x에 대한 연립부등식 $\begin{cases} x^2 - (a+1)x + a < 0 \\ x^2 + (a-11)x - 11a > 0 \end{cases}$ 을 만족시키는 정수 x가 두 개 존재하도록 하는 a의 값의 범위는 $n < a \leq n+1$이다. 이때 자연수 n의 값을 구하여라.

유제 27 x에 관한 연립부등식 $\begin{cases} x^2 < a^2 \\ |x-1| \leq b \end{cases}$ 의 해가 없을 때, 두 양수 a, b 사이의 관계는?

① $a - b \leq 1$ ② $a - b > 1$ ③ $a + b = 1$

④ $a + b \leq 1$ ⑤ $a + b > 1$

이차방정식이 실근을 가질 조건은 판별식 $D \geq 0$이다. 이를 통해 새로운 부등식을 만들고 거기서 문제를 더 해결하도록 하자. 이때 상수항을 b로 착각하는 일은 있어서는 안 된다. $2m^2 + 4m + b$ 전체가 상수항이다.

🔔 대치동 꿀팁!!

필수예제 10 판별식과 이차부등식

실수 a, b, m에 대하여 x에 관한 이차방정식 $x^2 - 2(m+a)x + 2m^2 + 4m + b = 0$이 실근을 가질 조건이 $-2 \leq m \leq 6$일 때, 상수 a, b의 값을 구하여라.

유제 28 x에 대한 이차방정식 $x^2 + (a+1)x - a^2 + 4a + 1 = 0$이 중근을 갖도록 하는 정수 a의 값과 이때의 중근을 구하여라.

유제 29 x에 대한 두 이차방정식 $x^2 + 4kx + 12k = 0$, $x^2 - 2kx + 4k - 1 = 0$이 모두 허근을 갖도록 하는 상수 k의 값의 범위를 구하여라.

유제 30 x에 대한 이차방정식 $x^2 + (m-1)x + (m+2) = 0$이 서로 다른 두 양의 실근을 가질 때, 실수 m의 값의 범위를 구하여라.

도형의 방정식

좌표평면

01 | 두 점 사이의 거리

---

❶ 수직선 위의 두 점 사이의 거리

수직선 위에 두 점 A, B가 다음 위치에 있다고 하자.

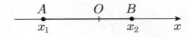

이때, 두 점 A, B사이의 거리 $\overline{\text{AB}}$는

$$\overline{\text{AB}} = 6 - 2 = 4, \qquad \overline{\text{AB}} = (-2) - (-6) = 4, \qquad \overline{\text{AB}} = 2 - (-6) = 8$$

즉, 오른쪽 점의 좌표에서 왼쪽 점의 좌표를 뺀 것과 같다.

일반적으로 두 점
A(x_1), B(x_2)사이의 거리 $\overline{\text{AB}}$는
$x_2 \geq x_1$이면 $\overline{\text{AB}} = x_2 - x_1$,
$x_1 \geq x_2$이면 $\overline{\text{AB}} = x_1 - x_2$
즉, $\overline{\text{AB}} = |x_2 - x_1|$

❷ 좌표평면 위의 두 점 사이의 거리

좌표평면 위의 두 점 A(x_1, y_1), B(x_2, y_2)사이의
거리 $\overline{\text{AB}}$는
오른쪽 그림에서 $\overline{\text{AB}} = \sqrt{\overline{\text{AC}}^2 + \overline{\text{BC}}^2}$ 이고
$\overline{\text{AC}} = |x_2 - x_1|$, $\overline{\text{BC}} = |y_2 - y_1|$이므로
$$\overline{\text{AB}} = \sqrt{(x_2 - x_1)^2 + (y_2 - y_1)^2}$$

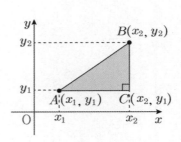

💬 두 점 사이의 거리

(1) 수직선 위의 두 점 A(x_1), B(x_2)사이의 거리는 $\overline{\text{AB}} = |x_2 - x_1|$

(2) 좌표평면 위의 두 점 A(x_1, y_1), B(x_2, y_2)사이의 거리는 $\overline{\text{AB}} = \sqrt{(x_2 - x_1)^2 + (y_2 - y_1)^2}$

🔍 보기

다음 두 점 사이의 거리 $\overline{AB}$ 를 구하여라.

(1) $A(10), B(3)$ (2) $A(-3),\ B(6)$

(3) $A(2, 1), B(6, 4)$ (4) $A(3,\ -2), B(-6, 4)$

(1) $\overline{AB} = |\,3-10\,| = 7$

(2) $\overline{AB} = |\,6-(-3)\,| = 9$

(3) $\overline{AB} = \sqrt{(6-2)^2 + (4-1)^2} = 5$

$$
\begin{array}{ll}
A(2,\ 1) & B(6,\ 4) \\
\ \vdots\ \ \vdots & \ \ \vdots\ \ \vdots \\
A(x_1,\ y_1) & B(x_2,\ y_2)
\end{array}
$$

(4) $\overline{AB} = \sqrt{(-6-3)^2 + \{4-(-2)\}^2} = 3\sqrt{13}$

THEME 2 여러 가지 점

좌표평면 위의 여러 가지 점들은 다음과 같이 바로바로 셋팅할 수 있도록 하자.

💬 기본적인 점 셋팅

(1) x축 위의 점 : $(a, 0)$

(2) y축 위의 점 : $(0, b)$

(3) 직선 $y = x$ 위의 점 : (t, t)

(4) 함수 $y = f(x)$ 위의 점 : $(t, f(t))$

💬 점 (a, b)의 대칭점

(1) x축에 대하여 대칭이동 한 점 : $(a, -b)$

(2) y축에 대하여 대칭이동 한 점 : $(-a, b)$

(3) 원점에 대하여 대칭이동 한 점 : $(-a, -b)$

(4) $y = x$에 대하여 대칭이동 한 점 : (b, a)

THEME 3 거리의 합과 거리제곱의 합

$\overline{PA}^2 + \overline{PB}^2$의 값과 $\overline{PA} + \overline{PB}$의 값 중에 어떤 것이 쉽고 어떤 것이 어려울까?
제곱이 있어서 $\overline{PA}^2 + \overline{PB}^2$의 값을 구하는 것이 어렵다고 생각이 들겠지만 실제론 $\overline{PA} + \overline{PB}$의 값을
구하는 것이 좀 더 까다롭다. $\overline{PA} + \overline{PB}$의 값을 구할 때 점과 점사이의 거리 구하는 공식을 이용하게
되면 $\sqrt{} + \sqrt{}$ 의 형태가 되어 계산이 더 이상 진행되지 못한다. 물론 나중에 배우는 미적분의 개념을
이용하면 계산 및 최대, 최소를 구하는 것이 가능은 하겠지만 이 단원에서는 계산이 더 이상 진행되지
못하는 상황이라고 결론짓도록 하자. 하지만 $\overline{PA}^2 + \overline{PB}^2$의 값을 구할 때 점과 점사이의 거리 구하는
공식을 이용하면 $\left(\sqrt{}\right)^2 + \left(\sqrt{}\right)^2$ 의 형태가 되어 $\sqrt{}$ 를 벗을 수 있기 때문에 계산이 가능하다.

💬 거리의 합

$\overline{PA} + \overline{PB}$의 값은 계산이 불가능 하다. ⇒ 기하학적인 의미를 생각해서 $\overline{PA} + \overline{PB}$와 같은 값을 갖는 또 다른
무언가를 생각해 내도록 하자!(보통의 경우 대칭이동을 이용한다)

💬 거리제곱의 합

$\overline{PA}^2 + \overline{PB}^2$의 값은 점과 점 사이의 거리 구하는 공식을 이용해서 식으로 계산이 가능하다.
⇒ 점과 점사이의 거리구하는 공식에 의하여 $\sqrt{}$ 안의 내용물은 2차식이 되며 제곱을 통해 $\sqrt{}$ 를 벗게 되면
2차식 + 2차식 = 2차식으로 계산이 가능하다.

두 점 A, B가 직선 l의 같은 쪽에 잇을 때 $\overline{AP} + \overline{BP}$가 최소가 되는
l위의 점 P를 기하학적으로 찾아내는 방법은 다음과 같다.
⇒ 점 A와 직선 l에 대하여 대칭인 점을 A′이라고 할 때, 직선 A′B
와 l이 만나는 점 P_0이 구하는 점이다.

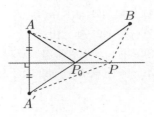

식으로의 증명 : 점 P가 직선 l위의 점이면 $\overline{AP} = \overline{A'P}$, $\overline{AP_0} = \overline{A'P_0}$

$$\therefore \overline{AP} + \overline{BP} = \overline{A'P} + \overline{BP} \geq \overline{A'B} = \overline{A'P_0} + \overline{BP_0} = \overline{AP_0} + \overline{BP_0}$$

따라서 P = P_0일 때 $\overline{AP} + \overline{BP}$는 최소이고, 최솟값은 $\overline{A'B}$이다.

△ABC 의 변 BC 의 중점을 M 이라 할 때, 다음이 성립한다.

$$\overline{AB}^2 + \overline{AC}^2 = 2\left(\overline{AM}^2 + \overline{BM}^2\right)$$

(증명1) 좌표를 이용한 증명

변 BC 를 지나는 직선을 x축, 점 M을 지나 변 BC에 수직인 직
선을 y축으로 잡고, A$(a,\ b)$, B$(-c,\ 0)$, C$(c,\ 0)$ 이라고 하면

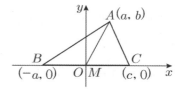

$$\begin{aligned}
\overline{AB}^2 + \overline{AC}^2 &= \{(a+c)^2 + b^2\} + \{(a-c)^2 + b^2\} \\
&= 2(a^2 + b^2) + 2c^2 = 2\overline{AM}^2 + 2\overline{BM}^2 \\
&= 2\left(\overline{AM}^2 + \overline{BM}^2\right)
\end{aligned}$$

(증명2) 평면도형의 성질을 이용한 증명

점 A에서 변 BC에 내린 수선의 발을 D 라고 하면

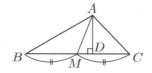

$$\overline{AB}^2 = \overline{AD}^2 + \overline{BD}^2 = \overline{AD}^2 + (\overline{BM} + \overline{MD})^2$$
$$= \overline{AD}^2 + \overline{BM}^2 + 2\overline{BM} \cdot \overline{MD} + \overline{MD}^2 \qquad \cdots ①$$
$$\overline{AC}^2 = \overline{AD}^2 + \overline{CD}^2 = \overline{AD}^2 + (\overline{CM} - \overline{MD})^2$$
$$= \overline{AD}^2 + (\overline{BM} - \overline{MD})^2$$
$$= \overline{AD}^2 + \overline{BM}^2 - 2\overline{BM} \cdot \overline{MD} + \overline{MD}^2 \qquad \cdots ②$$

①, ②식을 변변 더하면

$$\begin{aligned}
\overline{AB}^2 + \overline{AC}^2 &= 2\overline{AD}^2 + 2\overline{BM}^2 + 2\overline{MD}^2 \\
&= 2\left(\overline{AD}^2 + \overline{MD}^2\right) + 2\overline{BM}^2 \\
&= 2\overline{AM}^2 + 2\overline{BM}^2 \\
&= 2\left(\overline{AM}^2 + \overline{BM}^2\right)
\end{aligned}$$

직사각형 ABCD와 점 P가 한 평면 위에 있을 때,
다음이 성립한다.

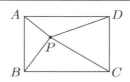

$$\overline{PA}^2 + \overline{PC}^2 = \overline{PB}^2 + \overline{PD}^2$$

THEME **1** 수직선 위의 선분의 내분점과 외분점

❶ **내분점** : 선분 AB 위에 점 P가 있을 때, 점 P는 선분 AB 를 내분한다고 하고, 점 P를 『내분점』이라고 한다.

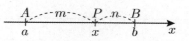

그리고 $\overline{AP} : \overline{PB} = m : n(m > 0,\ n > 0)$ 일 때, 점 P는 선분 AB를 $m : n$의 비로 내분한다고 한다.

분자는 먼 쪽의 비를 곱한 것

$A(a),\ B(b)$라 할 때, 선분 AB를 $m : n$으로 내분하는 점을 $P(x)$라 하자.

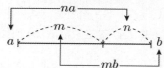

$a < b$일 때, $\overline{AP} = x - a,\ \overline{PB} = b - x$이므로

$\overline{AP} : \overline{PB} = (x - a) : (b - x) = m : n$

$$\therefore x = \frac{mb + na}{m + n}$$

$a > b$일 때 같은 방법으로 하면 내분점 P의 좌표 x는 위와 같다. 특히, $m = n$일 때 점 P를 선분 AB의 『중점』이라고 한다. 따라서 중점은 $x = \dfrac{mb + na}{m + n} = \dfrac{nb + na}{n + n} = \dfrac{a + b}{2}$

❷ **외분점** : 선분 AB의 연장선 위에 점 Q가 있을 때, 점 Q는 선분 AB를 외분한다고 하고, 점 Q를 『외분점』이라고 한다. 그리고 $\overline{AQ} : \overline{QB} = m : n(m > 0,\ n > 0,\ m \neq n)$일 때, 점 Q는 선분 AB를 $m : n$의 비로 외분한다고 한다. A(a), B(b)라 할 때, 선분 AB를 $m : n$으로 외분하는 점을 Q(x)라 하자.

$a < b$일 때 $m > n$이면

$\overline{AQ} = x - a,\ \overline{QB} = x - b$이므로

$\overline{AQ} : \overline{QB} = (x - a) : (x - b) = m : n$

$m < n$이면

$\overline{AQ} = a - x,\ \overline{QB} = b - x$이므로

$\overline{AQ} : \overline{QB} = (a - x) : (b - x) = m : n$

$$\therefore x = \frac{mb - na}{m - n}$$

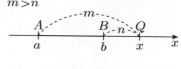

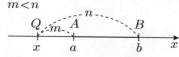

$a > b$일 때에도 같은 방법으로 하면 외분점 Q의 좌표 x는 위와 같다.

길이가 3인 선분 OA를 $2:1$로 내분하는 점 P와 $2:1$로 외분하는 점 Q 사이의 거리를 구하여라.

$\mathrm{O}(0)$, $\mathrm{A}(3)$, $\mathrm{P}(x_1)$, $\mathrm{Q}(x_2)$라고 하면

$$x_1 = \frac{2 \times 3 + 1 \times 0}{2 + 1} = 2, \qquad x_2 = \frac{2 \times 3 - 1 \times 0}{2 - 1} = 6$$

$$\therefore \overline{\mathrm{PQ}} = x_2 - x_1 = 6 - 2 = 4$$

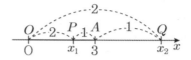

THEME **2** 좌표평면 위의 선분의 내분점과 외분점

$\mathrm{A}(x_1, y_1)$, $\mathrm{B}(x_2, y_2)$인 선분 AB를 $m:n\,(m > 0, \ n > 0)$으로 내분하는 점을 $\mathrm{P}(x, y)$라 하고, 점 A, P, B에서 x축에 내린 수선의 발을 각각 A', P', B'이라고 하면 $\overline{\mathrm{AA}'} /\!/ \overline{\mathrm{PP}'} /\!/ \overline{\mathrm{BB}'}$이므로

$\overline{\mathrm{A}'\mathrm{P}'} : \overline{\mathrm{P}'\mathrm{B}'} = \overline{\mathrm{AP}} : \overline{\mathrm{PB}} = m:n$

따라서 점 P'은 선분 $\mathrm{A}'\mathrm{B}'$을 $m:n$으로 내분한다.

$$\therefore x = \frac{mx_2 + nx_1}{m + n}$$

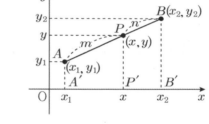

y축 위에서도 같은 방법으로 하면

$$\therefore y = \frac{my_2 + ny_1}{m + n}$$

$$\therefore \mathrm{P}\left(\frac{mx_2 + nx_1}{m + n}, \ \frac{my_2 + ny_1}{m + n} \right)$$ 같은 방법으로 하면 중점, 외분점의 좌표도 구할 수 있다.

💬 선분의 내분점과 외분점의 좌표

$\mathrm{A}(x_1, y_1)$, $\mathrm{B}(x_2, y_2)$일 때, 선분 AB를 $m:n$으로 내분하는 점을 P, 외분하는 점을 Q라 하고, 선분 AB의 중점을 M이라고 하면

    (1) 내분점 : $\mathrm{P}\left(\dfrac{mx_2 + nx_1}{m + n}, \ \dfrac{my_2 + ny_1}{m + n} \right)$

    (2) 중 점 : $\mathrm{M}\left(\dfrac{x_2 + x_1}{2}, \ \dfrac{y_2 + y_1}{2} \right)$

    (3) 외분점 : $\mathrm{Q}\left(\dfrac{mx_2 - nx_1}{m - n}, \ \dfrac{my_2 - ny_1}{m - n} \right) (m \neq n)$

🔍 보기

두 점 $A(-1, 0)$, $B(2, 1)$을 연결하는 선분 AB를 $2 : 1$로 내분하는
점 $P(x, y)$와 외분하는 점 $Q(x', y')$의 좌표를 구하여라.

$$x = \frac{2 \times 2 + 1 \times (-1)}{2 + 1} = 1, \quad y = \frac{2 \times 1 + 1 \times 0}{2 + 1} = \frac{2}{3} \quad \therefore P\left(1, \frac{2}{3}\right)$$

$$x' = \frac{2 \times 2 - 1 \times (-1)}{2 - 1} = 5, \quad y' = \frac{2 \times 1 - 1 \times 0}{2 - 1} = 2 \quad \therefore Q(5, 2)$$

THEME 3 도형에서의 활용

❶ 오른쪽 그림과 같이 P, Q가 각각 변 AB, AC의 중점일 때

$$\overline{PQ} /\!/ \overline{BC}, \quad \overline{PQ} = \frac{1}{2}\overline{BC}$$

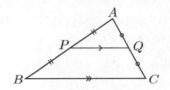

또한, 세 직선 l, m, n에 대하여 $l /\!/ m /\!/ n$이면 $a : b = c : d$

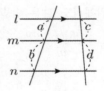

❷ 다음 세 점을 꼭짓점으로 하는 $\triangle ABC$의 무게중심 G의 좌표
$A(x_1, y_1)$, $B(x_2, y_2)$, $C(x_3, y_3)$

$\triangle ABC$의 세 변 AB, BC, CA의 중점을 각각 L, M, N이라고 할 때,
세 직선 CL, AM, BN은 한 점에서 만난다. 이 점을 $\triangle ABC$의
무게중심이라고 한다.

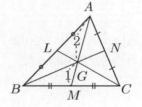

$\triangle ABC$의 무게중심을 G라고 할 때,
$\overline{AG} : \overline{GM} = \overline{BG} : \overline{GN} = \overline{CG} : \overline{GL} = 2 : 1$이다.

즉, 변 BC의 중점을 M이라고 하면 $M\left(\dfrac{x_2 + x_3}{2}, \dfrac{y_2 + y_3}{2}\right)$

점 G의 좌표를 $G(x, y)$라고 하면
G는 중선 AM을 $2:1$로 내분하는 점이므로

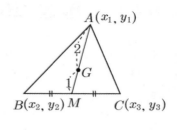

$$x = \frac{2 \times \dfrac{x_2 + x_3}{2} + 1 \times x_1}{2 + 1} = \frac{x_1 + x_2 + x_3}{3}$$

$$y = \frac{2 \times \dfrac{y_2 + y_3}{2} + 1 \times y_1}{2 + 1} = \frac{y_1 + y_2 + y_2}{3}$$

$$\therefore \ G\left(\frac{x_1 + x_2 + x_3}{3}, \ \frac{y_1 + y_2 + y_3}{3} \right)$$

❸ 삼각형의 무게중심의 성질

그림과 같이 삼각형 ABC의 세 변 AB, BC, CA를
각각 $m:n$으로 내분하는 점을
차례로 D, E, F라 할 때,
삼각형 ABC의 무게중심과 삼각형 DEF의 무게중심은
일치한다.

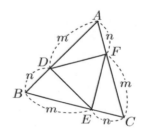

❹ 각의 이등분선

$\triangle ABC$에서 $\angle A$의 이등분선이 변 BC와 만나는 점을 D라고 할 때
$\overline{AB} : \overline{AC} = \overline{BD} : \overline{DC}$

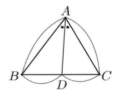

$\triangle ABC$에서 $\angle A$의 외각의 이등분선이 선분 BC의 연장선과
만나는 점을 D라고 할 때 $\overline{AB} : \overline{AC} = \overline{BD} : \overline{DC}$

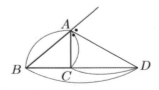

🎓대치동 꿀팁!!

점과 점사이의 거리공식을 이용해서 문제를 해결하자. 또한 x축 위의 점을 셋팅할 때는 $(a, 0)$, y축 위의 점을 셋팅할 때는 $(0, b)$ 라고 셋팅하도록 하자.

필수예제 01 두 점 사이의 거리

두 점 $A(m, 0)$, $B(-1, -m)$에 대하여 $\overline{AB} = 2$를 만족하는 모든 m의 값의 합을 구하여라.

두 점 $A(3, 4)$, $B(5, 2)$에서 같은 거리에 있는 x축 위의 점을 P, y축 위의 점을 Q라 할 때, 선분 PQ의 길이를 구하시오.

유제 01

좌표평면에서 제1 사분면 위의 세 점 A$(2, 3)$, B$(a, 6)$, C$(7, 2)$에 대하여 $\overline{AB} = 3\sqrt{2}$ 일 때, $\overline{BC}$의 길이는?

① 4   ② $\sqrt{17}$ ③ $3\sqrt{2}$

④ $\sqrt{19}$ ⑤ $2\sqrt{5}$

유제 02

다음을 각각 구하여라.

(1) 두 점 A$(-4, 1)$, B$(-3, -2)$에서 같은 거리에 있는 x축 위의 점 P의 좌표

(2) 두 점 P$(2, 3)$, Q$(0, 5)$에서 같은 거리에 있는 y축 위의 점 R의 좌표

유제 03

세 점 $A(0, 5)$, $B(6, -3)$, $C(7, 4)$로부터 같은 거리에 있는 점의 좌표를 (a, b)라 할 때, $a+b$의 값을 구하시오.

필수예제 02 삼각형의 모양

다음 세 점을 꼭짓점으로 하는 삼각형 ABC는 어떤 삼각형인지 구하여라.

(1) $A(-1, 3)$, $B(-2, -4)$, $C(3, 1)$

(2) $A(1, 3)$, $B(-1, 1)$, $C(5, -1)$

유제 04

세 점 $A(-1, 1)$, $B(1, -1)$, $C(5, 3)$을 꼭짓점으로 하는 삼각형 ABC는 어떤 삼각형인가?

① 정삼각형

② $\overline{BC} = \overline{CA}$ 인 이등변삼각형

③ $\angle A = 90°$ 인 직각이등변삼각형

④ $\angle B = 90°$ 인 직각삼각형

⑤ 둔각삼각형

유제 05

세 점 $A(2, -2)$, $B(7, -3)$, $C(4, -5)$를 꼭짓점으로 하는 삼각형 ABC에서 $\angle A$의 크기를 구하여라.

유제 06

세 점 $A(1, 1)$, $B(2, 3)$, $C(3, k)$를 꼭짓점으로 하는 삼각형 ABC가 $\overline{AB} = \overline{AC}$ 인 이등변삼각형일 때, 양수 k의 값을 구하여라.

필수예제 03   선분의 길이의 합의 최솟값

두 점 $A(-1, 1)$, $B(3, 2)$가 있다.
점 P가 x축 위에 있을 때, $\overline{AP} + \overline{BP}$의
최솟값을 구하여라.

두 점 $A(-2, 1)$, $B(-5, -2)$와 y축 위
의 점 P에 대하여 $\overline{AP} + \overline{PB}$의 최솟값을 구
하시오.

유제 **07**   좌표평면 위의 두 점 $A(3, 2)$, $B(6, 4)$와 x축 위를 움직이는 점 P에 대하여

     $\overline{AP} + \overline{BP}$ 의 최솟값은?

     ① $3\sqrt{5}$ ② 6 ③ 8

     ④ $4\sqrt{5}$ ⑤ 12

유제 **08**   좌표 평면위의 두 점 $A(4, 6)$, $B(3, 1)$와 y축 위를 움직이는 점 Q에 대하여

     $\overline{AQ} + \overline{QB}$의 최솟값은?

유제 **09**   두 점 $A(2, 3)$, $B(5, 1)$과 x축 위의 점 P, y축 위의 점 Q에 대하여 $\overline{AQ} + \overline{QP} + \overline{PB}$
     의 최솟값을 구하시오.

내분점과 외분점 구하는 공식을 반드시 기억하자. 여기서 공식에만 의존하지 않고 좌표평면 위에 나타내보면 좀더 빠르게 구할 수도 있기 때문에 항상 그리는 습관은 잊지말도록!

필수예제 04 **내분점과 외분점**

두 점 $A(2, -3)$, $B(5, 3)$을 이은 선분 AB를 $2 : 1$로 내분하는 점과 외분하는 점을 각각 P, Q 라고 할 때, 선분 PQ의 중점의 좌표를 구하여라.

유제 10 두 점 $A(1, -5)$, $B(6, 5)$를 이은 선분 AB를 $2 : 3$으로 내분하는 점을 P, 외분하는 점을 Q라 할 때, $\overline{PQ}$의 길이를 구하여라.

유제 11   두 점 $A(a, 3)$, $B(2, b)$를 이은 선분 AB를 $2 : 1$로 외분하는 점의 좌표가 $(5, -1)$ 일 때, 선분 AB의 중점의 좌표를 구하여라.

유제 12 좌표평면 위의 두 점 $A(-3, 5)$, $B(6, -2)$에 대하여 선분 AB를 $a : (1-a)$로 내분하는 점이 제1사분면에 있을 때, 실수 a의 값의 범위는?

① $0 < a < \dfrac{1}{3}$　　　　② $0 < a < \dfrac{5}{7}$　　　　③ $\dfrac{1}{3} < a < \dfrac{5}{7}$

④ $\dfrac{1}{3} < a < 1$　　　　⑤ $\dfrac{5}{7} < a < 1$

무게중심의 좌표를 구하는 공식을 반드시 기억하자. 또한 무게중심으로부터 발생되는 성질을 확인하고 이를 문제에 적용시키는 연습도 반드시 필요하다.

🔦대치동 꿀팁!!

필수예제 **05**   **무게중심**

세 점 $A(-3, 2)$, $B(2, 5)$, $C(4, -1)$을 꼭짓점으로 하는 $\triangle ABC$의 무게중심의 좌표를 구하여라.

유제 13 삼각형 ABC의 두 꼭짓점의 좌표가 $A(3, -1)$, $B(-2, 4)$이고, 무게중심의 좌표가 $G(0, 1)$일 때, 꼭짓점 C의 좌표를 구하여라.

유제 14 세 점 $(-1, a)$, $B(1, 5)$, $C(b, 3)$을 꼭짓점으로 하는 삼각형 ABC의 무게중심이 $(2a, 4)$일 때, $a+b$ 의 값은?

① 20   ② 24   ③ 28

④ 32   ⑤ 36

유제 15 세 점 $A(1, 4)$, $B(-2, 1)$, $C(7, 10)$을 꼭짓점으로 하는 삼각형 ABC에서 선분 AB, BC, CA를 각각 $2:1$로 내분하는 점의 좌표를 P, Q, R이라고 했을 때, 삼각형 PQR의 무게중심의 좌표는?

⑨ 대치동 꿀팁!!

필수예제 06 평행사변형

네 점 $A(1,\ 2)$, $B(2,\ -1)$, $C(4,\ 1)$, $D(a,\ b)$를 꼭짓점으로 하는 평행사변형 $ABCD$에 대하여 $a+b$의 값은?

① 5 ② $\dfrac{11}{2}$ ③ 6

④ $\dfrac{13}{2}$ ⑤ 7

유제 16

세 점 $A(1,\ 6)$, $B(2,\ 3)$, $C(6,\ 1)$을 꼭짓점으로 하는 평행사변형 $ABCD$의 꼭짓점 D의 좌표를 구하여라.

유제 17

평행사변형 $ABCD$에서 세 꼭짓점 A, B, D의 좌표가 각각 $A(0,\ 4)$, $B(7,\ 2)$, $D(a,\ b)$이고, 대각선 AC의 중점의 좌표가 $(3,\ 0)$일 때, 상수 a, b의 합 $a+b$의 값은?

① -5 ② -4 ③ -3

④ -2 ⑤ -1

유제 18

네 점 A$(-2,\ 3)$, B$(a,\ 7)$, C$(b,\ 5)$, D$(2,\ 1)$을 꼭짓점으로 하는 사각형 ABCD가 마름모가 되도록 하는 상수 a, b에 대하여 $a+b$의 값을 모두 구하여라.

대치동 꿀팁!!

필수예제 07 **중선과 각의 이등분선**

$\triangle ABC$의 변 BC의 중점을 M이라 할 때, 다음 등식이 성립함을 증명하여라.

$$\overline{AB}^2 + \overline{AC}^2 = 2(\overline{AM}^2 + \overline{BM}^2)$$

$A(1,5)$, $B(-4,-7)$, $C(5,2)$인 $\triangle ABC$가 있다. $\angle A$의 이등분선이 변 BC와 만나는 점을 D라 할 때, 점 D의 좌표를 구하여라.

유제 19

오른쪽 그림과 같은 평행 사변형 ABCD에서 $\overline{AB}=4$, $\overline{BC}=5$, $\overline{BD}=6$일 때, $\overline{AC}$의 길이를 구하여라.

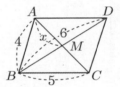

유제 20

세 점 A$(0, 7)$, B$(-5, -5)$, C$(4, 4)$를 꼭짓점으로 하는 삼각형 ABC가 있다. $\angle$A 의 이등분선이 변 BC 와 만나는 점을 D(a, b)라 할 때, 상수 a, b의 합 $a+b$의 값은?

① -2 ② -1 ③ 1

④ 2 ⑤ 3

유제 21 오른쪽 그림과 같이 $\overline{AB} = 10$, $\overline{AC} = 6$, $\angle C = 90°$인 직각삼 각형 ABC에서 $\angle A$의 이등분선이 변 BC와 만나는 점을 D 라 할 때, 선분 AD의 길이는?

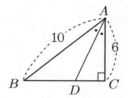

>> Ⅳ 도형의 방정식

직선의 방정식

<u>THEME</u> **1** $y=ax+b$의 그래프

다음 두 방정식의 그래프로부터 방정식 $y=ax+b$의 그래프에서 a, b가 갖는 성질에 대하여 알아보기로 하자.

(1) $y=ax+1$의 그래프

$a=\dfrac{1}{2}$, 2, 0, $-\dfrac{1}{2}$, -2

의 각 경우에 대하여 그래프를 그려보면 다음과 같다.

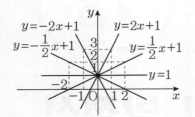

(2) $y=\dfrac{1}{2}x+b$의 그래프

$b=-2$, 0, 2

의 각 경우에 대하여 그래프를 그려보면 다음과 같다.

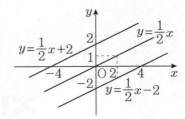

💬 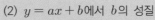 $y=ax+b$의 그래프

(1) $y=ax+b$에서 a의 성질

$a>0$이면 오른쪽 위로 올라가는 직선,

$a<0$이면 오른쪽 아래로 내려가는 직선,

$a=0$이면 x축에 평행한 직선이 된다.

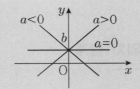

특히 $y=ax+b$가 x축의 양의 방향과 이루는 각을 θ라고하면 $a=\tan\theta$이다. 이때 a를 『기울기』라고 한다.

(2) $y=ax+b$에서 b의 성질

$b>0$이면 원점 위쪽에서 y축과 만나고,

$b<0$이면 원점 아래쪽에서 y축과 만나며,

$b=0$이면 원점을 지난다.

이때 b를 『y절편』이라고 한다.

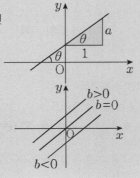

cf) $90° < \theta < 180°$ 일 때에는

$\tan(180° - \theta) = -a$ 이므로

$a = -\tan(180° - \theta)$ 로 나타낼 수 있다.

그런데, $\tan(180° - \theta) = -\tan\theta$ (수학 I 과정)

이므로 일반적으로 $a = \tan\theta$ 로 나타내어도 된다.

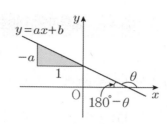

🔍**보기**

방정식 $y = \sqrt{3}\,x - 1$의 그래프를 그리고 기울기, y절편, x축의 양의 방향과 이루는 각을 각각 구해보도록 하자.

일반적으로 $y = ax + b$에서

기울기 : a, y절편 : b, $\tan\theta = a$이다.

따라서 $y = \sqrt{3}\,x - 1$에서는

기울기 : $\sqrt{3}$, y절편 : -1

이므로 그래프는 오른쪽 그림과 같다.

또 x축의 양의 방향과 이루는 각을 θ라고 하면

$\quad \tan\theta = \sqrt{3}$, $\therefore \theta = 60°$

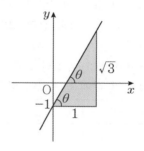

🔍**보기**

$y = ax + b$의 그래프가 그림과 같을 때,

각각에 대하여 a, b의 부호를 조사해보자.

① $a > 0, b > 0$ ② $a > 0, b < 0$

③ $a < 0, b > 0$ ④ $a < 0, b < 0$

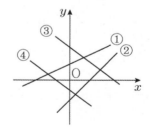

THEME 2 $ax+by+c=0$의 그래프

방정식 $ax+by+c=0$에서 $a \neq 0$, $b \neq 0$일 때, $y=-\dfrac{a}{b}x-\dfrac{c}{b}$이므로

기울기가 $-\dfrac{a}{b}$이고 y절편이 $-\dfrac{c}{b}$인 직선이다.

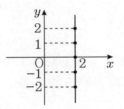

이제 방정식 $ax+by+c=0$에서
a, b중 어느 한쪽이 0인 경우의 그래프에 대하여 알아보기로 하자.

(1) $x-2=0$ 곧, $x=2$의 그래프
x의 값이 y의 값에 관계없이 항상 2인 경우이다.
이것을 $y=0 \cdot x+2$와 같이 보아도 좋다.

(2) $y-2=0$ 곧, $y=2$의 그래프
y의 값이 x의 값에 관계없이 항상 2인 경우이다.

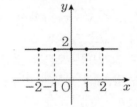

x	$\cdots$,	-2,	-1,	0,	1,	2,	$\cdots$
y	$\cdots$,	2,	2,	2,	2,	2,	$\cdots$

💬 $ax+by+c=0$의 그래프

$ax+by+c=0$에서
(ⅰ) $b \neq 0$일 때

$\quad y=-\dfrac{a}{b}x-\dfrac{c}{b}$: 기울기가 $-\dfrac{a}{b}$, y절편이 $-\dfrac{c}{b}$인 직선

(ⅱ) $b=0$, $a \neq 0$일 때 $x=-\dfrac{c}{a}$: y축에 평행한 직선

(ⅲ) $a=0$, $b \neq 0$일 때 $y=-\dfrac{c}{b}$: x축에 평행한 직선

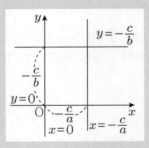

cf) 방정식 $y=ax+b$는 $a=0$일 때 $y=b$로서 x축에 평행한 직선을 나타낸다. 그러나 이 방정식은 a, b가 어떤 값을 갖는다고 해도 y항은 항상 남게 되므로 $x=k$의 꼴로 나타낼 수 없다. 따라서 y축에 평행한 직선을 나타낼 수는 없게 된다. 그래서 방정식 $y=ax+b$는 직선의 방정식의 일반형이라고 말할 수 없다.

그러나 방정식 $ax+by+c=0$은 $a=0$, $b \neq 0$일 때 x축에 평행한 직선을, $b=0$, $a \neq 0$일 때 y축에 평행한 직선을 나타내므로 직선의 방정식의 일반형이라고 말할 수 있다.

---

a, b 중 적어도 하나는 0이 아닐 때, 직선의 방정식의 일반형은 $\Rightarrow ax+by+c=0$

🔍보기

다음 방정식의 그래프를 그려라.

(1) $x+2=0$ (2) $y+3=0$ (3) $2x+y-1=0$

(1) $x+2=0$에서 $x=-2$

(2) $y+3=0$에서 $y=-3$

(3) $2x+y-1=0$에서 $y=-2x+1$이고, $x=0$일 때 $y=1$, $y=0$일 때 $x=\dfrac{1}{2}$

(1) 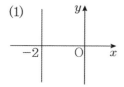   (2) 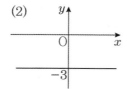   (3)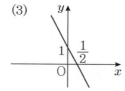

02 두 직선 사이의 위치 관계

THEME 1 두 직선 $y=ax+b$와 $y=a'x+b'$ 의 위치 관계

평면에서 두 직선 사이의 위치 관계는 한 점에서 만나는 경우, 평행한 경우, 일치하는 경우로 나눌 수 있다.

또, 한 점에서 만나는 경우의 특수한 예로 수직인 경우가 있다.

일반적으로 두 직선 $y=ax+b$ ...... ① $y=a'x+b'$ ...... ②에서

직선 ①, ②의 교점의 x, y좌표 ⟺ 연립방정식 ①, ②의 해이므로 계수와 그래프와 해 사이에는 다음 관계가 있다.

---

(1) $a \neq a'$ ⟺ 한 점에서 만난다. ⟺ 한 쌍의 해를 갖는다.

(2) $a = a'$, $b \neq b'$ ⟺ 평행하다. ⟺ 해가없다.(불능)

(3) $a = a'$, $b = b'$ ⟺ 일치한다. ⟺ 해가 무수히 많다.(부정)

(4) $aa' = -1$ ⟺ 수직이다. ⟺ 한 쌍의 해를 갖는다.

 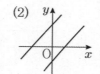

---

cf) (4)의 수직 조건은 두 직선 $y=ax+b$와 $y=a'x+b'$에서의 수직일 조건을 보일 필요없이 $y=ax$와 $y=a'x$가 수직일 조건이 $aa'=-1$임을 보여도 충분하다.

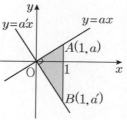

두 직선 위에 각각 점 $A(1, a)$와 점 $B(1, a)$을 잡을 때, 두 직선이 수직이면 삼각형 OAB는 직각삼각형이므로

$\overline{OA}^2 + \overline{OB}^2 = \overline{AB}^2$

$\therefore (1+a^2) + (1+a'^2) = (1-1)^2 + (a-a')^2$

$aa' = -1$이고, 이의 역도 성립한다.

🔍보기

직선 $y = ax + 2$와 직선 $y = 3x + 1$이 서로 수직일 때, a의 값을 구하여라.

$a \times 3 = -1$로부터 $a = -\dfrac{1}{3}$ ⇐ 3의 역수의 부호를 바꾼 것

🔍보기

세 개의 방정식 $3x + 5y = 9$, $6x + 10y = 11$, $6x - 10y = 10$이 나타내는 그래프의 위치 관계는?

세 방정식을 $y = ax + b$의 꼴로 나타내면

$3x + 5y = 9$에서 $y = -\dfrac{3}{5}x + \dfrac{9}{5}$ ...... ①

$6x + 10y = 11$에서 $y = -\dfrac{3}{5}x + \dfrac{11}{10}$ ...... ②

$6x - 10y = 10$에서 $y = \dfrac{3}{5}x - 1$ ...... ③

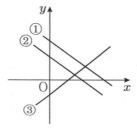

①과 ②는 평행하고, ①과 ③, ②와 ③은 각각 서로 수직이다.

THEME 2 | 두 직선 $ax + by + c = 0$ 과 $a'x + b'y + c' = 0$ 의 위치 관계

일반적으로 $ax + by + c = 0$ ......① $a'x + b'y + c' = 0$ ......②는 $b \neq 0$, $b' \neq 0$일 때,

각각 $y = -\dfrac{a}{b}x - \dfrac{c}{b}$ ...... ①, $y = -\dfrac{a'}{b'}x - \dfrac{c'}{b'}$ ...... ②로 정리할 수 있다.

(1) ①, ②의 두 그래프가 한 점에서 만나기 위한 조건은 기울기가 같지 않아야 하므로

$-\dfrac{a}{b} \neq -\dfrac{a'}{b'}$ ∴ $ab' \neq a'b$

이때 연립방정식 ①, ②는 한 쌍의 해를 갖는다.

(2) ①, ②의 두 그래프가 평행하기 위한 조건은

기울기 : $-\dfrac{a}{b} = -\dfrac{a'}{b'}$에서 $\dfrac{a}{a'} = \dfrac{b}{b'}$, y절편 : $-\dfrac{c}{b} \neq -\dfrac{c'}{b'}$에서 $\dfrac{b}{b'} \neq \dfrac{c}{c'}$

∴ $ab' = a'b$, $bc' \neq b'c$

이때 ①, ②의 교점이 없으므로 해도 없다. 곧, 불능

(3) ①, ②의 두 그래프가 일치하기 위한 조건은

기울기 : $-\dfrac{a}{b}=-\dfrac{a'}{b'}$에서 $\dfrac{a}{a'}=\dfrac{b}{b'}$, y절편 : $-\dfrac{c}{b}=-\dfrac{c'}{b'}$에서 $\dfrac{b}{b'}=\dfrac{c}{c'}$

$\therefore ab'=a'b,\ bc'=b'c$

이때 ①, ②의 교점이 무수히 많으므로 해도 무수히 많다. 곧 부정

(4) ①, ②의 두 그래프가 수직이기 위한 조건은 $\left(-\dfrac{a}{b}\right)\cdot\left(-\dfrac{a'}{b'}\right)=-1$에서 $\dfrac{aa'}{bb'}=-1$

$\therefore aa'=-bb' \quad \therefore aa'+bb'=0$

💬 $ax+by+c=0$와 $a'x+b'y+c'=0$의 위치 관계

(1) $\dfrac{a}{a'}\neq\dfrac{b}{b'}$ ⟺ 한 점에서 만난다. ⟺ 한 쌍의 해를 갖는다.

(2) $\dfrac{a}{a'}=\dfrac{b}{b'}\neq\dfrac{c}{c'}$ ⟺ 평행하다. ⟺ 해가없다.(불능)

(3) $\dfrac{a}{a'}=\dfrac{b}{b'}=\dfrac{c}{c'}$ ⟺ 일치한다. ⟺ 해가 무수히 많다.(부정)

(4) $aa'=-1$ ⟺ 수직이다. ⟺ 한 쌍의 해를 갖는다.

---

cf) $ax+by+c=0$꼴의 직선들의 위치 관계는 이들을

$y=mx+n$의 꼴로 변형한 다음, 이들의 기울기와 y절편을 비교하면 알 수 있다.

그러나 위의 성질을 이용하면 굳이 $y=mx+n$의 꼴로 변형하지 않고서도 위치관계를 보다 쉽게
알 수 있다.

🔍보기

다음 조건을 만족시키는 상수 a, b의 값을 구하여라.
 (1) 두 직선 $ax+2y+1=0$과 $3x+y-1=0$이 평행하다.
 (2) 두 직선 $ax+4y-4=0$과 $x+2y+b=0$이 일치한다.
 (3) 두 직선 $x+4y-1=0$과 $ax-2y+2=0$이 수직이다.
 (4) 두 직선 $ax+4y-4=0$과 $x+2y-2=0$이 수직이다.

(1) $\dfrac{a}{3}=\dfrac{2}{1}\neq\dfrac{1}{-1}$에서 $a=6$ (2) $\dfrac{a}{1}=\dfrac{4}{2}=\dfrac{-4}{b}$에서 $a=2, b=-2$

(3) $1\cdot a+4\cdot(-2)=0$에서 $a=8$ (4) $a\cdot1+4\cdot2=0$에서 $a=-8$

03 직선의 방정식

THEME 1 기본적인 직선의 방정식

지금까지는 방정식이 주어졌을 때, 그 그래프를 그리는 방법과 그 그래프의 성질을 공부해 보았다. 이제 그래프 또는 어떤 조건이 주어졌을 때 그에 맞는 방정식을 구하는 방법을 공부해 보도록 하자.

💬 기본적인 직선의 방정식

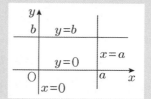

(1) x절편 a, y축에 평행한 직선 $\Leftrightarrow x = a$, y축의 방정식
 $\Leftrightarrow x = 0$
(2) y절편 b, x축에 평행한 직선 $\Leftrightarrow y = b$, x축의 방정식
 $\Leftrightarrow y = 0$
(3) 기울기 a, y절편 b인 직선 $\Leftrightarrow y = ax + b$

🔍보기

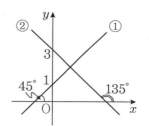

오른쪽 그림에서 직선 ①은 점 $(0, 1)$을 지나고 x축의 양의 방향과 $45°$의 각을 이룬다. 또 직선 ②는 점 $(0, 3)$을 지나고 x축의 양의 방향과 $135°$의 각을 이룬다. 이때, 직선 ①, ②의 방정식 및 그 교점의 좌표를 구하여라.

직선 ①은 기울기 $1(= \tan 45°)$, y절편 1이므로 $y = x + 1$
직선 ②는 기울기 $-1(= \tan 135°)$, y절편 3이므로 $y = -x + 3$
두 식을 연립하여 풀면 $x = 1$, $y = 2$이므로
교점 : $(1, 2)$

cf) $\tan 135°$의 값을 구하는 방법은 삼각함수에서 공부한다. 또, 직선 ②의 기울기는 직선 ②와 ①이 수직임을 이용하여 구할 수도 있다.

THEME 2 기울기가 m이고 점 (x_1, y_1)을 지나는 직선의 방정식

이번엔 기울기가 2이고 점$(1, 3)$을 지나는
직선의 방정식을 구해보기로 하자.
구하는 직선의 방정식을 $y = ax + b$라고 하면
기울기가 2이므로 $a = 2$
또, 점$(1, 3)$을 지나므로 $x = 1$, $y = 3$을 대입하면 성립한다.
$\therefore 3 = a + b$ $\therefore b = 1$
따라서 구하는 직선의 방정식은 $y = 2x + 1$이다.

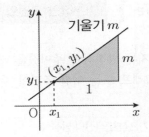

이를 일반화 시켜서 기울기가 m이고 점(x_1, y_1)을 지나는 직선의 방정식을 구해보도록 하자.
구하는 직선의 방정식을 $y = ax + b$라고 하면 기울기가 m이므로 $a = m$ 점(x_1, y_1)을 지나므로
$y_1 = ax_1 + b$ $a = m$이므로 $b = y_1 - mx_1$
따라서 구하는 직선의 방정식은 $y = mx + y_1 - mx_1$ 곧, $y - y_1 = m(x - x_1)$

보기

다음 조건을 만족시키는 직선의 방정식을 구하여라.
(1) 기울기가 2이고, 점$(1, 3)$을 지난다.
(2) 기울기가 -3이고, 점$(1, 2)$을 지난다.

$y - y_1 = m(x - x_1)$에서
(1) $m = 2$, $x_1 = 1$, $y_1 = 3$인 경우이므로 $y - 3 = 2(x - 1)$
  $\therefore y = 2x + 1$
(2) $m = -3$, $x_1 = 1$, $y_1 = 2$인 경우이므로 $y - 2 = -3(x - 1)$
  $\therefore y = -3x + 5$

THEME 3 두 점 (x_1, y_1), (x_2, y_2)을 지나는 직선의 방정식

두 점 $(2, 1)$, $(4, 5)$를 지나는 직선의 방정식을 구해 보자. 두 점 $(2, 1)$, $(4, 5)$를 지나는 직선의 기울기가 $\dfrac{5-1}{4-2} = 2$이므로 $y - y_1 = m(x - x_1)$에 대입하면

$y - 1 = 2(x - 2)$ $\therefore y = 2x - 3$

일반적으로 $x_1 \neq x_2$일 때 두 점

두 점 (x_1, y_1), (x_2, y_2)을 지나는 직선의 기울기 m은 $m = \dfrac{y_2 - y_1}{x_2 - x_1}$

따라서 $y - y_1 = m(x - x_1)$에 대입하면

두 점 (x_1, y_1), (x_2, y_2)를 지나는

직선의 방정식은 $y - y_1 = \dfrac{y_2 - y_1}{x_2 - x_1}(x - x_1)$ (단, $x_1 \neq x_2$)

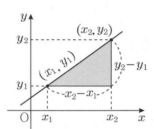

cf) $x_1 = x_2$일 때의 직선의 방정식은 $x = x_1$이다.

또한 직선의 방정식을 $y = ax + b$로 놓고

두 점 $(2, 1)$, $(4, 5)$를 대입하여 직선을 구해도 좋다.

$1 = 2a + b$, $5 = 4a + b$

$\therefore a = 2,\ b = -3$

따라서 구하는 직선의 방정식은 $y = 2x - 3$

🔍보기

다음 두 점을 지나는 직선의 방정식을 각각 구하여라.

(1) $(2, 1)$, $(4, 5)$　　　　(2) $(-2, 0)$, $(4, -6)$

$y - y_1 = \dfrac{y_2 - y_1}{x_2 - x_1}(x - x_1)$에 대입하면

(1) $y - 1 = \dfrac{5-1}{4-2}(x-2)$　　　$\therefore y - 1 = 2(x-2)$　　　$\therefore y = 2x - 3$

(2) $y - 0 = \dfrac{-6-0}{4+2}(x+2)$　　　$\therefore y = -(x+2)$　　　$\therefore y = -x - 2$

THEME 4 x절편이 $a(\neq 0)$이고 y 절편이 $b(\neq 0)$인 직선의 방정식

오른쪽 그림에서 기울기가 $-\dfrac{b}{a}$, y절편이 b이므로

$$y = -\dfrac{b}{a}x + b$$

$\therefore \dfrac{b}{a}x + y = b$ 양변을 b로 나누면 $\dfrac{x}{a} + \dfrac{y}{b} = 1$

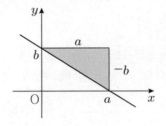

cf) 두 점 $(a,\ 0)$, $(0,\ b)$를 지나는 직선과 같으므로 공식에 대입해도 좋다.

보기

x절편이 2이고, y절편이 3인 직선의 방정식을 구하여라.

$\dfrac{x}{a} + \dfrac{y}{b} = 1$에서 $a = 2$, $b = 3$인 경우이므로 $\dfrac{x}{2} + \dfrac{y}{3} = 1$

직선의 방정식

(1) 기울기가 m이고 점 $(x_1,\ y_1)$을 지나는 직선의 방정식은 $\longmapsto y - y_1 = m(x - x_1)$

(2) 점 $(x_1,\ y_1)$, $(x_2,\ y_2)$를 지나는 직선의 방정식은 $\longmapsto$

$$\begin{cases} x_1 \neq x_2 \text{ 일 때 } y - y_1 = \dfrac{y_2 - y_1}{x_2 - x_1}(x - x_1) \\ x_1 = x_2 \text{ 일 때 } x = x_1 \end{cases}$$

(3) x절편이 $a(\neq 0)$이고 y절편이 $b(\neq 0)$인 직선의 방정식 $\longmapsto \dfrac{x}{a} + \dfrac{y}{b} = 1$

THEME 5 서로 다른 세 점이 일직선 위에 있는 경우

서로 다른 세 점 A, B, C가 한 직선 위에 있으면, 두 점 A, B를 지나는 직선 위에 점 C가 있다.

세 점 A, B, C가 한 직선 위에 있다.
⇔ 두 점 A, B를 지나는 직선 위에 점 C가 있다.
⇔ 직선 AB의 기울기와 직선 AC의 기울기가 같다.
를 활용하면 된다.

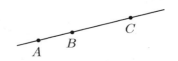

---

cf) 두 점 $A(x_1,\ y_1)$, $B(x_2,\ y_2)$를 지나는 직선의 방정식을 구할 때 $y-y_1=\dfrac{y_2-y_1}{x_2-x_1}(x-x_1)$를
흔히 이용하지만 이 공식은 y축에 평행한 직선 ($x_1=x_2$일 때)을 나타낼 수 없으므로 $x_1=x_2$인
경우와 $x_1\neq x_2$인 경우로 나누어 생각해야 한다.

🔍 보기

평면 위의 서로 다른 세 점 $A(1,\ k)$, $B(k,\ k-2)$, $C(-k+1,\ k+4)$가 한 직선 위에 있을
때, 상수 k의 값을 구하여라.

(1) $k=1$일 때 : $A(1,\ 1)$, $B(1,\ -1)$, $C(0, 5)$이므로 주어진 세 점을 지나는 직선은 없다.
(2) $k\neq 1$일 때 : 두 점 A, B를 지나는 직선의 방정식은

$$y-k=\frac{(k-2)-k}{k-1}(x-1)\ \text{곧,}\ y-k=\frac{-2}{k-1}(x-1)$$

점 $C(-k+1,\ k+4)$가 이 직선 위에 있으므로 대입하면

$$k+4-k=\frac{-2}{k-1}(-k+1-1)$$

$$\therefore\ 4(k-1)=2k$$

$$\therefore\ k=2$$

THEME 6 선분의 수직이등분선(자취의 방정식)

(1) 어떤 조건을 만족하는 점 $P(x, y)$가 지나는 길을 나타내는 방정식을 그 점의 『자취의 방정식』이라 한다.
(2) 자취의 방정식 구하는 방법
　① 주어진 조건을 만족하는 점을 $P(x, y)$로 놓음
　② x와 y 사이의 관계식을 찾는다.
　③ 관계식으로부터 자취가 어떤 도형인가 판단한다. 이때, x, y값의 범위를 주의한다.

보통 직선의 방정식에서는 선분의 수직이등분선을 구하는 자취문제를 주로 다룬다.

🔍 **보기**

직선 $2x + y - 4 = 0$이 x축, y축에 의해서 잘린 선분을 수직이등분하는 직선의 방정식을 구해보자.

$2x + y - 4 = 0$에서 $y = -2x + 4$
　　　　　x절편 : $y = 0$일 때 $x = 2$
　　　　　y절편 : $x = 0$일 때 $y = 4$

따라서 x축, y축과 만나는 점은
각각 $(2, 0)$, $(0, 4)$이므로 중점은 $(1, 2)$이다.

따라서 구하는 직선은 점 $(1, 2)$를 지나고 기울기가 $\dfrac{1}{2}$이다.

$\therefore y - 2 = \dfrac{1}{2}(x - 1)$

$\therefore y = \dfrac{1}{2}x + \dfrac{3}{2}$

두 정점 A, B의 거리가 $2a$일 때, $\overline{PA} = \overline{PB}$인 점 P의 자취를 구하여라.

두 점 A, B를 잇는 직선을 x축으로, 선분 AB의 수직이등분선을 y축으로 잡고,
점 A, B의 좌표를 각각 $(-a, 0)$, $(a, 0)$이라고 하자.
조건을 만족하는 임의의 점을 $P(x, y)$라고 하면
$$\overline{PA}^2 = (x+a)^2 + y^2, \quad \overline{PB}^2 = (x-a)^2 + y^2$$

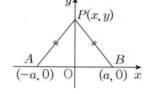

문제의 조건에서 $\overline{PA} = \overline{PB}$이므로
$$(x+a)^2 + y^2 = (x-a)^2 + y^2 \qquad \therefore \ x = 0$$

따라서 구하는 자취는 직선 $x = 0$이다. 곧, 선분 AB 의 수직이등분선이다.
또한 위의 풀이처럼 말고 점 A를 지나 선분 AB에 수직인 직선을 y축으로 잡으면 구하는 자취는 직선 $x = a$가 되며, 이와 같이 정한 좌표축에서 직선 $x = a$는 선분 AB의 수직이등분선이 됨을 알 수 있다.
결국 좌표축을 어떻게 잡든 같은 결과가 나오지만, 좌표축을 잡는 방법을 사용할 때에는 어떻게 좌표축을 설정하는 지에 따라 중간 계산이 간편할 수도 있고 복잡할 수도 있다. 이런 점을 생각하면서 좌표축을 잡아야 한다.

물론! x, y의 관계식을 찾지 않아도 의미만으로 선분 AB의 수직이등분선이라고 해도 좋다!

정점을 지나는 직선

정점을 지나는 직선

두 직선 $x - y - 1 = 0$ $\cdots$ ① $x + 2y - 4 = 0$ $\cdots$ ②가 있다고 하자.

①, ②를 연립하여 풀어서 교점 P의 좌표를 구하면 P$(2,\ 1)$이다.

이제 ①, ②의 좌변을 써서

$$(x - y - 1)m + (x + 2y - 4) = 0 \qquad \cdots \ ③$$

과 같은 방정식을 만들었다고 할 때, ③과 점 P의 관계를 알아보면

첫째 : ③은 x, y에 관한 일차식이므로 그 그래프는 직선이다.

둘째 : 점 P의 x, y좌표인 $x = 2$, $y = 1$을 ③에 대입해 보면

$(x - y - 1)m + (x + 2y - 4) = 0$은 $0 \cdot m + 0 = 0$

이므로 ③은 m의 값에 관계없이 항상 성립한다.

이것은 직선 $(x - y - 1)m + (x + 2y - 4) = 0$은 m의 값에 관계없이

직선 $x - y - 1 = 0$, $x + 2y - 4 = 0$의 교점 P를 지남을 뜻한다.

💬 정점을 지나는 직선

> m이 실수일 때,
> $(ax + by + c)m + (a'x + b'y + c') = 0$은 m의 값에 관계없이 두 직선
> $ax + by + c = 0$, $a'x + b'y + c' = 0$ 의 교점을 지난다. 단, 두 직선이 서로 만나는 경우에 한한다.

🔍보기

직선 $y = mx - m + 2$는 m의 값에 관계없이 항상 일정한 점을 지난다. 이 점의 좌표를 구하여라.

m에 관하여 정리하면 $(x - 1)m + 2 - y = 0$이므로 이 직선은 m의 값에 관계없이 두 직선 $x - 1 = 0$, $2 - y = 0$의

교점을 지난다. $x - 1 = 0$에서 $x = 1$, $2 - y = 0$에서 $y = 2$ $\therefore$ $(1,\ 2)$

m의 값에 관계없이 ⋯, 모든 실수 m에 대하여⋯, 임의의 실수 m에 대하여 ⇨ m에 관하여 정리 !

cf) "$y = mx - m + 2$ ⟺ $y - 2 = m(x - 1)$"이므로

공식 $y - y_1 = m(x - x_1)$과 비교해 보면 항상 점 $(x_1,\ y_1) = (1,\ 2)$를 지남을 알 수 있다.

05 | 점과 직선 사이의 거리

THEME 1 점과 직선 사이의 거리

점 $P(1, -2)$와 직선 $3x + 4y - 20 = 0$ 사이의 거리는 다음과 같이 구할 수 있다.

(1) 점 $P(1, -2)$를 지나고, 직선 $3x + 4y - 20 = 0 \cdots$ ①
에 수직인 직선의 방정식을 구하면 $4x - 3y - 10 = 0 \cdots$ ②

(2) ①, ②의 교점을 Q라고 하면 점 Q의 좌표는 연립방정식 ①, ②의
해이므로

$Q(4, 2)$이다. 따라서 구하는 거리는 $\overline{PQ} = \sqrt{(4-1)^2 + (2+2)^2} = 5$
이처럼 매번 점과 직선사이의 거리를 구할 때 수직이등분선을 직접 구해 수선의 발을 구하고 점과
점사이의 거리로 답을 내는 것은 너무 힘들기 때문에 다음의 점과 직선 사이의 거리공식을 알아두도록
하자.

💬 **좌표평면에서 점** $P(x_1, y_1)$**과 직선**

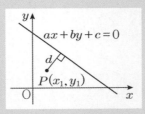

$ax + by + c = 0$ 사이의 거리를 d라고 하면

$$d = \frac{|ax_1 + by_1 + c|}{\sqrt{a^2 + b^2}}$$

대치동 꿀팁!!

직선을 결정하는 가장 중요한 정보는 기울기와 지나는 점이다. 이 두 가지를 확인하고 직선의 방정식을 만드는 연습을 계속 해보도록 하자. 이때 x절편과 y절편을 이용해 바로 직선의 방정식을 만드는 방법이 있는데 이는 유용하기 때문에 알아두면 편리하다. $(a, 0)$과 $(0, b)$를 지나는 직선의 방정식은 $\dfrac{x}{a} + \dfrac{y}{b} = 1$

필수예제 01 직선의 방정식 구하기

다음 직선의 방정식을 구하여라.

(1) 점 $(2, 1)$을 지나고 기울기가 2인 직선

(2) 두 점 $(-3, 2)$, $(1, -2)$를 지나는 직선

(3) 두 점 $(2, 3)$, $(2, -1)$을 지나는 직선

(4) x절편이 1이고 y절편이 2인 직선

유제 01 두 점 $(-3, 4)$, $(2, -6)$을 지나는 직선이 점 $(a, a+1)$을 지날 때, 상수 a의 값은?

① -5 　　② -4 　　③ -3 　　④ -2 　　⑤ -1

유제 02 두 점 $A(2, 3)$, $B(1, 4)$를 지나는 직선이 x축, y축과 만나는 점을 각각 P, Q라 할 때, 삼각형 OPQ의 넓이를 구하여라. (단, O는 원점이다.)

유제 03 다음 조건을 만족하는 직선의 방정식을 구하여라.

(1) x절편이 -3, y절편이 6인 직선

(2) 점$(2, 3)$을 지나고, y절편이 x절편의 2배인 직선 (단, 직선은 원점을 지나지 않는다.)

💡대치동 꿀팁!!

필수예제 02 | 세 점이 일직선 위에 있을 조건

세 점 $A(0, 4)$, $B(a-4, 0)$, $C(2a, 12)$가 직선 l 위에 있을 때, 다음 중 직선 l 위의 점은?

① $(1, 3)$ ② $(2, 6)$

③ $(3, 9)$ ④ $(4, 12)$

⑤ $(5, 15)$

유제 **04**

세 점 $A(-2, 3)$, $B(1, 2)$, $C(a, 8)$이 일직선 위에 있을 때, a의 값을 구하여라.

유제 **05**

세 점 $A(k, k+6)$, $B(0, k-4)$, $C(k-3, k)$가 같은 직선 위에 있을 때, k의 값을 구하여라.

유제 **06**

세 점 $A(-3, 2)$, $B(3, k)$, $C(2k, k+1)$이 한 직선 위에 있도록 하는 모든 실수 k의 값의 합은?

① $\dfrac{3}{2}$ ② 2 ③ $\dfrac{5}{2}$

④ 3 ⑤ $\dfrac{7}{2}$

🔅대치동 꿀팁!!

삼각형의 한 점을 지나는 직선이 넓이를 이등분 하려면 마주보는 변의 중점을 지나면 된다. 또한 직사각형의 넓이를 이등분 하는 직선은 직사각형의 대각선의 교점을 지나는 직선이면 된다.

필수예제 03 넓이의 이등분

세 점 $A(-1, 4)$, $B(-2, -3)$, $C(4, 3)$을 꼭짓점으로 하는 $\triangle ABC$가 있다. 꼭짓점 A를 지나고 $\triangle ABC$의 넓이를 이등분하는 직선의 방정식을 $y = ax + b$라 할 때, $a + b$의 값을 구하시오.

다음 그림과 같은 두 개의 직사각형이 있을 때, 두 직사각형의 넓이를 모두 이등분하는 직선의 방정식은?

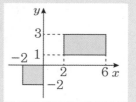

① $2x - 3y - 2 = 0$
② $3x - 5y - 2 = 0$
③ $3x - 4y - 2 = 0$
④ $4x - 5y - 1 = 0$
⑤ $3x - 5y - 1 = 0$

유제 07

세 점 $A(4, 4)$, $B(8, -6)$, $C(0, 2)$에서 점 C를 지나고, $\triangle ABC$의 넓이를 이등분하는 직선의 방정식은?

① $x + 4y = 1$
② $x - 2y = -4$
③ $x + 2y = 4$
④ $2x - y = 4$
⑤ $x + 4y = 4$

유제 08

직선 $y = mx$가 세 점 $O(0, 0)$, $A(4, 0)$, $B(2, 4)$를 꼭짓점으로 하는 삼각형 OAB의 넓이를 이등분할 때, 상수 m의 값을 구하여라.

유제 09

세 점 $A(2, 7)$, $B(0, -1)$, $C(2, 1)$을 꼭짓점으로 하는 삼각형 ABC가 있다. 직선 $y = a$가 두 변 AB, AC와 만나는 점을 각각 D, E라 할 때, 삼각형 ADE의 넓이가 삼각형 ABC의 넓이의 $\frac{1}{3}$이 되도록 하는 상수 a의 값은?

⊙ 대치동 꿀팁!!

필수예제 04 **계수의 부호와 그래프의 개형**

직선 $ax+by+c=0$의 개형이 아래 그림과 같을 때, 실수 a, b, c에 대하여 다음 중 옳은 것은?

① $ab>0,\ bc>0$
② $ab>0,\ bc<0$
③ $ab<0,\ bc<0$
④ $ab>0,\ ac<0$
⑤ $ab<0,\ ac<0$

직선 $ax+by+c=0$에서 세 상수 a, b, c가 다음을 만족할 때, 각각의 직선이 지나는 사분면을 구하여라.

(1) $ab<0,\ bc>0$

(2) $ac>0,\ bc<0$

(3) $a=0,\ bc>0$

(4) $ab=0,\ ac<0$

유제 10 $ax+by+c=0$이 나타내는 직선이 다음 각 조건을 만족할 때, 제 몇 사분면을 지나는지 구하시오.

(1) $a=0,\ bc<0$　　　　　　　　(2) $c=0,\ ab<0$

유제 11 직선 $ax+by+c=0$의 그래프가 그림과 같을 때, 직선
$cx+ay+b=0$의 그래프가 지나지 않는 사분면을 구하여라.

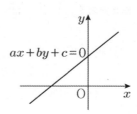

유제 12 직선 $ax+by+c=0$ $(b \neq 0)$에 대한 〈보기〉의 설명 중 옳은 것만을 있는 대로 고른 것은?

───── 〈보기〉 ─────

ㄱ. $ab < 0$, $bc < 0$이면 제4 사분면을 지나지 않는다.
ㄴ. $ab < 0$, $bc > 0$이면 제3 사분면을 지나지 않는다.
ㄷ. $ab > 0$, $bc > 0$이면 제2 사분면을 지나지 않는다.

① ㄱ   ② ㄷ   ③ ㄱ, ㄴ
④ ㄴ, ㄷ   ⑤ ㄱ, ㄴ, ㄷ

두 직선이 평행할 조건은 기울기가 같고 y절편이 달라야 한다. 이때 y절편이 같아지면 두 직선은 평행을 뛰어넘어 같은 직선이 된다. 또한 두 직선이 수직할 조건은 각각의 기울기를 곱했을 때 -1이 된다는 사실을 이용해야 한다.

🟡대치동 꿀팁!!

필수예제 05 **두 직선의 위치관계**

두 직선 $(k-2)x+3y-1=0$, $kx-y+3=0$이 평행할 때의 k의 값을 p, 수직일 때의 k의 값을 q라 할 때, $p+q$의 값을 구하시오. (단, $q>0$)

직선 $y=3x-4$에 수직이고 점 $(-1, 2)$를 지나는 직선의 방정식이 $y=ax+b$일 때, $a+b$의 값을 구하시오.

 유제 13

두 직선 $(a+1)x+y=1$, $2x-(a-2)y=1$이 서로 수직일 때의 a값을 m, 평행일 때의 a값을 n이라 하자. $m-n$의 값을 구하시오.

 유제 14

두 점 $(2, 4)$, $(6, 5)$를 지나는 직선에 수직이고, 점 $(1, -3)$을 지나는 직선의 방정식을 구하시오.

 유제 15

직선 $x+ay+1=0$이 직선 $2x-by+1=0$과 수직이고, 직선 $x-(b-3)y-1=0$과는 평행할 때, a^2+b^2의 값은?

① 3　　　　　　　　② 5　　　　　　　　③ 7
④ 9　　　　　　　　⑤ 11

선분 AB 의 수직이등분선은 점 A 와 B 의 중점을 지나고 선분 AB 의 기울기와 수직인 직선의 방정식이다.

필수예제 06   **선분의 수직이등분선**

두 점 $A(1, 3)$, $B(5, 1)$으로 만들어 지는 선분 $\overline{AB}$ 의 수직이등분선의 방정식을 구하여라.

두 점 $A(-3, a)$, $B(-1, b)$를 이은 선분 $\overline{AB}$ 의 수직이등분선의 방정식이 $y = -2x - 5$일 때, $a + b$의 값을 구하시오.

유제 16

두 점 $A(4, 5)$, $B(0, 3)$에서 같은 거리에 있는 점 P 의 자취의 방정식은?

① $x + y - 4 = 0$ ② $2x + y - 4 = 0$

③ $x + y - 8 = 0$ ④ $2x + y - 8 = 0$

⑤ $x + 2y - 8 = 0$

유제 17

두 점 $A(-2, a)$, $B(4, b)$를 이은 선분의 수직이등분선의 방정식이 $y = \dfrac{1}{2}x + 1$일 때, 상수 a, b에 대하여 $4ab$의 값은?

① -135 ② -45 ③ 1

④ 45 ⑤ 135

유제 18

세 점 $A(-2, 0)$, $B(1, 0)$, $C(0, 4)$를 꼭짓점으로 하는 $\triangle ABC$의 각 꼭짓점에서 대변에 내린 수선의 교점 좌표가 (a, b)일 때, $a + b$의 값은?

대치동 꿀팁!! 세 직선이 삼각형을 이루지 않으려면 2개 이상의 직선이 평행하거나 세 직선이 한 교점을 공유할 때이다.

필수예제 07 세 직선의 위치관계

세 직선 $x - 2y = -2$, $2x + y = 6$, $ax - y = 2$가 삼각형을 이루지 않도록 하는 상수 a의 값들의 합을 구하여라.

 유제 19

세 직선 $y = -x$, $y = ax + 2$, $y = x - 2$가 삼각형을 이루지 않게 되는 실수 a의 값이 3개 존재할 때, 모든 a의 값의 합을 구하여라.

 유제 20

다음 세 직선이 삼각형을 만들지 않도록 k의 값을 정하여라.

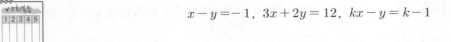

$$x - y = -1, \quad 3x + 2y = 12, \quad kx - y = k - 1$$

 유제 21

세 직선 $x + 2y = 5$, $2x - 3y = -4$, $kx + y = 0$이 좌표평면을 6개의 영역으로 나눌 때, 모든 실수 k의 값의 곱은?

🕯️대치동 꿀팁!!

필수예제 **08** 정점을 지나는 직선

직선 $(x - 2y + 4) + k(x + y + 1) = 0$에 대하여 다음 보기 중 옳은 것을 모두 고른 것은?

ㄱ. k의 값에 관계없이 항상 점 $(-2, 1)$을 지난다.
ㄴ. $k = 2$이면 y축에 평행한 직선이다.
ㄷ. 기울기가 -1인 직선을 나타낼 수 있다.

① ㄱ　　② ㄱ, ㄴ　　③ ㄱ, ㄷ
④ ㄴ, ㄷ　⑤ ㄱ, ㄴ, ㄷ

두 직선
$x + y - 2 = 0$, $mx - y + m + 1 = 0$이
제 1사분면에서 만나도록 하는 실수 m의 값의 범위를 구하여라.

유제 22 직선 $kx - (k + 1)y - k + 2 = 0$은 k의 값에 관계없이 항상 점 $P(a, b)$를 지난다. $\overline{OP}$의 길이를 구하시오. (단, O는 원점)

유제 23 두 직선 $4x + y - 4 = 0$과 $mx - y - 2m + 2 = 0$이 제1사분면에서 만날 때, 상수 m의 값의 범위는?

① $-1 < m < 0$ 　　　　② $-1 < m < 2$

③ $0 < m < 2$ 　　　　④ $m > 2$

⑤ $m < 1$

유제 24 직선 $y = a(x + 2) - 1$이 두 점 $(-1, 3)$, $(5, 0)$ 사이를 지날 때, a의 범위는 $\alpha < a < \beta$이다. 이때, $\alpha + \beta$의 값은?

점 (m, n)과 직선 $ax+by+c=0$사이의 거리는 $\dfrac{|am+bn+c|}{\sqrt{a^2+b^2}}$ 이다. 직선을 언제나 일반형으로 바꿔야 한다는 사실을 기억하자.

대치동 꿀팁!!

필수예제 09 점과 직선사이의 거리

(1) 두 직선
$3x+2y+1=0,\ x+3y-2=0$의
교점과 직선 $3x-y+2=0$사이의 거리
를 구하여라.

(2) $y=\dfrac{3}{4}x+k$와 $(4,\ -1)$사이의 거리가
3이 되는 모든 k값들의 합을 구하시오.

(3) 두 직선 $2x-y+1=0,$
$2x-y-9=0$ 사이의 거리는?

다음 주어진 조건에 따른 거리를 각각 구하
여라.

(1) 점$(4,\ 3)$과 직선 $2x+y-3=0$사이의
거리

(2) 점$(3,\ 5)$에서 직선 $\dfrac{x}{3}+\dfrac{y}{6}=1$에 이르는
거리

유제 25 평행한 두 직선 $3x-4y+8=0$과 $ax-4y-2=0$ 사이의 거리는?

유제 26 점 $(0,\ k)$에서 두 직선 $x+2y=5,\ 2x-y=2$ 에 이르는 거리가 같도록 하는 모든 실수
k의 값의 합은?

① 4   ② 5   ③ 6

④ 7   ⑤ 8

⚙대치동 꿀팁!!

두 직선 $ax+by+c=0$과 $mx+ny+l=0$의 교점을 지나는 새로운 직선의 방정식은 $ax+by+c+k(mx+ny+l)=0$이다. 또한 두 직선이 이루는 각을 이등분 하는 직선을 구할때는 이등분 하는 직선 위의 점을 (a,b)라 하고 a, b의 관계식을 세워 자취의 방정식을 구하는 방법을 사용하도록 하자.

필수예제 10 점과 직선사이의 거리 활용

원점에서 직선
$x-y-3+k(x+y+1)=0$까지의 거리의 최댓값을 구하시오.

두 직선 $x-2y+1=0$, $2x+y-1=0$이 이루는 각을 이등분하는 직선 중 기울기가 양수인 직선의 방정식을 구하여라.

유제 27

좌표평면 위에서 직선 $-3x+y-2+k(x-y)=0$과 원점 사이의 거리를 $f(k)$라 할 때, $f(k)$의 최댓값을 구하시오.

유제 28

두 직선 $2x-y-1=0$, $x+2y-1=0$이 이루는 각의 이등분선의 방정식을 구하여라.

유제 29

좌표평면 위의 점 $P(2, -1)$을 지나는 직선 중에서 원점에서의 거리가 최대가 되는 것의 기울기는?

① -2 ② -1 ③ $-\dfrac{1}{2}$

④ 1 ⑤ 2

세 점을 주고 삼각형의 넓이를 구할 때는 두 점을 (아무점이나 가능) 연결한 직선의 방정식을 구하고 나머지점과의 거리를 통해 높이를 구하는 것이 정확한 방법이다. 물론 세 점의 좌표를 바로 공식에 대입(신발끈공식)해서 답을 내거나 세변의 길이를 이용한 공식(헤론의 공식)으로도 넓이를 구할 수 있겠다.

@ 대치동꿀팁!!

필수예제 11 삼각형의 넓이

세 점 A$(1,\ 2)$, B$(2,\ 7)$, C$(5,\ 0)$를 꼭짓점으로 하는 $\triangle$ABC의 넓이는?

유제 30

세 점 A$(1,\ 5)$, B$(-1,\ 1)$, C$(4,\ 4)$를 꼭짓점으로 하는 $\triangle$ABC의 넓이는?

유제 31

세 직선 $2x+y=7$, $5x-3y=1$, $x-5y=9$로 만들어진 삼각형의 넓이를 구하면?

유제 32

네 점 O$(0,\ 0)$, A$(2,\ 1)$, B$(3,\ 2)$, C$(1,\ 1)$을 꼭짓점으로 하는 평행사변형의 넓이를 구하여라.

>> Ⅳ 도형의 방정식

원의 방정식

THEME 1 원의 뜻

평면 위의 한 정점에서 일정한 거리에 있는 점의 자취(또는 점 전체의 집합)를 『원』이라고 한다. 이때 이 정점을 『원의 중심』, 일정한 거리를 『원의 반지름의 길이』라 한다.

THEME 2 원의 방정식의 표준형

중심이 $C(a, b)$이고, 반지름이 r인 원 위의 임의의 점을
$P(x, y)$라고 하면

$\overline{CP} = r$로부터 $\sqrt{(x-a)^2 + (y-b)^2} = r$

양변을 제곱하면 $(x-a)^2 + (y-b)^2 = r^2$ $\cdots$ ①

역으로 방정식 ①을 만족하는 점 $P(x, y)$는 항상 $\overline{CP} = r$이므로 모두
이 원 위에 있다. 따라서 중심이 $C(a, b)$이고, 반지름이 r인 원의 방정식은 ①로 나타난다.
이 식을 원의 방정식의 『표준형』이라고 한다.

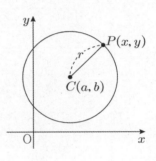

특히 중심이 원점이고, 반지름이 r인 원의 방정식을
원의 『태초의 상태』라고 하고
위의 ①식에서 $a=0$, $b=0$인 경우이므로 $x^2 + y^2 = r^2$이다.

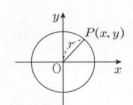

💬 원의 방정식의 표준형

(1) 중심이 점 (a, b)이고 반지름이 r인 원의 방정식은 $(x-a)^2 + (y-b)^2 = r^2$

(2) 중심이 원점이고 반지름이 r인 원의 방정식(태초의 상태)은 $x^2 + y^2 = r^2$

💬 좌표축에 접하는 원의 방정식

(1) x축에 접하는 원의 방정식 ⇨ $(x-a)^2 + (y-b)^2 = b^2$

(2) y축에 접하는 원의 방정식 ⇨ $(x-a)^2 + (y-b)^2 = a^2$

(3) x, y축에 동시에 접하는 원의 방정식 ⇨ 중심이 $y=x$ 또는 $y=-x$위에 있다!

💬 **좌표축에 접하는 원의 방정식**

반지름의 길이를 a라 하면 (단, $a > 0$)

① 원이 1사분면 위의 점을 지나는 경우 $(x-a)^2 + (y-a)^2 = a^2$

② 원이 2사분면 위의 점을 지나는 경우 $(x+a)^2 + (y-a)^2 = a^2$

③ 원이 3사분면 위의 점을 지나는 경우 $(x+a)^2 + (y+a)^2 = a^2$

④ 원이 4사분면 위의 점을 지나는 경우 $(x-a)^2 + (y+a)^2 = a^2$

THEME **3** 원의 방정식의 일반형

원의 방정식 $(x-a)^2 + (y-b)^2 = r^2 \cdots$ ①을 전개하여 정리하면 다음과 같다.

$x^2 + y^2 - 2ax - 2by + a^2 + b^2 - r^2 = 0$ 여기서 $-2a = A$, $-2b = B$, $a^2 + b^2 - r^2 = C$ 로 놓으면

$x^2 + y^2 + Ax + By + C = 0 \cdots$ ② 이며 이 식을 원의 방정식의 『일반형』이라고 한다.

②식을 다시 ①식과 같은 꼴로 고치면

$$x^2 + Ax + \left(\frac{A}{2}\right)^2 + y^2 + By + \left(\frac{B}{2}\right)^2 - \left(\frac{A}{2}\right)^2 - \left(\frac{B}{2}\right)^2 + C = 0$$

$$\therefore \left(x + \frac{A}{2}\right)^2 + \left(x + \frac{B}{2}\right)^2 = \frac{A^2 + B^2 - 4C}{4}$$

이므로 ②는 $A^2 + B^2 - 4C > 0$ 이면 중심 : $\left(-\frac{A}{2}, -\frac{B}{2}\right)$, 반지름 : $\dfrac{\sqrt{A^2 + B^2 - 4C}}{2}$ 인 원이 된다.

💬 **원의 방정식의 일반형**

방정식 $x^2 + y^2 + Ax + By + C = 0$ 은

중심 : $\left(-\dfrac{A}{2}, -\dfrac{B}{2}\right)$, 반지름 : $\dfrac{\sqrt{A^2 + B^2 - 4C}}{2}$ 인 원이다. (단 $A^2 + B^2 - 4C > 0$)

cf) 방정식 $x^2 + y^2 + Ax + By + C = 0$ 은 $A^2 + B^2 - 4C = 0$ 일 때 좌표평면 위의 한 점을 나타내고 (점원), $A^2 + B^2 - 4C < 0$ 일 때에는 좌표평면 위에 나타나지 않는다. (허원)

02 원과 원이 만날 때

THEME 1 원과 원의 위치관계

두 원의 위치 관계를 그림으로 나타내면 다음과 같다.

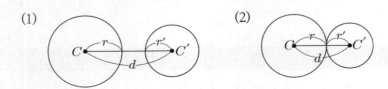

이를 바탕으로 각각의 위치관계를 나타내는 식은 다음과 같이 정리할 수 있다.

> 💬 두 원의 위치관계

> 평면 위에 두 원이 있을 때, 두 원의 반지름 r, r'과 중심거리 d의 관계와 위치 관계는 다음과 같다.
> (1) $r+r' < d$ ⟺ 두 원은 서로 밖에 있으며 만나지 않는다.
> (2) $r+r' = d$ ⟺ 두 원은 한 점에서 외접한다.
> (3) $|r-r'| < d < r+r'$ ⟺ 두 원은 서로 다른 두 점에서 만난다.
> (4) $|r-r'| = d$ ⟺ 두 원은 한 점에서 내접한다.
> (5) $|r-r'| > d$ ⟺ 두 원은 한쪽이 다른 쪽을 내부에 포함하고 만나지 않는다.

cf) 위의 관계식을 외우기보다는 문제에서 요구하는 위치관계를 먼저 그려보자. 또한 그림에 두 원의 반지름 r, r'와 중심거리 d를 정확히 표시해보면 가장 긴 길이와 나머지 두 길이의 합이 어떤 대소관계(또는 같다)를 갖는지 확인할 수 있고, 이를 식으로 쓰면 된다.

두 원의 교점을 포함하는 새로운 원

직선 단원에서 배웠듯이 서로 만나는 두 직선의 교점을 지나는 직선의 경우와 마찬가지로 서로 만나는 두 원의 교점을 지나는 원 또는 직선의 경우에 대해서도 다음과 같은 성질이 있다.

💬 **두 원의 교점을 포함하는 새로운 원**

서로 만나는 두 원 $x^2 + y^2 + \mathrm{A}x + \mathrm{B}y + \mathrm{C} = 0$, $x^2 + y^2 + \mathrm{A}'x + \mathrm{B}'y + \mathrm{C}' = 0$의 교점을 지나는 원의 방정식은 $(x^2 + y^2 + \mathrm{A}x + \mathrm{B}y + \mathrm{C}) + k(x^2 + y^2 + \mathrm{A}'x + \mathrm{B}'y + \mathrm{C}') = 0$
(단, $k \neq -1$)의 꼴로 나타내어진다.
이때, 또 다른 정보(보통은 새롭게 만들어지는 원이 지나는 점을 문제에서 알려줌)를 이용해 k값을 구하면 된다.

두 원의 교점을 지나는 직선

두 원의 교점을 지나는 새로운 원의 경우 공식을 이용해 원을 만들고 또 다른 정보를 통해 모르는 값(k)를 구할 수 있도록 문제가 출제 되지만, 두 원의 교점을 지나는 직선의 경우, 이미 교점 2개만으로도 직선이 결정되기 때문에 굳이 또 다른 정보를 알려주진 않는다. 그렇다면 이 경우에 k의 값은 어떻게 구해야 할까?
이는 직선의 방정식의 형태가 x도 1차, y도 1차인 $ax + by + c = 0$라는 사실을 이용하면 된다. 두 원의 교점을 지나는 새로운 도형의 방정식이 $(x^2 + y^2 + \mathrm{A}x + \mathrm{B}y + \mathrm{C}) + k(x^2 + y^2 + \mathrm{A}'x + \mathrm{B}'y + \mathrm{C}') = 0$이고, 이 결과가 $ax + by + c = 0$의 형태가 되기 위해선 x^2과 y^2이 있어서는 안 된다. 이는 곧, 반드시 $k = -1$이 되어 x^2과 y^2이 사라져야만 만들어 지는 결과이므로 두 원의 교점을 지나는 새로운 직선의 방정식은 한 쪽 원의 방정식에서 다른 쪽 원의 방정식을 빼면 된다.

💬 **두 원의 교점을 지나는 직선**

서로 만나는 두 원 $x^2 + y^2 + \mathrm{A}x + \mathrm{B}y + \mathrm{C} = 0$, $x^2 + y^2 + \mathrm{A}'x + \mathrm{B}'y + \mathrm{C}' = 0$의 교점을 지나는 직선의 방정식은
$(x^2 + y^2 + \mathrm{A}x + \mathrm{B}y + \mathrm{C}) - (x^2 + y^2 + \mathrm{A}'x + \mathrm{B}'y + \mathrm{C}') = 0$

개념정리

03 원과 자취의 방정식

THEME 1 원과 자취의 방정식

자취의 방정식은 해결법이 크게 두 가지가 있다.

(1) 의미해석을 통한 식 세우기

이 경우는 문제를 보면 바로 답이 나오는 정도의 자취문제다.

예를 들어보면 점 (3, 1)에서부터 2만큼 떨어진 점이 나타내는 도형의 넓이를 구해보자.

문제를 보자마자 바로 중심이 (3, 1)이고 반지름이 2인 원이라는 사실을 알 수 있다.

즉, 도형은 원이고 구하고자 하는 답은 원의 넓이이므로 $\pi r^2 = 4\pi$ 이다.

(2) 의미해석이 어려운 경우 움직이는 점 $\mathrm{P}(a,\ b)$라 하고 a와 b의 관계식 세우기

보통은 이러한 경우가 대다수이다. 다음 예를 보도록 하자.

보기

원점 O와 두 정점 $\mathrm{A}(2,\ 3)$, $\mathrm{B}(4,\ 0)$에 대하여 $\overline{\mathrm{OP}}^2 = \overline{\mathrm{AP}}^2 + \overline{\mathrm{BP}}^2$을 만족하는 점 P의 자취의 방정식을 구하라.

점 P의 좌표를 $\mathrm{P}(a,\ b)$라고하자. 문제의 조건 $\overline{\mathrm{OP}}^2 = \overline{\mathrm{AP}}^2 + \overline{\mathrm{BP}}^2$으로부터

$a^2+b^2=(a-2)^2+(b-3)^2+(a-4)^2+b^2$ 정리하면 $a^2+b^2-12a-6b+29=0$,

$(a-6)^2+(b-3)^2=16$이고

이는 점 $(a,\ b)$가 원 $(x-6)^2+(y-3)^2=16$ 위의 점이라는 뜻으로 해석이 가능하다.

따라서 점 P의 자취는 $(x-6)^2+(y-3)^2=16$이다.

이번엔 원의 자취의 방정식 중에 아주 특이한 도형을 공부해보도록 하자.

두 정점 $(0, 0)$, $(3, 0)$으로부터의 거리의 비가 $2 : 1$인 점의 자취의 방정식을 구해보자.
$A(0, 0)$, $B(3, 0)$으로 놓고, 조건을 만족하는 점을 $P(x, y)$라고 하면

$$\overline{AP} : \overline{BP} = 2 : 1$$

$\overline{AP} = 2\overline{BP}$ 양변을 제곱하여 $\overline{AP}^2 = 4\overline{BP}^2$를 만들 수 있고, 점과 점사이의 거리공식을 이용하면
$\therefore \ x^2 + y^2 = 4\{(x-3)^2 + y^2\}$ $\therefore \ x^2 - 8x + y^2 + 12 = 0$ 이고,
문제에서 요구하는 자취의 방정식이 $(x-4)^2 + y^2 = 2^2$인 원임을 알아낼 수 있다.
그러나 위의 문제처럼 두 정점으로부터의 거리의 비가 $m : n$인 경우는 매번 관계식을 이용해 자취를 구할 필요 없이 아폴로니우스의 원이라는 사실을 알고 있다면 문제를 좀 더 빠르게 풀 수 있을 것이다. 우선 두 정점으로부터의 거리의 비가 $m : n$인 점 중에서 가장 쉬운 두 점을 생각할 수 있는데 이것이 바로 내분점과 외분점이다. 이때, 결과가 원이라는 사실을 미리 알고 있고, 그 원이 아폴로니우스의 원이라는 사실을 바탕으로 내분점과 외분점을 지름의 양 끝으로 하는 원을 만들어 주면 된다.

💬 **아폴로니우스의 원**

두 정점으로부터 거리의 비가 $m : n$인 점의 자취
⇒ 두 정점을 $m : n$으로 내분한 내분점과 외분한 외분점을 지름의 양 끝으로 하는 원

즉, $(0, 0)$, $(3, 0)$을 $2 : 1$로 내분하는 내분점은 $(2, 0)$, 외분하는 외분점은 $(6, 0)$이고 두 점이 지름의 양 끝점 이므로 원의 중심은 $(2, 0)$과 $(6, 0)$의 중점인 $(4, 0)$이다. 또한 반지름은 점과 점사이의 거리를 이용하여 $r = 2$임을 알 수 있고, 문제에서 원하는 자취의 방정식은 $(x-4)^2 + y^2 = 2^2$인 원이다.

필수예제 01   **원의 방정식**

중심의 좌표가 $(3, -2)$이고 원점을 지나는 원의 방정식을 구하시오.

원 $x^2 + y^2 - 4x - 2ay + 1 = 0$의 중심의 좌표가 $(b, -1)$이고, 반지름의 길이가 r일 때, $a + b + r$의 값을 구하시오.

유제 01

점 $(-1, 1)$을 중심으로 하고 점 $(1, 3)$을 지나는 원의 방정식은?

① $(x-1)^2 + (y+1)^2 = 8$ ② $(x+1)^2 + (y-1)^2 = 8$

③ $(x+1)^2 + (y-1)^2 = 12$ ④ $(x-1)^2 + (y+1)^2 = 16$

⑤ $(x+1)^2 + (y-1)^2 = 16$

유제 02

원 $x^2 + y^2 - 4x + 6y + 12 = 0$의 중심의 좌표를 (a, b), 반지름의 길이를 r이라 하자. $a + b - r$의 값을 구하시오.

유제 03

원 $x^2 + y^2 - 4x + 6y - 1 = 0$과 중심이 같고, 점 $(3, -4)$를 지나는 원의 방정식을 구하여라.

① $(x-2)^2 + (y+3)^2 = 2$ ② $(x-2)^2 + (y-3)^2 = 3$

③ $(x+2)^2 + (y+3)^2 = 4$ ④ $(x-2)^2 + (y+3)^2 = 5$

⑤ $(x-2)^2 + (y-3)^2 = 6$

지름의 양 끝점을 알면 중심과 반지름을 구할 수 있고 이를 통해 원의 방정식을 표준형으로 나타내기 쉽다. 또한 점 3개가 주어지면 삼각형이 하나 결정되고 이 삼각형의 외접원이 하나 결정되는 원리에 의해 점3개가 주어지면 원의 방정식을 만들 수 있다. 이때 표준형으로 원을 셋팅하는 것보다 일반형으로 원을 셋팅하는 것이 훨씬 쉬운 계산을 이끌어 낼 것이다.

필수예제 02 원의 방정식 2

두 점 $A(5, 3)$, $B(1, -1)$을 이은 선분 AB를 지름으로 하는 원의 방정식을 구하시오.

세 점 $(3, 4)$, $(2, -1)$, $(-3, 0)$을 지나는 원의 중심의 좌표를 (a, b), 반지름의 길이를 r 라고 할 때, 상수 a, b, r 에 대하여 $a + b + r$의 값을 구하여라.

 유제 04

두 점 $(-1, 3)$, $(5, -3)$을 지름의 양 끝으로 하는 원의 방정식을 구하여라.

 유제 05

세 점 $A(4, 1)$, $B(6, -3)$, $C(-3, 0)$을 지나는 원의 방정식의 중심의 좌표와 반지름을 구하시오.

 유제 06

중심이 직선 $y = x - 2$ 위에 있고 두 점 $A(0, -4)$, $B(4, 0)$을 지나는 원의 반지름의 길이는?

① $\sqrt{3}$　　　　② 2　　　　③ $2\sqrt{2}$

④ 3　　　　⑤ $\sqrt{10}$

@대치동 꿀팁!!

필수예제 03 **축에 접하는 원의 방정식**

원 $x^2+y^2+4x+ky+9=0$의 중심이 제 2사분면에 있고, y축에 접할 때, 상수 k의 값을 구하시오.

x축과 y축에 접하고 점 $(2, 1)$를 지나는 원은 2개 존재한다. 이때, 두 원의 중심 사이의 거리를 구하시오.

유제 07 원 $x^2+y^2+4x-2y=10$과 중심이 같고 x축에 접하는 원의 넓이는?

① π ② 2π ③ 3π

④ 4π ⑤ 5π

유제 08 점 $(-4, 2)$를 지나고 x축, y축에 모두 접하는 원은 2개가 있다. 이때, 두 원 중 큰 원의 넓이는?

① 25π ② 50π ③ 75π

④ 100π ⑤ 125π

유제 09 중심이 직선 $y=x+3$위에 있고, 점 $(6, 2)$를 지나며 x축에 접하는 원은 두 개 있다. 이때, 두 원의 중심 사이의 거리는?

① $4\sqrt{2}$ ② $6\sqrt{2}$ ③ $8\sqrt{2}$

④ $10\sqrt{2}$ ⑤ $12\sqrt{2}$

두 원의 위치관계는 반드시 그림을 그려보도록 하자. 잘 그려진 그림을 보고 작은 원의 반지름, 큰 원의 반지름, 원의 중심 사이의 거리를 셋팅해보면 이 셋중에 가장 긴 길이가 보일 것이다. 이때, 가장 긴 길이는 나머지 두 길이의 합보다 큰지, 작은지, 같은지를 판단하고 식을 만들면 문제에서 원하는 조건을 찾아낼 수 있을 것이다.

🔘 대치동 꿀팁!!

필수예제 04 두 원의 위치 관계

원 $x^2 + (y-1)^2 = 4$와
원 $(x-3)^2 + (y-a)^2 = 9$가
외접하도록 양수 a의 값을 정하여라.

두 원 $x^2 + y^2 = 1$, $(x-2)^2 + y^2 = r^2$이 내접할 때의 반지름의 길이 r의 값을 구하여라.

유제 10

두 원 $x^2 + y^2 - 2x - 4y + 1 = 0$, $x^2 + y^2 - 4x + 6y - 3 = 0$의 위치 관계는?

① 서로 외부에 있다.　　　　　② 외접한다.

③ 두 점에서 만난다.　　　　　④ 내접한다.

⑤ 한 원이 다른 원 내부에 있다.

유제 11

두 원 $x^2 + y^2 - 8x + 15 = 0$, $(x-1)^2 + (y-4)^2 = r^2$이 서로 외접할 때, r의 값은?
(단, $r > 0$)

① 1　　　　　　　② 2　　　　　　　③ 3

④ 4　　　　　　　⑤ 5

유제 12

원 $(x-a)^2 + (y-b)^2 = 1$과 원 $x^2 + y^2 = 9$가 서로 다른 두 점에서 만날 때, $a^2 + b^2$의 범위를 구하시오.

🔆 대치동 꿀팁!!

서로 만나는 두 원 $x^2+y^2+Ax+By+C=0$, $x^2+y^2+A'x+B'y+C'=0$ 의
교점을 지나는 원의 방정식은 $(x^2+y^2+Ax+By+C)$
$+k(x^2+y^2+A'x+B'y+C')=0$(단, $k\neq-1$)의 꼴로 나타내어진다.

이 때, 또 다른 정보(보통은 새롭게 진 원이 지나는 점을 문제에서 알려줌)를 이용해 k값을 구해주면
된다. 또한 서로 만나는 두 원 $x^2+y^2+Ax+By+C=0$,
$x^2+y^2+A'x+B'y+C'=0$의 교점을 지나는 직선의 방정식은 $(x^2+y^2+Ax+By+C)$
$-(x^2+y^2+A'x+B'y+C')=0$이다.

필수예제 05 두 원의 교점을 지나는 도형

두 원 $x^2+y^2-2x=0$,
$x^2+y^2-4x-6y+8=0$의
교점과 점 $(0,\ 1)$을 지나는 원의 넓이를 구하
여라.

두 원 $(x+1)^2+(y+1)^2=3$,
$(x-1)^2+(y-1)^2=3$의 공통현의 방정식
이 $ax+y+b=0$일 때, 상수 $a,\ b$의 합
$a+b$의 값은?

① -1 　　 ② $-\dfrac{1}{2}$ 　　 ③ $\dfrac{1}{2}$

④ 1 　　 ⑤ 2

유제 13

두 원 $x^2+y^2-2x+y-3=0$, $x^2+y^2+x+2y-1=0$의 교점과 원점을 지나는 원의
방정식은?

① $x^2+y^2-5x-4y=0$ 　　　　 ② $x^2+y^2+2x-3y+4=0$

③ $x^2+y^2-4x=0$ 　　　　 ④ $2x^2+2y^2-3x-5y=0$

⑤ $2x^2+2y^2+5x+5y=0$

유제 14

두 원 $\begin{cases} x^2+y^2+2ax-4y-b=0 \\ x^2+y^2+bx+2y-a+1=0 \end{cases}$ 의 교점을 지나는 직선의 방정식이
$2x-3y+1=0$일 때, 상수 $a,\ b$의 합 $a+b$의 값은?

① -3 　　　　　 ② -1 　　　　　 ③ 0

④ 1 　　　　　 ⑤ 3

유제 15

두 원 $x^2+y^2+ax+3y-4=0$, $x^2+y^2-5=0$의 교점을 지나는 직선이 $y=3x-\dfrac{1}{3}$
에 수직일 때, 상수 a의 값을 구하여라.

서로 만나는 두 원 $x^2 + y^2 + Ax + By + C = 0$, $x^2 + y^2 + A'x + B'y + C' = 0$ 의 교점을 지나는 직선의 방정식 $(x^2 + y^2 + Ax + By + C) - (x^2 + y^2 + A'x + B'y + C') = 0$ 을 공통현의 방정식 이라고 한다. 반드시 공식에만 의존하지 말고 그림을 그려서 구하고자 하는 정보를 찾도록 해보자!

🔎 대치동 꿀팁!!

필수예제 06 공통현

두 원 $x^2 + y^2 + 6x - 4y - 4 = 0$, $x^2 + y^2 - 4y - 16 = 0$은 서로 다른 두 점에서 만난다. 이 두 점 사이의 거리를 구하여라.

유제 16

두 원 $x^2 + y^2 - 2x - 4y + 1 = 0$, $x^2 + y^2 - 6x + 5 = 0$의 공통현의 길이는?

① $\sqrt{3}$ ② 2 ③ $2\sqrt{2}$

④ $2\sqrt{3}$ ⑤ $3\sqrt{2}$

유제 17

직선 $y = x + k$가 원 $(x+1)^2 + (y-1)^2 = 16$에 의하여 잘린 선분의 길이가 $4\sqrt{2}$일 때, 양수 k의 값은?

① 2 ② 3 ③ 4

④ 5 ⑤ 6

유제 18

원 $x^2 + y^2 + ax + 2y - 3a = 0$이 원 $x^2 + y^2 + 2x - 2y - 2 = 0$의 둘레를 이등분할 때, 상수 a의 값은?

① -3 ② -2 ③ 1

④ 2 ⑤ 3

원 밖의 한 점과 원 위의 점사이의 거리가 최댓값 일때와 최소 일때는 그림을 그려보면 상황을 판단할 수 있다. 원 밖의 한점과 원의 중심을 연결해보면 어떻게 최대와 최소를 구해야 하는지 판단할 수 있을 것이다.

🔍 대치동 꿀팁!!

필수예제 07 원과 거리

점 A$(8, 6)$에서 원 $x^2 + y^2 = 25$까지의 거리의 최댓값을 α, 최솟값을 β라 할 때, 상수 α, β에 대하여 $\alpha - \beta$의 값은?

원 $x^2 + y^2 + 2x - 6y + 2 = 0$ 위의 점에서 직선 $y = x - 1$에 이르는 거리의 최댓값을 M, 최솟값을 m이라 할 때, 상수 M, m에 대하여 $4Mm$의 값을 구하시오.

유제 19 점 A$(3, 1)$과 원 $x^2 + y^2 - 4x + 6y - 1 = 0$ 위의 점 P에 대하여 $\overline{AP}$의 최댓값과 최솟값의 곱을 구하시오.

유제 20 원 $(x + 2)^2 + (y + 1)^2 = 1$ 위의 점 P와 직선 $3x + 4y - 10 = 0$ 사이의 거리의 최댓값과 최솟값을 구하여라.

유제 21 원 $x^2 + (y + 1)^2 = 1$ 위의 점 P와 두 점 A$(3, 0)$, B$(0, 4)$에 대하여 $\triangle PAB$의 넓이의 최댓값과 최솟값을 구하여라.

자취를 구하는 방법은 기하학적인 의미를 해석해서 바로 구하는 방법과 구하고자 하는 점을 (a, b)라 하고 a와 b의 관계식을 이용해 식으로써 구하는 방법이 있다. 보통 관계식을 이용하는 방법을 많이 쓰는데 $1:1$말고 $1:2$, $1:3$과 같은 거리의 비를 주게 되는 경우는 일반적으로 관계식을 활용해야 깔끔하게 답을 얻을 수 있을 것이다.

필수예제 08 원과 자취

두 정점 $A(-2, 0)$, $B(1, 0)$에 대하여 $\overline{PA} : \overline{PB} = 2 : 1$인 점 P의 자취의 방정식을 구하여라.

원점 O와 원 $(x-4)^2 + (y-6)^2 = 20$ 위의 점 P에 대하여 선분 OP를 $1 : 3$으로 내분하는 점의 자취의 방정식을 구하여라.

유제 22

두 점 $A(-2, 0)$, $B(2, 0)$에 대하여 $\overline{AP} : \overline{BP} = 3 : 1$을 만족하는 점 P의 자취의 넓이는?

① 3π ② 5π ③ 12π

④ $\dfrac{3}{2}\pi$ ⑤ $\dfrac{9}{4}\pi$

유제 23

점 $(3, 2)$와 원 $(x-1)^2 + (y+2)^2 = 4$ 위의 점을 이은 선분의 중점의 자취의 길이는?

① π ② 2π ③ 3π

④ 4π ⑤ 5π

유제 24

두 정점 $A(6, 0)$, $B(3, 3)$과 원 $x^2 + y^2 = 9$ 위의 동점 P를 세 꼭짓점으로 하는 $\triangle ABP$의 무게중심의 자취의 방정식을 구하여라.

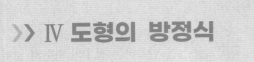

》 IV 도형의 방정식

원과 직선

원과 직선의 위치관계

원과 직선의 위치 관계는 교점의 개수에 따라 다음 세 가지 경우가 있다.

        (i) 서로 다른 두 점에서 만난다.
        (ii) 한 점에서 만난다.(접한다)
        (iii) 만나지 않는다.

이때 원과 직선이 만나는 경우는 서로 다른 두 점에서 만나는 경우와 한 점에서 만나는 경우의 두 가지이다.

THEME 1   점과 직선사이의 거리를 이용한 위치관계

오른쪽 그림과 같이 반지름이 r 인 원과 직선이 주어졌을 때, 원의 중심과 직선 사이의 거리를 d 라고 하면

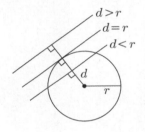

      $d < r$ ⟺ 서로 다른 두 점에서 만난다.
      $d = r$ ⟺ 접한다.
      $d < r$ ⟺ 만나지 않는다.

THEME 2   판별식을 이용한 위치관계

이제 좌표평면에서 원과 직선의 위치 관계에 대하여 알아보자.

원과 직선의 방정식이 각각 $x^2 + y^2 = r^2$ …… ① $y = mx + n$ …… ②

일 때, 이들의 교점의 좌표는 ①, ②를 연립하여 풀었을 때의 해이다.

②를 ①에 대입하면 $x^2 + (mx + n)^2 = r^2$이고, 이 식을 정리하면

$(m^2 + 1)x^2 + 2mnx + n^2 - r^2 = 0$ …… ③ 이다.

(모든 실수 m 에 대하여 $m^2 + 1 > 0$이므로 $m^2 + 1 \neq 0$)

이 이차방정식의 해는 원과 직선의 교점의 x좌표이므로 실근의 개수에 따라 원과 직선의 위치 관계가 결정된다. 따라서 ③의 판별식을 D라고 하면 D의 부호에 따라 이 이차방정식은 서로 다른 두 실근, 중근, 허근을 가지므로 원 ①과 직선 ②의 위치 관계는 다음과 같다.

(i) $D > 0$이면 서로 다른 두 점에서 만난다.

　　⇔ 또 서로 다른 두 점에서 만나면 $D > 0$이다.

(ii) $D = 0$이면 한 점에서 만난다(접한다).

　　⇔ 또 한 점에서 만나면(접하면) $D = 0$이다.

(iii) $D < 0$이면 만나지 않는다.

　　⇔ 또 만나지 않으면 $D < 0$이다.

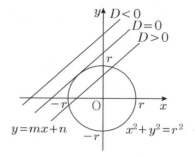

앞에서는 중심이 $(0,\ 0)$인 태초의 원 $x^2 + y^2 = r^2$에 대해서만 설명했지만 태초의 원이 아니더라도 다음과 같이 판별식을 적용해서 원과 직선의 위치관계를 확인할 수 있다.

> **판별식을 이용한 원과 직선의 위치관계**
>
> 직선 : $y = mx + n$ ⋯ ①　원 : $f(x,\ y) = 0$ ⋯ ②
> ①을 ②에 대입하면 $f(x,\ mx + n) = 0$ 　　　⋯ ③
> 이때 x 의 이차방정식 ③의 실근은 ①, ②의 교점의 x 좌표이므로, ③의 판별식을 D 라 하면 다음과 같은 관계가 있다.
>
> | | | 방정식 $f(x,\ mx + n) = 0$의 근 | | 직선과 원의 위치관계 |
> |---|---|---|---|---|
> | $D > 0$ | ⇔ | 서로 다른 두 실근 | ⇔ | 두 점에서 만난다. |
> | $D = 0$ | ⇔ | 중근 | ⇔ | 접한다. |
> | $D < 0$ | ⇔ | 서로 다른 두 허근 | ⇔ | 만나지 않는다. |

원과 접선의 방정식

원과 직선이 한 점에서 만날 때, 직선은 원에 접한다고 하며, 그 직선을 원의 『접선』, 그 교점을 『접점』
이라고 한다. 앞에서 배웠던 원과 직선의 위치 관계 중 중심과 직선사이의 거리가 반지름과 같은 경우
$(d=r)$와 직선을 원의 방정식과 연립하여 만든 이차방정식의 판별식이 0인 경우$(d=0)$가 접선을 구
하는 기본적인 방법에 해당한다. 하지만 매번 접선을 구할 때마다 위의 2가지 중 한 가지 방법을 쓰려
니 여간 귀찮은 것이 아니다. (해보면 안다..) 그래서 원에서의 접선을 구할 때는 다음에서 설명하는
히든스킬을 철저히 활용하길 바란다.

(또한 원은 이차곡선이라는 도형중 하나이고, 나중에 이차곡선을 배우게 된다면 그 단원에서도 다음의
히든스킬을 똑같이 적용할 수 있으니 완벽히 숙지하도록 했으면 한다.)

THEME 1 접선 구하기(히든스킬 ①)

접선을 구하려면 두 가지 정보가 필요하다. 그것이 바로 접점과 기울기다.
접선을 구하는 첫 번째 히든스킬이 바로 "접점을 알 때"이다.
이때는 원의 방정식을 식변형 해주면 되는데 그 방법은 다음과 같이 표준형과 일반형에서 하는 방법
모두를 숙지하는 것이 좋다.

$$x^2 + y^2 = r^2 \ \Rightarrow \ xx + yy = r^2$$

$$x^2 + y^2 + ax + by + c = 0 \ \Rightarrow \ xx + yy + a\left(\frac{x+x}{2}\right) + b\left(\frac{y+y}{2}\right) + c = 0$$

$$(x-a)^2 + (y-b)^2 = r^2 \ \Rightarrow \ (x-a)(x-a) + (y-b)(y-b) = r^2$$

💬 히든스킬 ①을 사용하기 위한 식변형

$$x^2 \Rightarrow xx, \ y^2 \Rightarrow yy, \ x \Rightarrow \frac{x+x}{2}, \ y \Rightarrow \frac{y+y}{2}$$

이렇게 변형된 식에서 눈에 보이는 둘 중 하나의 x에다가 접점의 x좌표 x_1을, 둘 중 하나의 y에다가
접점의 y좌표 y_1을 대입해주면 점 $(x_1, \ y_1)$에서의 접선의 방정식이 만들어 진다.

원 $x^2 + y^2 = r^2$ 위의 점 $(x_1,\ y_1)$에서의 접선의 방정식은 $xx_1 + yy_1 = r^2$

원 $x^2 + y^2 + ax + by + c = 0$ 위의 점 $(x_1,\ y_1)$에서의 접선의 방정식은

$$xx_1 + yy_1 + a\left(\frac{x + x_1}{2}\right) + b\left(\frac{y + y_1}{2}\right) + c = 0$$

원 $(x - a)^2 + (y - b)^2 = r^2$ 위의 점 $(x_1,\ y_1)$에서의 접선의 방정식은

$$(x_1 - a)(x - a) + (y_1 - b)(y - b) = r^2$$

THEME 2 접선 구하기(히든스킬 ②)

이번엔 접선을 구하는 두 번째 스킬 "기울기가 주어질 때"를 배워보자.

원 $x^2 + y^2 = r^2$에 접하고, 기울기가 m인 접선의 방정식을 $y = xm + n$ ...... ①으로 놓는다.

①을 원의 방정식 $x^2 + y^2 = r^2$에 대입하면 $x^2 + (mx + n)^2 = r^2$
이고, 이 식을 정리하면 $(m^2 + 1)x^2 + 2mnx + n^2 - r^2 = 0$ ......
②이다.

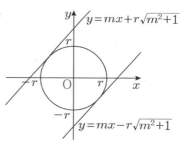

②의 판별식을 D 라고 하면

$$D = (2mn)^2 - 4(m^2 + 1)(n^2 - r^2) = 4\{(m^2 + 1)r^2 - n^2\}$$이고,

원과 직선이 접하면 $D = 0$이므로 $(m^2 + 1)r^2 - n^2 = 0$ $n = \pm r\sqrt{m^2 + 1}$ ...... ③이다.

③을 ①에 대입하면 $y = mx \pm r\sqrt{m^2 + 1}$ 을 얻는다.

💬 태초의 원 $x^2+y^2=r^2$에 접하는 기울기가 m인 접선의 방정식

$$y = mx \pm r\sqrt{m^2+1}$$

주의1) 히든스킬②은 아무원에서나 사용하면 안된다. 반드시 태초의 원(중심이 $(0,0)$)일 때에만 사용할 수 있다.

중심이 $(0,0)$이 아닌 경우에는 평행이동을 통해 원을 태초의 상태로 이동시켜놓고 스킬사용 후, 다시 평행이동하여 문제에서 원하는 접선을 만들도록 하자.

주의2) 원 밖의 한 점에서 원에 그은 접선을 구할 때, 기울기를 m이라 하고 히든스킬②를 이용하는 경우에는 일반적으로 m의 값이 2개가 나온다.(원 밖의 한 점에서는 접선을 무조건 2개 만들 수 있으므로) 그러나, m의 값이 1개가 나오는 경우가 있다. 이 경우는 접선이 1개가 아니라 y축과 평행한 접선이 더 있기 때문에 주의 해주어야 한다. y축에 평행한 접선은 $y=mx+n$의 형태로 표현이 안되고 $x=k$로 표현되기 때문이다.

대치동 꿀팁!!

원(2차식)과 직선(1차식)의 위치관계를 확인할 때는 두 식은 연립해 2차방정식을 만들고 판별식을 이용해 실근의 개수(교점의 개수)를 확인할 수 있다. 그러나 이 방법보다는 원의 중심(점)과 직선사이의 거리가 반지름과 비교했을 때 어떤 대소 관계가 있는지에 따라 위치관계를 확인하는 것이 일반적이고 좀더 중요한 풀이다.

필수예제 01 　원과 직선의 위치관계

원 $x^2 + y^2 = 5$와 직선 $y = -2x + k$의 위치관계가 다음과 같을 때, ① 판별식과 ② 점과 직선의 거리 공식을 각각 이용하여 k의 값 또는 그 범위를 구하여라.

(1) 서로 다른 두 점에서 만난다.
(2) 접한다.
(3) 만나지 않는다.

유제 01

두 집합 $A = \{(x, y) \mid x^2 + y^2 = 4\}$, $B = \{(x, y) \mid y = \sqrt{3}\,x + n\}$에 대하여 $A \cap B = \varnothing$ 일 때, 실수 n의 값의 범위는?

① $n \leq -2$ 또는 $n \geq 2$ 　　　② $n < -4$ 또는 $n > 4$

③ $-4 < n < 4$ 　　　④ $n < -2$ 또는 $n > 2$

⑤ $-2 < n < 2$

유제 02

원 $(x-1)^2 + (y-2)^2 = r^2$과 직선 $3x + 4y + 5 = 0$이 서로 다른 두 점에서 만날 때, 양의 정수 r의 최솟값은?

① 1 　　　② 2 　　　③ 3

④ 4 　　　⑤ 5

유제 03

원 $x^2 + y^2 = 10$과 만나고 직선 $3x - y + 2 = 0$에 평행한 직선의 y절편을 k라 할 때, 정수 k의 개수를 구하여라.

원 위의 점(접점)을 알고 접선을 구할 때는 히든스킬①을 이용해 빠르게 접선을 구해야 한다.
$x^2+y^2=r^2$위의 점 (a, b)에서의 접선의 방정식은 $ax+by=r^2$이고 $(x-m)^2+(y-n)^2=r^2$위의 점 (a, b)에서의 접선의 방정식은 $(a-m)(x-m)+(b-n)(y-n)=r^2$이다.

대치동 꿀팁!!

필수예제 02 **접선의 방정식 : 원 위의 점**

원 $x^2+y^2=5$ 위의 점 $(1, 2)$에서의 접선의 방정식을 구하여라.

원 $(x+2)^2+y^2=5$ 위의 한 점 $(0, 1)$에서 그을 수 있는 접선과 x축, y축이 이루는 도형의 넓이는?

① $\dfrac{1}{3}$ ② $\dfrac{1}{2}$

③ $\dfrac{1}{4}$ ④ $\dfrac{1}{5}$

⑤ $\dfrac{1}{6}$

유제 04

원 $x^2+y^2=8$ 위의 점 $(-2, 2)$에서의 접선의 방정식을 구하여라.

유제 05

원 $(x-2)^2+(y-2)^2=5$ 위의 한 점 $(1, 4)$에서 그을 수 있는 접선과 x축, y축이 이루는 도형의 넓이는?

① 14 ② $\dfrac{49}{4}$ ③ $\dfrac{21}{2}$

④ $\dfrac{35}{4}$ ⑤ 7

유제 06

원 $x^2+y^2=r^2$ 위의 점 $(2, a)$에서 그은 접선이 직선 $2x-y+3=0$과 서로 수직으로 만날 때, 실수 a의 값은?

① 3 ② 4 ③ 5

④ 6 ⑤ 7

접선의 기울기 m을 알고 접선을 구할 때는 히든스킬②을 이용해 빠르게 접선을 구해야 한다. $x^2 + y^2 = r^2$에서 접선의 기울기가 m인 접선의 방정식은 $y = mx \pm r\sqrt{m^2 + 1}$ 이다. 이때 주의해야할 사항은 원의 방정식이 반드시 중심이 $(0, 0)$이어야 한다는 사실이다. 만일 중심이 $(0, 0)$이 아니라면 평행이동을 통해 중심을 $(0, 0)$으로 만들고 접선을 구한 후 다시 원래대로 평행이동을 시켜줘야 한다는 것을 주의하도록 하자.

💡대치동 꿀팁!!

필수예제 03 **접선의 방정식 : 기울기**

원 $x^2 + y^2 = 6$의 접선 중 기울기가 2인 접선의 방정식은?

① $y = 2x$

② $y = 2x \pm \sqrt{5}$

③ $y = 2x \pm \sqrt{30}$

④ $y = 2x \pm 6$

⑤ $y = 2x \pm 10$

원 $(x-1)^2 + (y+2)^2 = 4$에 접하고 기울기가 2인 두 직선의 y절편의 곱은?

① -6　　　　　② -4

③ -1　　　　　④ 3

⑤ 5

 유제 07

원 $x^2 + y^2 = 4$에 접하고 직선 $3x - y + 2 = 0$에 평행한 접선의 방정식을 구하여라.

 유제 08

원 $(x+1)^2 + (y-2)^2 = 2$에 접하고 기울기가 -1인 접선의 방정식을 구하여라.

 유제 09

직선 $x - 2y - 2 = 0$에 수직이고, 원 $x^2 + y^2 = 5$에 접하는 직선은 두 개 존재한다. 다음 중 y절편의 값이 큰 직선이 지나는 점은?

① $(0, 5)$　　　　　② $(1, -3)$　　　　　③ $(2, 2)$

④ $(3, 0)$　　　　　⑤ $(4, 3)$

대치동 꿀팁!!

필수예제 04 **접선의 방정식 : 외부의 점**

점 $(3, -1)$에서 원 $x^2 + y^2 = 5$에 그은 접선의 방정식을 구하여라.

원 밖의 한 점 $(1, 2)$에서 원 $(x-3)^2 + (y-5)^2 = 1$에 그은 접선은 두 개 존재 한다. 이때, 이 두 직선의 기울기의 합을 구하시오.

유제 10 점 $(-2, 1)$에서 원 $(x-1)^2 + (y-2)^2 = 3$에 그은 두 접선의 기울기의 합은?

① -1 ② $-\dfrac{1}{3}$ ③ 0

④ $\dfrac{1}{3}$ ⑤ 1

유제 11 점 $(1, 3)$에서 원 $x^2 + y^2 = 1$에 그은 접선의 방정식은?

① $x = 1$ 또는 $4x + 3y + 5 = 0$
② $x = 1$ 또는 $4x - 3y + 5 = 0$
③ $x = 3$ 또는 $4x + 3y + 5 = 0$
④ $x = 3$ 또는 $4x - 3y + 5 = 0$
⑤ $x = 1$ 또는 $4x - 3y - 5 = 0$

유제 12 점 $(5, 4)$에서 원 $(x-1)^2 + (y-2)^2 = r^2$에 그은 두 접선이 서로 수직일 때, 반지름의 길이 r의 값을 구하여라.

💡대치동 꿀팁!!

원 밖의 한점에서 접선을 그었을 때 접선의 길이만을 구하고 싶다면 반드시 그림을 그리도록 하자. 이때 접선의 방정식은 구할 필요가 없다. 원 밖의 한점과 원의 중심 사이의 거리를 구하면 반지름과 함께 접선의 길이를 구할 수가 있을 것이다.

필수예제 05 접선의 길이

원 $x^2 + y^2 - 2x + 4y - 20 = 0$ 밖의 점 $A(-4, 4)$에서 원에 접선을 그었을 때, 점 A에서 접점까지의 거리는?

유제 13 점 $(5, 2)$에서 $x^2 + y^2 + 6x + 8y - 11 = 0$에 그은 접선의 길이는?

유제 14 점 $(3, 3)$에서 $x^2 + y^2 + 4x - 2y + 1 = 0$에 그은 접선의 길이는?

유제 15 원 $(x-2)^2 + (y-1)^2 = 4$에 대하여 x축 위의 점 P에서 이 원에 그은 접선의 길이가 $\sqrt{6}$일 때, 점 P의 좌표를 모두 구하여라.

공통외접선은 2개가 존재하는데 공통외접선의 길이를 구하는 문제에서도 공통외접선을 직접 구할 필요가 없다. 그림을 잘 그리고 만들어지는 사다리꼴에서 공통외접선을 적당히 평행이동하면 쉽게 답을 낼 수 있을 것이다. 공통외접선을 직접 구하는 문제는 나중에 심화과정에서 다루도록 하자.

@ 대치동 꿀팁!!

필수예제 06 **공통 외접선**

다음 그림과 같이 두 원 O, O'의 반지름의 길이가 각각 2, 5이고, 중심 거리가 9일 때, 공통외접선의 AB의 길이는?

① $\sqrt{67}$ ② $6\sqrt{2}$ ③ $7\sqrt{2}$

④ $3\sqrt{11}$ ⑤ $3\sqrt{14}$

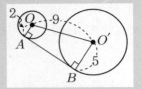

유제 **16**

두 원 $x^2+y^2-2x+4y+1=0$, $x^2+2x+y^2=0$의 공통외접선의 길이는?

① $\sqrt{5}$ ② $\sqrt{7}$ ③ 2

④ 3 ⑤ $2\sqrt{2}$

유제 **17**

두 원 $x^2+y^2+4x-2y+4=0$, $x^2+y^2-6x-6y+9=0$의 공통외접선의 길이를 구하여라.

유제 **18**

두 원 $x^2+y^2=9$, $(x-a)^2+(y-b)^2=4$의 한 공통외접선의 길이가 4가 되도록 하는 점 (a, b)의 자취의 길이를 구하시오.

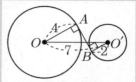

공통내접선은 존재하지 않을 수도 있고 2개가 존재할 수 있는데 공통내접선의 길이를 구하는 문제에서도 공통내접선을 직접 구할 필요가 없다. 그림을 잘 그리고 만들어지는 두 개의 닮음 삼각형에서 공통내접선을 적당히 평행이동하면 쉽게 답을 낼 수 있을 것이다. 공통내접선을 직접 구하는 문제는 나중에 심화과정에서 다루도록 하자.

필수예제 **07** 공통 내접선

다음 그림과 같이 두 원 O, O'의 반지름의 길이가 각각 4, 2이고 중심거리가 7일 때, 공통내접선의 AB의 길이는?

① $\sqrt{10}$　　　　② $\sqrt{11}$　　　　③ $\sqrt{13}$

④ $\sqrt{15}$　　　　⑤ $\sqrt{17}$

유제 19　두 원 $x^2+y^2=4$, $(x-5)^2+(y-4)^2=9$의 공통내접선의 길이는?

① 4　　　　　　② 5　　　　　　③ 6

④ 7　　　　　　⑤ 8

유제 20　두 원 $(x+2)^2+(y-1)^2=4$, $(x-5)^2+(y+1)^2=9$의 공통 내접선의 길이는?

① $2\sqrt{7}$　　　　② $3\sqrt{6}$　　　　③ $3\sqrt{7}$

④ $4\sqrt{6}$　　　　⑤ $4\sqrt{7}$

유제 21　두 원 $O: x^2+y^2=r^2$, $O': (x-6)^2+y^2=1$은 서로 외부에 있다. 두 원에 공통내접선을 그을 때, 공통내접선의 길이가 $\sqrt{11}$이 되도록 하는 r의 값은?

① 2　　　　　　② 3　　　　　　③ 4

④ 5　　　　　　⑤ 6

》 IV 도형의 방정식

도형의 이동

01 평행이동

THEME 1 점의 평행이동

좌표평면 위의 한 점 $P(x, y)$를 x축의 방향으로 a만큼, y축의 방향
으로 b만큼
평행이동한 점을 $P'(x', y')$이라고 하면
$x' = x+a$, $y' = y+b$가 성립한다.
이와 같이 좌표평면 위의 점 $P(x, y)$를 $P'(x+a, y+b)$로 옮기는
것을 평행이동이라 하고,
이것을 $(x, y) \rightarrow (x+a, y+b)$와 같이 나타낸다.

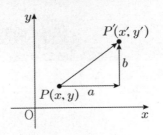

점의 평행이동

점 $P(x, y)$를 x축의 방향으로 a만큼, y축의 방향으로 b만큼 평행이동한 점 P'은 $P'(x+a, y+b)$

보기

평행이동 $(x, y) \rightarrow (x+1, y-2)$에 의하여 점 $(3, 4)$는 점 $(3+1, 4-2)$, 즉 점 $(4, 2)$로
옮겨진다.

THEME 2 도형의 평행이동

이번엔 좌표평면 위에서 평행이동한 도형의 방정식을 구해 보자. 직선의 방정식 $y = x+2$를
$x-y+2 = 0$과 같이 나타낼 수 있는 것처럼 좌표평면 위의 도형의 방정식은 일반적으로
$f(x, y) = 0$과 같이 나타낼 수 있다.
이제 좌표평면 위에서 방정식 $f(x, y) = 0$이 나타내는 도형을
x축의 방향으로 a만큼, y축의 방향으로 b만큼 평행이동한 도
형의 방정식을 구해 보자. 방정식 $f(x, y) = 0$이 나타내는 도
형 위의
임의의 점 $P(x, y)$를
평행이동 $(x, y) \rightarrow (x+a, y+b)$에 의하여

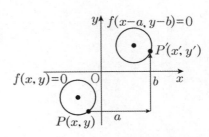

이동한 점을 $P'(x', y')$이라고 하면

$$\begin{cases} x' = x + a \\ y' = y + b, \end{cases} \ \ \text{즉} \ \ \begin{cases} x = x' - a \\ y = y' - b \end{cases}$$

이다. 이것을 $f(x, y) = 0$에 대입하면 $f(x'-a, y'-b) = 0$ 이 성립한다.

따라서 점 $P'(x', y')$은 $f(x-a, y-b) = 0$이 나타내는 도형 위에 있다.

💬 **도형의 평행이동**

방정식 $f(x, y) = 0$이 나타내는 도형을 x축의 방향으로 a만큼, y축의 방향으로 b만큼 평행이동한 도형의 방정식은 $f(x-a, y-b) = 0$

좌표평면 위의 점 $P(x, y)$를 한 점 또는 한 직선에 대하여 대칭인 점 $P'(x', y')$으로 옮기는 것을 『대칭이동』이라고 한다.

THEME 1 점의 대칭이동

오른쪽 그림에서 점 $P(x, y)$를 x축에 대하여 대칭이동한 점의 좌표는 $Q(x, -y)$
y축에 대하여 대칭이동한 점의 좌표는 $R(-x, y)$
원점 O에 대하여 대칭이동한 점의 좌표는 $S(-x, -y)$ 이다. 이때,
x축에 대한 대칭이동은 $(x, y) \rightarrow (x, -y)$
y축에 대한 대칭이동은 $(x, y) \rightarrow (-x, y)$
원점에 대한 대칭이동은 $(x, y) \rightarrow (-x, -y)$와 같이 나타낸다.

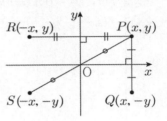

이번엔 좌표평면 위의 점 $P(x, y)$를 직선 $y = x$에 대하여 대칭이동한 점 $P'(x', y')$의 좌표를 구해 보자.

직선 PP'은 기울기가 $\dfrac{y'-y}{x'-x}$ 이고,

직선 $y = x$와 수직이므로 $\dfrac{y'-y}{x'-x} = -1$

$x' + y' = x + y$ ······ ①

또, 선분 PP'의 중점 $\left(\dfrac{x+x'}{2}, \dfrac{y+y'}{2}\right)$은 직선 $y = x$

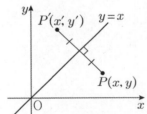

위에 있으므로 $\dfrac{y+y'}{2} = \dfrac{x+x'}{2}$, $x' - y' = -x + y$ ······ ②

①, ②를 연립하여 풀면 $x' = y$, $y' = x$

따라서 점 $P(x, y)$를 직선 $y = x$에 대하여 대칭이동한 점은 $P'(y, x)$이다.

이와 같이 좌표평면 위의 점 (x, y)를 점 (y, x)로 옮기는 것을 직선 $y = x$에 대한 대칭이동이라 하고, 이것을 $(x, y) \rightarrow (y, x)$ 와 같이 나타낸다.

기본적인 점의 대칭이동

1. x축대칭 : y대신 $-y$ (언급안된 놈의 부호를 바꿔라)

   ∴ 점 (x, y)가 x축대칭이동 되면 ⇒ 점$(x, -y)$

2. y축대칭 : x대신 $-x$ (언급안된 놈의 부호를 바꿔라)

   ∴ 점 (x, y)가 y축대칭이동 되면 ⇒ 점$(-x, y)$

3. 원점대칭 : x대신 $-x$, y대신 $-y$ (언급안된 놈의 부호를 바꿔라)

   ∴ 점 (x, y)가 원점대칭이동 되면 ⇒ 점$(-x, -y)$

4. $y = x$대칭 : x와 y를 서로 바꿔라 (x와 y의 역할 체인지)

   ∴ 점 (x, y)가 $y = x$대칭이동 되면 ⇒ 점(y, x)

5. $y = -x$대칭 : x를 $-y$, y를 $-x$ (x와 y의 역할을 바꾸면서 부호 또한 각각 바꿔라)

   ∴ 점 (x, y)가 $y = -x$대칭이동 되면 ⇒ 점$(-y, -x)$

cf) 1, 2, 3번 대칭이 가장 중요하고, 이들 중 2개의 대칭이동을 연속으로 진행하면 결과는 나머지 하나이다.

x축대칭한 후 y축대칭 하면 원점대칭, y축대칭한 후 원점대칭하면 x축대칭, 원점대칭후 x축대칭하면 y축대칭

또한 3, 4, 5번 대칭역시 이들 중 2개의 대칭이동을 연속으로 진행하면 결과는 나머지 하나이다.

▷ 원점대칭후 $y = x$대칭하면 $y = -x$대칭, $y = x$대칭후 $y = -x$대칭하면 원점대칭,

$y = -x$대칭후 원점대칭하면 $y = x$대칭

이번엔 앞에서 배운 기본적인 대칭이동을 이용하여 응용된 대칭이동을 공부해 보도록 하자.

오른쪽 그림에서 점 $P(x, y)$를

직선 $x = a$에 대하여

대칭이동한 점의 좌표는 $Q(2a-x, y)$

직선 $y = b$에 대하여

대칭이동한 점의 좌표는 $R(x, 2b-y)$

점 (a, b)에 대하여

대칭이동한 점의 좌표는 $S(2a-x, 2b-y)$ 이다.

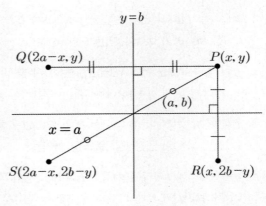

이때, 직선 $x = a$에 대한 대칭이동은

$(x, y) \rightarrow (2a-x, y)$

직선 $y = b$에 대한 대칭이동은

$(x, y) \rightarrow (x, 2b-y)$

점 (a, b)에 대한 대칭이동은 $(x, y) \rightarrow (2a-x, 2b-y)$와 같이 나타낸다.

마지막으로 점 P를 직선 $y = mx+n$에 대하여 대칭이동한 점 Q의 좌표는 다음 두 가지 성질을 이용하여 구할 수 있다.

---

(1) 선분 PQ의 중점이 직선 $y = mx+n$ 위에 있다.

(2) 두 점 P, Q를 지나는 직선과 직선 $y = mx+n$은 서로 수직이다.

🔍 보기

점 $P(1, 0)$을 직선 $y = -2x+1$에 대하여 대칭이동한 점의 좌표를 구하여라.

구하는 점의 좌표를 $Q(a, b)$라고 하면 선분 PQ의 중점 $\left(\dfrac{a+1}{2}, \dfrac{b}{2}\right)$는 직선 $y = -2x+1$ 위에 있으므로

$$\dfrac{b}{2} = -2 \times \dfrac{a+1}{2} + 1, \ b = -2a \ \cdots\cdots ①$$

직선 PQ와 직선 $y = -2x+1$은 수직이므로

$$\dfrac{b-0}{a-1} \times (-2) = -1, \ a-2b = 1 \ \cdots\cdots ②$$

$\Rightarrow$ ①, ②를 연립하여 풀면 $a = \dfrac{1}{5}$, $b = -\dfrac{2}{5}$,

따라서 구하는 점의 좌표는 $\left(\dfrac{1}{5}, -\dfrac{2}{5}\right)$이다.

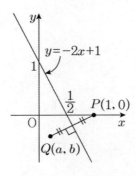

6. $x = a$대칭 : x대신 $2a - x$(2배 마이너스 x)
   점 (x, y)가 직선 $x = a$대칭이동 되면 ⇒ 점$(2a - x, y)$
7. $y = b$대칭 : y대신 $2b - y$(2배 마이너스 y)
   점 (x, y)가 직선 $y = b$대칭이동 되면 ⇒ 점$(x, 2b - y)$
8. 점 (a, b)대칭 : x대신 $2a - x$, y대신 $2b - y$(2배 마이너스 x, 2배 마이너스 y)
   점 (x, y)가 점 (a, b)대칭이동 되면 ⇒ 점$(2a - x, 2b - y)$
9. $y = ax + b$대칭
   점 P의 직선 $y = ax + b(a \neq 0)$에 대한 대칭점 P'이라 하면
   (1) 선분 PP'의 중점은 $y = ax + b$ 위의 점
   (2) 선분 PP'과 $y = ax + b$은 수직 ⇔ PP'의 기울기 $\times$ $a = -1$

cf) $y = ax + b$대칭은 위에 제시된 방법 말고도 다양한 해결법이 있다. 이는 수업시간에 자세히 설명하도록 하겠다.

THEME 2 도형의 대칭이동

도형의 대칭이동은 점의 대칭이동을 그대로 적용시켜주면 되기 때문에 설명 없이 바로 정리만 하고 넘어가도록 하자.

도형의 대칭이동

1. x축대칭 : $\qquad$ y대신 $-y$ (언급안된 놈의 부호를 바꿔라)
   $\qquad$ 도형 $f(x, y) = 0$이 x축대칭이동 되면 ⇒ 도형 $f(x, -y) = 0$

2. y축대칭 : $\qquad$ x대신 $-x$ (언급안된 놈의 부호를 바꿔라)
   $\qquad$ 도형 $f(x, y) = 0$이 y축대칭이동 되면 ⇒ 도형 $f(-x, y) = 0$

3. 원점대칭 : $\qquad$ x대신 $-x$, y대신 $-y$ (언급안된 놈의 부호를 바꿔라)
   $\qquad$ 도형 $f(x, y) = 0$이 원점대칭이동 되면 ⇒ 도형 $f(-x, -y) = 0$

4. $y = x$대칭 : $\qquad$ x와 y를 서로 바꿔라(x와 y의 역할 체인지)
   $\qquad$ 도형 $f(x, y) = 0$이 $y = x$대칭이동 되면 ⇒ 도형 $f(y, x) = 0$

5. $y = -x$대칭 : x를 $-y$, y를 $-x$ (x와 y의 역할을 바꾸면서 부호 또한 각각 바꿔라)

             도형 $f(x, y) = 0$이 $y = -x$대칭이동 되면 ⇒ 도형 $f(-y, -x) = 0$

6. $x = a$대칭 : x대신 $2a - x$(2배 마이너스 x)

             도형 $f(x, y) = 0$이 $x = a$대칭이동 되면 ⇒ 도형 $f(2a - x, y) = 0$

7. $y = b$대칭 : y대신 $2b - y$(2배 마이너스 y)

             도형 $f(x, y) = 0$이 $y = b$대칭이동 되면 ⇒ 도형 $f(x, 2b - y) = 0$

8. 점 (a, b)대칭 : x대신 $2a - x$, y대신 $2b - y$(2배 마이너스 x, 2배 마이너스 y)

             도형 $f(x, y) = 0$이 점 (a, b)대칭이동 되면

             ⇒ 도형 $f(2a - x, 2b - y) = 0$

💬 $y = ax + b$대칭

도형 $f(x, y) = 0$위의 임의의 점 $P(x, y)$의 직선 $y = ax + b$ $(a \neq 0)$에 대한 대칭점 $P'(x', y')$이라 하면

(1) 선분 PP'의 중점은 $y = ax + b$ 위의 점

(2) 선분 PP'과 $y = ax + b$은 수직 ⇔ PP'의 기울기 × $a = -1$를 이용하여 x를 x'과 y'의 관한 식으로, y역시 x'과 y'의 관한 식으로 바꿔준 다음 원래 도형 $f(x, y) = 0$에 대입하여 x'과 y'의 관계식을 만들면 그것이 바로 도형 $f(x, y) = 0$를 직선 $y = ax + b$에 대하여 대칭이동한 새로운 도형이다.

cf) 도형의 대칭이동은 직접 식을 통해서도 이동이 가능하지만, 의미해석을 통해서도 해결가능 하다. 이는 수업시간에 자세히 설명하도록 하겠다. (예를 들면 직선을 대칭이동 하면 여전히 직선, 원을 대칭이동 해도 여전히 원..)

마지막으로 도형의 이동을 나타내는 두 가지 표현법을 잘 구분하는 연습을 해보도록 하자.

(1) $f : (x, \ y) \rightarrow (-x+2, \ y-1)$

(의미해석❶) $(x, \ y)$를 y축대칭이동 $\rightarrow$ $(-x, \ y)$ $\rightarrow$ $(-x, \ y)$를 x축의 방향으로 2만큼 y축의 방향으로 -1만큼 평행이동 $\rightarrow$ $(-x+2, \ y-1)$

(의미해석❷) $(x, \ y)$를 x축의 방향으로 -2만큼 y축의 방향으로 -1만큼 평행이동 $\rightarrow$ $(x-2, \ y-1)$ $\rightarrow$ $(x-2, \ y-1)$를 y축대칭이동 $\rightarrow$ $(-(x-2), \ y-1)$ $\rightarrow$ $(-x+2, \ y-1)$

(2) $f(x, \ y) = 0 \rightarrow f(-x+2, \ y-1) = 0$

(의미해석❶) 도형 $f(x, \ y) = 0$를 y축대칭이동 $\rightarrow$ $f(-x, \ y) = 0$ $\rightarrow$ 도형 $f(-x, \ y) = 0$를 x축의 방향으로 2만큼 y축의 방향으로 1만큼 평행이동 $\rightarrow$ $f(-(x-2), \ y-1) = 0$ $\rightarrow$ $f(-x+2, \ y-1) = 0$

(의미해석❷) 도형 $f(x, \ y) = 0$를 x축의 방향으로 -2만큼 y축의 방향으로 1만큼 평행이동 $\rightarrow$ $f(x+2, \ y-1) = 0$ $\rightarrow$ 도형 $f(x+2, \ y-1) = 0$를 y축대칭이동 $\rightarrow$ $f(-x+2, \ y-1) = 0$

이처럼 문제에서 나타내는 표현법에 따라 조금씩 이동에 차이가 있을 수 있으니 섣불리 의미해석하지 않길 바란다.

🔍보기

두 가지 이동에 대하여 스스로 의미해석을 연습해보면서 완벽하게 개념을 완성하도록 해보자.
(1) $f : (x, \ y) \rightarrow (-y+2, \ x-1)$
(2) $f(x, \ y) = 0 \rightarrow f(-y+2, \ x-1) = 0$

THEME 4 거리의 합과 거리제곱의 합 (복습)

$\overline{PA}^2 + \overline{PB}^2$ 의 값과 $\overline{PA} + \overline{PB}$ 의 값 중에 어떤 것이 쉽고 어떤 것이 어려울까?

제곱이 있어서 $\overline{PA}^2 + \overline{PB}^2$ 의 값을 구하는 것이 어렵다고 생각이 들겠지만 실제론 $\overline{PA} + \overline{PB}$ 의 값을 구하는 것이 좀 더 까다롭다. $\overline{PA} + \overline{PB}$ 의 값을 구할 때 점과 점사이의 거리 구하는 공식을 이용하게 되면 $\sqrt{} + \sqrt{}$ 의 형태가 되어 계산이 더 이상 진행되지 못한다. 물론 나중에 배우는 미적분의 개념을 이용하면 계산 및 최대, 최소를 구하는 것이 가능은 하겠지만 이 단원에서는 계산이 더 이상 진행되지 못하는 상황이라고 결론짓도록 하자. 하지만 $\overline{PA}^2 + \overline{PB}^2$ 의 값을 구할 때 점과 점사이의 거리 구하는 공식을 이용하면 $\left(\sqrt{}\right)^2 + \left(\sqrt{}\right)^2$ 의 형태가 되어 $\sqrt{}$ 를 벗을 수 있기 때문에 계산이 가능하다.

💬 거리의 합

$\overline{PA} + \overline{PB}$ 의 값은 계산이 불가능 하다. ⇒ 기하학적인 의미를 생각해서 $\overline{PA} + \overline{PB}$ 와 같은 값을 갖는 또 다른 무언가를 생각해 내도록 하자!(보통의 경우 대칭이동을 이용한다)

💬 거리제곱의 합

$\overline{PA}^2 + \overline{PB}^2$ 의 값은 점과 점 사이의 거리 구하는 공식을 이용해서 식으로 계산이 가능하다.
⇒ 점과 점사이의 거리구하는 공식에 의하여 $\sqrt{}$ 안의 내용물은 2차식이 되며 제곱을 통해 $\sqrt{}$ 를 벗게 되면 2차식 + 2차식 = 2차식으로 계산이 가능하다.

두 점 A, B가 직선 l 의 같은 쪽에 잇을 때 $\overline{AP} + \overline{BP}$ 가 최소가 되는 l 위의 점 P 를 기하학적으로 찾아내는 방법은 다음과 같다.
⇒ 점 A 와 직선 l 에 대하여 대칭인 점을 A′ 이라고 할 때, 직선 A′B 와 l 이 만나는 점 P_0 이 구하는 점이다.

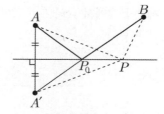

식으로의 증명 : 점 P 가 직선 l 위의 점이면 $\overline{AP} = \overline{A'P}$, $\overline{AP_0} = \overline{A'P_0}$

$\therefore \overline{AP} + \overline{BP} = \overline{A'P} + \overline{BP} \geq \overline{A'B} = \overline{A'P_0} + \overline{BP_0} = \overline{AP_0} + \overline{BP_0}$

따라서 P $= P_0$ 일 때, $\overline{AP} + \overline{BP}$ 는 최소이고, 최솟값은 $\overline{A'B}$ 이다.

평행이동을 표현하는 방법중에는 점을 이용한 방법과 식을 이용한 방법이 있다. 표현법을 잘 보고 어떤 이동인지를 먼저 파악하자. 그런 다음 그 이동을 점에 적용시키거나 식에 적용시켜서 올바른 답을 만들어 내도록 하자! 평행이동 $(x, y) \to (x+a, y+b)$ 는 점을 이용한 표현법으로 x축의 방향으로 a만큼 y축의 방향으로 b만큼 평행이동 하는 것이다.

필수예제 01 평행이동

평행이동 $(x, y) \to (x+3, y-2)$에 의하여 점 (a, b)가 점 $(1, 2)$로 옮겨질 때, $a+b$의 값을 구하시오.

다음 주어진 조건에 의하여
직선 $3x+4y+1 = 0$을 평행이동한 직선의 식을 각각 구하시오.

(1) x축 방향으로 2만큼 평행이동

(2) y축의 방향으로 -3만큼 평행이동

(3) x축의 음의 방향으로 2만큼, y축의 양의 방향으로 3만큼 평행이동

유제 01

점 $(a, -1)$를 x축의 방향으로 -2만큼, y축의 방향으로 b만큼 평행이동한 점의 좌표는 $(0, -3)$이다. 이때, $a+b$의 값은?

유제 02

직선 $x+2y-1 = 0$을 x축의 방향으로 -3만큼, y축의 방향으로 $\frac{1}{2}$만큼 평행이동한 직선의 방정식이 $ax+by+2 = 0$일 때, 상수 a, b의 합 $a+b$의 값을 구하여라.

유제 03

직선 $y = ax+b$ 를 x축의 방향으로 2만큼, y축의 방향으로 -1만큼 평행 이동한 직선은 직선 $y = -2x+1$과 y축 위에서 수직으로 만난다. 이때, 상수 a, b의 곱 ab의 값은?

① $\frac{1}{2}$ ② 1 ③ $\frac{3}{2}$

④ 2 ⑤ $\frac{5}{2}$

필수예제 02 원과 포물선의 평행이동

두 원
$O : x^2 + y^2 + 4x + 2y - 4 = 0$,
$O' : x^2 + y^2 - 8x + 7 = 0$
이 있다.
평행이동 $(x, y) \rightarrow (x+a, y+b)$에 의하여 원 O를 평행이동 하였을 때, 원 O'에 겹쳐졌다. 이때, 상수 a, b의 합 $a+b$의 값을 구하여라.

포물선 $y = x^2 + 6x + a$를 포물선 $y = x^2$으로 옮기는 평행이동에 의하여 직선 $x + 2y - 1 = 0$이 옮겨지는 직선의 방정식은 $x + 2y + a = 0$이다. 이때 상수 a의 값을 구하여라.

유제 04

도형 $(x-2)^2 + (y+3)^2 = 4$를 x축의 방향으로 a, y축의 방향으로 b만큼 평행이동한 도형의 방정식이 $x^2 + (y-2)^2 = 4$일 때, $a+b$의 값은?

① 5   ② 3   ③ 1   ④ -1 ⑤ -3

유제 05

이차함수 $y = x^2 + 4x - 5$의 그래프를 평행이동$(x, y) \rightarrow (x+a, y+b)$에 의하여 옮긴 후, x축에 대하여 대칭이동하였더니 $y = -x^2$의 그래프가 되었다. 이때, 상수 a, b의 합 $a+b$의 값을 구하여라.

유제 06

원 $(x-10)^2 + y^2 = 10$을 원 $x^2 + (y-10)^2 = 10$으로 옮기는 평행이동에 의하여 원 $x^2 + y^2 - 2x + 2y = 0$이 옮겨지는 원의 방정식을 구하여라.

대칭이동은 점을 이동할 때와 식을 이동할 때 같은 방법을 적용할 수 있다. 기본 대칭이동에는 x축, y축, 원점 대칭이 있고 공식처럼 적용시켜도 전혀 상관없다. 기본 대칭이동 3가지 중에 2가지를 순서 상관없이 진행한 결과는 나머지 하나의 대칭이동과 같음을 기억해 두면 편하겠다. 예를 들어 x축 대칭후 y축 대칭을 하면 결과는 원점대칭이 된다. 마찬가지로 y축 대칭후 원점대칭을 하면 결과는 x축 대칭이 된다.

필수예제 **03** 대칭이동

점 $A(-3,\ 4)$를 x축에 대하여 대칭이동한 점을 A', 점 $B(-2,\ -8)$을 y축에 대하여 대칭이동한 점을 B'이라 할 때, $\overline{A'B'}$의 길이를 구하여라.

직선 $x+3y+4=0$의 그래프를 x축, y축, 원점에 대하여 대칭이동한 직선의 방정식을 각각 구하여라.

유제 07 점 $(-1,\ 2)$을 원점에 대하여 대칭이동한 후 x축 방향으로 a만큼, y축 방향으로 b만큼 평행이동 하였더니, 점 $(2,\ 1)$과 일치하였을 때, ab의 값은? (단 $a,\ b$는 상수)

① -2 ② -1 ③ 0

④ 3 ⑤ 2

유제 08 직선 $4x+3y-5=0$을 다음 각 직선 또는 점에 대하여 대칭이동한 직선의 방정식을 구하여라.

(1) x축

(2) y축

(3) 원점

유제 09 원 $x^2+y^2-4x+6y+12=0$을 원점에 대하여 대칭이동한 후, 다시 y축에 대하여 대칭이동한 원의 중심의 좌표는?

① $(1,\ 3)$ ② $(1,\ -3)$ ③ $(2,\ 3)$

④ $(2,\ -3)$ ⑤ $(2,\ 4)$

☝️ 대치동 꿀팁!!

대칭이동은 점을 이동할 때와 식을 이동할 때 같은 방법을 적용할 수 있다. $y = x$, $y = -x$ 대칭 역시 공식처럼 적용시켜도 전혀 상관없다. 또한 $y = x$, $y = -x$, 원점대칭 3가지 중에 2가지를 순서 상관없이 진행한 결과는 나머지 하나의 대칭이동과 같음을 기억해 두면 편하겠다. 예를 들어 $y = x$ 대칭후 $y = -x$ 대칭을 하면 결과는 원점대칭이 된다. 마찬가지로 $y = -x$ 대칭후 원점대칭을 하면 결과는 $y = x$ 대칭이 된다.

필수예제 04 대칭이동 2

점 $A(3, -1)$을 $y = x$에 대하여 대칭이동한 점의 좌표를 P, $y = -x$에 대하여 대칭이동한 점의 좌표를 Q라 할 때, $\overline{PQ}$의 길이를 구하여라.

점 $(2, 3)$을 원점에 대하여 대칭이동한 점을 P, 직선 $y = -x$에 대하여 대칭이동한 점을 Q라 할 때, 두 점 P, Q를 지나는 직선의 기울기를 구하여라.

유제 10 직선 $2x + y + 1 = 0$을 원점에 대하여 대칭이동한 후, 다시 직선 $y = x$에 대하여 대칭이동한 도형의 방정식은?

① $x - y - 7 = 0$ ② $x - y + 5 = 0$ ③ $x - 2y - 1 = 0$

④ $x + 2y - 1 = 0$ ⑤ $x - 3y + 1 = 0$

유제 11 직선 $3x - y + 6 = 0$에 대한 다음 설명 중 옳지 않은 것은?

① x에 대하여 대칭이동한 직선의 방정식은 $3x + y + 6 = 0$이다.

② y축에 대하여 대칭이동한 직선의 방정식은 $-3x - y + 6 = 0$이다.

③ 원점에 대하여 대칭이동한 직선의 방정식은 $-3x + y + 6 = 0$이다.

④ 직선 $y = x$ 대하여 대칭이동한 직선의 방정식은 $x - 3y - 6 = 0$이다.

⑤ 직선 $y = -x$ 대하여 대칭이동한 직선의 방정식은 $x + 3y + 6 = 0$이다.

유제 12 직선 $3x + 4y = 5$를 x축 방향으로 3만큼, y축 방향으로 -2만큼 평행이동한 다음, 다시 직선 $y = x$에 대하여 대칭이동 하였더니 원 $(x - a)^2 + (y + 6)^2 = 10$의 넓이를 이등분하였다. 이때, 상수 의 값은?

① 0   ② 2   ③ 4

④ 6   ⑤ 8

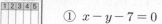

필수예제 05 **점에 대한 대칭**

점 $A(-2, 3)$을 $P(4, 1)$에 대칭한 점 A'의 좌표를 구하여라.

다음 도형을 점 $(-2, 1)$에 대하여 대칭이동한 도형의 방정식을 구하여라.

(1) $x + y - 1 = 0$

(2) $x^2 + y^2 + 4x + 2y + 1 = 0$

유제 13
직선 $2x - y + 2 = 0$을 점 $(1, 2)$에 대하여 대칭이동한 직선의 y절편은?

① -2 ② -1 ③ 0

④ 1 ⑤ 2

유제 14
원 $x^2 + y^2 - 6x + 4y = 0$을 점 $A(-1, -1)$에 대하여 대칭이동한 원의 방정식을 구하여라.

유제 15
원 $(x+1)^2 + (y-2)^2 = 5$를 점 (a, b)에 대하여 대칭이동한 도형의 방정식이 $(x-5)^2 + (y+4)^2 = c$일 때, 상수 a, b, c의 합 $a+b+c$의 값을 구하여라.

직선에 대한 대칭이동은 직선의 기울기가 1, -1인 경우와 그렇지 않은 경우로 나눠 생각할 수 있어야 한다. 기울기가 1, -1인 경우에는 적당히 평행이동해서 $y = x$ 또는 $y = -x$ 대칭을 이용할 수 있기 때문에 기본 대칭이동을 통해서 답을 구할 수 있다. 하지만 기울기가 1, -1이 아닌 경우는 원래점과 대칭이동된 점의 중점과 기울기를 이용해 식을 만들어야 해결이 가능하겠다.

필수예제 06 **직선에 대한 대칭**

직선 $y = 2x + 3$에 대한 점 $P(5,\ 3)$의 대칭점의 좌표를 구하여라.

직선 $x - y - 2 = 0$에 대하여 직선 $x + 2y - 5 = 0$과 대칭인 직선의 방정식의 y절편을 구하시오.

 유제 16 원 $(x-1)^2 + (y-2)^2 = 1$을 직선 $y = x - 1$에 대하여 대칭이동한 도형의 방정식을 구하여라.

 유제 17 원 $x^2 + y^2 - 8x - 4y + 16 = 0$을 직선 $y = ax + b$에 대하여 대칭 이동한 원의 방정식이 $x^2 + y^2 = c$일 때, 상수 a, b, c의 합 $a + b + c$의 값을 구하여라.

 유제 18 직선 $x - 2y + 1 = 0$을 직선 $x + y - 1 = 0$에 대하여 대칭이동한 직선의 방정식을 구하여라.

$f(x, y) = 0$이 나타내는 도형을 이동해서 $f(y+2, x) = 0$과 같이 만들었다면 언제나 x와 y가 바뀌는 개념을 먼저 적용시켜야 한다. 또한 점의 이동과는 다르게 눈에 보이는 상황에 집중해야 하고 y대신 $y+2$를 적용시킨 식이라면 y축의 방향으로 -2만큼 평행이동해야 한다는 것에 집중해야 한다.

필수예제 07 $f(x, \ y) = 0$ 의 이동

방정식 $f(x, \ y) = 0$이 나타내는 도형이 오른쪽 그림과 같을 때, 다음 중 $f(y+2, \ x) = 0$이 나타내는 도형은?

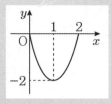

①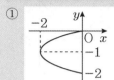

②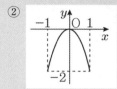

③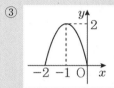

④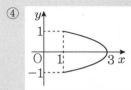

⑤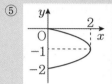

 유제 19

오른쪽 그림과 같은 도형의 방정식을 $f(x, \ y) = 0$이라 할 때, 방정식 $f(x, \ 1-y) = 0$의 그래프는?

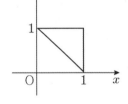

①

②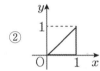

③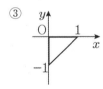

④

⑤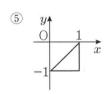

유제 20

오른쪽 그림은 함수 $y=f(x)$의 그래프이다.
다음 중 함수 $y=f(-x)+2$의 그래프를 나타낸 것은?

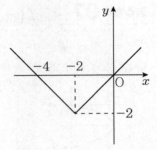

①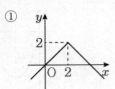

②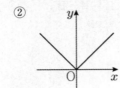

③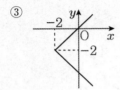

④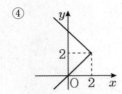

⑤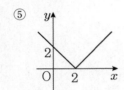

정답 및 풀이

01 | 다항식의 연산

필.수.예.제 01

$$B-C=(-2x^2y-4xy^2+y^3)-(x^3+xy^2+3y^3)$$
$$=-2x^2y-5xy^2-2y^3-x^3$$
$$-2(B-C)=4x^2y+10xy^2+4y^3+2x^3$$
$$A-2(B-C)$$
$$=(3x^3-x^2y+2xy^2)+4x^2y+10xy^2+4y^3+2x^3$$
$$=5x^3+3x^2y+12xy^2+4y^3$$

🔍답 ② $5x^3+3x^2y+12xy^2+4y^3$

유제 01

필수예제 01의 경우 A, B, C가 등장했기에 $(B-C)$를 먼저 계산해 주었지만 이번 문제에서는 식을 먼저 정리한 후에 대입하자.
$$A=3x^2+2xy-4y^2, \quad B=2x^2-xy+2y^2$$
$$3A-2(A+B)=3A-2A-2B=A-2B$$
$$=(3x^2+2xy-4y^2)-2(2x^2-xy+2y^2)$$
$$=3x^2+2xy-4y^2-4x^2+2xy-4y^2$$
$$=-x^2+4xy-8y^2$$

🔍답 $-x^2+4xy-8y^2$

유제 02

$$A=xy+x-2y, \quad B=2y^2-4xy-6y$$
$$2(A+P)=B, \quad 2A+2P=B$$
$$P=\frac{1}{2}B-A$$
$$=\frac{1}{2}(2y^2-4xy-6y)-(xy+x-2y)$$
$$=y^2-2xy-3y-xy-x+2y$$
$$=y^2-3xy-x-y$$

🔍답 $y^2-3xy-x-y$

유제 03

$$A=-x+3x^2+4-7x^4, \quad B=-6x^2+8x^3+1,$$
$$C=9x^4-3x^3-1+4x$$
$$A+2B-3C$$
$$=(-x+3x^2+4-7x^4)+2(-6x^2+8x^3+1)$$
$$-3(9x^4-3x^3-1+4x)$$
$$=-x+3x^2+4-7x^4-12x^2+16x^3+2-27x^4$$
$$+9x^3+3-12x=-34x^4+25x^3-9x^2-13x+9$$

🔍답 $-34x^4+25x^3-9x^2-13x+9$

필.수.예.제 02

다항식을 다항식으로 나누는 경우 직접 나누거나 조립제법을 이용하여 계산할 수 있다. 상황에 따라 적절한 방법을 사용하자.

(1) $(x^3-2x^2-10x+15) \div (x+3)$
일차식으로 나눌 때는 조립제법을 이용한다.

	1	-2	-10	15
-3		-3	15	-15
	1	-5	5	0

몫 : x^2-5x+5, 나머지 : 0

(2) $(2x^3-9x^2+17x-3) \div (x^2-3x+2)$

$$
\begin{array}{r}
2x-3 \\
x^2-3x+2 \overline{\smash{)}2x^3-9x^2+17x-3} \\
\underline{2x^3-6x^2+4x} \\
-3x^2+13x-3 \\
\underline{-3x^2+9x-6} \\
4x+3
\end{array}
$$

몫 : $2x-3$, 나머지 : $4x+3$

🔍답 (1) 몫 : x^2-5x+5, 나머지 : 0
　　　(2) 몫 : $2x-3$, 나머지 : $4x+3$

유제 04

조립제법을 연습해보자.

$$
\begin{array}{r|rrrr}
 & 6 & -11 & 6 & 2 \\
\frac{1}{2} & & 3 & -4 & 1 \\
\hline
 & 6 & -8 & 2 & \boxed{3}
\end{array}
$$

위에서 계산한 조립제법은 주어진 다항식을 $\left(x-\dfrac{1}{2}\right)$로 나눈 계산값과 같다.

$6x^3 - 11x^2 + 6x + 2$

$= \left(x - \dfrac{1}{2}\right)(6x^2 - 8x + 2) + 3$

$= \left\{2\left(x - \dfrac{1}{2}\right)\right\}\left\{\dfrac{1}{2}(6x^2 - 8x + 2)\right\} + 3$

$= (2x - 1)(3x^2 - 4x + 1) + 3$

몫 : $3x^2 - 4x + 1$, 나머지 : 3

답 몫 : $3x^2 - 4x + 1$, 나머지 : 3

유제 05

$$
\begin{array}{r|rrrr}
 & 2 & -12 & 20 & -1 \\
3 & & 6 & -18 & 6 \\
\hline
 & 2 & -6 & 2 & \boxed{5}
\end{array}
$$

$2x^3 - 12x^2 + 20x - 1$

$= (x - 3)(2x^2 - 6x + 2) + 5$

$= (2x - 6)(x^2 - 3x + 1) + 5$

몫 : $x^2 - 3x + 1$, 나머지 : 5

답 몫 : $x^2 - 3x + 1$, 나머지 : 5

유제 06

$x^4 - 3x^2 + x - 5 = A(x^2 - x + 3) - 7x + 10$

$x^4 - 3x^2 + 8x - 15 = A(x^2 - x + 3)$

$x^4 - 3x^2 + 8x - 15$를 $(x^2 - x + 3)$로 나누면 나누어떨어진다.

$$
\begin{array}{r}
x^2 + x - 5 \\
x^2 - x + 3 \overline{\smash{\big)}\ x^4 \qquad -3x^2 + 8x - 15} \\
\underline{x^4 - x^3 + 3x^2} \\
x^3 - 6x^2 + 8x \\
\underline{x^3 - x^2 + 3x} \\
-5x^2 + 5x - 15 \\
\underline{-5x^2 + 5x - 15} \\
0
\end{array}
$$

$\therefore A = x^2 + x - 5$

답 ④ $x^2 + x - 5$

필.수.예.제 03-1

곱셈공식과 치환을 적절히 사용해서 전개하자.

(1) $(x + 4)^2 = x^2 + 8x + 16$

(2) $(3x - 2y)^2 = 9x^2 - 12xy + 4y^2$

(3) $(a + 2b)(a - 2b) = a^2 - (2b)^2 = a^2 - 4b^2$

(4) $(2x + 5y)(2x - 5y) = (2x)^2 - (5y)^2$
$\qquad\qquad\qquad\qquad = 4x^2 - 25y^2$

(5) $(a + b - c)(a - b + c)$
$\quad = \{a + (b - c)\}\{a - (b - c)\}$
$\quad = a^2 - (b - c)^2 = a^2 - b^2 - c^2 + 2bc$

(6) $(x + 2)(x - 5) = x^2 + (2 - 5)x - 10$
$\qquad\qquad\qquad = x^2 - 3x - 10$

(7) $(2x + 5)(3x + 4)$
$\quad = 6x^2 + (2 \times 4 + 5 \times 3)x + 20$
$\quad = 6x^2 + 23x + 20$

(8) $(x - 2y + 3)^2$
$\quad = x^2 + (-2y)^2 + 3^2 - 4xy - 12y + 6x$
$\quad = x^2 + 4y^2 + 9 - 4xy - 12y + 6x$

답 해설참조

필.수.예.제 03-2

복잡한 곱셈공식을 바로 적용시키는 연습을
해보자.

* $(x+y)^3 = x^3 + 3x^2y + 3xy^2 + y^3$
* $a^3 + b^3 = (a+b)(a^2 - ab + b^2)$
* $a^3 - b^3 = (a-b)(a^2 + ab + b^2)$

(1) $(a+2b)^3 = a^3 + 3a^2 \times 2b + 3a \times 4b^2 + 8b^3$
$= a^3 + 6a^2b + 12ab^2 + 2b^3$

(2) $(3x-2)^3$
$= 27x^3 - 3 \times 9x^2 \times 2 + 3 \times 3x \times 4 - 8$
$= 27x^3 - 54x^2 + 36x - 8$

(3) $(x+1)(x+2)(x-4) = x^3 - x^2 - 10x - 8$
1, 2, -4의 합, 두 개씩 곱한 것의 합, 곱을
구해서 각 항의 계수를 구하면 다음과 같다.
x^2의 계수 : $1 + 2 + (-4) = -1$
x의 계수 : $1 \times 2 + 2 \times (-4) + (-4) \times 1$
$= 2 - 8 - 4 = -10$
상수항 : $1 \times 2 \times (-4) = -8$

(4) $(x+2)(x^2 - 2x + 4) = x^3 + 2^3 = x^3 + 8$

(5) $(2a-3b)(4a^2 + 6ab + 9b^2) = (2a)^3 - (3b)^3$
$= 8a^3 - 27b^3$

답 해설참조

유제 07

(1) $(2x-y+3z)(2x+y-3z)$
$= \{2x + (3z-y)\}\{2x - (3z-y)\}$
$= (2x)^2 - (3z-y)^2 = 4x^2 - (9z^2 + y^2 - 6yz)$
$= 4x^2 - y^2 - 9z^2 + 6yz$

(2) $(a^2 - 5bc)(a^2 + 5bc) = (a^2)^2 - (5bc)^2$
$= a^4 - 25b^2c^2$

(3) $(x^2 + x + 1)(x^2 - x + 1)$
$= \{(x^2+1) + x\}\{(x^2+1) - x\} = (x^2+1)^2 - x^2$
$= x^4 + 1 + 2x^2 - x^2 = x^4 + x^2 + 1$

(4) $(a^2 + 2ab + 4b^2)(a^2 - 2ab + 4b^2)$
$= \{(a^2 + 4b^2) + 2ab\}\{(a^2 + 4b^2) - 2ab\}$

$= (a^2 + 4b^2)^2 - (2ab)^2$
$= a^4 + 16b^4 + 8a^2b^2 - 4a^2b^2$
$= a^4 + 4a^2b^2 + 16b^4$

(5) $(a - 2b - c)^2 = a^2 + 4b^2 + c^2 - 4ab + 4bc - 2ca$

(6) $(-x + 2y + 3z)^2$
$= x^2 + 4y^2 + 9z^2 - 4xy + 12yz - 6zx$

답 해설참조

유제 08

(1) $(2x - 3y)^3$
$= 8x^3 - 3 \times 4x^2 \times 3y + 3 \times 2x \times 9y^2 - 27y^3$
$= 8x^3 - 36x^2y + 54xy^2 - 27y^3$

(2) $(3x + y)^3$
$= 27x^3 + 3 \times 9x^2 \times y + 3 \times 3x \times y^2 + y^3$
$= 27x^3 + 27x^2y + 9xy^2 + y^3$

(3) $(x+1)(x-2)(x+3) = x^3 + 2x^2 - 5x - 6$
x^2의 계수 : $1 + (-2) + 3 = 2$
x의 계수 : $1 \times (-2) + (-2) \times 3 + 3 \times 1 = -5$
상수항 : $1 \times (-2) \times 3 = -6$

(4) $(x-2)(x-3)(x-4) = x^3 - 9x^2 + 26x - 24$
x^2의 계수 : $(-2) + (-3) + (-4) = -9$
x의 계수 :
$(-2) \times (-3) + (-3) \times (-4) + (-4) \times (-2)$
$= 26$
상수항 : $(-2) \times (-3) \times (-4) = -24$

답 해설참조

유제 09

(1) $(2a-b)(4a^2 + 2ab + b^2)$
$= (2a)^3 - b^3 = 8a^3 - b^3$

(2) $(2x-3y)(4x^2 + 6xy + 9y^2) = (2x)^3 - (3y)^3$
$= 8x^3 - 27y^3$

답 (1) $8a^3 - b^3$, (2) $8x^3 - 27y^3$

필.수.예.제 04

공통부분은 치환해서 정리하자.

(1) $x^2 + x = t$라고 치환하면

$(x^2+x+2)(x^2+x-4) = (t+2)(t-4)$

$= t^2 - 2t - 8 = (x^2+x)^2 - 2(x^2+x) - 8$

$= (x^4 + 2x^3 + x^2) - 2x^2 - 2x - 8$

$= x^4 + 2x^3 - x^2 - 2x - 8$

(2) $(x-1)(x-2)(x+3)(x+4)$

$= \{(x-1)(x+3)\}\{(x-2)(x+4)\}$

$= (x^2+2x-3)(x^2+2x-8)$

$x^2 + 2x = t$라고 치환하면

$(x^2+2x-3)(x^2+2x-8) = (t-3)(t-8)$

$= t^2 - 11t + 24 = (x^2+2x)^2 - 11(x^2+2x) + 24$

$= (x^4 + 4x^3 + 4x^2) - 11x^2 - 22x + 24$

$= x^4 + 4x^3 - 7x^2 - 22x + 24$

* 필수예제 03-2의 (3)과 같이 풀 수 있지만, 그러한 풀이방식은 교육과정에서 크게 다루지 않으므로 치환을 이용해서 계산한다.

🔍답 (1) $x^4 + 2x^3 - x^2 - 2x - 8$

　　　 (2) $x^4 + 4x^3 - 7x^2 - 22x + 24$

유제 10

$x^2 + 3x = t$로 치환해서 계산하면 다음과 같다.

$(x^2+3x+1)(x^2+3x+3)$

$= (t+1)(t+3) = t^2 + 4t + 3$

$= (x^2+3x)^2 + 4(x^2+3x) + 3$

$= x^4 + 6x^3 + 9x^2 + 4x^2 + 12x + 3$

$= x^4 + 6x^3 + 13x^2 + 12x + 3$

🔍답 $x^4 + 6x^3 + 13x^2 + 12x + 3$

유제 11

(1) $(x-1)(x+2)(x-3)(x+4)$

$= \{(x-1)(x+2)\}\{(x-3)(x+4)\}$

$= (x^2+x-2)(x^2+x-12)$

$x^2 + x = t$로 치환해서 계산하면 다음과 같다.

$(t-2)(t-12) = t^2 - 14t + 24$

$= (x^2+x)^2 - 14(x^2+x) + 24$

$= x^4 + 2x^3 + x^2 - 14x^2 - 14x + 24$

$= x^4 + 2x^3 - 13x^2 - 14x + 24$

(2) $(x+1)(x+2)(x-2)(x-3)$

$= \{(x+1)(x-2)\}\{(x+2)(x-3)\}$

$= (x^2-x-2)(x^2-x-6)$

$x^2 - x = t$로 치환해서 계산하면 다음과 같다.

$(t-2)(t-6) = t^2 - 8t + 12$

$= (x^2-x)^2 - 8(x^2-x) + 12$

$= x^4 - 2x^3 + x^2 - 8x^2 + 8x + 12$

$= x^4 - 2x^3 - 7x^2 + 8x + 12$

🔍답 (1) $x^4 + 2x^3 - 13x^2 - 14x + 24$

　　　 (2) $x^4 - 2x^3 - 7x^2 + 8x + 12$

유제 12

$(x^2-2x)^2 - 2x^2 + 4x + 1$

$= x^4 - 4x^3 + 4x^2 - 2x^2 + 4x + 1$

$= x^4 - 4x^3 + 2x^2 + 4x + 1$

🔍답 $x^4 - 4x^3 + 2x^2 + 4x + 1$

필.수.예.제 05-L

3차항이 나오는 원리를 생각해보면 더 쉽게 구할 수 있다.

$(2x^3 - 3x^2 + 3x + 4)(3x^4 + 2x^3 - 2x^2 - 7x + 8)$

(3차항)×(상수항)　 $= (2x^3) \times (8) = 16x^3$

(2차항)×(1차항)　 $= (-3x^2) \times (-7x) = 21x^3$

(1차항)×(2차항)　 $= (3x) \times (-2x^2) = -6x^3$

(상수항)×(3차항)　 $= (4) \times (2x^3) = 8x^3$

따라서 x^3의 계수는

$16 + 21 + (-6) + 8 = 39$이다.

🔍답 39

필.수.예.제 05-R

$(1+2x+3x^2+4x^3+5x^4)^2$

$=(1+2x+3x^2+4x^3+5x^4)(1+2x+3x^2+4x^3+5x^4)$

(4차항)×(2차항) $=(5x^4)\times(3x^2)=15x^6$

(3차항)×(3차항) $=(4x^3)\times(4x^3)=16x^6$

(2차항)×(4차항) $=(3x^2)\times(5x^4)=15x^6$

따라서 x^6의 계수는 $15+16+15=46$이다.

🔍답 46

유제 13

$(4x^4+3x^2-2x-6)(5x^5-3x^3-x^2+4x-2)$

(4차항)×(상수항) : $(4x^4)\times(-2)=-8x^4$

(2차항)×(2차항) : $(3x^2)\times(-x^2)=-3x^4$

(1차항)×(3차항) : $(-2x)\times(-3x^3)=6x^4$

따라서 x^4의 계수는

$=(-8)+(-3)+6=-5$이다.

🔍답 ② -5

유제 14

$(x^2+ax+2)(x^2+bx+2)$

x^3 : $bx^3+ax^3=(a+b)x^3=0$

x^2 : $2x^2+abx^2+2x^2=(4+ab)x^2=0$

$a+b=0,\ 4+ab=0,\ ab=-4$

$(a+b)^2-(a-b)^2=4ab$

$0-(a-b)^2=-16,\ |a-b|=4$

* $a+b=0$와 $ab=-4$를 연립해서 풀어도

결과값은 같다.

🔍답 4

유제 15

$(2x^2+x-3)(x^2+2x+k)$

x : $kx-6x=(k-6)x$

$k-6=5,\ k=11$

🔍답 11

필.수.예.제 06-L

혼자 있는 9를 $(10-1)$이라고 바꾸는 것은
이상한 일이지만, 다른 숫자들과 비교했을 때
예쁘게 변형하는 것은 가능하다.

$9\times11\times101=(10-1)(10+1)(100+1)$

$=(10^2-1)(10^2+1)=10^4-1=9999$

🔍답 9999

필.수.예.제 06-R

주어진 식에 1을 곱해도 결과 값이 달라지지
않기 때문에 합차공식을 사용할 수 있는 형태로
만들어준다.

$(2+1)(2^2+1)(2^4+1)(2^8+1)(2^{16}+1)$

$=(2-1)(2+1)(2^2+1)(2^4+1)(2^8+1)(2^{16}+1)$

$=(2^2-1)(2^2+1)(2^4+1)(2^8+1)(2^{16}+1)$

$=(2^4-1)(2^4+1)(2^8+1)(2^{16}+1)$

$=(2^8-1)(2^8+1)(2^{16}+1)$

$=(2^{16}-1)(2^{16}+1)=2^{32}-1$

🔍답 ④ $2^{32}-1$

유제 16

$(4+3)(4^2+3^2)(4^4+3^4)$

$=(4-3)(4+3)(4^2+3^2)(4^4+3^4)$

$=(4^2-3^2)(4^2+3^2)(4^4+3^4)$

$=(4^4-3^4)(4^4+3^4)=4^8-3^8$

🔍답 ③ 4^8-3^8

유제 17

$8 \times 12 \times 104 \times 10016$

$= (10-2)(10+2)(100+4)(10000+16)$

$= (10^2-2^2)(10^2+2^2)(10^4+2^4)$

$= (10^4-2^4)(10^4+2^4) = 10^8-2^8 = 10^8-256$

답 ① 10^8-256

유제 18

$(3+1)(3^2+1)(3^4+1)(3^8+1)$

$= \dfrac{1}{2} \times (3-1)(3+1)(3^2+1)(3^4+1)(3^8+1)$

$= \dfrac{1}{2} \times (3^2-1)(3^2+1)(3^4+1)(3^8+1)$

$= \dfrac{1}{2} \times (3^4-1)(3^4+1)(3^8+1)$

$= \dfrac{1}{2} \times (3^8-1)(3^8+1) = \dfrac{3^{16}-1}{2}$

답 $\dfrac{3^{16}-1}{2}$

필.수.예.제 07-L

모든 거듭제곱의 합 또는 차는 합 또는 차와
곱으로 표현가능하다. (개념강의 참고)

$a+b=2, \ ab=1$

(1) $a^2+b^2 = (a+b)^2-2ab = 2^2-2\times1 = 2$

(2) $a^3+b^3 = (a+b)^3-3a^2b-3ab^2$

$= (a+b)^3-3ab(a+b) = 2^3-3\times1\times2 = 2$

답 (1) 2, (2) 2

필.수.예.제 07-M

* $(a+b)^2-(a-b)^2 = 4ab$

$x-y=4, \ xy=3$

(1) $x^2+y^2 = (x-y)^2+2xy = 4^2+2\times3 = 22$

(2) $x^3-y^3 = (x-y)^3+3x^2y-3xy^2$

$= (x-y)^3+3xy(x-y) = 4^3+3\times3\times4 = 100$

답 (1) 22, (2) 100

필.수.예.제 07-R

$a+b=1, \ a^3+b^3=16$

$a^3+b^3 = (a+b)^3-3ab(a+b)$에서

$1-3ab=16, \ ab=-5$

$a^2+b^2 = (a+b)^2-2ab = 1^2-2\times(-5) = 11$

답 11

유제 19

$x^3+y^3=9, \ x+y=3$

$(x+y)^3 = x^3+3x^2y+3xy^2+y^3$

$= x^3+y^3+3xy(x+y)$

$3^3 = 9+3xy\times3, \ xy=2$

답 ③ 2

유제 20

$x+y=2\sqrt{2}, \ x^2+y^2=4$

$(x+y)^2 = x^2+y^2+2xy$

$(2\sqrt{2})^2 = 4+2xy, \ xy=2$

$x^3+y^3 = (x+y)^3-3xy(x+y)$

$= (2\sqrt{2})^3-3\times2\times2\sqrt{2} = 4\sqrt{2}$

답 ④ $4\sqrt{2}$

유제 21

$x+y = (1+i)+(1-i) = 2$

$xy = (1+i)(1-i) = 1^2-i^2 = 1-(-1) = 2$

$x^3+y^3 = (x+y)^3-3xy(x+y) = 2^3-3\times2\times2$

$= -4$

답 ① -4

필수.예.제 08-L

$a+b+c=2, \ ab+bc+ca=-1$

$a^2+b^2+c^2=(a+b+c)^2-2(ab+bc+ca)$

$=2^2-2\times(-1)=6$

답 6

필수.예.제 08-R

$a+b+c=4, \ ab+bc+ca=-2, \ abc=3$

$(a+b+c)^2=a^2+b^2+c^2+2ab+2bc+2ca$

$4^2=(a^2+b^2+c^2)+2\times(-2)$

$a^2+b^2+c^2=20$

$a^3+b^3+c^3-3abc$

$=(a+b+c)(a^2+b^2+c^2-ab-bc-ca)$

$a^3+b^3+c^3$

$=(a+b+c)(a^2+b^2+c^2-ab-bc-ca)+3abc$

$=4\times\{20-(-2)\}+3\times3=97$

답 97

유제 22

$a+b+c=3, \ a^2+b^2+c^2=15, \ abc=3$

$(a+b+c)^2=a^2+b^2+c^2+2(ab+bc+ca)$

$3^2=15+2(ab+bc+ca), \ ab+bc+ca=-3$

$\dfrac{1}{a}+\dfrac{1}{b}+\dfrac{1}{c}=\dfrac{ab+bc+ca}{abc}=\dfrac{-3}{3}=-1$

답 -1

유제 23

$a-b+c=4, \ ab+bc-ca=-2$

$(a-b+c)^2=a^2+b^2+c^2-2(ab+bc-ca)$

$4^2=a^2+b^2+c^2-2\times(-2)$

$a^2+b^2+c^2=12$

답 12

유제 24

$a+b+c=\sqrt{2}, \ a^2+b^2+c^2=3, \ abc=-\dfrac{\sqrt{2}}{2}$

$(a+b+c)^2=a^2+b^2+c^2+2(ab+bc+ca)$

$(\sqrt{2})^2=3+2(ab+bc+ca),$

$ab+bc+ca=-\dfrac{1}{2}$

$a^3+b^3+c^3$

$=(a+b+c)(a^2+b^2+c^2-ab-bc-ca)+3abc$

$=\sqrt{2}\times\left\{3-\left(-\dfrac{1}{2}\right)\right\}+3\times\left(-\dfrac{\sqrt{2}}{2}\right)=2\sqrt{2}$

답 ④ $2\sqrt{2}$

필수.예.제 09

역수의 합 공식을 사용하자.

$x+\dfrac{1}{x}=5$

$x^2+\dfrac{1}{x^2}=\left(x+\dfrac{1}{x}\right)^2-2=5^2-2=23=a$

$x^3+\dfrac{1}{x^3}=\left(x+\dfrac{1}{x}\right)^3-3\left(x+\dfrac{1}{x}\right)$

$=5^3-3\times5=110=b$

$\therefore \ a+b=23+110=133$

답 133

유제 25

$x-\dfrac{1}{x}=3$

$x^3-\dfrac{1}{x^3}=\left(x-\dfrac{1}{x}\right)^3+3\left(x-\dfrac{1}{x}\right)=3^3+3\times3$

$=36$

답 ⑤ 36

$$x^2 + \frac{1}{x^2} = \left(x + \frac{1}{x}\right)^2 - 2 = 14$$

$$x + \frac{1}{x} = 4 \quad (\because x > 0)$$

$$x^3 + \frac{1}{x^3} = \left(x + \frac{1}{x}\right)^3 - 3\left(x + \frac{1}{x}\right) = 4^3 - 3 \times 4$$

$$= 52$$

🔍답 ③ 52

유제 27

$$x + \frac{1}{x} = \sqrt{13}$$

$$\left(x + \frac{1}{x}\right)^2 - \left(x - \frac{1}{x}\right)^2 = 4$$

$$(\sqrt{13})^2 - \left(x - \frac{1}{x}\right)^2 = 4$$

$$\left(x - \frac{1}{x}\right)^2 = 9, \quad x - \frac{1}{x} = 3 \quad (\because x > 1)$$

🔍답 3

02 | 항등식과 나머지정리

필.수.예.제 01

상황에 따라 수치대입법과 계수비교법을 적절히 사용하여야 한다.

(1) $(2x-3)(x^2+ax+b)$

$= 2x^3 + (2a-3)x^2 + (2b-3a)x - 3b$

$= 2x^3 - x^2 + cx - 6$

$2a - 3 = -1, \quad a = 1$

$-3b = -6, \quad b = 2$

$2b - 3a = c, \quad c = 1$

(2) $x^3 - ax^2 - bx + 8 = (x^2 + 2x - 1)(x - c)$

$= x^3 + (2-c)x^2 + (-1-2c)x + c$

$c = 8$

$-a = 2 - c, \quad a = 6$

$-b = -1 - 2c, \quad b = 17$

(3) $x^2 - ax + 4 = bx(x-1) + c(x-1)(x-2)$

ⅰ) $x = 0$ 대입

$4 = 2c, \quad c = 2$

ⅱ) $x = 1$ 대입

$5 - a = 0, \quad a = 5$

ⅲ) $x = 2$ 대입

$8 - 2a = 2b, \quad b = -1$

(4) $ax(x-1) + bx(x-1)(x-2) + cx(x-2)$

$= x^2 + 2x - 4$

ⅰ) $x = 0$ 대입   : $2b = -4, \quad b = -2$

ⅱ) $x = 1$ 대입   : $-c = -1, \quad c = 1$

ⅲ) $x = 2$ 대입   : $2a = 4, \quad a = 2$

🔍답 (1) $a = 1, \ b = 2, \ c = 1$

(2) $a = 6, \ b = 17, \ c = 8$

(3) $a = 5, \ b = -1, \ c = 2$

(4) $a = 2, \ b = -2, \ c = 1$

유제 01

$x^3 + ax^2 - 36 = (x+3)(x^2 + bx - 12)$

$x^3 + ax^2 - 36 = x^3 + (b+3)x^2 + (3b-12)x - 36$

$a = b+3, \ 0 = 3b - 12$

$a = 7, \ b = 4$

$\therefore a + b = 7 + 4 = 11$

답 11

유제 02

$x^3 + x^2 = A + B(x-1) + C(x-1)(x-2)$
$+ D(x-1)(x-2)(x-3)$

ⅰ) $x = 1$ 대입 : $2 = A$

ⅱ) $x = 2$ 대입 : $12 = A + B, \ B = 10$

ⅲ) $x = 3$ 대입 : $36 = A + 2B + 2C, \ C = 7$

ⅳ) $x = 0$ 대입 : $0 = A - B + 2C - 6D, \ D = 1$

$\therefore A + B + C + D = 20$

답 20

유제 03

$\dfrac{x+6}{x^2-4} = \dfrac{a}{x+2} - \dfrac{b}{x-2} = \dfrac{a(x-2) - b(x+2)}{x^2 - 4}$

$x + 6 = a(x-2) - b(x+2)$

$\qquad = (a-b)x + (-2a - 2b)$

$-2a - 2b = 6, \ a - b = 1$

$a = -1, \ b = -2$

$a + b = -3$

답 ② -3

필.수.예.제 02

'어떤 k의 값에 대하여도 항상 성립하도록'라는
문구가 나오면 무조건 k에 대하여 정리하자.

$(4k+3)x - (k+7)y + 50 = 0$

$(4x - y)k + (3x - 7y + 50) = 0$

$4x - y = 0, \ y = 4x$

$3x - 7y + 50 = 0, \ 3x - 28x + 50 = 0, \ x = 2$

$y = 8$

$\therefore 2x + y = 2 \times 2 + 8 = 12$

답 12

유제 04

$(k^2 - 3k - 2)x + 3ky + z = 2k^2 - 3$

$(x-2)k^2 + (-3x + 3y)k + (-2x + z + 3) = 0$

$x - 2 = 0, \ x = 2$

$-3x + 3y = 0, \ y = 2$

$-2x + z + 3 = 0, \ z = 1$

$\therefore x + y + z = 2 + 2 + 1 = 5$

답 5

유제 05

$(k^2 - 2k + 2)x + (3k+1)y - z = k^2 - 1$

$(x-1)k^2 + (-2x + 3y)k + 2x + y - z + 1 = 0$

$x - 1 = 0, \ x = 1$

$-2x + 3y = 0, \ y = \dfrac{2}{3}$

$2x + y - z + 1 = 0, \ z = \dfrac{11}{3}$

$\therefore z - x - y = 2$

답 2

유제 06

$x^2 - (k+1)x - a(k-1) + b = 0$

-1을 항상 근으로 가지므로 $x = -1$을
대입하면 다음과 같다.

$1 + (k+1) - a(k-1) + b = 0$

$(1-a)k + (1 + 1 + a + b) = 0$

$1 - a = 0, \ a = 1$

$1 + 1 + a + b = 0, \ b = -3$

$\therefore ab = -3$

답 ① -3

필.수.예.제 03-L

$a(x+2y)+b(2x-y)+10y=0$

$(a+2b)x+(2a-b+10)y=0$

$a+2b=0, \ a=-2b$

$2a-b+10=0, \ -4b-b+10=0, \ b=2$

$a=-4$

$\therefore a+b=(-4)+2=-2$

답 -2

필.수.예.제 03-R

$x-y=2, \ y=x-2$

$ax^2+bxy+y^2+x+cy-6=0$

$ax^2+bx(x-2)+(x-2)^2+x+c(x-2)-6=0$

$(a+b+1)x^2+(-2b-4+1+c)x+(4-2c-6)=0$

$-2c-2=0, \ c=-1$

$-2b+c-3=0, \ b=-2$

$a+b+1=0, \ a=1$

$\therefore abc=1\times(-2)\times(-1)=2$

답 2

유제 07

$(2x+y)a+(y-2z)b+(z+2x)c+2y=0$

$(2a+2c)x+(a+b+2)y+(-2b+c)z=0$

$2a+2c=0 \ \cdots \ \bigcirc$

$a+b+2=0 \ \cdots \ \bigcirc$

$-2b+c=0 \ \cdots \ \bigcirc$

세 식 ㉠, ㉡, ㉢를 연립하면 $a=-4, \ b=2,$

$c=4$

$\therefore a-b-c=(-4)-2-4=-10$

답 -10

유제 08

$x-y=1, \ y=x-1$

$px^2+qx+y^2-2xy+ry+2=0$

$px^2+qx+(x-1)^2-2x(x-1)+r(x-1)+2=0$

$(p-1)x^2+(q+r)x+(-r+3)=0$

$p=1, \ q=-3, \ r=3$

$\therefore p+q+r=1+(-3)+3=1$

답 ③ 1

유제 09

$x+y-z=1 \ \cdots \ \bigcirc \quad 2x-2y+z=1 \ \cdots \ \bigcirc$

두 식 ㉠, ㉡을 연립하여 y와 z를 x로

표현하면 다음과 같다.

㉠＋㉡ : $3x-y=2, \ y=3x-2$

$y=3x-2$을 ㉠에 대입 : $z=4x-3$

$ax^2+by^2+cz^2=1$

$ax^2+b(3x-2)^2+c(4x-3)^2-1=0$

$(a+9b+16c)x^2+(-12b-24c)x+(4b+9c-1)$

$=0$

$-12b-24c=0, \ b=-2c$

$4b+9c-1=0, \ b=-2, \ c=1$

$a+9b+16c=0, \ a=2$

답 $a=2, \ b=-2, \ c=1$

필.수.예.제 04-L

일차식으로 나누었을 때 몫을 구하는 방법은

조립제법, 나머지를 구하는 방법은

나머지정리를 사용한다.

$P(x)=2x^3+3x^2-4x-1$

① $P(1)=0$ ② $P(-1)=4$

③ $P(-2)=3$ ④ $P\left(\dfrac{1}{2}\right)=-2$

⑤ $P(3)=68$

답 ② $x+1, \ 4$

필수예제 04-R

$f(1)=3$

$(x^2+1)f(x-1)$에 $x=2$를 대입하면 다음과 같다.

$(2^2+1)f(1)=5f(1)=5\times3=15$

🔍답 15

유제 10

1차식으로 나눈 나머지를 구하는 문제이므로 나머지정리를 사용한다.

주어진 식에 $x=-1$을 대입하면 다음과 같다.

$x^{22}+x^{11}+22x+11$
$=(-1)^{22}+(-1)^{11}+22\times(-1)+11$
$=-11$

🔍답 ③ -11

유제 11

나머지정리를 사용한다.

$f(2)=3$

$(x+1)f(x-1)$에 $x=3$을 대입하면 다음과 같다.

$(3+1)f(3-1)=4f(2)=4\times3=12$

🔍답 12

유제 12

$f(2)=3,\ g(2)=-2$

$2f(2)+3g(2)=2\times3+3\times(-2)=6+(-6)$
$=0$

🔍답 ③ 0

필수예제 05

ⅰ) $x=2$ 대입

$8+4a+2b-4=0,\ 2a+b=-2\ \cdots\ ㉠$

ⅱ) $x=-1$ 대입

$-1+a-b-4=6,\ a-b=11\ \cdots\ ㉡$

㉠, ㉡ 식을 연립하면 $a=3,\ b=-8$

🔍답 $a=3,\ b=-8$

유제 13

$f(2)=3$

$f(x)=x^4-4x^2+kx-5$

$f(2)=2^4-4\times2^2+k\times2-5=3$

$k=4$

🔍답 ④ 4

유제 14

$f(x)=x^3+ax^2-3x+2$

$f(-1)=f(3)$

$-1+a+3+2=27+9a-9+2$

$a=-2$

🔍답 -2

유제 15

$f(x)=x^3+ax^2+bx+c$

$f(-1)=-1+a-b+c=-3\quad\cdots\ ㉠$

$f(1)=1+a+b+c=3\qquad\cdots\ ㉡$

$f(2)=8+4a+2b+c=9\qquad\cdots\ ㉢$

$a-b+c=-2\qquad\cdots\ ㉠$

$a+b+c=2\qquad\cdots\ ㉡$

$4a+2b+c=1\qquad\cdots\ ㉢$

세 식 ㉠, ㉡, ㉢를 연립하면 $a=-1,\ b=2,$
$c=1$

$\therefore abc=(-1)\times2\times1=-2$

🔍답 -2

2차식으로 나눈 나머지의 차수는 2차보다 작다.

$x^4 + 3x + 2 = (x^2 - 1)Q(x) + ax + b$

i) $x = 1$ 대입　　: $6 = a + b$ … ㉠

ii) $x = -1$ 대입　　: $0 = -a + b$ … ㉡

㉠, ㉡ 식을 연립하면 $a = 3$, $b = 3$

따라서 나머지는 $3x + 3$

🔍답 $3x + 3$

$f(1) = -5$, $f(-2) = -2$

$f(x) = (x^2 + x - 2)Q(x) + ax + b$
$= (x + 2)(x - 1)Q(x) + ax + b$

i) $x = -2$ 대입

$f(-2) = -2a + b = -2$ … ㉠

ii) $x = 1$ 대입

$f(1) = a + b = -5$ … ㉡

㉠, ㉡ 식을 연립하면 $a = -1$, $b = -4$

따라서 나머지는 $-x - 4$

🔍답 $-x - 4$

유제 16

$f(x) = x^4 - 3x + 1$
$= (x^2 - 3x + 2)Q(x) + ax + b$
$= (x - 1)(x - 2)Q(x) + ax + b$

i) $x = 1$ 대입 : $-1 = a + b$

ii) $x = 2$ 대입 : $11 = 2a + b$

두 식을 연립하면 $a = 12$, $b = -13$

따라서 나머지는 $12x - 13$

🔍답 ② $12x - 13$

유제 17

$f(2) = 5$, $f(-2) = -1$

$f(x) = (x^2 - 4)Q(x) + ax + b$
$\quad = (x - 2)(x + 2)Q(x) + ax + b$

i) $x = 2$ 대입 : $2a + b = 5$

ii) $x = -2$ 대입 : $-2a + b = -1$

두 식을 연립하면 $a = \dfrac{3}{2}$, $b = 2$

따라서 나머지는 $\dfrac{3}{2}x + 2$

🔍답 $\dfrac{3}{2}x + 2$

유제 18

$f(1) = 2$, $f(3) = 4$

$xf(x) = (x^2 - 4x + 3)Q(x) + ax + b$
$\quad = (x - 3)(x - 1)Q(x) + ax + b$

i) $x = 1$ 대입 : $1 \times f(1) = a + b = 2$

ii) $x = 3$ 대입 : $3 \times f(3) = 3a + b = 12$

두 식을 연립하면 $a = 5$, $b = -3$

따라서 나머지는 $5x - 3$

🔍답 $5x - 3$

$f(-1) = 2$

$f(x) = (x - 2)^2 Q(x) + x - 6$

$f(x) = (x - 2)^2(x + 1)Q_1(x) + a(x - 2)^2 + (x - 6)$

$f(-1) = (-3)^2 a + (-7) = 2$, $a = 1$

따라서 나머지는

$(x - 2)^2 + (x - 6) = x^2 - 4x + 4 + x - 6$
$= x^2 - 3x - 2$

🔍답 $x^2 - 3x - 2$

유제 19

일단 일차식으로 나눈 나머지에 주목하여
$f(3) = 1$을 알 수 있다.
문제에서 주어진 조건을 식으로 나타내면
$f(x) = (x-1)^2 Q_1(x) + 2x - 1, \ f(1) = 1$
$f(x)$
$= (x-1)^2(x-3)Q(x) + a(x-1)^2 + 2x - 1$
$f(3) = 4a + 5 = 1, \ a = -1$
따라서 나머지는 $-x^2 + 4x - 2$

답 $-x^2 + 4x - 2$

유제 20

$f(-1) = 3$
$f(x) = (x^2+1)(x+1)Q(x) + a(x^2+1) + x + 2$
$f(-1) = 2a + 1 = 3, \ a = 1$
따라서 나머지는 $x^2 + x + 3$

답 $x^2 + x + 3$

유제 21

$f(2) = 5$
$f(x)$
$= (x^2 - x + 1)(x-2)Q(x) + a(x^2-x+1) + 3x + 2$
$f(2) = 3a + 8 = 5, \ a = -1$
따라서
$g(x) = -(x^2 - x + 1) + 3x + 2 \ = -x^2 + 4x + 1$
$\therefore g(1) = 4$

답 ⑤ 4

필.수.예.제 08

$f(x) = (x^2 - 5x - 6)Q(x) + 2x + 6$
$f(x) = (x-6)(x+1)Q(x) + 2x + 6$
$f(3 \times 2) = f(6) = 2 \times 6 + 6 = 18$

답 18

유제 22

$f(x) = (x^2 - x - 2)Q(x) + 3x + 1$
$\quad\ \ = (x-2)(x+1)Q(x) + 3x + 1$
$f(2x+1)$에 $x = -1$을 대입하면
$\therefore f(-2+1) = f(-1) = -2$

답 -2

유제 23

$f(x) = (x^2 - 2x - 8)Q(x) + 2x + 5$
$\quad\ \ = (x-4)(x+2)Q(x) + 2x + 5$
$f(-3x+1)$에 $x = 1$을 대입하면
$f(-3+1) = f(-2) = 2 \times (-2) + 5 = 1$

답 1

유제 24

$f(x) - 1 = (x^2 - 3x + 2)Q(x)$
$\qquad\qquad = (x-2)(x-1)Q(x)$
$f(1) - 1 = 0, \ f(1) = 1$
$f(2) - 1 = 0, \ f(2) = 1$
$f(x+1) = x(x-1)Q_1(x) + ax + b$
$f(1) = b = 1, \ f(2) = a + b = 1$
따라서 $a = 0, \ b = 1$, 나머지는 1이다.

답 1

필.수.예.제 09

$f(-2) = 3, \ Q(-1) = 2$
$f(x) = (x+2)Q(x) + 3$
$f(-1) = 1 \times Q(-1) + 3 = 2 + 3 = 5$

답 5

유제 25

$f(-1) = 5$
$f(x) = (x+1)Q(x) + 5$

$Q(-2) = -2$

$f(-2) = (-2+1)Q(-2)+5$

$\qquad = (-1) \times (-2) + 5 = 7$

④ 7

유제 26

$f(2) = 5$

$f(x) = (x-1)Q(x)+3$

$f(2) = (2-1)Q(2)+3 = 5, \quad Q(2) = 2$

② 2

유제 27

$x^3 - 2x^2 + mx - 4 = (x-1)Q(x) + R \cdots \text{㉠}$

$Q(-1) = -5$

i) $x = -1$ 대입

$-1-2-m-4 = -2Q(-1)+R, \quad m+R = -17$

ii) $x = 1$ 대입

$1-2+m-4 = R, \quad m-R = 5$

따라서 $m = -6$

-6

필.수.예.제 10-L

$x^2 + ax + b = (x^2 - 3x + 2)Q(x)$

두 식 모두 x^2의 계수가 1이므로 몫이 1임을 알 수 있다. 따라서 $a = -3$, $b = 2$

$\therefore b - a = 2 - (-3) = 5$

[다른 풀이]

출제자의 의도는 위 식을 인수분해하여 a와 b값을 구하는 것이다.

$x^2 + ax + b = (x^2 - 3x + 2)Q(x)$

$\qquad = (x-2)(x-1)Q(x)$

i) $x = 2$ 대입 : $4 + 2a + b = 0 \cdots \text{㉠}$

ii) $x = 1$ 대입 : $1 + a + b = 0 \cdots \text{㉡}$

㉠, ㉡ 식을 연립하면 $a = -3$, $b = 2$

$\therefore b - a = 2 - (-3) = 5$

5

필.수.예.제 10-R

[풀이 1]

$x^3 + ax^2 + bx + 3$이 $(x-1)^2$로 나누어떨어지므로 $x^2 - 2x + 1$로 나누면 나머지가 0이 되어야 한다.

$$
\begin{array}{r}
x \qquad\quad + (a+2) \\
x^2 - 2x + 1 \overline{\smash{\big)}\, x^3 \quad + ax^2 \qquad + bx + 3} \\
\underline{x^3 \quad - 2x^2 \qquad + x} \\
(a+2)x^2 + (b-1)x + 3 \\
\underline{(a+2)x^2 - (2a+4)x + (a+2)} \\
(2a+b+3)x + (-a+1)
\end{array}
$$

$(2a+b+3)x + (-a+1) = 0$에서

$2a + b + 3 = 0, \quad -a + 1 = 0$

$\therefore a = 1, \quad b = -5$

[풀이 2]

$x^3 + ax^2 + bx + 3 = (x-1)^2 Q(x)$

	1	a	b	3
1		1	$a+1$	$a+b+1$
	1	$a+1$	$a+b+1$	$a+b+4$
1		1	$a+2$	
	1	$a+2$	$2a+b+3$	

나머지가 0이므로 $a+b+4 = 0$, $2a+b+3 = 0$

두 식을 연립하면 $a = 1$, $b = -5$

[풀이 3]

x^3의 계수가 1이고 3차식이므로 우리가 모르는 몫은 $x+k$로 나타낼 수 있다.

$x^3 + ax^2 + bx + 3 = (x-1)^2(x+k)$

상수항을 먼저 계산하면 $k=3$임을 알 수 있고 이를 전개하면 a와 b를 구할 수 있다.

답 $a=1$, $b=-5$

유제 28

$2x^3+ax^2-x+b=(x^2-x-2)Q(x)$
$\qquad\qquad\qquad\quad=(x-2)(x+1)Q(x)$

i) $x=-1$ 대입

$-2+a+1+b=0$, $a+b=1\cdots$ ㉠

ii) $x=2$ 대입

$16+4a-2+b=0$, $4a+b=-14\cdots$ ㉡

㉠, ㉡ 식을 연립하면 $a=-5$, $b=6$

답 $a=-5$, $b=6$

유제 29

$x^3+ax+b=(x+1)^2Q(x)$

$$
\begin{array}{r|rrrr}
 & 1 & 0 & a & b \\
-1 & & -1 & 1 & -a-1 \\
\hline
 & 1 & -1 & a+1 & \boxed{b-a-1}=0 \\
-1 & & -1 & 2 & \\
\hline
 & 1 & -2 & \boxed{a+3}=0 &
\end{array}
$$

$a+3=0$, $a=-3$

$b-a-1=0$, $b=-2$

답 $a=-3$, $b=-2$

유제 30

$f(x)=x^3+ax^2+bx-6$

$f(2)=8+4a+2b-6=0\cdots$ ㉠

$f(-1)=-1+a-b-6=-3\cdots$ ㉡

㉠, ㉡ 식을 연립하면 $a=1$, $b=-3$

답 -2

[풀이 1]

x^3-2x+3

$=a(x-2)^3+b(x-2)^2+c(x-2)+d$

$$
\begin{array}{r|rrrr}
 & 1 & & -2 & 3 \\
2 & & 2 & 4 & 4 \\
\hline
 & 1 & 2 & 2 & 7
\end{array}
$$

$=(x-2)\{a(x-2)^2+b(x-2)+c\}+d \;\cdots$ ㉠

조립제법을 이용하면 몫은 x^2+2x+2, 나머지는 7임을 알 수 있다. 이를 ㉠와 비교해서 a, b, c, d를 구하면 다음과 같다.

$a(x-2)^2+b(x-2)+c$

$=ax^2+(-4a+b)x+(4a-2b+c)$

$=x^2+2x+2$

$\therefore\ a=1$, $b=6$, $c=10$, $d=7$

[풀이 2]

$$
\begin{array}{r|rrrr}
 & 1 & & -2 & 3 \\
2 & & 2 & 4 & 4 \\
\hline
 & 1 & 2 & 2 & \boxed{7=d} \\
2 & & 2 & 8 & \\
\hline
 & 1 & 4 & \boxed{10=c} & \\
2 & & 2 & & \\
\hline
 & 1 & \boxed{6=b} & & \\
 & \boxed{1=a} & & &
\end{array}
$$

[풀이 3]

x에 $x+2$대입

$(x+2)^3-2(x+2)+3=x^3+6x^2+10x+7$

$=ax^3+bx^2+cx+d$

답 10

$x^2 - 2x - 8 = a(x-p)^2 + b(x-p)$

	1	2	-8
p		p	$p^2 - 2p$
	1	$p-2$	$p^2 - 2p - 8 = 0$
p		p	
		$1 = a$	$2p - 2 = b$

$p = 4 \ (\because p > 0)$

$a = 1, \ b = 6$

[다른 풀이]

다음 등식이 x에 관한 항등식이므로

x^2의 계수는 1이므로

$a = 1$

$x^2 - 2x - 8 = (x-p)^2 + b(x-p)$

$(x-4)(x+2) = (x-p)\{(x-p) + b\}$

이므로

$p = 4, \ b = 6 \ (단, \ p > 0)$

🔍답 $p = 4, \ a = 1, \ b = 6$

[풀이 1]

	2	1	-3	1
-1		-2	1	2
	2	-1	-2	$3 = d$
-1		-2	3	
	2	-3	$1 = c$	
-1		-2		
	$2 = a$	$-5 = b$		

$a = 2, \ b = -5, \ c = 1, \ d = 3$

$\therefore a + b + c + d = 1$

[풀이 2]

$x = 0$ 대입

$1 = a + b + c + d$

🔍답 1

$(1 - x + x^2)^{10} = a_0 + a_1 x + a_2 x^2 + \cdots + a_{20} x^{20}$

(1) $x = 1$ 대입 : $1 = a_0 + a_1 + a_2 + \cdots + a_{20}$

(2)

$x = 1$ 대입 : $1 = a_0 + a_1 + a_2 + \cdots + a_{20}$

$x = -1$ 대입 : $3^{10} = a_0 - a_1 + a_2 - \cdots + a_{20}$

두 식을 더하면

$1 + 3^{10} = 2(a_0 + a_2 + a_4 + \cdots + a_{20})$

$a_0 + a_2 + a_4 + \cdots + a_{20} = \dfrac{1}{2}(3^{10} + 1)$

🔍답 (1) 1, (2) $\dfrac{1}{2}(3^{10} + 1)$

03 | 인수분해

필.수.예.제 **01**

(1) $3a^3b - 6ab^2 = 3ab(a^2 - 2b)$

(2) $(x+2y)^2 - 5(x+2y)$
$= (x+2y)(x+2y-5)$

(3) $x(y-1) - y + 1 = (x-1)(y-1)$

🔍답 해설참조

유제 **01**

(1) $4a^2b^3c - 6a^3b^2c^2 = 2a^2b^2c(2b - 3ac)$

(2) $4a^2b^3 - 6ab^2 + 12a^3b = 2ab(6a^2 + 2ab^2 - 3b)$

(3) $(a+b)x^2y - (a+b)xy^2 = (a+b)(x^2y - xy^2)$
$= (a+b)xy(x-y)$

(4) $(a-b)x^2 + (b-a)xy = (a-b)(x^2 - xy)$
$= (a-b)x(x-y)$

🔍답 해설참조

유제 **02**

③ $(2x-1)y - (1-2x) + (2x-1)z$
$= (2x-1)(y+1+z)$

④ $8ab - 2abx^2$
$= 2ab(4 - x^2) = 2ab(2-x)(2+x)$

⑤ $2x(1+y) - 4x^2(1+y)$
$= 2x(1+y-2x-2xy)$
$= 2x(1-2x)(1+y)$

🔍답 ③

유제 **03**

(1) $2ab^2 + 6b = 2b(ab+3)$

(2) $a(x-y) - b(y-x) = (a+b)(x-y)$

(3) $1 - m - n + mn = (1-m) - n(1-m)$
$= (1-m)(1-n)$

🔍답 해설참조

필.수.예.제 **02**

(1) $x^4 + x = x(x^3 + 1) = x(x+1)(x^2 - x + 1)$

(2) $x^4 - y^4 = (x^2 + y^2)(x^2 - y^2)$
$= (x^2 + y^2)(x+y)(x-y)$

(3) $3(4x-1)^2 - 12 = 3\{(4x-1)^2 - 2^2\}$
$= 3(4x+1)(4x-3)$

(4) $9(a+b)^2 - c^2 = \{3(a+b)\}^2 - c^2$
$= (3a + 3b + c)(3a + 3b - c)$

(5) $x^3 + 64y^3 = x^3 + (4y)^3$
$= (x+4y)(x^2 - 4xy + 16y^2)$

(6) $(a+b)^3 - (a-b)^3$
$= \{(a+b) - (a-b)\}(a^2 + b^2 + 2ab + a^2 - b^2 + a^2$
$+ b^2 - 2ab)$
$= 2b(3a^2 + b^2)$

(7) $x^8 - y^8 = (x^4 + y^4)(x^4 - y^4)$
$= (x^4 + y^4)(x^2 + y^2)(x^2 - y^2)$
$= (x^4 + y^4)(x^2 + y^2)(x+y)(x-y)$

🔍답 해설참조

유제 **04**

(1) $a^3 + 8 = a^3 + 2^3 = (a+2)(a^2 - 2a + 4)$

(2) $8x^3 + 27y^3 = (2x)^3 + (3y)^3$
$= (2x + 3y)(4x^2 - 6xy + 9y^2)$

🔍답 해설참조

유제 05

(1) $27a^3 - 64b^3 = (3a)^3 - (4b)^3$
$= (3a-4b)(9a^2 + 12ab + 16b^2)$

(2) $ax^3 - 27ay^3 = a\{x^3 - (3y)^3\}$
$= a(x-3y)(x^2 + 3xy + 9y^2)$

답 해설참조

유제 06

$x^6 - y^6 = (x^3 + y^3)(x^3 - y^3)$
$= (x-y)(x^2 + xy + y^2)(x+y)(x^2 - xy + y^2)$
$= (x-y)(x+y)(x^2 + xy + y^2)(x^2 - xy + y^2)$

답 해설참조

필.수.예.제 03

(1) $x^2 - (2a+3)x + (a+1)(a+2)$
$= \{x - (a+1)\}\{x - (a+2)\}$
$= (x-a-1)(x-a-2)$

(2) $2(x-1)^2 + 3(x-1)(x+2) + (x+2)^2$
$x-1 = X,\ x+2 = Y$로 치환하고 인수분해
한다.
$2X^2 + 3XY + Y^2 = (2X+Y)(X+Y)$
$= 3x(2x+1)$

답 (1) $(x-a-1)(x-a-2)$

(2) $3x(2x+1)$

유제 07

(1) $x+y = t$로 치환하여 계산한다.
$(x+y)^2 - (x+y)z - 2z^2$
$= t^2 - tz - 2z^2 = (t-2z)(t+z)$
$= (x+y-2z)(x+y+z)$

(2) $2(a+5)^2 - 5(a+5)(a-3) + 3(a-3)^2$
$a+5 = A,\ a-3 = B$라 하면
$2A^2 - 5AB + 3B^2$
$= (2A-3B)(A-B)$
$= (2a+10-3a+9)(8)$
$= -8(a-19)$

답 해설참조

유제 08

(1) $2x^2 + (3y-4)x + (y-1)(y-2)$
$= (2x+y-2)(x+y-1)$

(2) $x^2 - (2y+3)x + (y+1)(y+2)$
$= (x-y-1)(x-y-2)$

(3) $2(x+2)^2 + 3(x-1)(x+2) + (x-1)^2$
$= (x+2+x-1)(2x+4+x-1)$
$= (2x+1)(3x+3) = 3(x+1)(2x+1)$

답 해설참조

유제 09

$x^2 - 2x - 3 = (x-3)(x+1)$
$2x^2 - x - 3 = (x+1)(2x-3)$

답 ②

필.수.예.제 04-L

[풀이1]
$x^2 + 4x - y^2 + 4 = x^2 + 4x + (2-y)(2+y)$
$\qquad\qquad\qquad = (x-y+2)(x+y+2)$

[풀이2]
$x^2 + 4x - y^2 + 4 = (x^2 + 4x + 4) - y^2$
$\qquad\qquad\qquad = (x+2)^2 - y^2$
$\qquad\qquad\qquad = (x-y+2)(x+y+2)$

답 ⑤

필수.예.제 04-R

$a^2b+b^2c-b^3-a^2c=(b^2-a^2)c+(a^2b-b^3)$
$=(b^2-a^2)c+b(a^2-b^2)=(b^2-a^2)(c-b)$
$=(b-a)(b+a)(c-b)=(a+b)(a-b)(b-c)$

답 ③

유제 10

$x^2-y^2+2y-1=x^2-(y^2-2y+1)$
$=x^2-(y-1)^2$
$=(x+y-1)(x-y+1)$

답 ②

유제 11

$xy+y^2+2x-4=x(y+2)+y^2-4$
$=x(y+2)+(y+2)(y-2)$
$=(y+2)(x+y-2)$

답 $(y+2)(x+y-2)$

유제 12

$a^2+4b^2-9c^2+4ab=(a^2+4ab+4b^2)-9c^2$
$=(a+2b)^2-(3c)^2$
$=(a+2b+3c)(a+2b-3c)$

따라서 $m=2$, $n=-3$, $m+n=-1$

답 -1

필수.예.제 05

(1) x^4-9x^2+16
$x^2=t$로 치환하고, 1차항을 변형해서 계산한다.
$(t^2-8t+16)-t=(t-4)^2-t=(x^2-4)^2-x^2$
$=(x^2+x-4)(x^2-x-4)$
$=(x^2+ax+b)(x^2+cx+d)$
$a=1$, $b=-4$, $c=-1$, $d=-4$

(또는 $a=-1$, $b=-4$, $c=1$, $d=-4$)
$\therefore a+b+c-d=0$

(2) x^4+x^2-2
$x^2=t$로 치환한다.
$t^2+t-2=(t+2)(t-1)=(x^2+2)(x^2-1)$
$=(x-1)(x+1)(x^2+2)$

답 (1) 0, (2) $(x-1)(x+1)(x^2+2)$

유제 13

주어진 식에서 $x^2=A$로 치환해서 계산한다.
$x^4+4x^2-5=A^2+4A-5=(A+5)(A-1)$
$=(x^2+5)(x^2-1)$
$=(x^2+5)(x+1)(x-1)$

답 ⑤

유제 14

$x^2=A$, $y^2=B$로 치환해서 계산한다.
(1) $x^4+4x^2y^2+16y^4$
$=X^2+4XY+16Y^2=(X+4Y)^2-4XY$
$=(x^2+4y^2)^2-4x^2y^2$
$=(x^2+4y^2)^2-(2xy)^2$
$=(x^2+2xy+4y^2)(x^2-2xy+4y^2)$

(2) $16x^4+36x^2y^2+81y^4$
$=16X^2+36XY+81Y^2$
$=(4X+9Y)^2-36XY$
$=(4x^2+9y^2)^2-36x^2y^2$
$=(4x^2+9y^2)^2-(6xy)^2$
$=(4x^2-6xy+9y^2)(4x^2+6xy+9y^2)$

(3) x^4+x^2+1
$=x^4+2x^2+1-x^2=(x^2+1)^2-x^2$
$=(x^2+x+1)(x^2-x+1)$

답 해설참조

유제15

주어진 식에서 $x^2=A$로 치환해서 계산한다.

$$
\begin{aligned}
x^4-13x^2+36 &= A^2-13A+36 \\
&= (A-4)(A-9) \\
&= (x^2-4)(x^2-9) \\
&= (x+2)(x-2)(x+3)(x-3)
\end{aligned}
$$

답 $4x$

필.수.예.제 06

$$
\begin{aligned}
&(x-1)(x-2)(x-3)(x-4)-24 \\
&= \{(x-1)(x-4)\}\{(x-2)(x-3)\}-24 \\
&= (x^2-5x+4)(x^2-5x+6)-24
\end{aligned}
$$

$x^2-5x=t$로 치환한다.

$$
\begin{aligned}
(t+4)(t+6)-24 &= t^2+10t+24-24 \\
&= t^2+10t=t(t+10) \\
&= (x^2-5x)(x^2-5x+10) \\
&= x(x-5)(x^2-5x+10)
\end{aligned}
$$

답 $x(x-5)(x^2-5x+10)$

유제16

(1) $(a^2+3a-2)(a^2+3a+4)-27$

$a^2+3a=A$로 치환해서 계산한다.

$$
\begin{aligned}
(A-2)(A+4)-27 &= A^2+2A-35 \\
&= (A+7)(A-5) \\
&= (a^2+3a+7)(a^2+3a-5)
\end{aligned}
$$

(2) $(x^2-3x)^2-2x^2+6x-8$

$x^2-3x=A$로 치환해서 계산한다.

$$
\begin{aligned}
A^2-2A-8 &= (A-4)(A+2) \\
&= (x^2-3x-4)(x^2-3x+2) \\
&= (x-4)(x+1)(x-1)(x-2) \\
&= (x-4)(x-2)(x-1)(x+1)
\end{aligned}
$$

(3) $(x-1)(x-3)(x+2)(x+4)+24$

$$
\begin{aligned}
&= \{(x-1)(x+2)\}\{(x-3)(x+4)\}+24 \\
&= (x^2+x-2)(x^2+x-12)+24
\end{aligned}
$$

$x^2+x=A$로 치환해서 계산한다.

$$
\begin{aligned}
(A-2)(A-12)+24 &= A^2-14A+48 \\
&= (A-6)(A-8)=(x^2+x-6)(x^2+x-8) \\
&= (x-2)(x+3)(x^2+x-8)
\end{aligned}
$$

답 해설참조

유제17

$x^2-4x=A$로 치환해서 계산한다.

$$
\begin{aligned}
A(A-17)+60 &= A^2-17A+60 \\
&= (A-5)(A-12) \\
&= (x^2-4x-5)(x^2-4x-12) \\
&= (x-5)(x+1)(x-6)(x+2)
\end{aligned}
$$

답 ⑤

유제18

$$
\begin{aligned}
&(x+1)(x+3)(x+5)(x+7)+k \\
&= \{(x+1)(x+7)\}\{(x+3)(x+5)\}+k \\
&= (x^2+8x+7)(x^2+8x+15)+k
\end{aligned}
$$

$x^2+8x=A$로 치환해서 계산한다.

$$
(A+7)(A+15)+k=A^2+22A+105+k
$$

$11^2=105+k$, $k=16$

답 ④

필.수.예.제 07

$$
\begin{aligned}
&x^2-3xy+2y^2+4x-5y+3 \\
&= x^2+(-3y+4)x+(2y^2-5y+3) \\
&= (x-2y+3)(x-y+1)
\end{aligned}
$$

$a=1$, $b=1$, $c=2$, $d=-3$

$\therefore a+b+c+d=1$

답 1

유제 19

$x^2 + xy - 2y^2 - x - 5y - 2$
$= x^2 + x(y-1) - (2y^2 + 5y + 2)$
$= x^2 + x(y-1) - (y+2)(2y+1)$
$= (x-y-2)(x+2y+1)$

따라서 $A = -1$, $B = -2$, $C = 2$,
$A + B + C = -1$이다.

답 ②

유제 20

$a^3 - a^2b + ab^2 + ac^2 - b^3 - bc^2$
$= (a-b)c^2 + a^3 - b^3 - a^2b + ab^2$
$= (a-b)c^2 + (a-b)(a^2 + ab + b^2) - ab(a-b)$
$= (a-b)\{c^2 + (a^2 + ab + b^2) - ab\}$
$= (a-b)(a^2 + b^2 + c^2)$

답 ⑤

유제 21

다항식 $x^2 + (y+2)x - ky^2 + 7y - 3$을
방정식으로 해석하자.
$x^2 + (y+2)x - ky^2 + 7y - 3 = 0$
이때, 근의 공식을 사용하면
$x = \dfrac{-y-2 \pm \sqrt{D}}{2}$
(단, $ax^2 + bx + c = 0$에서 $D = b^2 - 4ac$)
이때, $\sqrt{D}$가 y에 대한 일차식이 되어야
하므로 $D = ($일차식$)^2$
$D = (y+2)^2 - 4(-ky^2 + 7y - 3)$
$= (1+4k)y^2 - 24y + 16$에서 다시한번 판별식
$D/4$를 쓰면 $144 - 16(1+4k) = 0$
$\therefore k = 2$(이차식이 완전제곱식이 되려면
$D = 0$이어야 한다.)

답 2

$ab(b-a) + ac(c-a) + bc(2a-b-c)$
$= (a-b)c^2 + (-a^2 + 2ab - b^2)c + ab(b-a)$
$= (a-b)c^2 - (a-b)^2 c - ab(a-b)$
$= (a-b)\{c^2 - (a-b)c - ab\}$
$= (a-b)(c-a)(c+b)$

답 ③ ㄱ, ㄷ

유제 22

$a^2(b-c) + b^2(c-a) + c^2(a-b)$
$= (b-c)a^2 - a(b^2 - c^2) + bc(b-c)$
$= (b-c)a^2 - a(b+c)(b-c) + bc(b-c)$
$= (b-c)(a^2 - a(b+c) + bc)$
$= (b-c)(a-b)(a-c)$
$= -(a-b)(b-c)(c-a)$

답 ③

유제 23

(1) $ab(a-b) + bc(b-c) + ca(c-a)$
$= a^2b - ab^2 + b^2c - bc^2 + ac^2 - a^2c$
$= (b-c)a^2 - a(b^2 - c^2) + bc(b-c)$
$= (b-c)a^2 - a(b+c)(b-c) + bc(b-c)$
$= (b-c)(a^2 - a(b+c) + bc)$
$= (b-c)(a-b)(a-c) = -(a-b)(b-c)(c-a)$

답 $-(a-b)(b-c)(c-a)$

유제 24

$a^2(b+c) + b^2(c+a) + c^2(a+b) + 2abc$
$= a^2(b+c) + b^2c + b^2a + c^2a + c^2b + 2abc$
$= (b+c)a^2 + a(b^2 + c^2 + 2bc) + b^2c + c^2b$
$= (b+c)a^2 + a(b+c)^2 + bc(b+c)$
$= (b+c)(a^2 + a(b+c) + bc)$
$= (a+b)(b+c)(c+a)$

답 ①

필.수.예.제 09-L

(1) $3x^3 + 7x^2 - 4$

$$
\begin{array}{r|rrrr}
 & 3 & 7 & 0 & -4 \\
-1 & & -3 & -4 & 4 \\
\hline
 & 3 & 4 & -4 & \boxed{0}
\end{array}
$$

$3x^3 + 7x^2 - 4 = (x+1)(3x^2 + 4x - 4)$
$\qquad\qquad\quad = (x+1)(x+2)(3x-2)$

(2) $x^4 - 3x^3 + x^2 + 3x - 2$

$$
\begin{array}{r|rrrrr}
 & 1 & -3 & 1 & 3 & -2 \\
1 & & 1 & -2 & -1 & 2 \\
\hline
 & 1 & -2 & -1 & 2 & \boxed{0} \\
1 & & 1 & -1 & -2 & \\
\hline
 & 1 & -1 & -2 & \boxed{0} &
\end{array}
$$

$x^4 - 3x^3 + x^2 + 3x - 2 = (x-1)^2(x^2 - x - 2)$
$\qquad\qquad\qquad\qquad = (x-1)^2(x+1)(x-2)$

답 (1) $(x+1)(x+2)(3x-2)$

(2) $(x-1)^2(x+1)(x-2)$

필.수.예.제 09-R

$x + \dfrac{1}{x} = t$, $x^2 + \dfrac{1}{x^2} = t^2 - 2$를 이용한다.

$x^4 - 4x^3 + 5x^2 - 4x + 1$

$= x^2\left(x^2 - 4x + 5 - \dfrac{4}{x} + \dfrac{1}{x^2}\right)$

$x^2 - 4x + 5 - \dfrac{4}{x} + \dfrac{1}{x^2} = t^2 - 2 - 4t + 5$

$= t^2 - 4t + 3 = (t-1)(t-3)$

$= \left(x + \dfrac{1}{x} - 1\right)\left(x + \dfrac{1}{x} - 3\right)$

따라서 문제에서 구하고자 하는 식은

$x^2\left(x + \dfrac{1}{x} - 1\right)\left(x + \dfrac{1}{x} - 3\right)$

$= \left\{x \times \left(x + \dfrac{1}{x} - 1\right)\right\}\left\{x \times \left(x + \dfrac{1}{x} - 3\right)\right\}$

$= (x^2 - x + 1)(x^2 - 3x + 1)$

답 ①

유제 25

$x^3 - 4x^2 + x + 6 = (x+1)(x^2 - 5x + 6)$
$\qquad\qquad\qquad = (x+1)(x-2)(x-3)$

$$
\begin{array}{r|rrrr}
 & 1 & -4 & 1 & 6 \\
-1 & & -1 & 5 & -6 \\
\hline
 & 1 & -5 & 6 & \boxed{0}
\end{array}
$$

답 $(x+1)(x-2)(x-3)$

유제 26

(1) $x^4 + x^3 - 3x^2 - x + 2$

$$
\begin{array}{r|rrrrr}
 & 1 & 1 & -3 & -1 & 2 \\
1 & & 1 & 2 & -1 & -2 \\
\hline
 & 1 & 2 & -1 & -2 & \boxed{0} \\
1 & & 1 & 3 & 2 & \\
\hline
 & 1 & 3 & 2 & \boxed{0} &
\end{array}
$$

$(x-1)^2(x^2 + 3x + 2) = (x-1)^2(x+1)(x+2)$

(2) $x^4 + 2x^3 - 31x^2 - 32x + 60$

$$
\begin{array}{r|rrrrr}
 & 1 & 2 & -31 & -32 & 60 \\
1 & & 1 & 3 & -28 & -60 \\
\hline
 & 1 & 3 & -28 & -60 & \boxed{0} \\
-2 & & -2 & -2 & 60 & \\
\hline
 & 1 & 1 & -30 & \boxed{0} &
\end{array}
$$

$(x-1)(x^3 + 3x^2 - 28x - 60)$
$= (x-1)(x+2)(x^2 + x - 30)$
$= (x-1)(x+2)(x+6)(x-5)$
$= (x-5)(x-1)(x+2)(x+6)$

(3) $4x^4 - 2x^3 - x - 1$

	4	-2	0	-1	-1
1		4	2	2	1
	4	2	2	1	0
$-\dfrac{1}{2}$		-2	0	-1	
	4	0	2	0	

$$(x-1)(4x^3+2x^2+2x+1)$$
$$= (x-1)\left(x+\frac{1}{2}\right)(4x^2+2)$$
$$= (x-1)(2x+1)(2x^2+1)$$

🔍답 해설참조

유제 **27**

$$2x^4 - 3x^3 + 5x^2 - 3x + 2$$
$$= 2x^2\left(x^2+\frac{1}{x^2}\right) - 3x^2\left(x+\frac{1}{x}\right) + 5x^2$$
$$= x^2\left\{2\left(x^2+\frac{1}{x^2}\right) - 3\left(x+\frac{1}{x}\right) + 5\right\}$$
$$= x^2\left[2\left\{\left(x+\frac{1}{x}\right)^2 - 2\right\} - 3\left(x+\frac{1}{x}\right) + 5\right]$$
$$= x^2\left\{2\left(x+\frac{1}{x}\right)^2 - 3\left(x+\frac{1}{x}\right) + 1\right\}$$
$$= x^2\left\{2\left(x+\frac{1}{x}\right) - 1\right\}\left\{\left(x+\frac{1}{x}\right) - 1\right\}$$
$$= (2x^2 - x + 2)(x^2 - x + 1)$$
따라서 $A = -1$, $B = -1$

🔍답 0

필수.예.제 10

$$(b-c)a^2 + (c-a)b^2 + (a-b)c^2 = 0$$
$$(a-b)c^2 + (b^2-a^2)c + a^2b - ab^2 = 0$$
$$(a-b)c^2 - (a+b)(a-b)c + ab(a-b) = 0$$
$$(a-b)\{c^2 - (a+b)c + ab\} = 0$$
$$(a-b)(c-a)(c-b) = 0$$
$$a - b = 0 \text{ 또는 } c - a = 0 \text{ 또는 } c - b = 0$$

$a = b$ 또는 $c = a$ 또는 $b = c$
따라서 문제에서 주어진 삼각형은
이등변삼각형이다.

🔍답 ②

유제 **28**

$$a^4 + b^2c^2 = a^2c^2 + b^4, \quad a^4 + b^2c^2 - a^2c^2 - b^4 = 0$$
$$c^2(b^2-a^2) + (a^4-b^4)$$
$$= c^2(b^2-a^2) - (a^2+b^2)(b^2-a^2)$$
$$= (b^2-a^2)(c^2-a^2-b^2)$$
$$= (b-a)(b+a)(c^2-a^2-b^2) = 0$$

따라서 $a = b$ 또는 $a^2 + b^2 = c^2$이므로 주어진
삼각형은 $A = B$인 이등변삼각형 또는
$\angle c = 90°$인 직각삼각형이다.

🔍답 ⑤

유제 **29**

$$a^3 + a^2b - ac^2 + ab^2 + b^3 - bc^2$$
$$= -c^2(a+b) + a^2(a+b) + b^2(a+b)$$
$$= (a+b)(a^2+b^2-c^2) = 0$$

따라서 $a^2 + b^2 = c^2$이므로 주어진 삼각형은
$\angle C = 90°$인 직각삼각형이다.

🔍답 ⑤

유제 **30**

$$a^3 + b^3 + c^3 - 3abc = 0$$
$$= (a+b+c)(a^2+b^2+c^2-ab-bc-ca)$$
$$= \frac{1}{2}(a+b+c)\{2a^2+2b^2+2c^2-2ab-2bc-2ca\}$$
$$= \frac{1}{2}(a+b+c)\{(a-b)^2+(b-c)^2+(c-a)^2\}$$
$$= 0$$

$a = b$이고, $b = c$이고, $c = a$이므로 주어진 삼각
형은 정삼각형이다.

🔍답 ①

$2005 = t$라고 하자.

$$\frac{2005^3 - 1}{2005 \cdot 2006 + 1} = \frac{t^3 - 1}{t(t+1) + 1}$$

$$= \frac{(t-1)(t^2 + t + 1)}{t^2 + t + 1} = t - 1 = 2005 - 1 = 2004$$

답 2004

유제 31

$50 = x$로 치환해서 계산한다.

$$\sqrt{50 \times 51 \times 52 \times 53 + 1}$$
$$= \sqrt{x(x+1)(x+2)(x+3) + 1}$$
$$= \sqrt{(x^2 + 3x)(x^2 + 3x + 2) + 1}$$
$$= \sqrt{(x^2 + 3x)^2 + 2(x^2 + 3x) + 1}$$
$$= \sqrt{(x^2 + 3x + 1)^2} = x^2 + 3x + 1$$
$$= 50^2 + 3 \times 50 + 1 = 2651$$

답 ④

유제 32

$$16^2 - 15^2 + 14^2 - 13^2 + \cdots + 2^2 - 1^2$$
$$= \{(16-15)(16+15) + (14-13)(14+13)$$
$$+ \cdots + (2-1)(2+1)\}$$
$$= 16 + 15 + 14 + 13 + \cdots + 2 + 1$$
$$= \frac{1}{2} \times 16 \times 17$$
$$= 136$$

답 ④

유제 33

$95 = x$, $5 = y$로 치환해서 계산한다.

$$95^3 + 5 \cdot 95^2 - 5^2 \cdot 95 - 5^3$$
$$= x^3 + x^2 y - y^2(x + y)$$
$$= (x+y)(x^2 - y^2) = (x+y)^2(x-y)$$
$$= 100 \times 100 \times 90$$
$$= 900000$$

답 ④

04 | 복소수

필.수.예.제 01

㉠ 복소수 : -2, $2-3i$, $-\sqrt{5}\,i$, $\dfrac{1}{3}-\sqrt{2}\,i$,

  $\dfrac{\pi}{3}$, 0

㉡ 순허수 : $-\sqrt{5}\,i$

㉢ 허수 : $2-3i$, $-\sqrt{5}\,i$, $\dfrac{1}{3}-\sqrt{2}\,i$

㉣ 실수 : -2, $\dfrac{\pi}{3}$, 0

답 ③

유제 01

① 0 (실수)
② 2 (실수)
③ $\sqrt{2}\,i$ (순허수)
④ $2-i$ (실수나 순허수가 아닌 복소수)
⑤ -2 (실수)

답 ④

유제 02

⑤ $a=0$, $b\neq 0$이면 $a+bi$는 순허수이다.

답 ⑤

유제 03

$a=3$, $b=-3$

  $a+b=0$

답 ②

필.수.예.제 02-L

(1) $(3+4i)-(7+2i)=-4+2i$

(2) $\sqrt{8}\,i-\sqrt{2}\,i=\sqrt{2}\,i$

(3) $3\sqrt{-8}+\sqrt{-32}-5\sqrt{-2}$
$=6\sqrt{2}\,i+4\sqrt{2}\,i-5\sqrt{2}\,i=5\sqrt{2}\,i$

답 해설참조

필.수.예.제 02-R

(1) $\sqrt{-4}\times\sqrt{-25}=2i\times 5i=-10$

(2) $(2+\sqrt{-3})(\sqrt{3}-\sqrt{-4})$
$(2+\sqrt{3}\,i)(\sqrt{3}-2i)=4\sqrt{3}-i$

(3) $\dfrac{1-\sqrt{-2}}{\sqrt{2}+\sqrt{-1}}=\dfrac{(1-\sqrt{2}\,i)(\sqrt{2}-i)}{(\sqrt{2}+i)(\sqrt{2}-i)}$
$=\dfrac{\sqrt{2}-i-2i-\sqrt{2}}{3}=-i$

(4) $\dfrac{1}{1+i}+\dfrac{1+i}{2+i}=\dfrac{1-i}{2}+\dfrac{3+i}{5}=\dfrac{11-3i}{10}$
$=\dfrac{11}{10}-\dfrac{3}{10}i$

답 해설참조

유제 04

$\dfrac{1}{1+i}+\dfrac{i}{2}=\dfrac{1-i}{2}+\dfrac{i}{2}=\dfrac{1}{2}$

답 ③

유제 05

$z=\dfrac{2}{1-i}=\dfrac{2(1+i)}{(1-i)(1+i)}=1+i$

$z^2+z=z(z+1)=(1+i)(2+i)=1+3i$

답 ①

유제 06

$$\frac{1}{2+i}+\frac{1+i}{1-2i}=\frac{2-i}{5}+\frac{-1+3i}{5}=\frac{1+2i}{5}$$

$$\therefore a+b=\frac{1}{5}+\frac{2}{5}=\frac{3}{5}$$

답 $\dfrac{3}{5}$

필.수.예.제 03-L

$$i^{1969}+i^{1988}+i^{2010}+i^{2015}=i+1-1-i=0$$

답 ③

필.수.예.제 03-R

$$\frac{1+i}{1-i}=\frac{(1+i)^2}{(1-i)(1+i)}=\frac{2i}{2}=i$$

$$(준\ 식)=1+i+i^2+i^3+\cdots+i^{2010}$$
$$=1+i-1=i$$

$$\therefore a+b=0+1=1$$

답 1

유제 07

$$i+i^2+i^3+i^4+\cdots+i^{4000}=0$$

답 ③

유제 08

$$\frac{1}{i}=-i$$

$$\frac{1}{i}+\frac{1}{i^2}+\cdots+\frac{1}{i^{10}}=-1-i$$

$$\therefore x+y=-2$$

답 -2

유제 09

$$i+2i^2+3i^3+4i^4+\cdots+39i^{39}+40i^{40}$$

$$i+2i^2+3i^3+4i^4=i-2-3i+4=2-2i$$

$$5i+6i^2+7i^3+8i^4=5i-6-7i+8=2-2i$$

$$\cdots\ 37i^{37}+38i^{38}+39i^{39}+40i^{40}=2-2i$$

$$(준\ 식)=10\times(2-2i)=20-20i$$

$$\therefore a-b=20-(-20)=40$$

답 40

필.수.예.제 04-L

(1) $(x-2)+(y+1)i=0$
  $x-2=0,\ x=2$
  $y+1=0,\ y=-1$

(2) $(x-y)+(2x+3y)i=3-4i$
  $x-y=3,\ 2x+3y=-4$
  $x=1,\ y=-2$

답 해설참조

필.수.예.제 04-R

$$(3-i)x+(1+3i)y=2+4i$$
$$(3x+y)+(-x+3y)i=2+4i$$
$$3x+y=2,\ -x+3y=4$$
$$x=\frac{1}{5},\ y=\frac{7}{5}$$
$$\therefore 10x+5y=2+7=9$$

답 9

유제 10

$$2x(2-i)-y(1+3i)=7+7i$$
$$(4x-y)+(-2x-3y)i=7+7i$$
$$4x-y=7,\ -2x-3y=7$$
$$y=-3,\ x=1$$
$$\therefore x+y=-2$$

답 ①

유제 11

$(1-i)x - y + 3i = -4 + 2i$

$(x-y) + (-x+3)i = -4 + 2i$

$-x+3 = 2, \ x = 1$

$x - y = -4, \ y = 5$

$\therefore xy = 5$

답 5

유제 12

(1) $(2x+i)(3+2i) = -8 + yi$

$(6x-2) + (4x+3)i = -8 + yi$

$6x - 2 = -8, \ 4x+3 = y$

$x = -1, \ y = -1$

(2) $\dfrac{x}{1+i} + \dfrac{y}{1-i} = 1 - 3i$

$\dfrac{x(1-i)}{2} + \dfrac{y(1+i)}{2} = \dfrac{x+y}{2} + \left(\dfrac{y-x}{2}\right)i$

$= 1 - 3i$

$\dfrac{x+y}{2} = 1, \ \dfrac{y-x}{2} = -3$

$x = 4, \ y = -2$

답 해설참조

필.수.예.제 05-L

$x = -1 + i, \ x + 1 = i$

$(x+1)^2 = x^2 + 2x + 1 = -1, \ x^2 + 2x = -2$

$x^2 + 2x + 3 = -2 + 3 = 1$

답 1

필.수.예.제 05-R

$x = 1 + 2i, \ x - 1 = 2i$

$x^2 - 2x + 1 = -4, \ x^2 - 2x = -5$

$x^3 - 2x^2 + 3x + 5 = x(x^2 - 2x) + 3x + 5$

$\qquad\qquad = -2x + 5 = -2(1+2i) + 5$

$\qquad\qquad = 3 - 4i$

답 $3 - 4i$

유제 13

$x = 1 + 2i, \ x - 1 = 2i, \ x^2 - 2x + 1 = -4,$

$x^2 - 2x + 5 = 0,$

$x^3 + 2x^2 - x + 3$을 $x^2 - 2x + 5$로 나누자.

$$
\begin{array}{r}
x + 4 \\
x^2 - 2x + 5 \overline{\smash{\big)} x^3 + 2x^2 - x + 3} \\
\underline{x^3 - 2x^2 + 5x} \\
4x^2 - 6x + 3 \\
\underline{4x^2 - 8x + 20} \\
2x - 17
\end{array}
$$

$\therefore x^3 + 2x^2 - x + 3 = (x^2 - 2x + 5)(x+4) + 2x - 17$

$= 0 + 2x - 17$

$= 2(1+2i) - 17$

$= 4i - 15$

답 $4i - 15$

유제 14

$x = 2 + i, \ x - 2 = i$

$x^2 - 4x + 4 = -1, \ x^2 - 4x = -5$

$x^3 - 4x^2 + 6x + 2 = x(x^2 - 4x) + 6x + 2$

$\qquad\qquad = -5x + 6x + 2 = (2+i) + 2$

$\qquad\qquad = 4 + i$

답 $4 + i$

$$x = \frac{1+\sqrt{3}\,i}{2}, \quad 2x = 1+\sqrt{3}\,i$$

$$(2x-1)^2 = 4x^2 - 4x + 1 = -3, \quad x^2 - x + 1 = 0$$

$$(x+1)(x^2 - x + 1) = x^3 + 1 = 0, \quad x^3 = -1$$

답 -1

필.수.예.제 06-L

② $\overline{2i+3} = -2i+3$

답 ②

필.수.예.제 06-R

⑤ $\dfrac{\overline{z}}{z} = \dfrac{-2+3i}{-2-3i} = \dfrac{(-2+3i)^2}{(-2-3i)(-2+3i)}$

$$= \frac{-5-12i}{13}$$

답 ⑤

유제 16

⑤ $\overline{4} = 4$

답 ⑤

유제 17

$$z_1 \overline{z_2} + \overline{z_1}\, z_2$$

$$= (2+i)(-1+2i) + (2-i)(-1-2i)$$

$$= -2-2+3i-4-3i = -8$$

답 ①

유제 18

$$w = 3-i, \quad w + \overline{w} = 6, \quad w\overline{w} = 10$$

$$z = \frac{w+2}{3w-1}, \quad \overline{z} = \frac{\overline{w}+2}{3\overline{w}-1}$$

$$z\overline{z} = \frac{w+2}{3w-1} \times \frac{\overline{w}+2}{3\overline{w}-1}$$

$$= \frac{w\overline{w} + 2(w+\overline{w}) + 4}{9w\overline{w} - 3(w+\overline{w}) + 1} = \frac{26}{73}$$

답 $\dfrac{26}{73}$

필.수.예.제 07

$$-2z + 3i\overline{z} = -3+7i$$

$$-2(a+bi) + 3i(a-bi) = -3+7i$$

$$(-2a+3b) + (3a-2b)i = -3+7i$$

$$-2a+3b = -3, \quad 3a-2b = 7$$

$$a = 3, \quad b = 1, \quad a+b = 4$$

답 ④

유제 19

$$4iz + (3-i)\overline{z} = 3i-1$$

$$4i(a+bi) + (3-i)(a-bi) = 3i-1$$

$$(3a-5b) + (3a-3b)i = 3i-1$$

$$3a-5b = -1, \quad 3a-3b = 3$$

$$a = 3, \quad b = 2$$

답 ⑤

유제 20

$$(2-i)z + 4i\overline{z} = 1-4i$$

$$(2-i)(a+bi) + 4i(a-bi) = 1-4i$$

$$(2a+5b) + (3a+2b)i = 1-4i$$

$$2a+5b = 1, \quad 3a+2b = -4$$

$$a = -2, \quad b = 1$$

답 $-2+i$

$z = a + bi$라고 하자.

$z + \bar{z} = 2a = 4$, $a = 2$

$z\bar{z} = a^2 + b^2 = 20$, $b = \pm 4$

따라서 문제의 조건을 만족하는 복소수는

$2 \pm 4i$이다.

답 ⑤

필.수.예.제 08

$(x^2 + 2x - 3) + (x^2 + x - 6)i$가 0이 아닌

실수가 되기 위해서는 $x^2 + 2x - 3 \neq 0$,

$x^2 + x - 6 = 0$을, 순허수가 되기 위해서는

$x^2 + 2x - 3 = 0$, $x^2 + x - 6 \neq 0$ 을 만족해야

한다.

i) $x^2 + x - 6 = 0$

$x = 2$ 또는 $x = -3$

ii) $x^2 + 2x - 3 = 0$

$x = -3$ 또는 $x = 1$

따라서 주어진 조건을 만족하는 $\alpha = 2$,

$\beta = 1$이므로 $\alpha^2 + \beta = 5$이다.

답 5

$(1 + i)x^2 - x - (2 + i) = (x^2 - 1)i + (x^2 - x - 2)$

이므로 주어진 복소수가 순허수가 되기

위해서는

$x^2 - 1 \neq 0$, $x^2 - x - 2 = 0$을 만족해야 한다.

i) $x^2 - x - 2 = 0$

$x = -1$ 또는 2

ii) $x^2 - 1 \neq 0$

$x \neq \pm 1$

따라서 주어진 조건을 만족하는 x는 2이다.

답 $x = 2$

$(x^2 - 1) + (x^2 - 3x - 4)i$를 제곱했을 때 양의

실수가 되기 위해서는 주어진 수가 0이 아닌

실수여야 한다.

i) $x^2 - 1 \neq 0$

$x \neq \pm 1$

ii) $x^2 - 3x - 4 = 0$

$x = 4$ 또는 $x = -1$

따라서 주어진 조건을 만족하는 $x = 4$이다.

답 $x = 4$

복소수 $z = a + bi$에 대하여

z^2이 음의 실수가 되기 위한 조건은 주어진 복

소수가 순허수인 조건과 같으므로 $a = 0$, $b \neq 0$

이고, z^2이 양의 실수가 되기 위한 조건은 주어

진 복소수가 0이 아닌 실수인 조건과 같으므로

$a \neq 0$, $b = 0$이다.

답 ②

필.수.예.제 09-L

$\sqrt{x-5} \sqrt{2-x} = -\sqrt{(x-5)(2-x)}$

$x - 5 \leq 0$, $x \leq 5$

$2 - x \leq 0$, $2 \leq x$

따라서 주어진 조건을 만족하는 x의 범위는

$2 \leq x \leq 5$이고, 정수 x는 2, 3, 4, 5이므로

정수 x값의 합은 14이다.

답 14

$$\frac{\sqrt{x-1}}{\sqrt{x-5}} = -\sqrt{\frac{x-1}{x-5}}$$

$x-5 < 0, \ x < 5$

$x-1 \geq 0, \ x \geq 1$

따라서 주어진 조건을 만족하는 x의 범위는 $1 \leq x < 5$이고, 정수 x는 1, 2, 3, 4로 총 4개다.

🔍답 ③

유제 **25**

i) $\sqrt{-a+1} \ \sqrt{a-2} = -\sqrt{(-a+1)(a-2)}$

$-a+1 \leq 0, \ a \geq 1$

$a-2 \leq 0, \ a \leq 2$

$1 \leq a \leq 2$

정수 a의 최댓값은 2, 최솟값은 1이다.

ii) $\frac{\sqrt{b+2}}{\sqrt{b-1}} = -\sqrt{\frac{b+2}{b-1}}$

$b-1 < 0, \ b < 1$

$b+2 \geq 0, \ b \geq -2$

$-2 \leq b < 1$

정수 b의 최댓값은 0, 최솟값은 -2이다. 따라서 $a+b$의 최댓값은 2, 최솟값은 -1이므로 차이는 3이다.

🔍답 3

유제 **26**

$\frac{\sqrt{a}}{\sqrt{b}} = -\sqrt{\frac{a}{b}}, \ b < 0, \ a > 0$

$|b-a| + |a| - |b| = (-b+a) + a + b = 2a$

🔍답 $2a$

유제 **27**

$\frac{\sqrt{a}}{\sqrt{b}} = -\sqrt{\frac{a}{b}}, \ b < 0, \ a > 0$

㉠ $a+b < 0$ (거짓)

㉡ $\frac{\sqrt{b}}{\sqrt{a}} = \sqrt{\frac{b}{a}}$ (거짓)

㉢ $\sqrt{a^2 b^2} = |ab| = -ab$ (참)

㉣ $|a-b| = |a| + |b| = a-b$ (참)

㉤ $ab < 0$ (참)

🔍답 3개

05 | 이차방정식의 성질

필.수.예.제 01-L

$(a^2+6)x+2=5ax+a$

$(a^2-5a+6)x=a-2$

$(a-3)(a-2)x=a-2$

ⅰ) $a\neq 2$, $a\neq 3$

$$x=\frac{a-2}{(a-3)(a-2)}=\frac{1}{a-3}$$

ⅱ) $a=2$

$0\times x=0$, x는 모든 실수

ⅲ) $a=3$

$0\times x=1$, 해가 없다.

답 해설참조

필.수.예.제 01-R

$|x-2|+|x+1|=x+10$

ⅰ) $x<-1$

$x-2<0$, $x+1<0$

$-x+2-x-1=x+10$

$-9=3x$, $x=-3$

ⅱ) $-1\leq x<2$

$x-2<0$, $x+1\geq 0$

$-x+2+x+1=x+10$

$x=-7$ (조건을 만족하지 않음)

ⅲ) $x\geq 2$

$x-2\geq 0$, $x+1>0$

$x-2+x+1=x+10$

$x=11$

따라서 주어진 방정식의 해는 -3, 11이므로 두 근의 합은 8이다.

답 8

유제 01

$a^2x-4a-x+4=0$

$x(a^2-1)=4a-4$

$(a+1)(a-1)x=4(a-1)$

ⅰ) $a\neq\pm 1$

$$x=\frac{4(a-1)}{(a+1)(a-1)}=\frac{4}{a+1}$$

ⅱ) $a=1$

$0\times x=0$, 해가 무수히 많다.

ⅲ) $a=-1$

$0\times x=-8$, 해가 없다.

따라서 해가 없을 때의 a값은 -1, 해가 무수히 많을 때의 a값은 1이다.

답 (1) -1, (2) 1

유제 02

$|x-1|+2x+5=0$

ⅰ) $x\geq 1$

$x-1+2x+5=0$, $x=-\dfrac{4}{3}$

(조건을 만족하지 않음)

ⅱ) $x<1$

$-x+1+2x+5=0$, $x=-6$

답 $x=-6$

유제 03

(1) $|x-2|=3$

ⅰ) $x\geq 2$

$x-2=3$, $x=5$

ⅱ) $x<2$

$-x+2=3$, $x=-1$

(2) $|x-4|+|x-3|=2$

ⅰ) $x<3$

$-x+4-x+3=2$, $x=\dfrac{5}{2}$

ii) $3 \leq x < 4$

$-x+4+x-3=2,\ 1=2$ (성립하지 않음)

iii) $x \geq 4$

$x-4+x-3=2,\ x=\dfrac{9}{2}$

(3) $|x-3|-|4-x|=0$

i) $x < 3$

$-x+3+x-4=0,\ -1=0$ (성립하지 않음)

ii) $3 \leq x < 4$

$x-3+x-4=0,\ x=\dfrac{7}{2}$

iii) $x \geq 4$

$x-3-x+4=0,\ 1=0$ (성립하지 않음)

🔍답 (1) $x=5,\ -1$, (2) $x=\dfrac{5}{2},\ \dfrac{9}{2}$

(3) $x=\dfrac{7}{2}$

필.수.예.제 **02-L**

(1) $2x^2-3x-5=0$

$(x+1)(2x-5)=0,\ x=-1$ 또는 $x=\dfrac{5}{2}$

(2) $(x+1)^2=2(x-1)^2$

$x^2+2x+1=2x^2-4x+2$

$x^2-6x+1=0$

$x=\dfrac{3\pm\sqrt{3^2-1}}{1}=3\pm\sqrt{8}=3\pm2\sqrt{2}$

(3) $4x^2-8x+5=0$

$x=\dfrac{4\pm\sqrt{4^2-4\times5}}{4}=\dfrac{4\pm\sqrt{16-20}}{4}$

$=\dfrac{4\pm\sqrt{-4}}{4}=\dfrac{4\pm2i}{4}=\dfrac{2\pm i}{2}$

🔍답 (1) $x=\dfrac{5}{2},\ -1$, (2) $x=3\pm2\sqrt{2}$

(3) $x=\dfrac{2\pm i}{2}$

필.수.예.제 **02-R**

(1) $x^2-|x|-2=0$

i) $x \geq 0$

$x^2-x-2=0,\ (x-2)(x+1)=0$

$x=2\ (\because x \geq 0)$

ii) $x < 0$

$x^2+x-2=0,\ (x+2)(x-1)=0$

$x=-2\ (\because x < 0)$

(2) $x^2-2|x-1|-1=0$

i) $x \geq 1$

$x^2-2x+2-1=0,\ x^2-2x+1=0$

$(x-1)^2=0,\ x=1$

ii) $x < 1$

$x^2+2x-2-1=0,\ x^2+2x-3=0$

$(x+3)(x-1)=0,\ x=-3\ (\because x < 1)$

🔍답 (1) $x=-2,\ x=2$, (2) $x=-3,\ x=1$

유제 **04**

(1) $x^2-8x+15=0$

$(x-5)(x-3)=0,\ x=3,\ 5$

(2) $x^2-2x-2=0$

$x=\dfrac{1\pm\sqrt{1-1\times(-2)}}{1}=1\pm\sqrt{3}$

(3) $3x^2-2x+1=0$

$x=\dfrac{1\pm\sqrt{1-1\times3}}{3}=\dfrac{1\pm\sqrt{-2}}{3}$

$=\dfrac{1\pm\sqrt{2}\,i}{3}$

답 (1) $x=3,\ 5$, (2) $x=1\pm\sqrt{3}$

(3) $x=\dfrac{1\pm\sqrt{2}\,i}{3}$

유제 05

$x^2-|x|-20=0$

ⅰ) $x\geq 0$

$x^2-x-20=0,\ (x-5)(x+4)=0$

$x=5\ (\because x\geq 0)$

ⅱ) $x<0$

$x^2+x-20=0,\ (x+5)(x-4)=0$

$x=-5\ (\because x<0)$

답 $x=\pm 5$

유제 06

$|x^2-1|-2x+1=0$

ⅰ) $x^2-1\geq 0$

$(x+1)(x-1)\geq 0,\ x\geq 1$ 또는 $x\leq -1$

$x^2-1-2x+1=0$

$x^2-2x=x(x-2)=0,\ x=0,\ 2$

$x=2\ (\because x\geq 1$ 또는 $x\leq -1)$

ⅱ) $x^2-1<0$

$(x+1)(x-1)<0,\ -1<x<1$

$-x^2+1-2x+1=0,\ -x^2-2x+2=0$

$x^2+2x-2=0$

$x=\dfrac{-1\pm\sqrt{1-1\times(-2)}}{1}=-1\pm\sqrt{3}$

$x=-1+\sqrt{3}\ (\because -1<x<1)$

따라서 두 근의 합은 $2+(-1+\sqrt{3})=1+\sqrt{3}$
이다.

답 ⑤

필.수.예.제 03

(1) $[x]-3=\dfrac{[x]-4}{2}$

$2[x]-6=[x]-4$

$[x]=2,\ 2\leq x<3$

(2) $2[x]^2+3[x]-2=0$

$(2[x]-1)([x]+2)=0$

$[x]=-2,\ -2\leq x<-1$

(3) $x^2-2x+[x]=0\ (0\leq x<3)$

ⅰ) $0\leq x<1,\ [x]=0$

$x^2-2x=0,\ x=0\ (\because 0\leq x<1)$

ⅱ) $1\leq x<2,\ [x]=1$

$x^2-2x+1=0,\ (x-1)^2=0,\ x=1$

ⅲ) $2\leq x<3,\ [x]=2$

$x^2-2x+2=0,\ x=\dfrac{1\pm\sqrt{1-2}}{1}=1\pm i$

(조건을 만족하지 않음)

답 (1) $2\leq x<3$, (2) $-2\leq x<-1$

(3) $x=0,\ 1$

유제 07

$3[x]^2-5[x]-2=0$

$(3[x]+1)([x]-2)=0$

$[x]=2$

$\therefore 2\leq x<3$

답 $2\leq x<3$

유제 08

$0<x<2,\ x^2-3[x]=-1$

ⅰ) $0<x<1,\ [x]=0$

$x^2=-1$ (조건을 만족하지 않음)

ⅱ) $1\leq x<2,\ [x]=1$

$x^2-3=-1,\ x^2=2,\ x=\pm\sqrt{2}$

$x = \sqrt{2}$ $(\because 1 \leq x < 2)$

🔍답 $x = \sqrt{2}$

유제 09

$[x+3] = [x+1] + 2$ 이므로

$2[x+1]^2 - 3[x+3] + 1 = 0$

$\quad 2[x+1]^2 - 3([x+1]+2) + 1 = 0$

$\quad 2[x+1]^2 - 3[x+1] - 5 = 0$

$[x+1] = X$라 하자. (X는 정수)

$2X^2 - 3X - 5 = (2X-5)(X+1) = 0$, $X = -1$

$\quad X = [x+1] = -1$

$-1 \leq x+1 < 0$, $-2 \leq x < -1$

🔍답 ⑤

필.수.예.제 04-L

$x^2 + 2(a-1)x + a^2 - 1 = 0$이 실근을 가지므로

$\quad D_1/4 = (a-1)^2 - (a^2-1) \geq 0$

$\quad a^2 - 2a + 1 - a^2 + 1 \geq 0$

$-2a + 2 \geq 0$, $a \leq 1$

$x^2 + 4x + 2a + 6 = 0$이 허근을 가지므로

$\quad D_2/4 = 4 - (2a+6) < 0$

$4 - 2a - 6 < 0$, $2a > -2$, $a > -1$

🔍답 $-1 < a \leq 1$

필.수.예.제 04-R

$x^2 - k(2x-1) + 6 = 0$

$x^2 - 2kx + k + 6 = 0$이 중근을 가지므로

$D/4 = k^2 - k - 6 = 0$, $(k-3)(k+2) = 0$

$k = 3$ $(\because k > 0)$

$\quad x^2 - 6x + 9 = (x-3)^2 = 0$

$x = 3$, $\alpha = 3$

$\quad \therefore k - \alpha = 3 - 3 = 0$

🔍답 0

유제 10

ㄱ. $x^2 - 3x + 2 = 0$

$D_1 = 9 - 8 = 1 > 0$ (서로 다른 두 개의 실근)

ㄴ. $x^2 + \sqrt{2}\,x + 2 = 0$

$D_2 = 2 - 8 = -6 < 0$ (허근)

ㄷ. $2x^2 - 4x + 3 = 0$

$D_3/4 = 4 - 2 \times 3 = -2 < 0$ (허근)

ㄹ. $x^2 = 8(x-2)$

$\quad x^2 - 8x + 16 = 0$

$D_4/4 = 16 - 16 = 0$ (중근)

ㅁ. $x^2 - 2ax + 3a^2 = 0$ $(a < 0)$

$D_5/4 = a^2 - 3a^2 = -2a^2 < 0$ (허근)

🔍답 ②

유제 11

$\quad x^2 + 2(p-1)x + p^2 + p + 2 = 0$

$\quad D/4 = (p-1)^2 - (p^2 + p + 2) > 0$

$\quad p^2 - 2p + 1 - p^2 - p - 2 > 0$

$-3p - 1 > 0$, $p < -\dfrac{1}{3}$

🔍답 ①

유제 12

$x^2 + (a+2k)x + k^2 + 2k + b = 0$이 중근을

가지므로

$\quad D = (a+2k)^2 - 4(k^2 + 2k + b) = 0$

$\quad a^2 + 4ka + 4k^2 - 4k^2 - 8k - 4b = 0$

모든 k에 대하여 성립하므로

$k(4a-8) + (a^2 - 4b) = 0$에서

$4a - 8 = 0$, $a = 2$

$a^2 - 4b = 0$, $b = 1$

$\quad \therefore a + b = 3$

🔍답 ④

필.수.예.제 05-L

$ix^2 + (2-i)x - 1 - i = 0$

양 변에 i를 곱해서 정리하면

$-x^2 + (2i+1)x - i + 1 = 0$

$x^2 - (2i+1)x + (i + i^2) = 0$

$(x-i)\{x - (1+i)\} = 0$

$x = i, \ i+1$

답 $x = i, \ 1+i$

필.수.예.제 05-R

$(1+i)x^2 - 2(a+i)x + (5-3i) = 0$

$i(x^2 - 2x - 3) + (x^2 - 2ax + 5) = 0$

$x^2 - 2x - 3 = 0$에서 $x = 3, \ x = -1$

i) $x = 3 \ : \ 9 - 6a + 5 = 0, \ a = \dfrac{7}{3}$

ii) $x = -1 \ : \ 1 + 2a + 5 = 0, \ a = -3$

답 $a = -3, \ \dfrac{7}{3}$

유제 13

$(1+i)x^2 + 2(1-i)x - (1+i) = 0$

양변에 $1-i$를 곱해서 정리하면

$2x^2 + 2(1-i)^2 x - (1 - i^2) = 0$

$2x^2 - 4ix - 2 = 0$

$x^2 - 2ix + i^2 = 0, \ (x-i)^2 = 0$

$\therefore \ x = i$

답 $x = i$

유제 14

$x^2 + (a-i)x - 3 + 2i = 0$

$i(2 - x) + x^2 + ax - 3 = 0$

$x = 2 \ : \ 4 + 2a - 3 = 0, \ a = -\dfrac{1}{2}$

답 ③

유제 15

$x^2 + 2(a+i)x + b + 4i = 0$

$\{x + (a+i)\}^2 = 0$ (중근)

$x^2 + 2(a+i)x + (a+i)^2 = 0$

$x^2 + 2(a+i)x + b + 4i = 0$

$a^2 + 2ai - 1 = b + 4i, \ a = 2, \ b = 3$

$\therefore \ a + b = 5$

답 ⑤

필.수.예.제 06-L

$x^2 - 2bx + a^2 + c^2 = 0$

$D/4 = b^2 - a^2 - c^2 = 0, \ b^2 = a^2 + c^2$

따라서 주어진 삼각형은 b를 빗변으로 하는 직각삼각형이다.

답 ③

필.수.예.제 06-R

$2x^2 + xy - y^2 - x + ky - 1$

$2x^2 + x(y-1) - y^2 + ky - 1$

x에 대하여

$D = (y-1)^2 - 8(-y^2 + ky - 1)$

$\quad = y^2 - 2y + 1 + 8y^2 - 8ky + 8$

$\quad = 9y^2 - 2y(1 + 4k) + 9$

$D/4 = (1 + 4k)^2 - 81 = 0$

$1 + 4k = \pm 9$

$k = 2, \ -\dfrac{5}{2}$

답 $k = -\dfrac{5}{2}, \ 2$

유제 16

$x^2-(k+1)x+k^2+2k-2$ 가 완전제곱식이므로

$x^2-(k+1)x+k^2+2k-2=0$의 판별식이 0이다.

$D=(k+1)^2-4(k^2+2k-2)$
$\quad=k^2+2k+1-4k^2-8k+8$
$\quad=-3k^2-6k+9=0$
$\quad k^2+2k-3=(k+3)(k-1)=0$
$k=-3,\ 1$

따라서 모든 k값의 합은 -2이다.

답 ①

유제 17

$(x-a)(x-c)+(x-b)(2x-a-c)$를 전개하면

$3x^2-2(a+b+c)x+ab+bc+ca$이고, 완전제곱식이므로

$3x^2-2(a+b+c)x+ab+bc+ca=0$의 판별식의 값이 0이다.

$D/4=(a+b+c)^2-3(ab+bc+ca)$
$\quad=a^2+b^2+c^2-ab-bc-ca$
$\quad=\dfrac{1}{2}\{(a-b)^2+(b-c)^2+(c-a)^2\}=0$

따라서 $a=b,\ b=c,\ c=a$를 만족하므로 주어진 삼각형은 $a=b=c$인 정삼각형이다.

답 ⑤

유제 18

주어진 식이 완전제곱식 형태로 인수분해되므로

$2x^2+xy+ay^2+5x+5y+2=0$의 판별식의 값은 0이다.

$D_1=(y+5)^2-4\times2\times(ay^2+5y+2)$
$\quad=y^2+10y+25-8ay^2-40y-16$

$\quad=(1-8a)y^2-30y+9$

$D_2=225-9(1-8a)=0$

$\therefore\ a=-3$

답 ①

필.수.예.제 07-L

$2x^2-6x+1=0$에서 근과 계수의 관계에 의해

$\alpha+\beta=3,\ \alpha\beta=\dfrac{1}{2}$이다.

(1) $\alpha^2+\beta^2=(\alpha+\beta)^2-2\alpha\beta=8$

(2) $\dfrac{\alpha}{\beta}+\dfrac{\beta}{\alpha}=\dfrac{\alpha^2+\beta^2}{\alpha\beta}=16$

(3) $(\alpha-\beta)^2=\alpha^2+\beta^2-2\alpha\beta=8-1=7$

(4) $(\alpha^2+\beta)(\beta^2+\alpha)$
$\quad=\alpha^2\beta^2+\alpha^3+\beta^3+\alpha\beta$
$\quad=(\alpha\beta)^2+(\alpha\beta)+(\alpha+\beta)^3-3\alpha\beta(\alpha+\beta)$
$\quad=\dfrac{1}{4}+\dfrac{1}{2}+27-3\times\dfrac{1}{2}\times3=\dfrac{93}{4}$

답 (1) 8, (2) 16, (3) 7, (4) $\dfrac{93}{4}$

필.수.예.제 07-R

$x^2-(a-3)x+a=0$의 두 근을 각각 2α, 5α라고 하자. 근과 계수의 관계에 의해

$7\alpha=a-3,\ 10\alpha^2=a$이므로 $7\alpha=10\alpha^2-3$,

$(10\alpha+3)(\alpha-1)=0,\ \alpha=1,\ -\dfrac{3}{10}$

ⅰ) $\alpha=1$

$\quad a-3=7,\ a=10$

ⅱ) $\alpha=-\dfrac{3}{10}$

$\quad -\dfrac{21}{10}=a-3,\ a=\dfrac{9}{10}$

답 $\dfrac{9}{10}$, 10

유제 19

$x^2-3x-5=0$에서 근과 계수의 관계에 의해
$\alpha+\beta=3$, $\alpha\beta=-5$이다.

(1) $\alpha^2+\beta^2=(\alpha+\beta)^2-2\alpha\beta=19$

(2) $\alpha^3+\beta^3=(\alpha+\beta)^3-3\alpha\beta(\alpha+\beta)$
$$=27-3\times(-5)\times3=72$$

(3) $\dfrac{\beta}{\alpha}+\dfrac{\alpha}{\beta}=\dfrac{\alpha^2+\beta^2}{\alpha\beta}=-\dfrac{19}{5}$

(4) $\alpha-\beta$
$(\alpha-\beta)^2=(\alpha+\beta)^2-4\alpha\beta=29$
$\therefore \alpha-\beta=\pm\sqrt{29}$

답 (1) 19, (2) 72, (3) $-\dfrac{19}{5}$, (4) $\pm\sqrt{29}$

유제 20

$x^2-2x-a=0$에서 근과 계수의 관계에 의해
$\alpha+\beta=2$이고, 조건에 의해 $\alpha-\beta=4$이므로
$\alpha=3$, $\beta=-1$이라고 할 수 있다.
이 때 $\alpha\beta=-3=-a$, $a=3$이다.

답 3

유제 21

$ax^2+(2a-4)x-8a=0$의 두 근을
α, -2α라고 하자.

i) 곱 : $-8=-2\alpha^2$, $\alpha=\pm2$
따라서 두 근은 $(2,\ -4)$ 또는 $(-2,\ 4)$

ii) 합 : $-\dfrac{2a-4}{a}=-2$ 또는 $-\dfrac{2a-4}{a}=2$
합이 $-2a$일 때는 식이 성립하지 않으므로
$-\dfrac{2a-4}{a}=2$, $2a-4=-2a$, $a=1$

답 ①

필.수.예.제 08

$x^2-5x+1=0$에서 근과 계수의 관계에 의해
$\alpha+\beta=5$, $\alpha\beta=1$이다. 또한 x값을 주어진
식에 대입한 $\alpha^2-5\alpha+1=0$, $\beta^2-5\beta+1=0$도
성립한다.

$\alpha^2-3\alpha+2=(\alpha^2-5\alpha+1)+2\alpha+1=2\alpha+1$
$\beta^2-3\beta+2=(\beta^2-5\beta+1)+2\beta+1=2\beta+1$
$(\alpha^2-3\alpha+2)(\beta^2-3\beta+2)$
$=(2\alpha+1)(2\beta+1)=4\alpha\beta+2(\alpha+\beta)+1$
$=4\times1+2\times5+1=15$

답 ⑤

유제 22

$x^2-2x+2=0$에서 근과 계수의 관계에 의해
$\alpha+\beta=2$, $\alpha\beta=2$이다. 또한 x값을 주어진
식에 대입한 $\alpha^2-2\alpha+2=0$, $\beta^2-2\beta+2=0$도
성립한다.

$\alpha^2-\alpha+2=(\alpha^2-2\alpha+2)+\alpha=\alpha$
$\beta^2+\beta+2=(\beta^2-2\beta+2)+3\beta=3\beta$
$(\alpha^2-\alpha+2)(\beta^2+\beta+2)=\alpha\times3\beta=3\alpha\beta=6$

답 ①

유제 23

$x^2-2x+3=0$에서 근과 계수의 관계에 의해
$\alpha+\beta=2$, $\alpha\beta=3$이다. 또한 x값을 주어진
식에 대입한 $\alpha^2-2\alpha+3=0$, $\beta^2-2\beta+3=0$도
성립한다.

$\alpha^2+\alpha+3=(\alpha^2-2\alpha+3)+3\alpha=3\alpha$
$\beta^2+\beta+3=(\beta^2-2\beta+3)+3\beta=3\beta$
$\dfrac{9\beta}{\alpha^2+\alpha+3}+\dfrac{9\alpha}{\beta^2+\beta+3}$
$=\dfrac{9\beta}{3\alpha}+\dfrac{9\alpha}{3\beta}=\dfrac{3\beta}{\alpha}+\dfrac{3\alpha}{\beta}=3\times\dfrac{\alpha^2+\beta^2}{\alpha\beta}$
$=\alpha^2+\beta^2=(\alpha+\beta)^2-2\alpha\beta=-2$

답 ②

유제 24

$x^2 - 3x + 1 = 0$에서 근과 계수의 관계에 의해 $\alpha + \beta = 3$, $\alpha\beta = 1$이다. 또한 x값을 주어진 식에 대입한 $\alpha^2 - 3\alpha + 1 = 0$도 성립한다.

$$\frac{3}{\alpha} + \frac{\alpha}{\beta} = \frac{3\beta + \alpha^2}{\alpha\beta} = \frac{3\beta + 3\alpha - 1}{1}$$
$$= 3(\alpha + \beta) - 1 = 8$$

답 8

필.수.예.제 09-L

$x^2 + 2ax + b = 0$의 한 근이 $1 + \sqrt{2}$ 이므로 나머지 한 근은 $1 - \sqrt{2}$ 이다.

합 : $2 = -2a$, $a = -1$

곱 : $1 - 2 = -1 = b$

따라서 $ab = 1$이다.

답 1

필.수.예.제 09-R

$$\frac{1+i}{1-i} = \frac{(1+i)^2}{2} = i$$

$x^2 + ax + b = 0$의 한 근이 i이므로 다른 한 근은 $-i$이다.

합 : $-a = 0$

곱 : $b = -i^2 = 1$

답 1

유제 25

$$\frac{1}{\sqrt{3}+2} = 2 - \sqrt{3}$$

$x^2 + px + q = 0$의 한 근이 $2 - \sqrt{3}$ 이므로 다른 한 근은 $2 + \sqrt{3}$ 이다.

합 : $-p = 4$, $p = -4$

곱 : $1 = q$

답 $p = -4$, $q = 1$

유제 26

$$\frac{1}{1-i} = \frac{1+i}{1+1} = \frac{1+i}{2}$$

$x^2 + ax + b = 0$의 한 근이 $\frac{1+i}{2}$ 이므로 다른 한 근은 $\frac{1-i}{2}$ 이다.

합 : $-a = \frac{2}{2} = 1$, $a = -1$

곱 : $b = \frac{1-i^2}{4} = \frac{1}{2}$

$\therefore a + b = -\frac{1}{2}$

답 ②

유제 27

이차방정식의 한 근이 $2 + \sqrt{5}$ 이므로 다른 한 근은 $2 - \sqrt{5}$ 이다.

합 : 4, 곱 : -1이므로 근과 계수의 관계에 의해 조건을 만족하는 방정식은 $x^2 - 4x - 1 = 0$이다.

답 $x^2 - 4x - 1 = 0$

필.수.예.제 10-L

$x^2 - 2x + 4 = 0$에서 근과 계수의 관계에 의해 $\alpha + \beta = 2$, $\alpha\beta = 4$이다.

$\alpha^2 + 1$, $\beta^2 + 1$를 근으로 하는 방정식은 근과 계수의 관계에 의해 다음과 같이 표현할 수 있다.

$$x^2 - (\alpha^2 + 1 + \beta^2 + 1)x + (\alpha^2 + 1)(\beta^2 + 1) = 0$$

i) $\alpha^2 + \beta^2 + 2 = (\alpha + \beta)^2 - 2\alpha\beta + 2 = -2$

ii)
$(\alpha^2 + 1)(\beta^2 + 1) = (\alpha\beta)^2 + (\alpha^2 + \beta^2) + 1 = 13$

답 $x^2 + 2x + 13 = 0$

필.수.예.제 10-R

$f(2x-2)=0$의 $2x-2$값을 각각 α, β라고 하면, x의 값은 $\dfrac{\alpha+2}{2}$, $\dfrac{\beta+2}{2}$이다.

$$\dfrac{\alpha+2}{2} \times \dfrac{\beta+2}{2} = \dfrac{\alpha\beta+2(\alpha+\beta)+4}{4} = 3$$

답 3

유제 28

$2x^2-x+3=0$에서 근과 계수의 관계에 의해
$\alpha+\beta=\dfrac{1}{2}$, $\alpha\beta=\dfrac{3}{2}$이다.

$$\dfrac{1}{\alpha}+\dfrac{1}{\beta}=\dfrac{\alpha+\beta}{\alpha\beta}=\dfrac{\frac{1}{2}}{\frac{3}{2}}=\dfrac{1}{3}$$

$$\dfrac{1}{\alpha\beta}=\dfrac{2}{3}$$

따라서 주어진 조건을 만족하는 방정식은
$x^2-\dfrac{1}{3}x+\dfrac{2}{3}=0$, $3x^2-x+2=0$이다.

답 ①

유제 29

$x^2+3x-1=0$에서 근과 계수의 관계에 의해
$\alpha+\beta=-3$, $\alpha\beta=-1$이다.

$$\dfrac{\beta}{\alpha}+\dfrac{\alpha}{\beta}=\dfrac{\alpha^2+\beta^2}{\alpha\beta}=\dfrac{(\alpha+\beta)^2-2\alpha\beta}{\alpha\beta}=-11$$

$$\dfrac{\beta}{\alpha} \times \dfrac{\alpha}{\beta}=1$$

따라서 주어진 조건을 만족하는 방정식은
$x^2+11x+1=0$이다.

답 ④

유제 30

$f(x)=0$의 두 근을 각각 α, β라고 하면
$\alpha+\beta=5$, $f(\alpha)=0$, $f(\beta)=0$이다.
$f(3x-2)=0$의 두 근을 p, q라 하면
$3p-2=\alpha$, $3q-2=\beta$이고, 정리하면
$p=\dfrac{2+\alpha}{3}$, $q=\dfrac{2+\beta}{3}$이다.

$$\therefore p+q=\dfrac{4+\alpha+\beta}{3}=3$$

답 ②

필.수.예.제 11-L

$x^2+(m+2)x+m+5=0$
ⅰ) $D=(m+2)^2-4(m+5) \geq 0$
　　　$=m^2-16 \geq 0$
　　　$m \geq 4$ 또는 $m \leq -4$
ⅱ) 합 : $-(m+2)>0$, $m<-2$
ⅲ) 곱 : $m+5>0$, $m>-5$
따라서 조건을 만족하는 m의 범위는
$-5<m \leq -4$이다.

답 $-5<m \leq -4$

필.수.예.제 11-R

$x^2+2(k-1)x+k-3=0$
ⅰ) $D/4=(k-1)^2-(k-3) \geq 0$
　　　$k^2-3k+4 \geq 0$ (항상 성립)
ⅱ) 합 : $-2(k-1)<0$, $k>1$
ⅲ) 곱 : $k-3<0$, $k<3$
따라서 조건을 만족하는 k의 범위는
$1<k<3$이고, 정수 k는 2이다.

답 2

유제 **31**

$x^2+2(k-1)x+3-k=0$의 두 근을 α, β라고 하면, $\alpha<0$, $\beta<0$이다.

i)
$$D/4=(k-1)^2-(3-k)$$
$$=k^2-2k+1-3+k$$
$$=k^2-k-2\ge 0$$
$$(k-2)(k+1)\ge 0,\ k\ge 2,\ k\le -1$$

ii) $\alpha+\beta=-2(k-1)<0,\ k>1$

iii) $\alpha\beta=3-k>0,\ k<3$

따라서 조건을 만족하는 k의 범위는 $2\le k<3$이다.

답 $2\le k<3$

유제 **32**

$x^2-ax+2a-4=0$의 두 근을 α, β라고 하면, $\alpha>0$, $\beta<0$이다.

$$D=a^2-4(2a-4)=a^2-8a+16$$
$$=(a-4)^2\ge 0$$

$\alpha\beta=2a-4<0.\ a<2$

답 ①

유제 **33**

$x^2+(a^2-3a-4)x-a+2=0$의 두 근을 α, $-\alpha$라고 하자.

i) 합 : $0=a^2-3a-4,\ (a-4)(a+1)=0,$
   $a=4$ 또는 $a=-1$

ii) 곱 : $-\alpha^2=-a+2,\ \alpha^2=a-2$
   $a=4\ :\ \alpha^2=2$
   $a=-1\ :\ \alpha=-3$ (허근)

따라서 조건을 만족하는 $a=4$이다.

답 4

---

 06 | 이차함수의 그래프

필.수.예.제 **01-L**

주어진 함수가 일차함수이므로 $x=-1$, $x=1$에서 함숫값이 0 이하이면 주어진 범위에서 항상 음의 값을 갖는다.

i) $x=-1$
$$y=-m+3m+1\le 0,\ m\le -\frac{1}{2}$$

ii) $x=1$
$$y=4m+1\le 0,\ m\le -\frac{1}{4}$$

답 $m\le -\frac{1}{2}$

필.수.예.제 **01-R**

주어진 함수가 일차함수이므로 $x=0$, $x=3$에서 함숫값의 곱이 음수이면 주어진 범위에서 양의 값과 음의 값을 모두 갖는다.

i) $x=0$
$$y=2k+3$$

ii) $x=3$
$$y=(3-k)\times 3+2k+3=-k+12$$

따라서 주어진 조건을 만족하는 k의 범위는
$$(2k+3)(-k+12)<0,\ k<-\frac{3}{2}\ \text{또는}\ k>12$$

답 $k<-\frac{3}{2}$ 또는 $k>12$

유제 **01**

주어진 함수가 일차함수이므로, $x=-1$에서 함숫값이 음수, $x=1$에서 함숫값이 0이나 음수이면 주어진 범위에서 항상 음의 값을 갖는다.

i) $x=-1$
$$y=-3m+m-2=-2m-2<0,\ -1<m$$

ii) $x = 1$

$y = 4m - 2 \leq 0$, $m \leq \dfrac{1}{2}$

따라서 주어진 조건을 만족하는 m의 범위는 $-1 < m \leq \dfrac{1}{2}$이다.

답 ②

유제 02

$y = ax - a - 2 = a(x-1) - 2$

주어진 함수는 a값에 관계없이 $(1, -2)$을 지난다.

i) $x = 2$, $y < 0$

$y = a - 2 < 0$, $a < 2$

ii) $x = 4$, $y > 0$

$y = 3a - 2 > 0$, $a > \dfrac{2}{3}$

따라서 주어진 조건을 만족하는 a의 범위는 $\dfrac{2}{3} < a < 2$이고, 정수 a는 1이다.

답 ①

유제 03

$y = ax + b$

i) $a > 0$

주어진 함수는 $(1, 1)$, $(3, 2)$를 지난다. 일차함수에 두 점을 대입하면 $a + b = 1$, $3a + b = 2$, 연립하면 $a = \dfrac{1}{2}$, $b = \dfrac{1}{2}$이고, $4(a^2 + b^2) = 2$이다.

ii) $a < 0$

주어진 함수는 $(1, 2)$, $(3, 1)$을 지난다. 일차함수에 두 점을 대입하면 $a + b = 2$, $3a + b = 1$, 연립하면 $a = -\dfrac{1}{2}$, $b = \dfrac{5}{2}$이고, $4(a^2 + b^2) = 26$이다.

답 ②

필.수.예.제 02-L

i) $x \geq 1$

$y = x - 2(x-1) = -x + 2$

ii) $x < 1$

$y = x + 2x - 2 = 3x - 2$

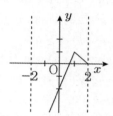

$x = 1$일 때 최댓값 1, $x = -2$일 때 최솟값 -8를 가지므로

$M + m = 1 + (-8) = -7$이다.

답 -7

필.수.예.제 02-R

i) $x < -2$

$y = -x - 2 - 2x + 4 = -3x + 2$

ii) $-2 \leq x < 2$

$y = x + 2 - 2x + 4 = -x + 6$

iii) $x \geq 2$

$y = x + 2 + 2x - 4 = 3x - 2$

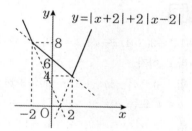

답 해설참조

유제 **04**

$y = |2x+4| - 1 \quad (-3 \le x \le 1)$

ⅰ) $-3 \le x < -2$

　　$y = -2x - 4 - 1 = -2x - 5$

ⅱ) $-2 \le x \le 1$

　　$y = 2x + 3$

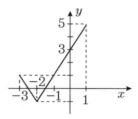

$x = 1$일 때 최댓값 5, $x = -2$일 때 최솟값 -1을 가지므로 $M + m = 5 + (-1) = 4$이다.

🔍답 4

유제 **05**

$y = |x-2| + |x+3|$

ⅰ) $x < -3$

　　$y = -x + 2 - x - 3 = -2x - 1$

ⅱ) $-3 \le x < 2$

　　$y = -x + 2 + x + 3 = 5$

ⅲ) $x \ge 2$

　　$y = x - 2 + x + 3 = 2x + 1$

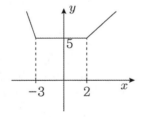

따라서 최솟값은 5이다.

🔍답 ④

유제 **06**

ⅰ) $x < -1$

　　$y = -3x + 11$

ⅱ) $-1 \le x < 5$

　　$y = x + 1 - x + 5 - x + 7 = -x + 13$

ⅲ) $5 \le x < 7$

　　$y = x + 1 + x - 5 - x + 7 = x + 3$

ⅳ) $x \ge 7$

　　$y = 3x - 11$

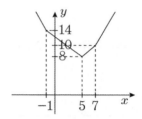

따라서 주어진 함수는 $x = 5$일 때 최솟값 8을 갖는다.

🔍답 ②

필.수.예.제 **03**

⑤ $y = -f(x)$: x축 대칭 함수

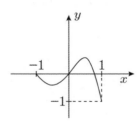

🔍답 ⑤

유제 **07**

i) $|y| = f(x)$

$$\begin{cases} y \geq 0 \ : \ y = f(x) \\ y < 0 \ : \ y = -f(x) \end{cases}$$

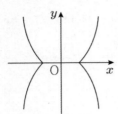

ii) $y = |f(x)|$

함숫값이 음의 값을 갖는 부분을 x축 대칭

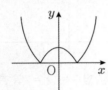

답 ③

유제 **08**

$|y| = f(|x|)$: $x \geq 0$, $y \geq 0$일 때의 그래프를
x축, y축 대칭하여 만든다.

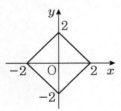

답 ③

필.수.예.제 04-1

$y = -2x^2 - 4x + 16 = -2(x-2)(x+4)$
$\quad = -2(x+1)^2 + 18$

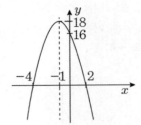

꼭짓점 $(-1, 18)$, 대칭축 $x = -1$
x절편 $(2, 0)$, $(-4, 0)$, y절편 $(0, 16)$

답 해설참조

필.수.예.제 04-2

(1) 꼭짓점이 $(-1, 2)$이고, 대칭축이 $x = -1$
이므로 $y = a(x+1)^2 + 2$이다.
$(0, 3)$을 지나므로 $3 = a + 2$, $a = 1$
$\therefore y = (x+1)^2 + 2$

(2) $y = ax^2 + bx + c$라고 하면 세 점 $(0, 0)$,
$(2, 1)$, $(1, -3)$을 지나므로 각각을
대입한 식은 다음과 같다.
$c = 0$, $1 = 4a + 2b$, $-3 = a + b$
세 식을 연립하며 $a = \dfrac{7}{2}$, $b = -\dfrac{13}{2}$,
$c = 0$이므로 주어진 포물선의 방정식은
$y = \dfrac{7}{2}x^2 - \dfrac{13}{2}x$이다.

(3) $(-2, 0)$, $(1, 0)$을 지나므로 주어진
방정식은 $y = a(x+2)(x-1)$꼴이고,
y절편이 4이므로 $(0, 4)$를 대입하면
$4 = a \times 2 \times (-1) = -2a$, $a = -2$이다.
따라서 주어진 포물선의 방정식은
$y = -2x^2 - 2x + 4$이다.

답 (1) $y = (x+1)^2 + 2$, (2) $y = \dfrac{7}{2}x^2 - \dfrac{13}{2}x$
$\quad$ (3) $y = -2x^2 - 2x + 4$

유제 09

주어진 이차함수가 $(-1, 0)$, $(3, 0)$을 지나므로 $y = a(x+1)(x-3)$꼴이다. 이 때 y절편이 -2이므로 $(0, -2)$를 대입하면

$a = \dfrac{2}{3}$, $f(x) = \dfrac{2}{3}(x+1)(x-3)$

$\therefore f(5) = \dfrac{2}{3} \times 6 \times 2 = 8$

답 8

유제 10

축의 방정식이 $x = 2$이므로 주어진 방정식은 $y = \alpha(x-2)^2 + \beta$꼴이며, $(0, 7)$, $(3, 1)$을 지나므로 방정식에 대입해서 α, β를 각각 구하면 $\alpha = 2$, $\beta = -1$이다.

$y = 2(x-2)^2 - 1 = 2(x^2 - 4x + 4) - 1$
$= 2x^2 - 8x + 7$
$\therefore abc = 2 \times (-8) \times 7 = -112$

답 -112

유제 11

$y = x^2 + k(x-1)$는 항상 $(1, 1)$을 지나고, x^2의 계수가 1이므로 주어진 방정식을 정리하면 $y = (x-1)^2 + 1 = x^2 - 2x + 2$이다. 따라서 $k = -2$이다.

답 -2

필수.예.제 05-1

x축 대칭이동 : $y = -x^2 - 2x - 1$
평행이동 : $y = -x^2 - 2x + 1 = -(x+1)^2 + 2$
문제에서 구하고자 하는 꼭짓점의 좌표는 $(-1, 2)$이고, $a + b = 1$이다.

답 1

필수.예.제 05-2

(1) $y = x^2 - 2kx + k^2 + 2k + 3$
$= (x-k)^2 + 2k + 3$이므로
꼭짓점의 좌표는 $(k, 2k+3)$이다.
꼭짓점이 제 1사분면에 있기 위해서는
$k > 0$, $2k + 3 > 0$이므로 문제의 조건을 만족하는 k의 범위는 $k > 0$이다.

(2) $(k, 2k+3)$이 $y = x + 1$ 위의 점이므로
$2k + 3 = k + 1$, $k = -2$이다.

답 $(1)\, k > 0$, $(2)\, k = -2$

유제 12

$y = 2x^2 - 8x + 7 = 2(x-2)^2 - 1$
$y = Y - b$, $x = X - a$를 대입하여 평행이동한 식을 구하면
$Y - b = 2(X - a - 2)^2 - 1$
$Y = 2(X - a - 2)^2 - 1 + b$
$= 2x^2 + 4x - 3$
$= 2(x+1)^2 - 5$
따라서 $1 = -a - 2$, $a = -3$, $-1 + b = -5$, $b = -4$이다.
$\therefore a + b = -7$

답 -7

유제 13

$y = x^2 - 2ax + 2a + 3$
$= (x^2 - 2ax + a^2) - a^2 + 2a + 3$
$= (x - a)^2 - a^2 + 2a + 3$
주어진 식의 꼭짓점은 $(a, -a^2 + 2a + 3)$이고, 제 4사분면 위에 있으므로 $a > 0$, $-a^2 + 2a + 3 < 0$, $(a-3)(a+1) > 0$, $a > 3$ 또는 $a < -1$이다. 따라서 주어진 조건을 만족하는 a의 범위는 $a > 3$이다.

답 $a > 3$

유제 14

$y = x^2 + 2ax + a^2 + 1 = (x+a)^2 + 1$

$y = -x^2 + 4x + b = -(x-2)^2 + b + 4$

$-a = 2, \ a = -2$

$1 = b + 4, \ b = -3$

따라서 $a - b = (-2) - (-3) = 1$

답 1

필.수.예.제 06

(1) $a < 0$

(2) 축 : $x = -\dfrac{b}{2a} < 0, \ b < 0$

(3) $(0, \ 0)$을 지나므로 $c = 0$

(4) $x = -1$: $y = a - b + c = 0$

(5) $x = 1$

    : $y = a + b + c < 0$

(6) $x = -\dfrac{1}{2}$

    : $y = \dfrac{1}{4}a - \dfrac{1}{2}b + c = \dfrac{1}{4}(a - 2b + 4c) > 0$

(7) $x = -2$

    : $y = 4a - 2b + c < 0$

답 해설참조

유제 15

① 아래로 볼록 : $a > 0$

② 축 : $x = -\dfrac{b}{2a} < 0, \ b > 0$

③ y절편 : $c < 0$

④ $x = -1$: $y = a - b + c < 0$

⑤ $x = -\dfrac{1}{2}$

    : $y = \dfrac{1}{4}a - \dfrac{1}{2}b + c = \dfrac{1}{4}(a - 2b + 4c) < 0$

답 ⑤

유제 16

ㄱ. 축 : $x = -\dfrac{b}{2a} > 0, \ ab < 0$

ㄴ. 위로 볼록 : $a < 0$, y절편 : $c > 0, \ ac < 0$

ㄷ. $x = 1$: $y = a + b + c > 0$

ㄹ. $x = -1$: $y = a - b + c = 0$

ㅁ. $x = -2$: $y = 4a - 2b + c < 0$

답 ②

유제 17

아래로 볼록 : $a > 0$

축 : $x = -\dfrac{b}{2a} > 0, \ b < 0$

y절편 : $c = 0$

$y = cx^2 + bx + a = bx + a$

기울기 음수, y절편 양수

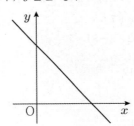

답 ④

필.수.예.제 07

i) $-2 \leq x < -1$

    $[x-1] = -3, \ y = -3x$

ii) $-1 \leq x < 0$

    $[x-1] = -2, \ y = -2x$

iii) $0 \leq x < 1$

    $[x-1] = -1, \ y = -x$

iv) $1 \leq x < 2$

    $[x-1] = 0, \ y = 0$

v) $x = 2$

    $y = 2$

위의 그래프를 바탕으로 조건을 만족하는 k값을 구하면

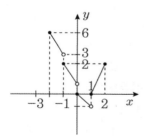

$(2, 2)$: $k=4$, $y=-x+4$에서 $(-2, 6)$도 $y=-x+4$위의 점

$(1, 0)$: $k=1$, $y=-x+1$에서 $(-1, 2)$도 $y=-x+1$위의 점

따라서 그림의 그래프와 $y=-x+k$가 두 점에서 만나기 위한 양수 k는 1, 4이고, 모든 k값의 합은 5이다.

🔍답 5

유제 18

(1) 주어진 범위를 나누어 각 범위별로 만족하는 그래프를 그린다.

  ⅰ) $-1 \leq x < 0$: $y=x+1$
  ⅱ) $0 \leq x < 1$: $y=x$
  ⅲ) $1 \leq x < 2$: $y=x-1$
  ⅳ) $2 \leq x < 3$: $y=x-2$
  ⅴ) $x=3$: $y=0$

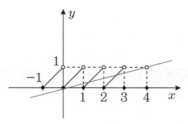

(2) (1)의 그림에 의해 주어진 조건을 만족하는 해의 개수는 3개다.

🔍답 (1) 해설참고, (2) 3개

유제 19

ㄱ. $[x]=n$ (n은 정수)

$n \leq x < n+1$ → $-1-n < -x \leq -n$

① $-1-n < -x < -n$
   $[-x]=-n-1$, $[x]+[-x]=-1$

② $-x=-n$, $[-x]=-n$
   $[x]+[-x]=0$

ㄴ. x가 정수일 때 성립

ㄷ. $x : \dfrac{1}{2}$, $y : \dfrac{1}{2}$

$[x+y]=1 \neq [x]+[y]=0$

ㄹ. $x=1$, $y=1$, $[x+y]=2=[x]+[y]$

🔍답 ㄴ, ㄹ

유제 20

$y=2[x]^2-[x]-1=(2[x]+1)([x]-1)=0$
$[x]=1$, $1 \leq x < 2$

🔍답 ①

07 | 이차함수의 활용

필수.예.제 01

주어진 두 함수가 서로 다른 두 점에서 만나므로, $-x^2+kx=x+1$,
$x^2-(k-1)x+1=0$의 판별식이 0보다 커야한다.
$D=(k-1)^2-4>0$
따라서 조건을 만족하는 k값의 범위는 $k>3$ 또는 $k<-1$이다.

답 $k<-1$ 또는 $k>3$

유제 01

이차함수 $y=x^2-2x+3a$의 그래프가 x축과 만나기 위한 조건은 $x^2-2x+3a=0$이라 하고 이차방정식을 풀었을 때, 실근을 가져야 한다. 1차항의 계수가 -2이므로 짝수판별식 $D/4 \geq 0$을 활용하자.

$D/4=1-3a \geq 0$, $\dfrac{1}{3} \geq a \cdots$ ㉠

또한, 이차함수 $y=3x^2+2ax+1$의 그래프가 x축과 만나지 않을 조건은 $3x^2+2ax+1=0$이라 하고, 이차방정식을 풀었을 때, 허근을 가져야 한다. 1차항의 계수가 $2a$이므로 짝수판별식 $D/4<0$을 활용하자.
$D/4=a^2-3<0$, $-\sqrt{3}<a<\sqrt{3} \cdots$ ㉡
㉠, ㉡ 식을 동시에 만족해야 하므로 실수 k값의 범위는 $-\sqrt{3}<a \leq \dfrac{1}{3}$이다.

답 $-\sqrt{3}<a \leq \dfrac{1}{3}$

유제 02

$A=\{(x,\ y)|y=x^2-ax+2\}$의 의미는 이차함수 $y=x^2-ax+2$의 그래프 위의 모든 점들의 집합이고, $B=\{(x,\ y)|y=x+1\}$의 의미는 일차함수 $y=x+1$의 그래프 위의 모든 점들의 집합을 의미한다. 이 때, 집합 A와 B의 교집합이 공집합이므로 $y=x^2-ax+2$와 $y=x+1$가 만나지 않는다. 따라서 $x^2-ax+2=x+1$이라고 하고 이차방정식을 풀었을 때, 허근을 가져야 한다.
$x^2-(a+1)x+1=0$
$D=(a+1)^2-4<0$, $-3<a<1$
따라서 $-3<a<1$를 만족하는 정수 a는 -2, -1, 0이므로 모든 정수 a 값의 합은 -3이다.

답 -3

유제 03

원점을 지나는 직선을 $y=mx$라고 하자. 이차함수 y^2-2x+4와 $y=mx$가 접할 조건은 $x^2-2x+4=mx$라 놓고 이차방정식을 풀었을 때 중근을 가져야 한다.
$x^2-(2+m)x+4=0$
$D=(2+m)^2-16=m^2+4m-12$
$\quad =(m+6)(m-2)=0$
$m=-6$ 또는 $m=2$

답 $m=-6$ 또는 $m=2$

필수.예.제 02

문제에서 구하고자 하는 직선의 방정식이 $y=-2x+5$와 평행하므로, 기울기는 -2이다. 직선의 방정식 $l : y=-2x+b$라 두면, l은 $y=-x^2+2x-3$에 접하므로 $-2x+b=-x^2+2x-3$, $x^2-4x+b+3=0$의 판별식의 값이 0이어야 한다.

$D/4 = 4 - b - 3 = 0, \ b = 1$

따라서 문제에서 구하고자 하는 직선의 방정식은 $y = -2x + 1$이다.

🔍답 $y = -2x + 1$

유제 04

직선 $y = ax + b$가 직선 $3x + y - 1 = 0$과 평행하다는 것은 두 직선의 기울기가 같고, 교점이 없다는 것이다. 직선 $3x + y - 1 = 0$을 정리해서 $y = -3x + 1$이라 하면, $y = ax + b$와 기울기가 같아야 하므로 $a = -3$이다. 이 때 두 직선의 교점이 없어야 하므로(두 직선이 일치하면 안되므로) $b \neq 1$이어야 한다.

이제 직선 $y = -3x + b$ $(\because a = -3)$와 $y = 2x^2 + x - 3$의 그래프가 접해야 하므로, $-3x + b = 2x^2 + x - 3$이라 놓고 이차방정식을 풀었을 때 중근을 가져야 한다.

즉, $2x^2 + 4x - b - 3 = 0$에서 $D = 0$
$D/4 = 4 - 2(-b - 3) = 2b + 10 = 0, \ b = -5$
$\therefore a + b = (-3) + (-5) = -8$

🔍답 ①

유제 05

점 $(2, \ 1)$을 지나는 직선의 기울기를 m이라 하면 $y = m(x - 2) + 1, \ y = mx - 2m + 1$이다. 이제 직선 $y = mx - 2m + 1$과 이차함수 $y = x^2 - 2x + 2$가 접해야하므로 $mx - 2m + 1 = x^2 - 2x + 2$라 하고 이차방정식을 풀었을 때 중근을 가져야 한다.
$x^2 - (m + 2)x + 2m + 1 = 0$
$D = (m + 2)^2 - 4(2m + 1) = m^2 - 4m = 0$
따라서 모든 m의 값들의 합은 4이다.

🔍답 ④

유제 06

직선 $y = mx + m^2$이 포물선 $y = ax^2 + b$에 접하려면 $ax^2 + b = mx + m^2$이라 하고 이차방정식을 풀었을 때 중근을 가져야 한다. 즉, $ax^2 - mx + b - m^2 = 0$에서 $D = 0$이다.
$D = m^2 - 4a(b - m^2) = 0$,
$(1 + 4a)m^2 - 4ab = 0$
이 때, 위 식이 m의 값에 관계없이 항상 성립해야 하므로 $1 + 4a = 0, \ -4ab = 0$이어야 한다.

따라서 $a = -\dfrac{1}{4}, b = 0$이다.

🔍답 $a = -\dfrac{1}{4}, b = 0$

필.수.예.제 03

문제에서 주어진 이차함수 $y = 2x^2 - 3x + 1$를 $f(x)$로 두면,
$f(-2) = 2 \times (-2)^2 - 3 \times (-2) + 1 = 15$,
$f(3) = 2 \times 3^2 - 3 \times 3 + 1 = 10$이므로 직선 $y = ax + b$는 $(-2, \ 15), \ (3, \ 10)$을 지난다. 두 좌표를 직선의 방정식에 대입하면
$15 = -2a + b \ \cdots \ㄱ, \ 10 = 3a + b \ \cdots \ㄴ$이고,
ㄱ, ㄴ를 연립하면 $a = -1, \ b = 13$
$\therefore a + b = 12$

🔍답 12

유제 07

이차함수 $y = x^2 + ax - 2$와 $y = 3x + b$의 교점의 x좌표는 $x^2 + ax - 2 = 3x + b$라 놓고 이차방정식을 풀었을 때의 두 근과 같다.
즉, $x^2 + (a - 3)x - 2 - b = 0$의 두 근은 -2, 4이다.
근과 계수의 관계에 의해
ⅰ) 두 근의 합 : $-(a - 3) = 2, \ a = 1$

---

ii) 두 근의 곱 : $-2-b=-8$, $b=6$

$\therefore a^2+b^2=1^2+6^2=37$

🔍답 37

유제 08

이차함수 $y=x^2$의 그래프와 직선 $y=ax+b$가
서로 다른 두 점 P, Q에서 만나고 점 P의
x좌표가 $1-\sqrt{3}$이므로 $x^2=ax+b$라고 놓고
이차방정식을 풀었을 때 한 실근이
$1-\sqrt{3}$이다. 문제에서 a와 b는 유리수라는
조건이 있으므로 이차방정식 $x^2-ax-b=0$의
한 실근이 $1-\sqrt{3}$이면 나머지 한 실근은
$1+\sqrt{3}$이다.
근과 계수와의 관계에 의하여

i) 두 근의 합 : $a=(1+\sqrt{3})+(1-\sqrt{3})=2$

ii) 두 근의 곱 : $-b=(1+\sqrt{3})(1-\sqrt{3})=-2$

$\therefore a+b=4$

🔍답 4

유제 09

문제에서 주어진 조건 $y=x^2+2x+3$과
$y=3x+9$를 이용하여 교점을 먼저 구하면
된다.

$x^2+2x+3=3x+9$

$x^2-x-6=(x+2)(x-3)=0$

$x=-2$, 3

따라서 교점의 좌표는 $(-2, 3)$와 $(3, 18)$이다.
이 때 $y=-2x^2+ax+b$도 $(-2, 3)$와 $(3, 18)$를
지나야 하므로 대입해서 a와 b를 구하면
다음과 같다.

$3=-8-2a+b$, $2a-b=-11\cdots\bigcirc$

$18=-18+3a+b$, $3a+b=36\cdots\bigcirc$

$\bigcirc$, $\bigcirc$를 연립하면 $a=5$, $b=21$

🔍답 $a=5$, $b=21$

필.수.예.제 04-1

문제의 조건에 의해 $-x+n=x^2+mx+1$,
$x^2+(m+1)x+(1-n)=0$의 해가 -3,
    1이다.
근과 계수의 관계에 의해
합 : $-2=-(m+1)$, $m=1$
곱 : $-3=1-n$, $n=4$
따라서 $m+n=5$이다.

🔍답 ③

필.수.예.제 04-2

$f(x)$의 두 근을 각각 α, β라고 하면,
$\alpha+\beta=3$이다.
$f(x+2)=0$의 두 근을 각각 p, q라 하면,
$p+2=\alpha$, $q+2=\beta$라고 할 수 있고, 두 근의 합
$p+q=(\alpha-2)+(\beta-2)=\alpha+\beta-4=-1$이다.

🔍답 ②

유제 10

문제의 조건에 의해 $x^2+mx+3=2x-n$
$x^2+(m-2)x+(3+n)=0$의 해가 1, 4이다.
근과 계수의 관계에 의해
합 : $5=-(m-2)$, $m=-3$
곱 : $4=3+n$, $n=1$
따라서 $f(x)=x^2-3x+3$, $g(x)=2x-1$이다.
$a=g(1)=1$, $b=g(4)=7$이므로
$a+b=8$이다.

🔍답 8

유제 11

$f(x)$의 두 근을 각각 α, β라고 하면,
$\alpha+\beta=-2$이다.

$f\left(\dfrac{x-2}{3}\right)=0$의 두 근을 각각 p, q라 하면,

$\dfrac{p-2}{3}=\alpha$, $\dfrac{q-2}{3}=\beta$라고 할 수 있고,

두 근의 합 $p+q$
$=(3\alpha+2)+(3\beta+2)=3(\alpha+\beta)+4=-2$이다.

답 ②

유제 12

이차함수와 직선의 교점이 각각 α, β이므로,
$x^2+mx+1=nx+2$, $x^2+(m-n)x-1=0$의
해가 α, β이다. 근과 계수의 관계에 의해
$\alpha\beta=-1$이다.

답 -1

필.수.예.제 05

$y=2x^2+4x+5=2(x+1)^2+3$
주어진 이차함수의 꼭짓점이 $(-1,\ 3)$이므로
$x=-1$일 때 최솟값 3을 갖는다.
$\therefore a+b=(-1)+3=2$

답 2

유제 13

$f(x)=x^2-2ax+b=(x-a)^2+b-a^2$
$f(x)$의 최솟값이 -1이므로
$b-a^2=-1$ $\cdots$㉠이다.
$g(x)=-x^2+4x+a+b$
$\qquad =-(x-2)^2+4+a+b$
$g(x)$의 최댓값이 9이므로
$4+a+b=9$ $\cdots$㉡이다.

㉡을 정리하면 $b=5-a$, ㉠에 대입하면
$a^2+a-6=0$, $(a+3)(a-2)=0$
$\therefore a=-3\ (\because a<0)$, $b=8$

답 $a=-3$, $b=8$

유제 14

$f(x)=-x^2+2kx-2k=-(x-k)^2+k^2-2k$
$k^2-2k=8$, $k^2-2k-8=0$
근과 계수의 관계에 의해 조건을 만족하는 모든
상수 k값의 곱은 -8이다.

답 ①

유제 15

$y=x^2-2ax+2a=(x-a)^2-a^2+2a$
$g(a)=-a^2+2a=-(a-1)^2+1$
따라서 $g(a)$의 최댓값은 1이다.

답 ④

필.수.예.제 06

(1) $y=-\dfrac{1}{2}(x+2)^2+3$

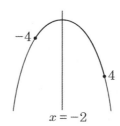

최댓값 : $f(-2)=3$
최솟값 : $f(4)=-15$

(2) $y = x^2 - 4x + 3 = (x-2)^2 - 1$

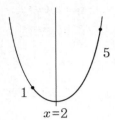

최댓값 : $f(5) = 8$
최솟값 : $f(2) = -1$

🔍답 (1) 3, -15, (2) 8, -1

유제 16

$f(x) = y = x^2 - 2x + 2 = (x-1)^2 + 1$

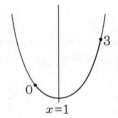

최댓값 M : $f(3) = 5$
최솟값 m : $f(1) = 1$
  $\therefore M + m = 6$

🔍답 ①

유제 17

$f(x) = 2x^2 - 12x + k = 2(x-3)^2 + k - 18$

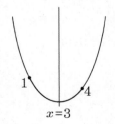

최솟값 : $-11 = k - 18$, $k = 7$
최댓값 M : $f(1) = -3$

$\therefore kM = -21$

🔍답 -21

유제 18

$X = x^2 - 2x + 3$
$= (x-1)^2 + 2$라고
하자.
X는
$-1 \le x \le 2$에서
$x = 1$일 때 최솟값 2,

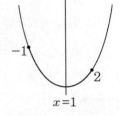

$x = -1$일 때 최댓값 6을 가지므로 X의 범위는
$2 \le X \le 6$이다.
주어진 식을
$y = X^2 - 4X + 1$
$= (X-2)^2 - 3$이라
하면, 최댓값 M은
$x = 6$일 때 13,
최솟값 m은 $x = 2$일
때 -3임을 알 수 있다.
따라서 $M + m = 13 + (-3) = 10$이다.

🔍답 ③

필.수.예.제 07-L

x, y가 실수이므로 주어진 식을 실수 x에 관한
식으로 정리하면 다음과 같다.
  $x^2 - 6x + 2y^2 + 4y + 7$
  $= (x^2 - 6x + 9) + 2y^2 + 4y - 2$
  $= (x-3)^2 + 2y^2 + 4y - 2$
  $= (x-3)^2 + 2(y+1)^2 - 4$
실수 x에 대하여 $x = 3$일 때 위의 식도 최소가
되며, 이 때 $2(y+1)^2 - 4$가 최소일 때 전체
식이 최솟값을 가지므로 $x = 3$, $y = -1$일 때
최솟값 -4를 갖는다.
  $\therefore \alpha\beta + k = 3 \times (-1) + (-4) = -7$

🔍답 -7

$x^2 - 4x + y^2 = 0$, $y^2 = -x^2 + 4x$

$y^2 - 2x = (-x^2 + 4x) - 2x = -x^2 + 2x$

y가 실수 : $y^2 \geq 0$

$y^2 = -x^2 + 4x \geq 0$, $0 \leq x \leq 4$

$0 \leq x \leq 4$에서 $-x^2 + 2x$의 범위를 구하면

$-x^2 + 2x = -(x-1)^2 + 1$

따라서 최댓값은 $x = 1$일 때 1, 최솟값은 $x = 4$일 때 -8이다.

🔍답 최댓값 : 1, 최솟값 : -8

유제 **19**

x에 대한 이차식으로 정리하면

$2x^2 + 8x + y^2 - 6y + 10$

$= 2(x^2 + 4x) + y^2 - 6y + 10$

$= 2(x+2)^2 + (y-3)^2 - 7$

따라서 $x = -2$, $y = 3$일 때, 최솟값 -7을 갖는다.

🔍답 -7

유제 **20**

$y^2 = 9 - x^2$

y가 실수이므로 $y^2 \geq 0$, $9 - x^2 \geq 0$,

$-3 \leq x \leq 3$

$4x + y^2 = 4x + 9 - x^2 = -(x-2)^2 + 13$

따라서 $-3 \leq x \leq 3$ 범위 내에서 $x = 2$일 때 최댓값 13, $x = -3$일 때 최솟값 -12를 갖는다.

🔍답 최댓값 : 13, 최솟값 : -12

유제 **21**

$y = 1 - x$

$y \geq 0$, $1 - x \geq 0$, 따라서 $0 \leq x \leq 1$이다.

$2x^2 + y^2 = 2x^2 + (1-x)^2 = 3x^2 - 2x + 1$

$\qquad = 3\left(x - \dfrac{1}{3}\right)^2 + \dfrac{2}{3}$

따라서, 구간 $0 \leq x \leq 1$에서 $x = 1$일 때, 최댓값 2, $x = \dfrac{1}{3}$일 때, 최솟값 $\dfrac{2}{3}$을 갖는다.

🔍답 $2, \dfrac{2}{3}$

---

y에 관한 이차방정식으로 정리

$y^2 + 2xy + 2x^2 - 9 = 0$

y가 실수이므로

$D/4 = x^2 - 2x^2 + 9 \geq 0$

$-3 \leq x \leq 3$

따라서 x의 범위는 $-3 \leq x \leq 3$, 최댓값은 3이다.

🔍답 3

---

(1) $2x + 3y = 12$

$\qquad y = \dfrac{12 - 2x}{3}$

$\qquad y > 0$: $\dfrac{12 - 2x}{3} > 0$, $0 < x < 6$

$\qquad xy = x \times \dfrac{12 - 2x}{3} = -\dfrac{2}{3}(x^2 - 6x)$

$\qquad = -\dfrac{2}{3}(x-3)^2 + 6$

따라서 최댓값은 6이다.

(2) $x > 0$, $y > 0$이므로 $xy = 12$, $y = \dfrac{12}{x}$

$\qquad 3x + 4y = 3x + 4 \times \dfrac{12}{x}$

$$= 3x + \frac{48}{x} \geq 2\sqrt{3 \times 48} = 24$$

따라서 최솟값은 24이다.

[다른 풀이]

$3x + \dfrac{48}{x} = k$라 하면 양변에 x를 곱하여

정리하면 $3x^2 - kx + 48$

$= 3\left(x - \dfrac{k}{6}\right)^2 - \dfrac{k^2}{12} + 48 = 0$

$x = \dfrac{k}{6}$일 때 $k^2 = 48 \cdot 12$

$\therefore k = 24$

🔍답 (1) 6, (2) 24

유제 22

x에 관한 이차방정식
$x^2 - 8x + 4y^2 + 16y - 4 = 0$, x는 실수
$D/4 = 16 - 4y^2 - 16y + 4 \geq 0$
$\qquad -4y^2 - 16y + 20 \geq 0$
$\qquad (y+5)(y-1) \leq 0$
$\qquad -5 \leq y \leq 1$

따라서 최솟값은 -5이고, 최댓값은 1이므로 최댓값과 최솟값의 차이는 6이다.

🔍답 6

유제 23

$\dfrac{1}{a^2} + \dfrac{1}{b^2} = \dfrac{a^2 + b^2}{a^2 b^2} = \dfrac{1}{a^2 b^2}$

$= \dfrac{1}{a^2(1-a^2)} \ (\because a^2 + b^2 = 1)$

$= \dfrac{1}{-a^4 + a^2} = \dfrac{1}{-\left(a^2 - \dfrac{1}{2}\right)^2 + \dfrac{1}{4}}$에서

분모가 최대일 때, 식의 값이 최소가 된다.

따라서 $a^2 = \dfrac{1}{2}$일 때 최솟값 $\dfrac{1}{\frac{1}{4}} = 4$를 갖는다.

🔍답 ⑤

유제 24

x가 실수이므로 x에 관한 이차방정식으로 나타내면 다음과 같다.

$y = \dfrac{x^2 + 2x - 3}{x^2 - 2x + 3}$, $\ x^2 + 2x - 3 = x^2 y - 2yx + 3y$

$x^2(y-1) - 2x(y+1) + 3y + 3 = 0$

$D/4 = (y+1)^2 - (y-1)(3y+3) \geq 0$

$y^2 + 2y + 1 - 3(y^2 - 1) \geq 0$

$y^2 - y - 2 = (y-2)(y+1) \leq 0$

$-1 \leq y \leq 2$

따라서 주어진 식의 최솟값은 -1, 최댓값은 2이다.

🔍답 -1, 2

필.수.예.제 09

주어진 직사각형의 세로의 길이를 x, 가로의 길이를 y라고 하면 전체 철망의 길이가 $700\,\text{m}$이므로 $700 = 5x + 2y$, $x > 0$, $y > 0$이다.

$y = \dfrac{700 - 5x}{2}$, $y > 0$이므로 $0 < x < 140$이다.

$xy = x\left(\dfrac{700 - 5x}{2}\right) = -\dfrac{5}{2}x^2 + 350x$

$\qquad = -\dfrac{5}{2}(x - 70)^2 + 12250$

따라서 우리의 전체 넓이를 최대로 하는 $x = 70\,\text{m}$, $y = 175\,\text{m}$이다.

🔍답 ②

유제 25

판매총액은 물건 값과 판매 개수의 곱과 같다.

$(100+x)(400-2x)=-2(x-50)^2+45000$

$x=50$일 때 판매총액이 최대이므로 물건 값은 $x+100=150$원이다.

🔍**답** ③

유제 26

$y=-2t^2+16t+18=-2(t-4)^2+50$

$t=4$일 때 최고높이 $50\,\mathrm{m}$이므로 $a=4$, 지면은 높이가 $0\,\mathrm{m}$이므로 $y=0$일 때의 t값을 구하면

$0=-2t^2+16t+18$, $(t-9)(t+1)=0$, $t=9$이므로 $b=9$이다.

따라서 $a+b=4+9=13$이다.

🔍**답** ⑤

필.수.예.제 10

두 근 사이에 1이 있기 위한 조건은 주어진 이차식에 $x=1$을 대입했을 때 함숫값의 부호가 음수이면 된다.

$1-2k+2-k<0$

$\therefore k>1$

🔍**답** ④

유제 27

$y=x^2-(m+1)x+2m-1$

ⅰ) $x=-1$: $y<0$

$y=1+(m+1)+2m-1<0$, $m<-\dfrac{1}{3}$

ⅱ) $x=1$: $y<0$

$y=1-(m+1)+2m-1<0$, $m<1$

ⅰ), ⅱ)을 모두 만족시키는 m의 범위는 $m<-\dfrac{1}{3}$이다.

🔍**답** $m<-\dfrac{1}{3}$

유제 28

$y=x^2+ax+a^2-1$과 $y=0$의 교점이 근이다.

ⅰ) $x=1$: $y<0$

$1+a+a^2-1<0$

$a(a+1)<0$, $-1<a<0$

ⅱ) $x=-1$: $y>0$

$1-a+a^2-1>0$, $a(a-1)>0$

$a>1$ 또는 $a<0$

ⅰ), ⅱ)을 모두 만족시키는 a의 범위는 $-1<a<0$이다.

🔍**답** $-1<a<0$

유제 29

$x^2+x-2=0$, $(x+2)(x-1)=0$,

$x=1$ 또는 $x=-2$

$y=x^2-2x+m$과 $y=0$의 교점이 근이므로, 두 교점 중 하나만 $x=1$과 $x=-2$ 사이에 있어야 한다.

이때 $y=x^2-2x+m$의 축이 $x=1$이므로 $y=0$과의 교점 중 작은 근만이 $x=1$과 $x=-2$ 사이에 있을 수 있다.

ⅰ) $x=1$: $y=m-1<0$, $m<1$

ⅱ) $x=-2$: $y=4+4+m>0$, $m>-8$

따라서 조건을 만족하는 정수 m의 개수는 8개다.

🔍**답** ③

필.수.예.제 11

주어진 이차방정식의 두 근이 1보다 크기 위해서는 $D\geq0$, $x=1$일 때 함숫값 >0, 축 >1을 만족해야한다.

ⅰ) $D=m^2-16\geq0$, $m\geq4$, $m\leq-4$

ⅱ) $x=1$: $1-m+4>0$, $m<5$

iii) 축 : $x = \dfrac{m}{2} > 1$, $m > 2$

ⅰ), ⅱ), ⅲ)을 모두 만족시키는 x의 범위는
$4 \le m < 5$이다.

답 $4 \le m < 5$

유제 30

ⅰ) $D = 1 + 2a^2 > 0$, 항상 만족한다.

ⅱ) $x = 1$: $a + 2 - 2a > 0$, $a < 2$

ⅲ) 축 : $x = -\dfrac{2}{2a} = -\dfrac{1}{a} < 1$

    $-1 < a$

ⅰ), ⅱ), ⅲ)을 모두 만족시키는 a의 범위는
$0 < a < 2$이다.

답 $0 < a < 2$

유제 31

ⅰ) $D/4 = m^2 + m - 2 \ge 0$,
    $(m+2)(m-1) \ge 0$, $m \ge 1$, $m \le -2$

ⅱ) $x = -2$: $4 - 4m - m + 2 > 0$

    $5m < 6$, $m < \dfrac{6}{5}$

ⅲ) $x = 2$: $4 + 4m - m + 2 > 0$, $3m + 6 > 0$,
        $m > -2$

ⅳ) 축 : $x = -m$, $-2 < -m < 2$

ⅰ), ⅱ), ⅲ), ⅳ)를 모두 만족시키는 m의
범위는 $1 \le m < \dfrac{6}{5}$이다.

답 $1 \le m < \dfrac{6}{5}$

유제 32

ⅰ) $D/4 = m^2 - m > 0$, $m(m-1) > 0$,
    $m > 1$, $m < 0$

ⅱ) $x = -1$: $1 - 2m + m > 0$, $m < 1$

ⅲ) $x = 1$: $3m + 1 > 0$, $m > -\dfrac{1}{3}$

ⅳ) 축 : $x = -m$, $-1 < -m < 1$, $-1 < m < 1$

ⅰ), ⅱ), ⅲ), ⅳ)를 모두 만족시키는 m의
범위는 $-\dfrac{1}{3} < m < 0$이다.

답 $-\dfrac{1}{3} < m < 0$

08 | 여러 가지 방정식

필.수.예.제 01-L

$x^3 - 3x^2 - 13x + 15 = 0$

	1	-3	-13	15
1		1	-2	-15
	1	-2	-15	0
-3			-3	15
	1	-5	0	

조립제법을 이용하여 인수분해하면

$x^3 - 3x^2 - 13x + 15$
$= (x-1)(x+3)(x-5) = 0$

따라서 가능한 x는 1, -3, 5이므로 $\alpha = 5$, $\beta = -3$이다.

$\therefore \alpha + \beta = 2$

답 2

필.수.예.제 01-R

$x^4 - 2x^2 - 3x - 2 = 0$

	1	0	-2	-3	-2
-1		-1	1	1	2
	1	-1	-1	-2	0
2		2	2	2	
	1	1	1	0	

조립제법을 이용하여 인수분해하면

$x^4 - 2x^2 - 3x - 2 = (x+1)(x-2)(x^2+x+1)$
$= 0$

따라서 가능한 x는 -1, 2이므로 모든 실근의 합은 1이다.

답 1

유제 01

(1) $3x^3 - 14x^2 + 20x - 9 = 0$

	3	-14	20	-9
1		3	-11	9
	3	-11	9	0

조립제법을 이용하여 인수분해하면

$(x-1)(3x^2 - 11x + 9) = 0$

따라서 가능한 x를 근의 공식을 활용하여 구하면 1, $\dfrac{11 \pm \sqrt{13}}{6}$이다.

(2) $x^4 + 4x^3 - x^2 - 16x - 12 = 0$

	1	4	-1	-16	-12
-1		-1	-3	4	12
	1	3	-4	-12	0
2		2	10	12	
	1	5	6	0	
-2		-2	-6		
	1	3	0		

조립제법을 이용하여 인수분해하면

$x^4 + 4x^3 - x^2 - 16x - 12$
$= (x+1)(x-2)(x+2)(x+3) = 0$

따라서 가능한 x는 -3, -2, -1, 2이다.

답 해설참조

유제 02

$x^4 - 2x^3 + x^2 - 4 = 0$

	1	-2	1	0	-4
2		2	0	2	4
	1	0	1	2	0
-1		-1	1	-2	
	1	-1	2	0	

383

조립제법을 이용하여 인수분해하면

$x^4 - 2x^3 + x^2 - 4$

$= (x-2)(x+1)(x^2 - x + 2) = 0$

이 때, $x^2 - x + 2 = 0$의 판별식

$D = 1 - 8 < 0$이므로 두 허근을 갖는다.

따라서 가능한 두 실근은 2, -1이고, 두 허근의 곱은 근과 계수의 관계에 의해 2이다.

$\therefore |\alpha - \beta| + \gamma\delta = 5$

답 ⑤

유제 03

$2x^4 - x^3 - 6x^2 - x + 2 = 0$

	2	-1	-6	-1	2
2		4	6	0	-2
	2	3	0	-1	0
-1		-2	-1	1	
	2	1	-1	0	
-1		-2	1		
	2	-1	0		

조립제법을 이용하여 인수분해하면

$2x^4 - x^3 - 6x^2 - x + 2$

$= (x-2)(2x-1)(x+1)^2 = 0$

따라서 가능한 실수 x는 2, $\dfrac{1}{2}$, -1이며 양의

실수해의 합은 $2 + \dfrac{1}{2} = \dfrac{5}{2}$이다.

답 ⑤

필.수.예.제 02

(1) $x^4 - x^2 - 72 = 0$

$x^2 = t$라고 치환하면

$t^2 - t - 72 = 0$, $(t-9)(t+8) = 0$

$t = 9$, -8

$x^2 = t$이므로 x^2는 9 또는 -8

따라서 가능한 x는 ± 3, $\pm 2\sqrt{2}\,i$

(2) $x^4 - 6x^2 + 1 = 0$

$(x^2 - 1)^2 - (2x)^2 = 0$

$(x^2 + 2x - 1)(x^2 - 2x - 1) = 0$

근의 공식에 의하여,

$x = -1 \pm \sqrt{2}$ 또는 $x = 1 \pm \sqrt{2}$

답 해설참조

유제 04

(1) $x^4 - 3x^2 - 4 = 0$

$x^2 = t$라고 치환하면

$t^2 - 3t - 4 = 0$, $t = 4$ 또는 -1

$x^2 = t$에서 가능한 x는 ± 2 또는 $\pm i$

(2) $x^4 - 8x^2 - 9 = 0$

$x^2 = t$라고 치환하면

$t^2 - 8t - 9 = 0$, $t = 9$ 또는 -1

$x^2 = t$에서 가능한 x는 ± 3 또는 $\pm i$

(3) $x^4 - 7x^2 + 9 = 0$

$x^2 = t$라고 치환하면

$t^2 - 7t + 9 = 0$

근의 공식을 사용하면, $x^2 = t = \dfrac{7 \pm \sqrt{13}}{2}$

$x = \pm \sqrt{\dfrac{7 \pm \sqrt{13}}{2}} \pm \sqrt{\dfrac{14 \pm 2\sqrt{13}}{4}}$

$= \pm \left(\dfrac{\sqrt{13} \pm 1}{2} \right)$

따라서 가능한 x값은 $\dfrac{-1 \pm \sqrt{13}}{2}$ 또는

$\dfrac{1 \pm \sqrt{13}}{2}$

(4) $x^4 = -4$

$x^4 + 4 = 0$

$(x^2 + 2)^2 - 4x^2 = 0$

$(x^2 + 2x + 2)(x^2 - 2x + 2) = 0$

근의 공식에 의하여,

가능한 x는 $-1 \pm i$ 또는 $1 \pm i$

🔍답 해설참조

유제 05

$x^4 + 4x^3 - 3x^2 + 4x + 1 = 0$

$x^2\left(x^2 + 4x - 3 + \dfrac{4}{x} + \dfrac{1}{x^2}\right) = 0$

$x^2\left(\left(x + \dfrac{1}{x}\right)^2 + 4\left(x + \dfrac{1}{x}\right) - 5\right) = 0$

$x = 0$이 근이 아니므로,

$x + \dfrac{1}{x} = t$라 치환하면,

$t^2 + 4t - 5 = (t+5)(t-1) = 0$

$x + \dfrac{1}{x} = -5$ 또는 $x + \dfrac{1}{x} = 1$이다.

두 식을 이차방정식으로 바꾸면

$x^2 + 5x + 1 = 0$과 $x^2 - x + 1 = 0$이 되는데 판별식이 각각 $25 - 4 > 0$, $1 - 4 < 0$이기 때문에 $x^2 + 5x + 1 = 0$만 실근을 갖는다. 한 실근 α는 위의 식 $x = \alpha$에 대입했을 때 성립하므로, $\alpha + \dfrac{1}{\alpha} = -5$이다.

🔍답 -5

유제 06

$x^2 = t$라고 치환하면

$t^2 - 13t + 36 = 0$, $(t-9)(t-4) = 0$

$t = 9$ 또는 4, $x^2 = t$에서 x는 ± 3 또는 ± 2

따라서 가장 큰 근과 가장 작은 근의 곱은 $3 \times (-3) = -9$

🔍답 ⑤

$x^2 - 3x - 1 = t$로 치환한다.

$t^2 - 6(t+1) - 21 = 0$

$(t-9)(t+3) = 0$

$t = 9$ 또는 $t = -3$

따라서

$x^2 - 3x - 1 = 9$ 또는 $x^2 - 3x - 1 = -3$

i) $x^2 - 3x - 1 = 9$

$(x-5)(x+2) = 0$, $x = 5$ 또는 -2

ii) $x^2 - 3x - 1 = -3$

$(x-1)(x-2) = 0$, $x = 1$ 또는 2

따라서 양수인 근은 5, 2, 1이므로 합은 8이다.

🔍답 8

$x(x+1)(x-2)(x-3) - 10 = 0$

$(x^2 - 2x)(x^2 - 2x - 3) = 10$

$x^2 - 2x = t$로 치환한다.

$t(t-3) = 10$

$t^2 - 3t - 10 = 0$

$t = 5$ 또는 -2

따라서

$x^2 - 2x = 5$ 또는 $x^2 - 2x = -2$

i) $x^2 - 2x = 5$

   $x^2 - 2x - 5 = 0$

   주어진 식을 판별식을 이용하면,

   $D/4 = 1 + 5 = 6 > 0$

   두 실근의 곱은 -5

ii) $x^2 - 2x = -2$

   $x^2 - 2x + 2 = 0$

   주어진 식을 판별식을 이용하면,

   $D/4 = 1 - 2 = -1 < 0$ 이므로 주어진 x값은 실근이 아니므로 실근의 곱은 i)만 해당하므로 따라서 주어진 식의 모든 실근의 곱은 -5이다.

🔍답 -5

유제 07

$(x^2-3x)^2-2(x^2-3x)-8=0$

$x^2-3x=t$로 치환한다.

$t^2-2t-8=0$

$(t-4)(t+2)=0$

$x^2-3x=4$ 또는 $x^2-3x=-2$

ⅰ) $x^2-3x=4$

$x^2-3x-4=0$, $x=4$ 또는 -1

ⅱ) $x^2-3x=-2$

$x^2-3x+2=0$, $x=2$ 또는 1

답 ①

유제 08

$(x+1)(x+2)(x+3)(x+4)-24=0$

$(x^2+5x+4)(x^2+5x+6)-24=0$

$x^2+5x+4=t$로 치환

$t(t+2)-24=0$

$(t+6)(t-4)=0$

$t=-6$ 또는 $t=4$

따라서

$x^2+5x+4=-6$ 또는 $x^2+5x+4=4$

$x^2+5x+4=-6$가 허근을 가지므로 근의
공식에 의해 $x^2+5x+10=0$,

$=\dfrac{-5\pm\sqrt{15}\,i}{2}$이다.

답 $x=\dfrac{-5\pm\sqrt{15}\,i}{2}$

유제 09

$(x^2+4x+5)^2-12(x^2+4x)=40$

$x^2+4x+5=t$로 치환한다.

$t^2-12(t-5)=40$

$t^2-12t+20=0$

$t=2$ 또는 10

따라서

$x^2+4x+5=2$ 또는 $x^2+4x+5=10$

ⅰ) $x^2+4x+5=2$

$x^2+4x+3=0$, 두 근의 합은 -4

ⅱ) $x^2+4x+5=10$

$x^2+4x-5=0$, 두 근의 합은 -4

따라서 주어진 식의 모든 근의 합은 -8이다.

답 ①

필.수.예.제 04

주어진 식에 $x=-1$을 대입하면 성립하기
때문에

-1	1	0	$2m-1$	$2m$
		-1	1	$-2m$
	1	-1	$2m$	0

$(x+1)(x^2-x+2m)=0$으로 인수분해 된다.

ⅰ) 중근이 $x=-1$일 때,

$x^2-x+2m=0$은 $x=-1$을 근으로 갖는다.

$1+1+2m=0$, $m=-1$

ⅱ) 중근이 $x=-1$이 아닐 때,

$x^2-x+2m=0$이 중근을 갖는다.

$D=1-8m=0$, $m=\dfrac{1}{8}$

따라서 가능한 m값의 합은

$-1+\dfrac{1}{8}=-\dfrac{7}{8}$이다.

답 ①

유제 10

$x=1$을 대입하면 주어진 삼차방정식이 성립하므로

	1	0	$3p-1$	$-3p$
1		1	1	$3p$
	1	1	$3p$	0

$(x-1)(x^2+x+3p)=0$으로 인수분해한다.

i) 중근이 $x=1$일 때,

$x^2+x+3p=0$은 $x=1$을 근으로 갖는다.

$x=1$ 대입하면 $1+1+3p=0$, $p=-\dfrac{2}{3}$

ii) 중근이 $x=1$이 아닐 때,

$x^2+x+3p=0$은 중근을 갖는다.

$D=1-12p=0$, $p=\dfrac{1}{12}$

i), ii)에 의해 모든 p의 값은

$\dfrac{1}{12}-\dfrac{2}{3}=-\dfrac{7}{12}$ 이다.

답 $-\dfrac{7}{12}$

유제 11

$x=k$을 대입하면 식이 성립한다.

	1	0	$1-k^2$	$-k$
k		k	k^2	k
	1	k	1	0

$(x-k)(x^2+kx+1)=0$이다.

k는 실수이므로

$x^2+kx+1=0$이 허근을 갖는다.

$D=k^2-4<0$, $-2<k<2$

답 ③

유제 12

$x=-1$을 대입하면 식이 성립한다,

	2	a	a	2
-1		-2	$-a+2$	-2
	2	$a-2$	2	0

$(x+1)(2x^2+(a-2)x+2)=0$

$2x^2+(a-2)x+2=0$이 두 허근을 갖는다.

$D=(a-2)^2-16<0$

$-2<a<6$

따라서 정수 a의 개수는 7개다.

답 ②

필.수.예.제 05

삼차방정식의 근과 계수와의 관계에 의해

① $\alpha+\beta+\gamma=6$

② $\alpha\beta+\beta\gamma+\gamma\alpha=11$

③ $\alpha\beta\gamma=6$

④ $\alpha^2+\beta^2+\gamma^2$
$=(\alpha+\beta+\gamma)^2-2(\alpha\beta+\beta\gamma+\gamma\alpha)$
$=36-22=14$

⑤ $\alpha^3+\beta^3+\gamma^3-3\alpha\beta\gamma$
$=(\alpha+\beta+\gamma)(\alpha^2+\beta^2+\gamma^2-(\alpha\beta+\beta\gamma+\gamma\alpha))$
식에 대입하면 $\alpha^3+\beta^3+\gamma^3=36$

답 ⑤

유제 13

삼차방정식의 근과 계수와의 관계에 의해

$\alpha+\beta+\gamma=2$, $\alpha\beta+\beta\gamma+\gamma\alpha=1$, $\alpha\beta\gamma=2$

(1) $\dfrac{1}{\alpha}+\dfrac{1}{\beta}+\dfrac{1}{\gamma}=\dfrac{\alpha\beta+\beta\gamma+\gamma\alpha}{\alpha\beta\gamma}=\dfrac{1}{2}$

(2) $(\alpha+1)(\beta+1)(\gamma+1)$
$=\alpha\beta\gamma+(\alpha\beta+\beta\gamma+\gamma\alpha)+(\alpha+\beta+\gamma)+1$
$=6$

답 (1) $\dfrac{1}{2}$, (2) 6

유제 **14**

$\alpha+\beta+\gamma=3$이므로

$\alpha+\beta=3-\gamma, \ \alpha+\gamma=3-\beta,$

$\quad \beta+\gamma=3-\alpha$이다.

$(\alpha+\beta)(\beta+\gamma)(\gamma+\alpha)$

$=(3-\alpha)(3-\beta)(3-\gamma)$

$=27-9(\alpha+\beta+\gamma)+3(\alpha\beta+\beta\gamma+\gamma\alpha)-\alpha\beta\gamma$

$=27-9\times3+3\times1-2=1$

참고)

$x^2-2x^2+x-2=(x-\alpha)(x-\beta)(x-\gamma)$이므로

x^2-2x^2+x-2에 $x=3$을 대입한 값과 같다.

🔍답 ④

유제 **15**

$\alpha^3+\beta^3+\gamma^3$

$=(\alpha+\beta+\gamma)(\alpha^2+\beta^2+\gamma^2-(\alpha\beta+\beta\gamma+\gamma\alpha))$

$\quad+3\alpha\beta\gamma$

삼차방정식의 근과 계수와의 관계에 의해

$\alpha+\beta+\gamma=1, \ \alpha\beta+\beta\gamma+\gamma\alpha=-2,$

$\alpha\beta\gamma=-3$이고, 이를 대입하면

$\alpha^3+\beta^3+\gamma^3=-2$이다.

🔍답 ①

필.수.예.제 **06**

삼차방정식의 계수가 모두 유리수이므로 이 방정식은 켤레근을 갖는다.

세 근을 각각 $2+\sqrt{3}, \ 2-\sqrt{3}, \ \beta$라고 하면,

$2+\sqrt{3}+2-\sqrt{3}+\beta=3, \ \beta=-1$

$-a=(2+\sqrt{3})(2-\sqrt{3})\beta$이므로 $a=1$

따라서 $a=1$이고, 나머지 두 근은 $2-\sqrt{3}$, -1이다.

🔍답 $a=1$, 나머지 근은 $2-\sqrt{3}$, -1

유제 **16**

삼차방정식의 계수가 모두 실수이므로 이 방정식은 켤레복소수를 근으로 갖는다.

세 근을 각각 $1+\sqrt{2}i, \ 1-\sqrt{2}i, \ \alpha$라고 하면,

$1+\sqrt{2}i+1-\sqrt{2}i+\alpha=-a, \ 2+\alpha=-a$

$(1+\sqrt{2}i)(1-\sqrt{2}i)\alpha=3\alpha=3, \ \alpha=1$

$b=(1+\sqrt{2}i)(1-\sqrt{2}i)+(1+\sqrt{2}i)\alpha$

$\quad+(1-\sqrt{2}i)\alpha=5$

$a=-3$

$\therefore ab=-15$

🔍답 -15

유제 **17**

계수가 모두 유리수이므로 켤레근을 갖는다.

삼차방정식의 근과 계수와의 관계에 의해

$2+\sqrt{2}, \ 2-\sqrt{2}, \ \alpha$라 하자.

$2+\sqrt{2}+2-\sqrt{2}+\alpha=a$

$(2+\sqrt{2})(2-\sqrt{2})\alpha=-4$

$\alpha=-2$

$=(2+\sqrt{2})(2-\sqrt{2})+(2+\sqrt{2})\alpha+(2-\sqrt{2})\alpha$

$=-6=b$

$\therefore a+b=2-6=-4$

🔍답 -4

유제 **18**

계수가 모두 실수이므로 켤레근을 갖는다.

$1-i, \ 1+i, \ \alpha$를 근이라 하면,

$1-i+1+i+\alpha=a$

$(1-i)(1+i)+(1-i)\alpha+(1+i)\alpha=4$

$\alpha=1, \ a=3$

$b=-(1-i)(1+i)\alpha=-2$

$\therefore ab=3\times(-2)=-6$

🔍답 -6

필.수.예.제 **07-1**

$x^3 - 1 = 0$을 인수분해하면
$(x-1)(x^2+x+1) = 0$이 된다. ω는
허근이므로 $\omega^2 + \omega + 1 = 0$이다.

(1) $\omega^2 + \omega = -1$

(2) $\omega^4 + \omega^5 + \omega^6 = \omega^4(1 + \omega + \omega^2) = 0$

(3) $1 + \omega + \omega^2 + \ldots + \omega^9$

$\quad$ ω는 $x^3 = 1$의 근이므로 $\omega^3 = 1$이다,

$\quad 1 + \omega + \omega^2 = 0$

$\quad \omega^3 + \omega^4 + \omega^5 = 1 + \omega + \omega^2 = 0$

$\quad \omega^6 + \omega^7 + \omega^8 = 1 + \omega + \omega^2 = 0$

$\quad \omega^9 = 1$

$\quad \therefore 1 + \omega + \omega^2 + \ldots + \omega^9 = 1$

(4) $\omega^7 + \dfrac{1}{\omega^{10}} = \omega + \dfrac{1}{\omega} = \dfrac{\omega^2 + 1}{\omega} = \dfrac{-\omega}{\omega} = -1$

답 (1) -1, (2) 0, (3) 1, (4) -1

필.수.예.제 **07-2**

$x^2 - x + 1 = 0$의 한 허근이 α이므로
$\alpha^2 - \alpha + 1 = 0$,
$(\alpha+1)(\alpha^2 - \alpha + 1) = \alpha^3 + 1 = 0$
$\quad \alpha^3 = -1$
$\quad \alpha^{10} + \alpha^2 - 4 = -\alpha + \alpha^2 - 4 = -1 - 4 = -5$

답 -5

유제 **19**

$\omega + \dfrac{1}{\omega} = -1$, $\omega^2 + \omega + 1 = 0$

$(\omega-1)(\omega^2 + \omega + 1) = 0$, $\omega^3 = 1$

$\quad 1 + \omega + \omega^2 = 0$

$\quad \omega^3 + \omega^4 + \omega^5 = 0$

$\cdots$ $\omega^{27} + \omega^{28} + \omega^{29} = 0$

$\quad \omega^{30} = (\omega^3)^{10} = 1$

따라서 $1 + \omega + \omega^2 + \omega^3 + \cdots + \omega^{30} = 1$이다.

답 ④

유제 **20**

$x^2 = \dfrac{1 - 3 + 2\sqrt{3}\,i}{4} = \dfrac{-1 + \sqrt{3}\,i}{2}$

$x^2 - x + 1 = 0$을 만족한다.

$\quad (x+1)(x^2 - x + 1) = x^3 + 1 = 0$

$\quad \therefore x^3 = -1$

$\quad \therefore x^{10} - x^5 + 3 = (x^3)^3 \times x - (x^3) \times (x^2) + 3$
$\qquad\qquad\qquad = x^2 - x + 3 = 2$

답 ③

유제 **21**

$\omega^3 = 1$, $\omega^2 + \omega + 1 = 0$

ㄱ. $\omega^2 + \omega + 1 = 0$ (참)

ㄴ. $\omega^{1005} + \omega^{1003} = (\omega^3)^{335} + (\omega^3)^{334}\omega^2$
$\qquad = 1 + \omega^2 = -\omega$ (참)

ㄷ. $\omega^{100} + \dfrac{1}{\omega^{100}}$

$\qquad = (\omega^3)^{33}\omega + \dfrac{1}{(\omega^3)^{33}\omega}$

$\qquad = \omega + \dfrac{1}{\omega} = \dfrac{\omega^2 + 1}{\omega} = \dfrac{-\omega}{\omega} = -1$ (참)

답 ⑤

09 | 연립방정식

필.수.예.제 **01-1**

해가 무수히 많을 때 $\dfrac{3-a}{2}=\dfrac{4}{3+a}=\dfrac{5}{4+a}$를

만족하므로 $a=\alpha=1$이다.

해가 없을 때 $\dfrac{3-a}{2}=\dfrac{4}{3+a}\neq\dfrac{5}{4+a}$를 만족하

므로 $a=\beta=-1$이다.

$\therefore \alpha+\beta=1-1=0$

답 0

필.수.예.제 **01-2**

$\begin{cases} x+y+z=2 & \cdots \text{㉠} \\ 2x-y+z=6 & \cdots \text{㉡} \end{cases}$

㉠$-$㉡ : $-x+2y=-4 \cdots$ ㉣

$\begin{cases} x+y+z=2 & \cdots \text{㉠} \\ 3x+2y+z=5 & \cdots \text{㉢} \end{cases}$

㉠$-$㉢ : $-2x-y=-3 \cdots$ ㉤

㉣, ㉤을 연립하면 $x=2$, $y=-1$이다.

$x+y+z=2$에 x, y값을 대입하면, $z=1$이다.

$\therefore 2^2+(-1)^2+1^2=6$

답 6

유제 **01**

무수히 많은 해를 가질 때, $\dfrac{a}{6}=\dfrac{1}{a+1}=\dfrac{4}{12}$를

만족해야 하므로 $a=\alpha=2$이다.

해가 없을 때 $\dfrac{a}{6}=\dfrac{1}{a+1}\neq\dfrac{4}{12}$이므로

$a=\beta=-3$이다.

$\therefore \alpha\beta=2\times(-3)=-6$

답 -6

유제 **02**

$\begin{cases} 2y+3z=-1 & \cdots \text{㉠} \\ x+3z=-1 & \cdots \text{㉡} \end{cases}$

㉠$-$㉡ : $x=2y$

$x=2y$를 $x+2y=4$에 대입하면 $x=2$, $y=1$

㉡에 $x=2$를 대입하면 $3z=-3$, $z=-13$

$\therefore \alpha+\beta+\gamma=2+1+(-1)=2$

답 ②

유제 **03**

$\begin{cases} \dfrac{1}{x}+\dfrac{1}{y}+\dfrac{2}{z}=3 & \cdots \text{㉠} \\ \dfrac{1}{x}+\dfrac{2}{y}+\dfrac{1}{z}=4 & \cdots \text{㉡} \end{cases}$

㉠$-$㉡ : $-\dfrac{1}{y}+\dfrac{1}{z}=-1 \cdots$ ㉣

$\begin{cases} \dfrac{1}{x}+\dfrac{1}{y}+\dfrac{2}{z}=3 & \cdots \text{㉠} \\ \dfrac{2}{x}+\dfrac{1}{y}+\dfrac{1}{z}=1 & \cdots \text{㉢} \end{cases}$

㉠$-$㉢ : $-\dfrac{1}{x}+\dfrac{1}{z}=2 \cdots$ ㉤

㉣$+$㉤ : $-\dfrac{1}{x}-\dfrac{1}{y}+\dfrac{2}{z}=1$

이를 ㉠과 연립하면 $\dfrac{1}{z}=1$, $z=1$

$z=1$를 ㉣과 ㉤에 대입하여 x와 y를 구하면

$x=-1$, $y=\dfrac{1}{2}$

$\therefore x^2+y^2+z^2=1+\dfrac{1}{4}+1=\dfrac{9}{4}$

답 $\dfrac{9}{4}$

$x-y=3$을 양변 제곱하면 $x^2+y^2-2xy=9$, $x^2+y^2=5$와 연립하면 $2xy=-4$, $xy=-2$이다.

$x=y+3$을 $xy=-2$에 대입하여 정리하면 $y^2+3y+2=0$, $y=-2$, $x=1$ 또는 $y=-1$, $x=2$이다. 따라서 $|x|+|y|=1+2=3$이다.

답 3

$x^2-5xy+6y^2=(x-2y)(x-3y)=0$에서 $x=3y$ 또는 $x=2y$이다.

ⅰ) $x=3y$

$x^2+y^2=10y^2=10$, $y=\pm1$, $x=\pm3$

ⅱ) $x=2y$

$x^2+y^2=5y^2=10$, $y=\pm\sqrt{2}$, $x=\pm2\sqrt{2}$

$a+b$의 최댓값은 $x=2\sqrt{2}$, $y=\sqrt{2}$일 때다.

$\therefore a+b=2\sqrt{2}+\sqrt{2}=3\sqrt{2}$

답 $3\sqrt{2}$

유제 **04**

$x^2+2xy+y^2=(x+y)^2=4$, $x+y=\pm2$

ⅰ) $x+y=2$

$x-y=4$와 연립하면 $x=3$, $y=-1$

ⅱ) $x+y=-2$

$x-y=4$와 연립하면 $x=1$, $y=-3$

$\therefore$ ⅰ)과 ⅱ) 경우 모두 xy 값은 -3이다.

답 ②

유제 **05**

첫 번째 식을 인수분해하면 $(x-4y)(x-y)=0$ 이므로 $x=4y$ 또는 $x=y$이다. 이를 두 번째 식에 대입하여 정리하면 다음과 같다.

ⅰ) $x=y$

$6x^2=30$, $x=\pm\sqrt{5}$, $y=\pm\sqrt{5}$

ⅱ) $x=4y$

$16y^2+12y^2+2y^2=30$, $y=\pm1$, $x=\pm4$

$\alpha+\beta$의 값은 $\pm2\sqrt{5}$, ±5가 될 수 있다.

답 ⑤

유제 **06**

$y=2x+k$를 $x^2+y^2=9$에 대입하면

$5x^2+4kx+k^2-9=0$

$\dfrac{D}{4}=4k^2-5k^2+45=0$

($\because$ 한 쌍의 해를 가지려면 위의 x에 관한 이차방정식에서 x값이 중근이어야 한다.)

$\therefore k=\pm3\sqrt{5}$

답 ⑤

㉠$\times3-$㉡$\times5$: $-7x^2-21xy-14y^2=0$이 된다. $x^2+3xy+2y^2=0$에서 $x=-y$ 또는 $x=-2y$이다. 각각의 경우를 첫 번째 식에 대입하여 해를 구하면 다음과 같다.

ⅰ) $x=-y$

$x^2+2x^2-3x^2=5$가 되므로 모순이다.

ⅱ) $x=-2y$

$4y^2+4y^2-3y^2=5$이므로 $y=\pm1$, $x=\mp2$

$\therefore (x, y)=(-2, 1)$, $(2, -1)$

답 $(x, y)=(2, -1)$, $(-2, 1)$

필.수.예.제 03-R

$$\begin{cases} x^2+y^2+2x=0 & \cdots \text{㉠} \\ x^2+y^2+x+y=2 & \cdots \text{㉡} \end{cases}$$

㉠ $-$ ㉡ : $x-y=-2$

$y=x+2$를 첫 번째 식에 대입하면

$x^2+x^2+4x+4+2x=0$

$x^2+3x+2=(x+1)(x+2)=0$

따라서 $x=-2$ 또는 $x=-1$일 때, $y=0$또는 $y=1$이다.

답 $\begin{array}{ll} x=-1 & \text{또는} \quad x=-2 \\ y=1 & \qquad\quad y=0 \end{array}$

유제 07

$$\begin{cases} x^2-xy+y^2=3 & \cdots \text{㉠} \\ x^2+2xy-4y^2=4 & \cdots \text{㉡} \end{cases}$$

$4\times$㉠ $-3\times$㉡ : $x^2-10xy+16y^2=0$

$(x-2y)(x-8y)=0, \quad x=2y, \quad x=8y$

i) $x=2y$를 ㉠에 대입하면

$4y^2-2y^2+y^2=3$

$y=\pm1, \quad x=\pm2$

ii) $x=8y$를 ㉠에 대입하면

$64y^2-8y^2+y^2=3$

$y^2=\dfrac{3}{57}$이므로 정수가 아니다.

i)에 의해 정수 해 $x=\alpha,\ y=\beta$의 $\alpha\beta$값은

$\therefore \alpha\beta=2$

답 2

유제 08

$$\begin{cases} x^2-y^2+2x+y=8 & \cdots \text{㉠} \\ 2x^2-2y^2+x+y=9 & \cdots \text{㉡} \end{cases}$$

$2\times$㉠ $-$ ㉡ : $3x+y=7$

$y=-3x+7$을 ㉠에 대입하면

$x^2-(9x^2-42x+49)+2x-3x+7=8$

$-8x^2+41x-50=0$

$8x^2-41x+50=0$

$(x-2)(8x-25)=0$

x는 정수이므로 $x=2$,

$3x+y=7$에 $x=2$를 대입하면 $y=1$

답 $x=2,\ y=1$

유제 09

$$\begin{cases} 3x^2+5y-2x=6 & \cdots \text{㉠} \\ x^2+2y-x=2 & \cdots \text{㉡} \end{cases}$$

㉠ $-3\times$㉡ : $-y+x=0$

$x=y$를 ㉡에 대입하면

$x^2+x=2, \quad (x+2)(x-1)=0$

$x=-2$ 또는 $x=1$

문제에서 될 수 '있는' 것으로 바꿔야함

$x=y$이므로 $x=y=-2$ 또는 $x=y=1$이므로

$x^2+y^2=8$ 또는 $x^2+y^2=2$

따라서 x^2+y^2이 될 수 있는 것은 8이다.

답 ③

필.수.예.제 04

공통근을 t라 하면

$t^2+(a+1)t+4a=0 \quad \cdots \text{㉠}$

$t^2-(a-5)t-4a=0 \quad \cdots \text{㉡}$

㉠ $+$ ㉡ : $2t^2+6t=0, \quad t=0$ 또는 $t=-3$

$\therefore t=0$이면 $a=0$, $t=-3$이면 $a=-6$

답 $a=0$ or -6

유제 10

공통근을 t라 하면

$t^2+(a-1)t-a=0 \quad \cdots \text{㉠}$

$2t^2+3at-a+2=0 \quad \cdots \text{㉡}$

$2\times$㉠ $-$ ㉡ : $(-a-2)t-a-2=0$

$(-a-2)(t+1)=0$

$a=-2$ 또는 $t=-1$

$a=-2$이면 t값에 상관없이 위의 등식이 성립하게 되므로 공통근이 2개가 된다.

$\therefore t=-1$

ⓒ식에 $t=-1$을 대입하면 $2-3a-a+2=0$

$\therefore a=1$

🔍답 ④

유제 11

공통근을 t라 하면

$3t^2-(k+1)t+4k=0 \cdots$ ㉠

$3t^2+(2k-1)t+k=0 \cdots$ ㉡

㉠$-$㉡ : $-3kt+3k=0$, $k=0$ 또는 $t=1$

$k=0$이면 두 이차방정식은 2개의 공통근을 갖는다.

$\therefore t=1$ 즉, $\alpha=1$

㉠에 $t=1$를 대입하면, $k=-\dfrac{2}{3}$이므로

$3k+\alpha=3\times\left(-\dfrac{2}{3}\right)+1=-1$

🔍답 ①

유제 12

공통근을 t라 하면

$t^2+4mt-(2m-1)=0 \cdots$ ㉠

$t^2+mt+(m+1)=0 \cdots$ ㉡

㉠$-$㉡ : $3mt-3m=0$

$t=1$, $m=0$

$m=0$이면 공통근이 2개가 된다.

$\therefore t=1$

㉠에 $t=1$을 대입하면 $1+4m-2m+1=0$,

$m=-1$

두 방정식은 $x^2-4x+3=0$과 $x^2-x=0$이다.

두 방정식을 풀면 $x=3$ 또는 $x=1$,

$x=0$ 또는 $x=1$의 근을 각각 갖는다.

따라서 공통근이 아닌 두 근은,

$\therefore x=0$ 또는 $x=3$

🔍답 $m=-1$, $x=0, 3$

$xy-x-3y-2=0$

$x(y-1)-3(y-1)=5$

$(x-3)(y-1)=5$

i) $x-3=1$, $y-1=5$

$x=4$, $y=6$ $\quad \therefore xy=24$

ii) $x-3=-1$, $y-1=-5$

$x=2$, $y=-4$ $\quad \therefore xy=-8$

iii) $x-3=5$, $y-1=1$

$x=8$, $y=2$ $\quad \therefore xy=16$

iv) $x-3=-5$, $y-1=-1$

$x=-2$, $y=0$ $\quad \therefore xy=0$

🔍답 ③

$2x^2+4y^2+4xy+2x+1=0$

$(x+2y)^2+(x+1)^2=0$

$x=-2y$, $x=-1$

$\therefore x=-1$, $y=\dfrac{1}{2}$

$\therefore -1+\dfrac{1}{2}=-\dfrac{1}{2}$

🔍답 $-\dfrac{1}{2}$

유제 13

$2xy-6x+y+3=0$

$2x(y-3)+y-3=-6$

$(2x+1)(y-3)=-6$

$2x+1$	$y-3$	x	y
1	-6	0	-3
-6	1	$-\dfrac{7}{2}$	4
-2	3	$-\dfrac{3}{2}$	6

2	−3	$\dfrac{1}{2}$	0
3	−2	1	1
−3	2	−2	5
−1	6	−1	9
6	−1	$\dfrac{5}{2}$	2

8가지 경우를 체크하여 정수인 (x, y)의 개수를 구하면 4개다.

답 ④

유제 14

$x^2 - 4xy + 5y^2 + 2y + 1 = 0$
$x^2 - 4xy + y^2 + 4y^2 + 2y + 1 = 0$
$(x - 2y)^2 + (y + 1)^2 = 0$
$x = 2y, \ y = -1$
$\therefore x = -2, \ y = -1, \ x + y = -3$

답 ③

유제 15

$x^2 - 2xy + 2y^2 + 4x - 6y + 5 = 0$
$x^2 - 2x(y - 2) + 2y^2 - 6y + 5 = 0$
$(x - (y - 2))^2 + y^2 - 2y + 1 = 0$
$(x - y + 2)^2 + (y - 1)^2 = 0$
$x - y + 2 = 0, \ y = 1, \ x = -1$
$\therefore x + y = 0$

답 0

필.수.예.제 06-L

두 근을 α, β라고 하자.
$\alpha + \beta = m \ \cdots \ \boxed{○}, \ \alpha\beta = m + 5 \ \cdots \ \boxed{ⓛ}$
$\boxed{○}$식을 $\boxed{ⓛ}$에 대입하면
$\alpha\beta = \alpha + \beta + 5, \ \alpha\beta - \alpha - \beta = 5,$
$(\alpha - 1)(\beta - 1) = 6 \ \cdots \ \boxed{ⓒ}$
두 근이 모두 음수이므로 $\alpha < 0, \ \alpha - 1 < -1$
$\beta < 0, \ \beta - 1 < -1$이다.
따라서 $\boxed{ⓒ}$에서 가능한 $(\alpha - 1, \ \beta - 1)$값은
$(-2, \ -3), \ (-3, \ -2)$이고.
$m = \alpha + \beta = -3$이다.

답 -3

필.수.예.제 06-R

$D/4 = m^2 - 3m^2 + 4 = -2m^2 + 4 \geq 0$
$0 \leq m^2 \leq 2, \ -\sqrt{2} \leq m \leq \sqrt{2}$
정수 $m : -1, \ 0, \ 1$
i) $m = -1 : x^2 + 2x - 1 = 0$, 두 근이 정수가 아니다.
ii) $m = 0 : x^2 - 4 = 0, \ x = \pm 2$
iii) $m = 1 : x^2 - 2x - 1 = 0$, 두 근이 정수가 아니다.

답 $m = 0, \ x = \pm 2$

유제 16

$\alpha + \beta = -m + 1, \ \alpha\beta = m + 1$
$m = -(\alpha + \beta) + 1, \ \alpha\beta = -(\alpha + \beta) + 1 + 1$
$\alpha\beta + \alpha + \beta = 2, \ (\alpha + 1)(\beta + 1) = 3$

$\alpha+1$	$\beta+1$	α	β	$\alpha\beta$
1	3	0	2	0
3	1	2	0	0
−1	−3	−2	−4	8
−3	−1	−4	−2	8

$\alpha\beta = m+1$, $m+1 = 0$ 또는 8

$\therefore m = -1,\ 7$

답 $-1,\ 7$

유제 17

$D = m^2 - 4(m^2 - 1) \geq 0$

$m^2 - 4m^2 + 4 \geq 0$

$3m^2 \leq 4$, 정수 m은 $0,\ 1,\ -1$

 i) $m = -1$: $x^2 + x = 0$, $x = 0,\ -1$

 ii) $m = 0$: $x^2 - 1 = 0$, $x = \pm 1$

 iii) $m = 1$: $x^2 - x = 0$, $x = 0,\ 1$

따라서 m이 $0,\ 1,\ -1$일 때 주어진 방정식이 정수근을 갖는다.

답 $-1,\ 0,\ 1$

유제 18

$D/4 = (m+1)^2 - 2m^2 + 2m - 4 \geq 0$

$-m^2 + 4m - 3 \geq 0$

$m^2 - 4m + 3 \leq 0$

$1 \leq m \leq 3$, 정수 m은 $1,\ 2,\ 3$

 i) $m = 1$: $x^2 - 4x + 4 = 0$, $x = 2$

 ii) $m = 2$: $x^2 - 6x + 8 = 0$, $x = 2,\ 4$

 iii) $m = 3$: $x^2 - 8x + 16 = 0$, $x = 4$

따라서 가능한 m은 $1,\ 2,\ 3$, m값의 합은 6
문제 → '두근이 모두 정수가 되도록 하는'

답 6

---

10 │ 일차부등식

필수.예.제 01

(1) $ax + 1 > x + a^2$

$(a-1)x > a^2 - 1 = (a+1)(a-1)$

 i) $a = 1$: $0 \times x > 0$, 해가 없다

 ii) $a > 1$: $x > a + 1$

 iii) $a < 1$: $x < a + 1$

(2) $ax + 3 > x + a$

$(a-1)x > a - 3$

 i) $a = 1$: $0 \times x > -2$, x는 모든 실수

 ii) $a > 1$: $x > \dfrac{a-3}{a-1}$

 iii) $a < 1$: $x < \dfrac{a-3}{a-1}$

(3) $ax + b < cx + d$

$(a-c)x < d - b$

 i) $a > c$: $x < \dfrac{d-b}{a-c}$

 ii) $a < c$: $x > \dfrac{d-b}{a-c}$

 iii) $a = c$: $d > b$일 때 x는 모든 실수,
　　　　　$d \leq b$일 때 해가 없다.

답 풀이참조

유제 01

$ax - 2 > x + 1$, $(a-1)x > 3$

 i) $a > 1$: $x > \dfrac{3}{a-1}$

 ii) $a < 1$: $x < \dfrac{3}{a-1}$

 iii) $a = 1$: $0 \times x > 3$, 해가 없다.

답 풀이참조

유제 02

$ax + 3 > 2x + a, \quad (a-2)x > a-3$

i) $a < 2$: $x > \dfrac{a-3}{a-2}$

ii) $a < 2$: $x < \dfrac{a-3}{a-2}$

iii) $a = 2$: $0 \times x > -1$, 모든 실수

답 풀이참조

필수.예.제 02-L

$\begin{cases} 2x + 4 \geq -x + 16 & \cdots \text{㉠} \\ 6x - 1 \leq 4x + 11 & \cdots \text{㉡} \end{cases}$

㉠식을 정리하면 $3x \geq 12$, $x \geq 4$ $\cdots$ ㉢
㉡식을 정리하면 $2x \leq 12$, $x \leq 6$ $\cdots$ ㉣
따라서 ㉢, ㉣에 의해 $4 \leq x \leq 6$

답 $4 \leq x \leq 6$

필수.예.제 02-R

$\begin{cases} 3x - 7 > 5x - 13 & \cdots \text{㉠} \\ \dfrac{2x+5}{3} \leq -\dfrac{3x-1}{4} & \cdots \text{㉡} \end{cases}$

㉠식을 정리하면 $6 > 2x$, $x < 3$ $\cdots$ ㉢
㉡식을 정리하면 $8x + 20 \leq -9x + 3$,
$17x \leq -17$, $-1 \geq x$ $\cdots$ ㉣
따라서 ㉢, ㉣에 의해 $-1 \geq x$

답 $x \leq -1$

유제 03

$\begin{cases} -x + 3 \geq 4x - 2 & \cdots \text{㉠} \\ 3x - 5 < -2x + 10 & \cdots \text{㉡} \end{cases}$

㉠식을 정리하면 $5 \geq 5x$, $x \leq 1$ $\cdots$ ㉢
㉡식을 정리하면 $5x < 15$, $x < 3$ $\cdots$ ㉣
따라서 ㉢, ㉣에 의해 $x \leq 1$

답 $x \leq 1$

유제 04

$\begin{cases} \dfrac{1}{2}(x+3) > \dfrac{1}{4}x + 1 & \cdots \text{㉠} \\ 0.2x - 0.3 \leq 0.5x - 0.2 & \cdots \text{㉡} \end{cases}$

㉠식을 정리하면 $2x + 6 > x + 4$, $x > -2$ $\cdots$ ㉢

㉡식을 정리하면 $-0.1 \leq 0.3x$, $-\dfrac{1}{3} \leq x$ $\cdots$ ㉣

따라서 ㉢, ㉣에 의해 $-\dfrac{1}{3} \leq x$

답 $-\dfrac{1}{3} \leq x$

필수.예.제 03-L

$3x - 4 < 4x - 1 \leq 2x + 5$ 식에서

㉠ : $3x - 4 < 4x - 1$, $-3 < x$
㉡ : $4x - 1 \leq 2x + 5$, $2x \leq 6$, $x \leq 3$
㉠, ㉡에 의해 $-3 < x \leq 3$

답 $-3 < x \leq 3$

필수.예.제 03-R

$3x - 2 \leq \dfrac{x+6}{2} \leq 2(x+1)$ 식에서

㉠ : $3x - 2 \leq \dfrac{x+6}{2}$, $6x - 4 \leq x + 6$, $5x \leq 10$,
  $x \leq 2$

㉡ : $\dfrac{x+6}{2} \leq 2(x+1)$, $x + 6 \leq 4(x+1)$,
  $2 \leq 3x$, $\dfrac{2}{3} \leq x$

㉠, ㉡에 의해 $\dfrac{2}{3} \leq x \leq 2$

답 $\dfrac{2}{3} \leq x \leq 2$

유제 05

$4x-3 \leq -x+2 \leq -5x+3$ 식에서

㉠ : $4x-3 \leq -x+2$, $5x \leq 5$, $x \leq 1$

㉡ : $-x+2 \leq -5x+3$, $4x \leq 1$, $x \leq \dfrac{1}{4}$

㉠, ㉡에 의해 $x \leq \dfrac{1}{4}$

답 $x \leq \dfrac{1}{4}$

유제 06

$4 - \dfrac{x}{3} < \dfrac{-3x+1}{2} < -x+3$

㉠ : $4 - \dfrac{x}{3} < \dfrac{-3x+1}{2}$, $24-2x < -9x+3$,

$7x < -21$, $x < -3$

㉡ : $\dfrac{-3x+1}{2} < -x+3$, $-3x+1 < -2x+6$,

$-5 < x$

㉠, ㉡에 의해 $-5 < x < -3$

답 $-5 < x < -3$

필.수.예.제 04-L

$\begin{cases} x-4 \geq -2(x-1) & \cdots ㉠ \\ -(3x-7) \geq 2x-3 & \cdots ㉡ \end{cases}$

㉠식을 정리하면 $x-4 \geq -2x+2$, $3x \geq 6$,
$x \geq 2$ $\cdots$ ㉢

㉡식을 정리하면 $-3x+7 \geq 2x-3$, $5x \leq 10$,
$x \leq 2$ $\cdots$ ㉣

따라서 ㉢, ㉣에 의해 $x = 2$

답 $x = 2$

필.수.예.제 04-R

$\begin{cases} 3x-2 \geq 2x+6 & \cdots ㉠ \\ 5x-13 < x+3 & \cdots ㉡ \end{cases}$

㉠식을 정리하면 $x \geq 8$ $\cdots$ ㉢

㉡식을 정리하면 $4x < 16$, $x < 4$ $\cdots$ ㉣

따라서 ㉢, ㉣에 의해 해가 없다.

답 해가 없다.

유제 07

$2x+5 \leq x+2 \leq 3x+8$ 식에서

㉠ : $2x+5 \leq x+2$, $x \leq -3$

㉡ : $x+2 \leq 3x+8$, $-6 \leq 2x$, $-3 \leq x$

㉠, ㉡에 의해 $x = -3$

답 $x = -3$

유제 08

$\begin{cases} 2(x+2)-6 \leq 2x-2 & \cdots ㉠ \\ 3x-2 > 5(x-1)+1 & \cdots ㉡ \end{cases}$

㉠식을 정리하면 $2x+4-6 \leq 2x-2$,
$0 \times x \leq 0$, 해는 모든 실수 $\cdots$ ㉢

㉡식을 정리하면 $3x-2 > 5x-4$, $2 > 2x$,
$x < 1$ $\cdots$ ㉣

따라서 ㉢, ㉣에 의해 $x < 1$

답 $x < 1$

유제 09

$\begin{cases} 4(x+1)+x \leq 5(x-1) & \cdots ㉠ \\ 8(x+1) < 2(x+2)+4x & \cdots ㉡ \end{cases}$

㉠식을 정리하면 $5x+4 \leq 5x-5$, $4 \leq -5$ 해가
없다. $\cdots$ ㉢

㉡식을 정리하면 $8x+8 < 2x+4+4x$,
$2x < -4$, $x < -2$ $\cdots$ ㉣

따라서 ㉢, ㉣에 의해 해가 없다.

답 해가 없다.

필.수.예.제 05

$(2a-b)x+3a-2b<0$,

$(2a-b)x<-3a+2b$의 해가 $x<-3$이므로

$2a-b>0$, $x<\dfrac{-3a+2b}{2a-b}=-3$,

$-3a+2b=-6a+3b$, $3a=b$,

$2a-3a>0$, $a<0$

$(a-4b)x+2a+3b>0$,

$(a-4\times3a)x+2a+3\times3a>0$, $11a>11ax$,

$x>1$

따라서 $S=\{x|x>1\}$

🔍답 ④

유제 10

$ax+b>0$, $ax>-b$의 해가 $x<-2$이므로

$a<0$, $x<-\dfrac{b}{a}=-2$, $b=2a$

$(a+b)x<5b$, $3ax<10a$, $3x>10$, $x>\dfrac{10}{3}$

🔍답 ③

유제 11

$ax<2a+bx$, $(a-b)x<2a$의 해가

  $x>1$이므로

$a-b<0$, $x>\dfrac{2a}{a-b}=1$, $2a=a-b$,

$a=-b$이고, $a<b$에서 $a<0$, $b>0$이다.

$ax>2b$, $-bx>2b$, $bx<-2b$, $x<-2$

🔍답 ③

유제 12

$bx-(a+b)<0$, $bx<a+b$의 해가

$x>2$이므로 $b<0$, $x>\dfrac{a+b}{b}=2$, $a+b=2b$,

$a=b<0$

$ax+2a+b<0$, $ax+3a<0$,

$ax<-3a$, $x>-3$

🔍답 $x>-3$

필.수.예.제 06

$\begin{cases} 5x-2\le3x+a & \cdots ㉠ \\ 2x+b<4x+7 & \cdots ㉡ \end{cases}$

㉠식을 정리하면 $2x\le a+2$, $x\le\dfrac{a+2}{2}$ $\cdots ㉢$

㉡식을 정리하면 $b-7<2x$, $\dfrac{b-7}{2}<x$ $\cdots ㉣$

따라서 ㉢, ㉣에 의해 $\dfrac{b-7}{2}<x\le\dfrac{a+2}{2}$,

$\dfrac{a+2}{2}=4$, $a=6$이고, $\dfrac{b-7}{2}=-5$, $b=-3$이다.

🔍답 $a=6$, $b=-3$

유제 13

$\begin{cases} 7x-3\le5x+a & \cdots ㉠ \\ 3x-b\le4x-4 & \cdots ㉡ \end{cases}$

㉠식을 정리하면 $2x\le a+3$, $x\le\dfrac{a+3}{2} \cdots ㉢$

㉡식을 정리하면 $4-b\le x \cdots ㉣$

따라서 ㉢, ㉣에 의해 $4-b\le x\le\dfrac{a+3}{2}$에서

$4-b=2$, $b=2$이고 $\dfrac{a+3}{2}=2$, $a=1$이다.

🔍답 $a=1$, $b=2$

$5x-a \leq x-6 < 4x+b$

㉠ : $5x-a \leq x-6$, $4x \leq a-6$, $x \leq \dfrac{a-6}{4}$

㉡ : $x-6 < 4x+b$, $-b-6 < 3x$, $x > -\dfrac{b+6}{3}$

㉠, ㉡에 의해 $-\dfrac{b+6}{3} < x \leq \dfrac{a-6}{4}$ 에서

$-\dfrac{b+6}{3}=-1$, $b=-3$이고 $\dfrac{a-6}{4}=3$,

$a=18$이다.

$\therefore a+b=15$

답 15

필.수.예.제 07

$a^2x-a \leq 4x-2$, $(a^2-4)x \leq a-2$,

$(a+2)(a-2)x \leq a-2$

ⅰ) $a=2$: $0 \times x \leq 0$, 모든 실수

ⅱ) $a=-2$: $0 \times x \leq -4$, 해가 없다.

ⅲ) $a < -2 : x \leq \dfrac{1}{a+2}$

$\quad -2 < a < 2 : x \geq \dfrac{1}{a+2}$

$\quad a > 2 : x \leq \dfrac{1}{a+2}$

따라서 $m=2$, $n=-2$, $m-n=4$

답 4

$ax > a+x+1$, $(a-1)x > a+1$

$a=1$: $0 \times x > 2$, 해가 존재하지 않는다.

답 $a=1$

$a^2(x+1) > x+a$

$a^2x+a^2 > x+a$, $(a^2-1)x > a-a^2$

$\quad (a+1)(a-1)x > a(1-a)$

ⅰ) $a=1$: $0 \times x > 0$, 해가 없다.

ⅱ) $a=-1$: $0 \times x > -1 \times 2 = -2$, 모든 실수

답 ②

$ax-a > x-3$, $(a-1)x > a-3$

$a=1$: $0 \times x > -2$, 모든 실수에서 성립한다.

답 $a=1$

필.수.예.제 08-L

$\begin{cases} 3x+a \geq x-7 & \cdots ㉠ \\ 2x+4 < x+2 & \cdots ㉡ \end{cases}$

㉠식을 정리하면 $2x \geq -a-7$, $x \geq -\dfrac{a+7}{2}$

$\cdots ㉢$

㉡식을 정리하면 $x < -2$ $\cdots ㉣$

따라서 ㉢, ㉣에 의해 주어진 연립부등식의

해가 없도록 하려면 $-\dfrac{a+7}{2} \geq -2$, $a \leq -3$

답 $a \leq -3$

필.수.예.제 08-R

$\begin{cases} 3x+1 > 4 & \cdots ㉠ \\ x \leq a & \cdots ㉡ \end{cases}$

㉠식을 정리하면 $3x > 3$, $x > 1$ $\cdots ㉢$

따라서 ㉡, ㉢에 의해 주어진 연립부등식을

만족시키는 정수 x가 3개가 되도록 하는 실수

a의 값의 범위는 $4 \leq a < 5$이다.

답 $4 \leq a < 5$

유제 18

$\begin{cases} 3-x \le 2x-a & \cdots \ \bigcirc \\ 5x-4 \le 3x+2 & \cdots \ \bigcirc \end{cases}$

$\bigcirc$식을 정리하면 $3+a \le 3x$, $\dfrac{3+a}{3} \le x$ $\cdots$ $\bigcirc$

$\bigcirc$식을 정리하면 $2x \le 6$, $x \le 3$ $\cdots$ $\bigcirc$

따라서 $\bigcirc$, $\bigcirc$에 의해 $x=3=\dfrac{3+a}{3}$, $a=6$

답 $a=6$

유제 19

$3x-8 < 2x-3 < 4x-a$

$\bigcirc$: $3x-8 < 2x-3$, $x<5$

$\bigcirc$: $2x-3 < 4x-a$, $a-3 < 2x$, $\dfrac{a-3}{2} < x$

$\bigcirc$, $\bigcirc$에 의해 주어진 조건을 만족시키기 위한

$\dfrac{a-3}{2}$의 범위는 $2 \le \dfrac{a-3}{2} < 3$, $4 \le a-3 < 6$,

$7 \le a < 9$

따라서 실수 a의 최솟값은 7이다.

답 7

필.수.예.제 09-L

(1) $|2x-1| < 3$, $-3 < 2x-1 < 3$,

$\quad -2 < 2x < 4$, $-1 < x < 2$

(2) $|x+1|+|x-2| \le 5$

ⅰ) $x<-1$: $-x-1-x+2 \le 5$, $-4 \le 2x$,

$\quad -2 \le x$

따라서 $-2 \le x < -1$에서 주어진 부등식이
성립한다.

ⅱ) $-1 \le x < 2$: $x+1-x+2 \le 5$, $3 \le 5$,

$\quad x$는 모든 실수

따라서 $-1 \le x < 2$에서 주어진 부등식이
성립한다.

ⅲ) $2 \le x$: $x+1+x-2 \le 5$, $2x \le 6$, $x \le 3$

따라서 $2 \le x \le 3$에서 주어진 부등식이
성립한다.

ⅰ), ⅱ), ⅲ)에 의해 $-2 \le x \le 3$이다.

답 $-2 \le x \le 3$

필.수.예.제 09-R

$|a+1| < 1$: $-1 < a+1 < 1$, $-2 < a < 0$

$|b-1| < 3$: $-3 < b-1 < 3$, $-2 < b < 4$

$-4 < a+b < 4$, $-16 < 2a-3b < 6$

답 -4, 4, -16, 6

유제 20

(1) $|x-2| < 3$, $-3 < x-2 < 3$,

$-1 < x < 5$

(2) $|x-1| < 2x-5$

ⅰ) $x \ge 1$: $x-1 < 2x-5$, $4 < x$

ⅱ) $x < 1$: $-x+1 < 2x-5$, $2 < x$, 해가
없다.

ⅰ), ⅱ)에 의해 부등식의 해는 $x>4$

(3) $|x+1|+|3-x| > 6$

ⅰ) $x < -1$: $-x-1-x+3 > 6$, $x < -2$

ⅱ) $-1 \le x < 3$: $x+1-x+3 > 6$, $4 > 6$,
해가 없다.

ⅲ) $x \ge 3$: $x+1+x-3 > 6$, $2x > 8$, $x > 4$

ⅰ), ⅱ), ⅲ)에 의해 부등식의 해는

$x < -2$ or $x > 4$

답 풀이참조

유제 21

$3 \le x \le 10$, $2 \le y \le 6$

(1) $5 \le x+y \le 16$

(2) $-3 \le x-y \le 8$

(3) $6 \le xy \le 60$

(4) $\dfrac{1}{2} \le \dfrac{x}{y} \le 5$

답 풀이참조

유제 22

$|ax+b| \le 4$, $-4 \le ax+b \le 4$,

$-b-4 \le ax \le -b+4$

i) $a > 0$: $-\dfrac{b+4}{a} \le x \le \dfrac{-b+4}{a}$,

$\dfrac{-b+4}{a} = 6$, $\dfrac{b+4}{a} = 2$

$b = -6a+4$, $b+4 = 2a$를 연립하면

$a = 1$, $b = -2$

ii) $a < 0$: $\dfrac{-b+4}{a} \le x \le -\dfrac{b+4}{a}$,

$\dfrac{-b+4}{a} = -2$, $-\dfrac{b+4}{a} = 6$

$-b+4 = -2a$, $b+4 = -6a$를 연립하면

$a = -1$, $b = 2$

답 $a=1, b=-2$ 또는 $a=-1, b=2$

유제 23

$[x] = 3$: $3 \le x < 4$

$[y] = -2$: $-2 \le y < -1$

$[z] = 1$: $1 \le z < 2$, $-2 < -z \le -1$

$-1 < x+y-z < 2$, $[x+y-z] = -1, 0, 1$

답 $-1, 0, 1$

---

11 | 이차부등식

필.수.예.제 01-L

(1) $x^2-x > 2$, $x^2-x-2 > 0$,

$(x-2)(x+1) > 0$ ∴ $x < -1$, $x > 2$

(2) $-x^2-x+12 > 0$. $x^2+x-12 < 0$,

$(x+4)(x-3) < 0$

∴ $-4 < x < 3$

(3) $x^2 < 4x-1$, $x^2-4x+1 < 0$

$x^2-4x+1 = 0$이 되도록 하는 $x = 2 \pm \sqrt{3}$

$2-\sqrt{3} < x < 2+\sqrt{3}$

답 풀이참조

필.수.예.제 01-R

(1) $x^2+2x+1 > 0$, $(x+1)^2 > 0$

∴ $x \ne -1$인 모든 실수

(2) $x^2-4x+4 \ge 0$, $(x-2)^2 \ge 0$

∴ x는 모든 실수

(3) $x^2+6x+9 \le 0$, $(x+3)^2 \le 0$

∴ $x = -3$

(4) $x^2-2x+1 < 0$, $(x-1)^2 < 0$

∴ 해가 없다.

답 풀이참조

유제 01

$x^2+3x-10 < 0$, $(x+5)(x-2) < 0$

$-5 < x < 2$이므로 $\alpha = -5$, $\beta = 2$

$-x^2+2x+1 \le 0$

$x^2-2x-1 = 0$이 되도록 하는

$\qquad x = 1 \pm \sqrt{2}$ 이므로

$\gamma = 1 - \sqrt{2}$, $\delta = 1 + \sqrt{2}$

∴ $\alpha+\beta+\gamma+\delta = -1$

답 ①

유제 **02**

오직 하나의 해를 가지므로

$x^2 - 2(k-3)x - k + 3 \leq 0$를 정리하였을 때

$(ax+b)^2 \leq 0$꼴이 나와야 하므로

$x^2 - 2(k-3)x - k + 3 = 0$의 판별식은 0이다.

$D/4 = (k-3)^2 + k - 3 = 0$

$\qquad k^2 - 6k + 9 + k - 3 = 0$

$\qquad k^2 - 5k + 6 = (k-2)(k-3) = 0$

$\therefore k = 2, \ 3$

답 2 또는 3

유제 **03**

$\begin{cases} x^2 - x - 20 \leq 0 \\ x^2 - 6x + 7 > 0 \end{cases}$

㉠ : $x^2 - x - 20 \leq 0$, $(x-5)(x+4) \leq 0$,

$\quad -4 \leq x \leq 5$

㉡ : $x^2 - 6x + 7 > 0$, $x > 3 + \sqrt{2}$, $x < 3 - \sqrt{2}$

㉠, ㉡에 의해 $-4 \leq x < 3 - \sqrt{2}$를 만족시키는

정수 x는 $-4, \ -3, \ -2, \ -1, \ 0, \ 1$이고,

$3 + \sqrt{2} < x \leq 5$를 만족시키는 정수 x는

5이므로 모든 정수 x의 합은 -4이다.

답 ②

필.수.예.제 **02-L**

(1) $x^2 + 3x + 4 = \left(x + \dfrac{3}{2}\right)^2 + \dfrac{7}{4} \geq \dfrac{7}{4} > 0$이므로

해는 모든 실수

(2) $x^2 - 4x + 6 = (x-2)^2 + 2 \geq 0$, 해는 모든

실수

(3) $x^2 + 2x + 7 = (x+1)^2 + 6 \leq 0$, 해는 없다.

(4) $x^2 - x + 1 = \left(x - \dfrac{1}{2}\right)^2 + \dfrac{3}{4} < 0$, 해는 없다.

답 풀이참조

필.수.예.제 **02-R**

$x^2 - (k+1)x + k^2 \geq 0$의 x^2 계수가 0보다 크기

때문에 모든 실수에 대해 성립하기 위해서는

$x^2 - (k+1)x + k^2 = 0$의 판별식이 0보다

작거나 같아야 한다.

$D = (k+1)^2 - 4k^2 \leq 0$, $k^2 + 2k + 1 - 4k^2 \leq 0$,

$3k^2 - 2k - 1 \geq 0$, $(3k+1)(k-1) \geq 0$

따라서 k의 범위는 $k \geq 1$, $k \leq -\dfrac{1}{3}$이다.

답 $k \leq -\dfrac{1}{3}$ 또는 $k \geq 1$

유제 **04**

$\begin{cases} x^2 - x - 12 \leq 0 \\ x^2 - 3x + 5 > 0 \end{cases}$

㉠ : $(x-4)(x+3) \leq 0$, $-3 \leq x \leq 4$

㉡ : $\left(x - \dfrac{3}{2}\right)^2 + \dfrac{11}{4} > 0$, 모든 실수

㉠, ㉡에 의해 $-3 \leq x \leq 4$를 만족하는 정수

x는 $-3, \ -2, \ -1, \ 0, \ 1, \ 2, \ 3, \ 4$이므로 모든

x의 합은 4이다.

답 4

유제 **05**

모든 실수에 대하여 성립하기 위해서는

$a > 0$이고, $ax^2 - 2ax + 2 = 0$의 판별식이

0보다 작거나 같아야 한다. $D/4 = a^2 - 2a \leq 0$,

$0 \leq a \leq 2$이므로 조건을 만족하는 a의 범위는

$0 < a \leq 2$, 정수 $a = 1, \ 2$이다.

답 2개

유제 **06**

$mx^2 + 2mx + 3 > x^2 + 2x$,

$(m-1)x^2 + 2(m-1)x + 3 > 0$

i) $m=1$: $3>0$이므로 항상 성립

ii) $m-1>0$:

$$D/4 = (m-1)^2 - 3(m-1) < 0$$
$$, (m-1)(m-4) < 0,$$
$$1 < m < 4$$

따라서 i), ii)에 의해 조건을 만족하는 m의 값은 $1 \le m < 4$이다.

답 $1 \le m < 4$

필.수.예.제 **03-L**

$ax^2 + bx + c \ge mx + n$의 해는 이차함수 $y = ax^2 + bx + c$의 그래프가 일차함수 $y = mx + n$의 그래프보다 위에 있는 x값을 의미한다. 따라서 주어진 그래프에 의해 $x \le -2$ 또는 $x \ge 5$이다.

답 $x \le -2$ 또는 $x \ge 5$

필.수.예.제 **03-R**

이차함수 $y = x^2 + 2x + 2$의 그래프가 직선 $y = mx + n$보다 아래쪽에 있는 x값의 범위가 $2 < x < 3$이므로, 두 그래프는 $x = 2$, $x = 3$에서 만난다.

따라서 $Q(x) = (x^2 + 2x + 2) - (mx + n)$이라고 하면 $Q(2) = 0$, $Q(3) = 0$이다.

i) $Q(2) = 0$

$Q(2) = (2^2 + 2 \times 2 + 2) - (2m + n) = 0$

$2m + n = 10 \cdots \ominus$

ii) $Q(3) = 0$

$Q(3) = (3^2 + 2 \times 3 + 2) - (3m + n) = 0$

$3m + n = 17 \cdots \ominus$

$\ominus$, $\ominus$을 연립하면 $m = 7$, $n = -4$이므로 $m + n = 3$이다.

답 3

유제 07

$f(x) - g(x) \le 0$, $f(x) \le g(x)$
$-1 \le x \le 3$

답 $-1 \le x \le 3$

유제 08

$y = 3x + 1$의 그래프가 이차함수 $y = x^2 + x + a$의 그래프 아래쪽에 있는 범위가 $x < -1$, $x > b$이므로 두 그래프는 $x = -1$, $x = b$에서 만난다.

i) $x = -1$

$3 \times (-1) + 1 = (-1)^2 + (-1) + a$

$-3 + 1 = 1 - 1 + a$

$a = -2$

ii) $x = b$

$3b + 1 = b^2 + b - 2$

$b^2 - 2b - 3 = 0$, $b = 3$, -1

조건에 의해 $b > -1$이어야 하므로 $b = 3$이다.

$\therefore a + b = (-2) + 3 = 1$

답 1

유제 09

i) $m + 2 = 0$

$m = -2$, $-4x + 1 > -4x - 3$, 항상 성립한다.

ii) $m + 2 > 0$

$(m+2)x^2 - 4x + 1 > 2mx - 3$

$(m+2)x^2 - 2x(m+2) + 4 > 0$

이 식이 항상 성립하기 위해서는 $(m+2)x^2 - 2(m+2)x + 4 = 0$의 판별식이 0보다 작아야 한다.

$D/4 = (m+2)^2 - 4(m+2) < 0$

$(m+2)(m-2) < 0$, $-2 < m < 2$

i), ii)에 의해 조건을 만족하는 실수 m의 값의 범위는 $-2 \leq m < 2$이다.

답 ②

필.수.예.제 04-L

$\dfrac{1}{3} < x < \dfrac{1}{2} \Leftrightarrow \left(x - \dfrac{1}{3}\right)\left(x - \dfrac{1}{2}\right) < 0$

$\Leftrightarrow x^2 - \dfrac{5}{6}x + \dfrac{1}{6} < 0$

$\Leftrightarrow 6x^2 - 5x + 1 < 0$

$\Leftrightarrow -6x^2 + 5x - 1 > 0$

$\therefore a = -6, \ b = -1$

답 $a = -6, \ b = -1$

필.수.예.제 04-R

$-3 < x < 4 \Leftrightarrow (x+3)(x-4) < 0$

$\Leftrightarrow x^2 - x - 12 < 0$

$\Leftrightarrow a(x^2 - x - 12) > 0 \ (\because a < 0)$

$\therefore b = -a, \ c = -12a$

따라서 $ax^2 - bx + c > 0 \Leftrightarrow ax^2 + ax - 12a > 0$

$\Leftrightarrow x^2 + x - 12 < 0$

$\Leftrightarrow (x+4)(x-3) < 0 \Leftrightarrow -4 < x < 3$

답 $-4 < x < 3$

유제 10

$-2 < x < 3 \Leftrightarrow (x+2)(x-3) < 0$

$\Leftrightarrow x^2 - x - 6 < 0$

$\therefore a = -1, \ b = -6$

$-x^2 - x + 6 < 0 \Leftrightarrow x^2 + x - 6 > 0$

$\Leftrightarrow (x+3)(x-2) > 0 \Leftrightarrow x < -3$ 또는 $x > 2$

답 ④

유제 11

$2 < x < 4 \Leftrightarrow (x-2)(x-4) < 0 \Leftrightarrow$

$\quad x^2 - 6x + 8 < 0$

$\Leftrightarrow a(x^2 - 6x + 8) > 0, \ a < 0$

$\therefore b = -6a, \ c = 8a$

$cx^2 - 4bx + 16a > 0$

$\Leftrightarrow 8ax^2 + 24ax + 16a > 0$

$\Leftrightarrow x^2 + 3x + 2 < 0$

$\Leftrightarrow (x+1)(x+2) < 0 \Leftrightarrow -2 < x < -1$

답 $-2 < x < -1$

유제 12

$x^2 + ax + b > 0 \Leftrightarrow x < -3, \ x > 4$

$\Leftrightarrow (x+3)(x-4) > 0 \Leftrightarrow x^2 - x - 12 > 0$

$\therefore a = -1, \ b = -12$

$x^2 - 2x - 13 < 0 \Leftrightarrow (x-\alpha)(x-\beta) < 0$

$\therefore \alpha + \beta = 2, \ \alpha\beta = -13$

$\therefore \alpha^2 + \beta^2 = (\alpha+\beta)^2 - 2\alpha\beta = 4 + 26 = 30$

답 ④

필.수.예.제 05-L

i) $a = -1$: $6 > 0$이므로 항상 성립

ii) $a \neq -1$: $(a+1) > 0$

주어진 부등식이 항상 성립하기 위해서는 $(a+1)x^2 - 2(a+1)x + 6 = 0$의 판별식이 0보다 작아야 한다.

$D/4 = (a+1)^2 - 6(a+1) < 0$

$(a+1)(a+1-6) = (a+1)(a-5) < 0$

$-1 < a < 5$

i), ii)에 의해 주어진 조건을 만족하는 a 값의 범위는 $-1 \leq a < 5$, 정수 a는 $-1, 0, 1, 2, 3, 4$이다.

$\therefore -1 + 0 + 1 + 2 + 3 + 4 = 9$

답 9

주어진 부등식의 해가 존재하지 않으므로
$x^2 - 4ax + a^2 - 2a + 1 = 0$의 판별식이 0보다
작거나 같다.

$$D/4 = 4a^2 - a^2 + 2a - 1 \leq 0$$
$$3a^2 + 2a - 1 = (3a-1)(a+1) \leq 0$$
$$-1 \leq a \leq \frac{1}{3}$$

답 $-1 \leq a \leq \frac{1}{3}$

유제 13

$x^2 - x - 2 \geq 0 \Leftrightarrow (x-2)(x+1) \geq 0$
$\Leftrightarrow -1 \geq x, \ x \geq 2 \ \cdots \ \text{㉠}$
$x^2 - (a^2 + a - 1)x - (a^2 + a) < 0$
$\Leftrightarrow (x+1)(x - (a^2+a)) < 0$
$\Leftrightarrow -1 < x < a^2 + a \ \cdots \ \text{㉡}$
㉠과 ㉡의 범위를 모두 합쳤을 때 실수 전체가
나와야 하므로, $2 \leq a^2 + a, \ a^2 + a - 2 \geq 0$,
$(a+2)(a-1) \geq 0$
$\therefore a \geq 1, \ a \leq -2$

답 $a \leq -2, \ a \geq 1$

유제 14

$(x-1)(x-5) \leq k(x-p)$
$x = p : \ k \times 0 \geq (p-1)(p-5)$
$(p-1)(p-5) \leq 0, \ 1 \leq p \leq 5$
$\therefore \alpha = 1, \ \beta = 5, \ \alpha + \beta = 6$

답 6

유제 15

$-1 \leq (a-1)x + b \leq x^2 + 2x + 2$
㉠ : $-1 \leq (a-1)x + b, \ a = 1, \ b \geq -1$
㉡ : $b \leq x^2 + 2x + 2, \ 0 \leq x^2 + 2x + 2 - b$
　　이 식이 항상 성립하기 위해서는
　　$x^2 + 2x + 2 - b = 0$의 판별식이 0보다
　　작거나 같아야 한다.
　　$D/4 = 1 - 2 + b \leq 0, \ b \leq 1$
㉠, ㉡에 의해 $a = 1, \ -1 \leq b \leq 1$인 도형의
길이는 2이다.

답 ④

함수 $y = x^2 - 6x - a^2 + 6a$의 축의 방정식이
$x = 3$이므로 구간 $-2 \leq x \leq 2$에서 이차함수
의 그래프는 다음과 같다.

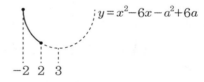
$y = x^2 - 6x - a^2 + 6a$

즉, $x = 2$일 때의 함숫값 $-8 - a^2 + 6a$가 0
이상이면 된다.
$a^2 - 6a + 8 \leq 0, \ (a-2)(a-4) \leq 0, \ 2 \leq a \leq 4$

답 $2 \leq a \leq 4$

유제 16

$y = x^2 - 2x + a$의 그래프에서 축은 $x = 1$이고,
그래프와 x축의 교점이 존재하지 않기 때문에
$D/4 = 1 - a < 0, \ 1 < a$이다.

답 $a > 1$

유제 17

$f(x) = x^2 - (a+4)x - 1$의 그래프에서 축은

$x = \dfrac{a+4}{2}$이다.

ⅰ) $\dfrac{a+4}{2} < 2 : a < 0$

　　$f(2) > 0$이어야하므로

　　$4 - 2(a+4) - a = -3a - 4 > 0,\ a < -\dfrac{4}{3}$

ⅱ) $2 \le \dfrac{a+4}{2} \le 5 : 0 \le a \le 6$

　　$D < 0$이어야하므로

　　$(a+4)^2 + 4a = a^2 + 12a + 16 < 0$

　　$a^2 + 12a + 16 = 0$의 판별식이 0보다 크기
　　때문에 이를 만족하는 a가 존재하지
　　않는다.

ⅲ) $5 < \dfrac{a+4}{2} : 6 < a$

　　$f(5) > 0$이어야하므로

　　$25 - 5(a+4) - a = 5 - 6a > 0,\ \dfrac{5}{6} > a$

　　조건을 만족하는 a의 범위가 존재하지
　　않는다.

ⅰ), ⅱ), ⅲ)에 의해 조건을 만족하는 a의
범위는 $a < -\dfrac{4}{3}$이고, 정수 a의 최댓값은
-2이다.

🔍답 -2

유제 18

$(x-3)(x-4) \le 0 \Leftrightarrow 3 \le x \le 4$

$a^2 - 2 \le x \le a^2 + 7$

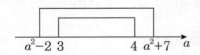

ⅰ) $a^2 - 2 \le 3,\ a^2 \le 5,\ 0 < a \le \sqrt{5}$
　　($\because\ a$는 양의 정수)

ⅱ) $4 \le a^2 + 7,\ -3 \le a^2,$ 항상 성립한다.

ⅰ), ⅱ)에 의해 조건을 만족하는 a의 범위는
$0 < a \le \sqrt{5}$이고, 정수 a는 1, 2이다.

🔍답 3

필수.예.제 07-L

(1) $|x-2| < |3+2x|$

ⅰ) $x < -\dfrac{3}{2} : -x + 2 < -3 - 2x\ \therefore\ x < -5$

ⅱ) $-\dfrac{3}{2} \le x < 2 : -x + 2 < 3 + 2x,\ -1 < 3x,$

　　$-\dfrac{1}{3} < x\ \therefore\ -\dfrac{1}{3} < x < 2$

ⅲ) $2 \le x : x - 2 < 3 + 2x,\ -5 < x\ \therefore\ 2 \le x$

따라서 주어진 부등식의 해는 $x < -5$,

$x > -\dfrac{1}{3}$

(2) $|x^2 - 4| < 3x$

ⅰ) $x^2 - 4 \ge 0 : x \ge 2,\ x \le -2$

　　$x^2 - 4 < 3x,\ x^2 - 3x - 4 < 0,$

　　$(x-4)(x+1) < 0,\ -1 < x < 4$

　　$\therefore\ 2 \le x < 4$

ⅱ) $x^2 - 4 < 0,\ -2 < x < 2$

　　$-x^2 + 4 < 3x,\ 0 < x^2 + 3x - 4$

　　$(x+4)(x-1) > 0,\ x > 1,\ x < -4$

　　$\therefore\ 1 < x < 2$

따라서 주어진 부등식의 해는 $1 < x < 4$

🔍답 (1) $x < -5,\ x > -\dfrac{1}{3}$, (2) $1 < x < 4$

필수.예.제 07-R

(1) $[x]^2 - 3[x] + 2 = ([x]-2)([x]-1) = 0$

ⅰ) $[x] = 1 : 1 \le x < 2$

ⅱ) $[x] = 2,\ 2 \le x < 3$

따라서 주어진 식의 해는 $1 \le x < 3$이다.

(2) $2[x]^2-9[x]+4<0$

$(2[x]-1)([x]-4)<0, \ \frac{1}{2}<[x]<4$

ⅰ) $[x]=1 \ : \ 1\leq x<2$

ⅱ) $[x]=2 \ : \ 2\leq x<3$

ⅲ) $[x]=3 \ : \ 3\leq x<4$

따라서 주어진 부등식의 해는 $1\leq x<4$이다.

🔍답 (1) $1\leq x<3$, (2) $1\leq x<4$

유제 **19**

(1) $|x^2-6x-8|<8, \ -8<x^2-6x-8<8$

㉠ : $-8<x^2-6x-8, \ x^2-6x>0$

  $\therefore x>6, \ x<0$

㉡ : $x^2-6x-8<8, \ x^2-6x-16<0$

  $(x-8)(x+2)<0, \ -2<x<8$

따라서 주어진 방정식의 해는

$-2<x<0, \ 6<x<8$이다.

(2) $|x^2-4x|<3, \ -3<x^2-4x<3$

㉠ : $-3<x^2-4x, \ 0<x^2-4x+3$

  $(x-1)(x-3)>0$

  $\therefore x>3, \ x<1$

㉡ : $x^2-4x<3, \ x^2-4x-3<0$

  $\therefore 2-\sqrt{7}<x<2+\sqrt{7}$

따라서 주어진 방정식의 해는

$2-\sqrt{7}<x<1, \ 3<x<2+\sqrt{7}$ 이다.

🔍답 풀이참조

유제 **20**

$-10<|x-2|-1<10, \ -9<|x-2|<11$

$|x-2|\geq 0$이므로

$|x-2|<11, \ -11<x-2<11, \ -9<x<13$

따라서 주어진 범위를 만족하는 정수 x의

개수는 21개다.

🔍답 21

유제 **21**

(1) $[x]^2+[x]-2=([x]-1)([x]+2)=0$

ⅰ) $[x]=1 \ : \ 1\leq x<2$

ⅱ) $[x]=-2 \ : \ -2\leq x<-1$

$\therefore 1\leq x<2, \ -2\leq x<-1$

(2) $[x]^2+4[x]+3=([x]+3)([x]+1)\leq 0$

  $-3\leq [x]\leq -1$

ⅰ) $[x]=-1 \ : \ -1\leq x<0$

ⅱ) $[x]=-2 \ : \ -2\leq x<-1$

ⅲ) $[x]=-3 \ : \ -3\leq x<-2$

  $\therefore -3\leq x<0$

🔍답 (1) $1\leq x<2, \ -2\leq x<-1$
　　(2) $-3\leq x<0$

필.수.예.제 08

(1) $\begin{cases} x-1>2x-3 & \cdots ㉠ \\ x^2\leq x+2 & \cdots ㉡ \end{cases}$

㉠ : $2>x \ \cdots ㉢$

㉡ : $x^2-x-2\leq 0, \ (x-2)(x+1)\leq 0 \ \cdots ㉣$

따라서 ㉢, ㉣을 만족하는 연립부등식의 해는

$-1\leq x<2$

(2) $\begin{cases} x^2-2x>8 & \cdots ㉠ \\ x^2-3x\leq 18 & \cdots ㉡ \end{cases}$

㉠ : $x^2-2x-8>0, \ (x-4)(x+2)>0$

$\therefore x>4, \ x<-2 \ \cdots ㉢$

㉡ : $x^2-3x-18\leq 0, \ (x-6)(x+3)\leq 0,$

$-3\leq x\leq 6 \ \cdots ㉣$

따라서 ㉢, ㉣을 만족하는 연립부등식의 해는

$-3\leq x<-2, \ 4<x\leq 6$

(3) $\begin{cases} x^2-16<0 & \cdots ㉠ \\ x^2-4x-12<0 & \cdots ㉡ \end{cases}$

㉠ : $(x+4)(x-4)<0, \ -4<x<4 \ \cdots ㉢$

㉡ : $(x-6)(x+2)<0, \ -2<x<6 \ \cdots ㉣$

따라서 ㉢, ㉣을 만족하는 연립부등식의 해는
$-2 < x < 4$

(4) $\begin{cases} x^2 - 2x - 1 > 0 & \cdots ㉠ \\ x^2 - x - 6 \leq 0 & \cdots ㉡ \end{cases}$

㉠ : $(x - (1 + \sqrt{2}))(x - (1 - \sqrt{2})) > 0$,
$x > 1 + \sqrt{2}$, $x < 1 - \sqrt{2}$ $\cdots ㉢$

㉡ : $(x-3)(x+2) \leq 0$, $-2 \leq x \leq 3$ $\cdots ㉣$

따라서 ㉢, ㉣을 만족하는 연립부등식의 해는
$-2 \leq x < 1 - \sqrt{2}$, $1 + \sqrt{2} < x \leq 3$

(5) $\begin{cases} x^2 + 2x - 35 > 0 & \cdots ㉠ \\ |x - 2| < 5 & \cdots ㉡ \end{cases}$

㉠ : $(x+7)(x-5) > 0$, $x > 5$, $x < -7$ $\cdots ㉢$

㉡ : $-5 < x - 2 < 5$, $-3 < x < 7$ $\cdots ㉣$

따라서 ㉢, ㉣을 만족하는 연립부등식의 해는
$5 < x < 7$

답 풀이참조

유제 22

$\begin{cases} x^2 - 3x - 4 \geq 0 & \cdots ㉠ \\ x^2 - x - 12 \leq 0 & \cdots ㉡ \end{cases}$

㉠ : $(x-4)(x+1) \geq 0$, $x \geq 4$, $x \leq -1$
$\cdots ㉢$

㉡ : $(x-4)(x+3) \leq 0$, $-3 \leq x \leq 4$ $\cdots ㉣$

따라서 ㉢, ㉣을 만족하는 연립부등식의 해는
$-3 \leq x \leq -1$, $x = 4$

답 $-3 \leq x \leq -1$, $x = 4$

유제 23

$\begin{cases} x^2 - 7x + 6 \geq 0 & \cdots ㉠ \\ x^2 - 3x - 10 > 0 & \cdots ㉡ \end{cases}$

㉠ : $(x-1)(x-6) \geq 0$, $x \geq 6$, $x \leq 1$ $\cdots ㉢$

㉡ : $(x-5)(x+2) > 0$, $x > 5$, $x < -2$ $\cdots ㉣$

따라서 ㉢, ㉣을 만족하는 연립부등식의 해는
$x < -2$, $x \geq 6$

답 $x < -2$, $x \geq 6$

유제 24

세로 길이를 $x\,$m, 가로길이를 $y\,$m라고 하면,
$x > 0$, $y > 0$이다.

ⅰ) $2(x+y) = 40$, $x+y = 20$, $y = 20 - x$,
$y > 0$이므로 $0 < x < 20$이다.

ⅱ) $xy = x(20-x) \geq 96$, $-x^2 + 20x \geq 96$,
$x^2 - 20x + 96 \leq 0$, $(x-8)(x-12) \leq 0$,
$8 \leq x \leq 12$

ⅲ) $x \leq y = 20 - x$, $x \leq 10$

ⅰ), ⅱ), ⅲ)에 의해 x의 범위는
$8 \leq x \leq 10$이다.

답 $8\,$m 이상 $10\,$m 이하

필.수.예.제 09

$\begin{cases} x^2 < (2n+1)x & \cdots ㉠ \\ x^2 - (n+1)x + n \geq 0 & \cdots ㉡ \end{cases}$

㉠ : $x^2 - (2x+1)x < 0$, $x(x - (2n+1)) < 0$,
$0 < x < 2n + 1$

㉡ : $(x-1)(x-n) \geq 0$, $x \geq n$, $x \leq 1$

㉠, ㉡에 의해 주어진 연립부등식의 해는
$0 < x \leq 1$, $n \leq x < 2n + 1$이다.

정수의 개수는 $1 + (2n+1-n)$개이므로,
$1 + (2n+1-n) = 100$, $n = 98$이다.

답 98

유제 25

$\begin{cases} x^2 - 2x - 8 < 0 & \cdots ㉠ \\ x^2 + (4-a)x - 4a \geq 0 & \cdots ㉡ \end{cases}$

㉠ : $(x-4)(x+2) < 0$, $-2 < x < 4$

㉡ : $(x+4)(x-a) \geq 0$

ⅰ) $x \leq a$, $x \geq -4$: 해가 $-2 < x < 4$,
정수가 1개가 아니므로 성립하지 않는다.

ⅱ) $x \geq a$, $x \leq -4$

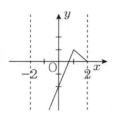

따라서 a의 범위는 $2 < a \le 3$이다.

답 $2 < a \le 3$

유제 26

$$\begin{cases} x^2-(a+1)x+a<0 & \cdots \textcircled{\scriptsize{가}} \\ x^2+(a-11)x-11a>0 & \cdots \textcircled{\scriptsize{나}} \end{cases}$$

$\textcircled{\scriptsize{가}}$: $(x-a)(x-1)<0, \ 1<x<a \ (a>1)$

$\textcircled{\scriptsize{나}}$: $(x-11)(x+a)>0, \ x>11, \ x<-a$

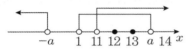

따라서 가능한 a의 범위는 $13 < a \le 14$,

$\quad n=13$

답 13

유제 27

$$\begin{cases} x^2<a^2 & \cdots \textcircled{\scriptsize{가}} \\ |x-1|\le b & \cdots \textcircled{\scriptsize{나}} \end{cases}$$

$\textcircled{\scriptsize{가}}$: $x^2-a^2<0, \ -a<x<a$

$\textcircled{\scriptsize{나}}$: $-b\le x-1\le b, \ 1-b\le x\le 1+b$

ⅰ) $1+b\le -a$일 때, $-a<0, \ 1+b>0$로 모순

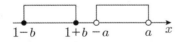

ⅱ) $a\le 1-b \Rightarrow a+b\le 1$

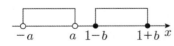

답 ④

주어진 이차방정식이 실근을 갖기 위해서는
판별식이 0보다 크거나 같아야한다.

$$D/4=(m+a)^2-2m^2-4m-b\ge 0$$
$$m^2+2am+a^2-2m^2-4m-b\ge 0$$
$$m^2-2(a-2)m-a^2+b\le 0$$

이때 주어진 조건을 만족하는 m의 범위가
$-2\le m\le 6$이므로, $\ (m+2)(m-6)\le 0$,
$m^2-2(a-2)m-a^2+b=m^2-4m-12$
$a-2=2, \ a=4$
$-16+b=-12, \ b=4$

답 $a=b=4$

유제 28

주어진 이차방정식이 중근을 갖기 위해서는
이차방정식의 판별식의 값이 0이어야 한다.

$$D=(a+1)^2-4(-a^2+4a+1)=0$$
$$a^2+2a+1+4a^2-16a-4=0$$
$$5a^2-14a-3=0$$
$$(5a+1)(a-3)=0, \ a=3$$

$a=3$을 처음 방정식에 대입하여 x값을 구하면
$x^2+4x+4=0, \ (x+2)^2=0, \ x=-2$

답 $a=3$, 중근: -2

유제 29

두 이차방정식이 모두 허근을 갖기 때문에 두
이차방정식의 판별식의 값이 각각 0보다 작다.

ⅰ) $D_1/4=4k^2-12k<0, \ 4k(k-3)<0,$
$\quad 0<k<3$

ⅱ) $D_2/4=k^2-4k+1<0,$
$\quad 2-\sqrt{3}<k<2+\sqrt{3}$

ⅰ), ⅱ)에 의해 주어진 조건을 만족하는 k의
범위는 $2-\sqrt{3}<k<3$이다.

답 $2-\sqrt{3}<k<3$

유제 30

i) $D=(m-1)^2-4(m+2)>0$

$m^2-2m+1-4m-8>0$

$m^2-6m-7=(m-7)(m+1)>0$

$m>7,\ m<-1$

근과 계수의 관계에 의해

ii) 두근의 합 >0 이므로 $-(m-1)>0,\ m<1$

iii) 두근의 곱 >0 이므로 $m+2>0,\ m>-2$

답 $-2<m<-1$

---

 12 | 평면좌표

필.수.예.제 01-L

A$(m,\ 0)$, B$(-1,\ -m)$

$\overline{\text{AB}}=\sqrt{(m-(-1))^2+(0-(-m))^2}$

$\quad\ =\sqrt{(m+1)^2+m^2}=2$

$m^2+2m+1+m^2=4$

$2m^2+2m-3=0$

근과 계수의 관계에 의해 모든 m의 값의 합은 -1이다.

답 -1

필.수.예.제 01-R

A$(3,\ 4)$, B$(5,\ 2)$, P$(a,\ 0)$, Q$(0,\ b)$

i) $\overline{\text{AP}}=\overline{\text{BP}}$

$\quad\sqrt{(a-3)^2+16}=\sqrt{(a-5)^2+4}$

$\quad(a-3)^2+16=(a-5)^2+4$

$\quad a^2-6a+9+16=a^2-10a+25+4$

$\quad 4a=4,\ a=1$

ii) $\overline{\text{AQ}}=\overline{\text{BQ}}$

$\quad\sqrt{9+(b-4)^2}=\sqrt{25+(b-2)^2}$

$\quad 9+(b-4)^2=25+(b-2)^2$

$\quad 9+b^2-8b+16=25+b^2-4b+4$

$\quad 4b=-4,\ b=-1$

$\overline{\text{PQ}}=\sqrt{1^2+(-1)^2}=\sqrt{2}$

답 $\sqrt{2}$

유제 01

A$(2,\ 3)$, B$(a,6)$

i) $\overline{\text{AB}}=3\sqrt{2}$

$\overline{\text{AB}}=\sqrt{(a-2)^2+(6-3)^2}=\sqrt{a^2-4a+13}$

$=3\sqrt{2}$

$a^2 - 4a - 5 = (a-5)(a+1) = 0$, $a = 5$, -1

B는 제 1사분면 위의 점이므로 $a > 0$, $a = 5$

ii) $\overline{BC}$의 길이

$\overline{BC} = \sqrt{(5-7)^2 + (6-2)^2} = \sqrt{(-2)^2 + 4^2}$
$= 2\sqrt{5}$

답 ⑤

유제 02

(1) $A(-4, 1)$, $B(-3, -2)$, $P(a, 0)$

$\overline{AP} = \overline{BP}$

$\sqrt{(a-(-4))^2 + (0-1)^2}$
$= \sqrt{(a+3)^2 + (0-(-2))^2}$

$a^2 + 8a + 16 + 1 = a^2 + 6a + 9 + 4$

$2a = -4$, $a = -2$

(2) $P(2, 3)$, $Q(0, b)$

$\overline{PR} = \overline{QR}$

$\sqrt{2^2 + (3-b)^2} = \sqrt{(5-b)^2 + 0}$

$4 + 9 - 6b + b^2 = b^2 - 10b + 25$

$4b = 12$, $b = 3$

답 (1) $(-2, 0)$, (2) $(0, 3)$

유제 03

같은 거리에 있는 점의 좌표 $P(a, b)$

$\overline{AP} = \overline{BP} = \overline{CP}$

$\sqrt{(a-0)^2 + (b-5)^2}$
$= \sqrt{(a-6)^2 + (b-(-3))^2}$
$= \sqrt{(a-7)^2 + (b-4)^2}$

㉠ :
$\sqrt{(a-0)^2 + (b-5)^2}$
$= \sqrt{(a-6)^2 + (b-(-3))^2}$

$a^2 + b^2 - 10b + 25 = a^2 - 12a + 36 + b^2 + 6b + 9$

$12a - 16b = 20$, $3a - 4b = 5$ $\cdots$ ㉢

㉡ : $\sqrt{(a-6)^2 + (b-(-3)^2}$
$= \sqrt{(a-7)^2 + (b-4)^2}$

$a^2 - 12a + 36 + b^2 + 6b + 9$
$= a^2 - 14a + 49 + b^2 - 8b + 16$

$2a + 14b = 20$, $a + 7b = 10$ $\cdots$ ㉣

㉢, ㉣ 연립하면 $a = 3$, $b = 1$

$\therefore a + b = 4$

답 4

필.수.예.제 02

(1) $A(-1, 3)$, $B(-2, -4)$, $C(3, 1)$

$\overline{AB} = \sqrt{(-1-(-2))^2 + (3-(-4))^2}$
$= \sqrt{(-1+2)^2 + 7^2} = \sqrt{50} = 5\sqrt{2}$

$\overline{BC} = \sqrt{(-2-3)^2 + (-4-1)^2}$
$= \sqrt{(-5)^2 + (-5)^2} = \sqrt{50} = 5\sqrt{2}$

$\overline{CA} = \sqrt{(3-(-1))^2 + (1-3)^2} = \sqrt{4^2 + 4}$
$= \sqrt{20} = 2\sqrt{5}$

따라서 $\triangle ABC$는 $\overline{AB} = \overline{BC}$인
이등변삼각형이다.

(2) $A(1, 3)$, $B(-1, 1)$, $C(5, -1)$

$\overline{AB} = \sqrt{(1-(-1))^2 + (3-1)^2} = \sqrt{2^2 + 2^2}$
$= \sqrt{8} = 2\sqrt{2}$

$\overline{BC} = \sqrt{(-1-5)^2 (1-(-1))^2} = \sqrt{6^2 + 2^2}$
$= \sqrt{40} = 2\sqrt{10}$

$\overline{CA} = \sqrt{(5-1)^2 + (-1-3)^2} = \sqrt{4^2 + 4^2}$
$= \sqrt{32} = 4\sqrt{2}$

$\overline{AB}^2 + \overline{CA}^2 = 8 + 32 = 40 = \overline{BC}^2$이므로
$\triangle ABC$는 $\angle A = 90°$인 직각삼각형이다.

답 해설참조

유제 04

$$\overline{AB} = \sqrt{(-1-1)^2+(1-(-1))^2} = \sqrt{2^2+2^2}$$
$$= \sqrt{8} = 2\sqrt{2}$$
$$\overline{BC} = \sqrt{(1-5)^2+(-1-3)^2} = \sqrt{4^2+4^2}$$
$$= \sqrt{32} = 4\sqrt{2}$$
$$\overline{CA} = \sqrt{(5-(-1))^2+(3-1)^2} = \sqrt{6^2+2^2}$$
$$= \sqrt{40} = 2\sqrt{10}$$

$\overline{CA}^2 = \overline{BC}^2 + \overline{AB}^2$ 이므로 $\triangle ABC$는
$\angle B = 90^\circ$인 직각삼각형이다.

답 ④

유제 05

$$\overline{AB} = \sqrt{(2-7)^2+(-2-(-3))^2} = \sqrt{5^2+1}$$
$$= \sqrt{26}$$
$$\overline{BC} = \sqrt{(7-4)^2+(-3-(-5))^2} = \sqrt{3^2+2^2}$$
$$= \sqrt{13}$$
$$\overline{CA} = \sqrt{(4-2)^2+(-5-(-2))^2} = \sqrt{4+3^2}$$
$$= \sqrt{13}$$

$\overline{AB}^2 = \overline{BC}^2 + \overline{CA}^2$ 이고 $\overline{BC} = \overline{CA}$ 이므로
$\triangle ABC$는 $\overline{BC} = \overline{CA}$ 이고 $\angle C = 90^\circ$인
직각이등변삼각형이다. 따라서
$\angle A = 45^\circ$ 이다.

답 45°

유제 06

$$\overline{AB} = \overline{AC}$$
$$\sqrt{(1-2)^2+(1-3)^2} = \sqrt{(1-3)^2+(1-k)^2}$$
$$\sqrt{1^2+2^2} = \sqrt{2^2+(1-k)^2}$$

양변 제곱하여 정리하면 $k^2 - 2k = 0$,
$k(k-2) = 0$
이때, k는 양수이므로 $k=2$이다.

답 $k=2$

점 A를 x축 대칭 이동시킨 점을 A′라고 하면,
A′$(-1, -1)$이다. 이 때 $\triangle AA'P$는
이등변삼각형이므로 $\overline{AP} = \overline{A'P}$이다.
$$\overline{AP} + \overline{BP} = \overline{A'P} + \overline{BP} \geq \overline{A'B}$$
$$= \sqrt{(-1-3)^2+(-1-2)^2} = \sqrt{4^2+3^2} = 5$$

답 5

점 A를 y축에 대칭 이동시킨 점을 A′라고
하면,
A′$(2, 1)$이다. 이 때 $\triangle AA'P$는
이등변삼각형이므로 $\overline{AP} = \overline{A'P}$이다.
$$\overline{AP} + \overline{BP} = \overline{A'P} + \overline{BP} \geq \overline{A'B}$$
$$= \sqrt{(2-(-5))^2+(1-(-2))^2} = \sqrt{7^2+3^2}$$
$$= \sqrt{58}$$

답 $\sqrt{58}$

유제 07

점 A를 x축 대칭 이동시킨 점을 A′라고
하면
A′$(3, -2)$이다. 이 때 $\triangle AA'P$는
이등변삼각형이므로 $\overline{AP} = \overline{A'P}$이다.
$$\overline{AP} + \overline{BP} = \overline{A'P} + \overline{BP} \geq \overline{A'B}$$
$$= \sqrt{(3-6)^2+(-2-4)^2} = \sqrt{3^2+6^2} = \sqrt{45}$$
$$= 3\sqrt{5}$$

답 ①

유제 08

점 B를 y축에 대칭 이동시킨 점을 B$'$라고 하면

B$'(-3, 1)$이다. △BB$'$Q는

이등변삼각형이므로 $\overline{BQ} = \overline{B'Q}$이다.

$\overline{AQ} + \overline{BQ} = \overline{AQ} + \overline{B'Q} \geq \overline{AB'}$

$= \sqrt{(4-(-3))^2 + (6-1)^2} = \sqrt{7^2 + 5^2}$

$= \sqrt{74}$

답 $\sqrt{74}$

유제 09

점 A를 y축에 대칭 이동시킨 점을

A$'(-2, 3)$이라 하고, 점 B를 x축에 대칭

이동시킨 점을 B$'(5, -1)$이라고 하면

△AA$'$Q와 △BB$'$Q는 이등변삼각형이므로

$\overline{AQ} = \overline{AQ'}$, $\overline{BP} = \overline{B'P}$이다.

$\overline{AQ} + \overline{QP} + \overline{PB} = \overline{A'Q} + \overline{QP} + \overline{PB'} \geq \overline{A'B'}$

$= \sqrt{(-2-5)^2 + (3-(-1))^2} = \sqrt{7^2 + 4^2}$

$= \sqrt{65}$

답 $\sqrt{65}$

필.수.예.제 04

A$(2, -3)$, B$(5, 3)$

P$\left(\dfrac{2 \times 5 + 1 \times 2}{2+1}, \dfrac{2 \times 3 + 1 \times (-3)}{2+1} \right)$

$= \left(\dfrac{10+2}{3}, \dfrac{6-3}{3} \right) = (4, 1)$

Q$\left(\dfrac{2 \times 5 - 1 \times 2}{2-1}, \dfrac{2 \times 3 - 1 \times (-3)}{2-1} \right)$

$= (10-2, 6+3) = (8, 9)$

$\therefore \overline{PQ}$의 중점 $= \left(\dfrac{4+8}{2}, \dfrac{1+9}{2} \right) = (6, 5)$

답 $(6, 5)$

유제 10

A$(1, -5)$, B$(6, 5)$

P$\left(\dfrac{2 \times 6 + 3 \times 1}{2+3}, \dfrac{2 \times 5 + 3 \times (-5)}{2+3} \right)$

$= \left(\dfrac{12+3}{5}, \dfrac{10-15}{5} \right) = (3, -1)$

Q$\left(\dfrac{2 \times 6 - 3 \times 1}{2-3}, \dfrac{2 \times 5 - 3 \times (-5)}{2-3} \right)$

$= \left(\dfrac{12-3}{-1}, \dfrac{10+15}{-1} \right) = (-9, -25)$

$\overline{PQ} = \sqrt{(3-(-9))^2 + (-1-(-25))^2}$

$= \sqrt{12^2 + 24^2} = \sqrt{720} = 12\sqrt{5}$

답 $12\sqrt{5}$

유제 11

A$(a, 3)$, B$(2, b)$

외분점의 x좌표 : $\dfrac{2 \times 2 - 1 \times a}{2-1} = 4 - a = 5$,

$a = -1$

외분점의 y좌표 : $\dfrac{2 \times b - 1 \times 3}{2-1} = -1$,

$2b - 3 = -1$, $b = 1$

A$(-1, 3)$, B$(2, 1)$

중점 : $\left(\dfrac{-1+2}{2}, \dfrac{4}{2} \right) = \left(\dfrac{1}{2}, 2 \right)$

답 $\left(\dfrac{1}{2}, 2 \right)$

유제 12

A$(-3, 5)$, B$(6, -2)$

내분점 :

$\left(\dfrac{6a + (1-a)(-3)}{a + (1-a)}, \dfrac{-2a + (1-a) \times 5}{a + (1-a)} \right)$

$= (6a - 3 + 3a, -2a + 5 - 5a)$

$= (9a - 3, -7a + 5)$

제 1사분면 위의 점이므로 $9a-3>0$, $a>\dfrac{1}{3}$

$-7a+5>0$, $a<\dfrac{5}{7}$

따라서 a의 범위는 $\dfrac{1}{3}<a<\dfrac{5}{7}$이다.

🔍답 ③

필.수.예.제 05

무게중심 $G\left(\dfrac{-3+2+4}{3}, \dfrac{2+5-1}{3}\right)=(1,\ 2)$

🔍답 $(1,2)$

유제 13

꼭짓점 C의 좌표를 $(a,\ b)$라고 하자.

$G(0,\ 1)=\left(\dfrac{3-2+a}{3}, \dfrac{-1+4+b}{3}\right)$

$0=\dfrac{a+1}{3}$, $a=-1$

$1=\dfrac{3+b}{3}$, $b=0$

🔍답 $C(-1,\ 0)$

유제 14

$(2a,\ 4)=\left(\dfrac{-1+1+b}{3}, \dfrac{a+5+3}{3}\right)$

$2a=\dfrac{b}{3}$, $b=6a$

$4=\dfrac{a+8}{3}$, $12=a+8$, $a=4$, $b=24$

$\therefore a+b=28$

🔍답 ③

유제 15

$P\left(\dfrac{-2\times2+1\times1}{2+1}, \dfrac{1\times2+1\times4}{2+1}\right)$

$=\left(\dfrac{-4+1}{3}, \dfrac{2+4}{3}\right)=(-1,\ 2)$

$Q\left(\dfrac{2\times7+1\times(-2)}{2+1}, \dfrac{2\times10+1\times1}{2+1}\right)$

$=\left(\dfrac{14-2}{3}, \dfrac{20+1}{3}\right)=(4,\ 7)$

$R\left(\dfrac{2\times1+1\times7}{2+1}, \dfrac{2\times4+1\times10}{2+1}\right)$

$=\left(\dfrac{2+7}{3}, \dfrac{8+10}{3}\right)=(3,\ 6)$

따라서 무게중심의 좌표는

$\left(\dfrac{-1+4+3}{3}, \dfrac{2+7+6}{3}\right)=(2,\ 5)$

🔍답 $(2,\ 5)$

필.수.예.제 06

평행사변형의 성질에 의해 두 대각선의 중점은 일치한다.

$\overline{AC}$의 중점 : $\left(\dfrac{1+4}{2}, \dfrac{2+1}{2}\right)=\left(\dfrac{5}{2}, \dfrac{3}{2}\right)$

$\overline{BD}$의 중점 : $\left(\dfrac{2+a}{2}, \dfrac{-1+b}{2}\right)$

$\left(\dfrac{2+a}{2}, \dfrac{-1+b}{2}\right)=\left(\dfrac{5}{2}, \dfrac{3}{2}\right)$, $a=3$, $b=4$

$\therefore a+b=7$

🔍답 ⑤

유제 16

평행사변형의 성질에 의해 두 대각선은 서로를 이등분한다.

$\overline{AC}$의 중점 : $\left(\dfrac{1+6}{2}, \dfrac{6+1}{2}\right)=\left(\dfrac{7}{2}, \dfrac{7}{2}\right)$

$D(a,\ b)$라고 하면

$\overline{BD}$의 중점 : $\left(\dfrac{a+2}{2}, \dfrac{b+3}{2}\right)$

$\left(\dfrac{a+2}{2}, \dfrac{b+3}{2}\right) = \left(\dfrac{7}{2}, \dfrac{7}{2}\right)$, $a=5$, $b=4$

$\therefore D(5, 4)$

🔍**답** $(5, 4)$

유제 17

평행사변형의 성질에 의해 두 대각선의 중점은 일치한다.

$\overline{AC}$의 중점 $= \overline{BD}$의 중점

$(3, 0) = \left(\dfrac{7+a}{2}, \dfrac{2+b}{2}\right)$

$a=-1$, $b=-2$

$\therefore a+b=-3$

🔍**답** ③

유제 18

마름모의 성질을 이용한다.

ⅰ) 두 대각선이 서로를 이등분한다.

$\overline{AC}$의 중점 $= \overline{BD}$의 중점

$\left(\dfrac{-2+b}{2}, \dfrac{3+5}{2}\right) = \left(\dfrac{a+2}{2}, \dfrac{7+1}{2}\right)$

$\dfrac{-2+b}{2} = \dfrac{a+2}{2}$, $a-b=-4$

ⅱ) 네 변의 길이가 같다.

$\overline{AB} = \overline{DA}$

$\sqrt{(2-a)^2+(3-7)^2}$
$= \sqrt{(2-(-2))^2+(1-3)^2}$

$a^2+4a=0$, $a=0$ 또는 $a=-4$

따라서 $a=0$일 때 $b=4$이고, $a=-4$일 때 $b=0$이므로 $a+b=4$ 또는 -4이다.

🔍**답** -4, 4

변 BC를 지나는 직선을 x축, 점 M을 지나 변 BC에 수직인 직선을 y축으로 잡고 $A(a, b)$, $B(-c, 0)$, $C(c, 0)$이라고 하면 $M(0, 0)$이다.

$\overline{AB}^2 + \overline{AC}^2 = (a+c)^2 + b^2 + (a-c)^2 + b^2$
$= 2a^2 + 2c^2 + 2b^2 = 2(a^2+b^2) + 2c^2$
$= 2\overline{AM}^2 + 2\overline{BM}^2 = 2(\overline{AM}^2 + \overline{BM}^2)$

🔍**답** 풀이참조

$\overline{AB} : \overline{AC} = \overline{BD} : \overline{DC}$

$\overline{AB} = \sqrt{(1+4)^2+(5+7)^2} = \sqrt{25+144} = 13$

$\overline{AC} = \sqrt{(1-5)^2+(5-2)^2} = \sqrt{16+9} = 5$

D는 $\overline{BC}$를 $13:5$로 내분하는 점이므로

$D\left(\dfrac{13\times 5+5\times(-4)}{13+5}, \dfrac{13\times 2+5\times(-7)}{13+5}\right)$

$= \left(\dfrac{65-20}{18}, \dfrac{26-35}{18}\right) = \left(\dfrac{5}{2}, -\dfrac{1}{2}\right)$

🔍**답** $D\left(\dfrac{5}{2}, -\dfrac{1}{2}\right)$

유제 19

$\triangle ABC$에서 평행사변형의 성질에 의해
$\overline{AM} = \overline{MC}$, $\overline{BM} = \overline{MD} = 3$이고,

중선 정리에 의해

$\overline{AB}^2 + \overline{BC}^2 = (\overline{BM}^2 + \overline{AM}^2) \times 2$

$16+25 = 2\times(9+x^2)$ $x^2 = \dfrac{23}{2}$, $x = \dfrac{\sqrt{46}}{2}$

$\overline{AC} = 2x = \sqrt{46}$

🔍**답** $\sqrt{46}$

유제 20

내각의 이등분선 성질에 의해

$$\overline{AB} : \overline{AC} = \overline{BD} : \overline{DC}$$

$$\overline{AB} = \sqrt{5^2 + 12^2} = 13$$

$$\overline{AC} = \sqrt{4^2 + 3^2} = 5$$

점 D는 $\overline{BC}$를 13:5로 내분하는 점이므로

$$\left(\frac{13 \times 4 + 5 \times (-5)}{13 + 5}, \ \frac{13 \times 4 + 5 \times (-5)}{13 + 5} \right)$$

$$= \left(\frac{3}{2}, \ \frac{3}{2} \right)$$

$$\therefore a + b = 3$$

답 ⑤

유제 21

내각의 이등분선의 성질에 의해

$$\overline{AB} : \overline{AC} = \overline{BD} : \overline{DC} = 5:3$$

피타고라스 정리에 의해 $\overline{BC} = 8$, $\overline{BD} = 5$, $\overline{DC} = 3$이다.

$$\overline{AD}^2 = \overline{AC}^2 + \overline{DC}^2 = 36 + 9 = 45$$

$$\overline{AD} = 3\sqrt{5}$$

답 $3\sqrt{5}$

13 | 직선의 방정식

필.수.예.제 01

(1) $y - 1 = 2(x - 2) = 2x - 4$

$\quad \therefore y = 2x - 3$

(2) $y - 2 = \dfrac{-2-2}{1-(-3)}(x-(-3)) = \dfrac{-4}{4}(x+3)$

$\quad = -x - 3$

$\quad \therefore y = -x - 1$

(3) $ax + by + c = 0$

$\quad (2, 3)$ 대입 : $2a + 3b + c = 0$ $\cdots$ ㉠

$\quad (2, -1)$ 대입 : $2a - b + c = 0$ $\cdots$ ㉡

$\quad$ ㉠, ㉡ 연립하면 $b = 0$, $2a + c = 0$

$\quad ax + c = 0$, $a \neq 0$, $x = -\dfrac{c}{a}$ $\quad x = 2$

(4) $\dfrac{x}{1} + \dfrac{y}{2} = 1$, $y = -2x + 2$

답 풀이참조

유제 01

$$y - (-6) = \frac{-6-4}{2-(-3)}(x-2)$$

$$y + 6 = \frac{-10}{5}(x-2) = -2(x-2) = -2x + 4$$

$$\therefore y = -2x - 2$$

$(a, a+1)$를 대입하면

$$a + 1 = -2a - 2, \ a = -1$$

답 ⑤

유제 02

$$y - 4 = \frac{4-3}{1-2}(x-1) = -x + 1$$

$$\therefore y = -x + 5$$

x절편이 5, y절편이 5이므로 삼각형 OPQ의 넓이는 $\dfrac{1}{2} \times 5 \times 5 = \dfrac{25}{2}$

답 $\dfrac{25}{2}$

유제 **03**

(1) $\dfrac{x}{-3}+\dfrac{y}{6}=1$, $y=2x+6$

(2) x절편을 a, y절편을 $2a$라고 하자.

$\dfrac{x}{a}+\dfrac{y}{2a}=1$에 $(2,\ 3)$을 대입하면

$\dfrac{2}{a}+\dfrac{3}{2a}=\dfrac{4+3}{2a}=\dfrac{7}{2a}=1$, $a=\dfrac{7}{2}$

따라서 주어진 식을 정리하면

$2x+y=7$이다.

🔍답 (1) $y=2x+6$, (2) $y=-2x+7$

필.수.예.제 02

기울기를 b라고 하면

$A(0,\ 4)$를 지나므로 $y=bx+4$이다.

ⅰ) $B(a-4,\ 0)$: $0=b(a-4)+4$,

　$ab-4b+4=0\cdots$ ㉠

ⅱ) $C(2a,\ 12)$: $12=b\times 2a+4$, $ab=4\cdots$ ㉡

㉠, ㉡ 연립하면 $a=2$, $b=2$이다.

따라서 문제의 조건을 만족하는 직선 l은

$y=2x+4$이다.

문제에서 주어진 점들을 식에 대입하였을 때

성립하는 것은 $(4,\ 12)$이다.

🔍답 ④

유제 **04**

ⅰ) 직선 AB의 식

　$A(-2,\ 3)$, $B(1,\ 2)$

$y-2=\dfrac{2-3}{1-(-2)}(x-1)$

$=\dfrac{-1}{3}(x-1)=-\dfrac{1}{3}x+\dfrac{1}{3}$

$\therefore y=-\dfrac{1}{3}x+\dfrac{7}{3}$

ⅱ) 점 $C(a,8)$ 대입

$8=-\dfrac{1}{3}a+\dfrac{7}{3}$, $a=-17$

🔍답 -17

유제 **05**

세 점이 같은 직선 위에 있기 때문에 $\overline{AB}$와 $\overline{BC}$의 기울기가 같다.

$\dfrac{(k+6)-(k-4)}{k-0}=\dfrac{(k-4)-k}{0-(k-3)}$

$\dfrac{k}{10}=\dfrac{-k+3}{-4}$, $-4k=-10k+30$

$6k=30$, $k=5$

🔍답 $k=5$

유제 **06**

세 점이 같은 직선 위에 있기 때문에 $\overline{AB}$와 $\overline{BC}$의 기울기가 같다.

$\dfrac{2-k}{-3-3}=\dfrac{k-(k+1)}{3-2k}$

$\dfrac{-6}{2-k}=\dfrac{3-2k}{-1}$, $6=(3-2k)(2-k)$

$2k^2-7k=0$, $k(2k-7)=0$

$k=0$ 또는 $k=\dfrac{7}{2}$

따라서 가능한 모든 실수 k의 값의 합은

$0+\dfrac{7}{2}=\dfrac{7}{2}$이다.

🔍답 ⑤

필.수.예.제 03-L

$A(-1,\ 4)$를 $y=ax+b$에 대입하면

$4=-a+b\cdots$ ㉠

$\triangle ABC$의 넓이를 이등분하기 때문에 $\overline{BC}$의 중점$(1,\ 0)$을 지나므로 $0=a+b\cdots$ ㉡

따라서 ㉠, ㉡에 의해 $a = -2$, $b = 2$이고,
$a+b = (-2) + 2 = 0$이다.

🔍답 0

필.수.예.제 03-R

두 직사각형의 넓이를 모두 이등분하기
위해서는 두 직사각형의 대각선의 중점을
지나야 한다.

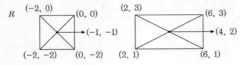

i) 정사각형의 중점 $(-1, -1)$
ii) 직사각형의 중점 $(4, 2)$
$(-1, -1)$과 $(4, 2)$를 지나는 직선의 방정식은
$$y-2 = \frac{2-(-1)}{4-(-1)}(x-4) = \frac{3}{5}(x-4),$$
$$5y-10 = 3x-12, \quad 3x-5y-2 = 0$$

🔍답 ②

유제 07

점 C를 지나고, $\triangle ABC$의 넓이를 이등분하기
때문에 문제의 조건을 만족하는 직선의
방정식은 $\overline{AB}$의 중점을 지나야 한다.

i) $\overline{AB}$의 중점 : $(6, -1)$
ii) $(6, -1)$, $(0, 2)$를 지나는 직선의 방정식
$$y-2 = \frac{-1-2}{6}x = -\frac{1}{2}x$$
$$x+2y-4 = 0$$

🔍답 ③

유제 08

문제에서 주어진 직선이 $\triangle OAB$의 넓이를
이등분하고, O를 지나므로 직선 $y = mx$는
$\overline{AB}$의 중점을 지난다.

i) $\overline{AB}$의 중점 : $C(3, 2)$
ii) 기울기 $m = \frac{2-0}{3-0} = \frac{2}{3}$

🔍답 $\frac{2}{3}$

유제 09

$$\triangle ABC = \frac{1}{2} \times 2 \times 6 = 6$$

$$\triangle ADE = 6 \times \frac{1}{3} = 2$$

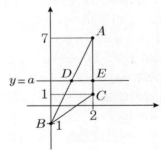

i) $\overline{AB}$: $y+1 = \frac{8}{2}x = 4x$, $y = a$, $x = \frac{a+1}{4}$,
$$D\left(\frac{a+1}{4}, a\right)$$
ii) $\overline{AC}$: $x = 2$, $y = a$, $x = 2$, $E(2, a)$
iii) $\triangle ADE = \frac{1}{2} \times \left(2 - \frac{a+1}{4}\right) \times (7-a) = 2$
$$(7-a)(7-a) = 16, \quad a = 3 \text{ 또는 } 11$$
$$\therefore a = 3 \ (\because a < 7)$$

🔍답 3

기울기 : $-\dfrac{a}{b}>0$, $\dfrac{a}{b}<0$ → $ab<0$

y절편 : $-\dfrac{c}{b}>0$, $\dfrac{c}{b}<0$ → $bc<0$

따라서 $ac>0$이다.

🔍답 ③

(1) $y=-\dfrac{a}{b}x-\dfrac{c}{b}$

　$ab<0$, 기울기 : $(+)$

　$bc>0$, y절편 : $(-)$

　따라서 그래프는 제 1, 3, 4사분면을 지난다.

(2) $bc<0$, y절편 : $(+)$

　$b>0$인 경우 : $c<0$, $a<0$, $ab<0$,

　∴ 기울기 : $(+)$

　$b<0$인 경우 : $c>0$, $a>0$, $ab<0$,

　∴ 기울기 : $(+)$

　따라서 그래프는 제 1, 2, 3사분면을 지난다.

(3) $a=0$, $by+c=0$, $y=-\dfrac{c}{b}$

　따라서 그래프는 제 3, 4사분면을 지난다.

(4) $ab=0$, $ac<0$

　$b=0$, $ax+c=0$, $x=-\dfrac{c}{a}$

　따라서 그래프는 제 1, 4사분면을 지난다.

🔍답 풀이참조

유제 ⑩

(1) $by+c=0$, $y=-\dfrac{c}{b}>0$

　따라서 그래프는 제 1, 2사분면을 지난다.

(2) $c=0$, $ax+by=0$, $y=-\dfrac{a}{b}x$

　$-\dfrac{a}{b}>0$이므로 그래프는 제 1, 3사분면을 지난다.

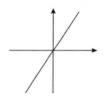

🔍답 (1) 제 1, 2사분면, (2) 제1, 3사분면

유제 ⑪

기울기 : $-\dfrac{a}{b}>0$, $ba<0$

y절편 : $-\dfrac{c}{b}>0$, $bc<0$

조건을 통해 a, c는 같은 부호임을 알 수 있다.

$cx+ay+b=0$, $y=-\dfrac{c}{a}x-\dfrac{b}{a}$

기울기 : $(-)$, y절편 : $(+)$

그래프의 개형은 다음과 같다.

따라서 그래프는 제 1, 2, 4사분면을 지난다.

🔍답 제 3사분면

유제 12

주어진 식을 정리하면 $y = -\dfrac{a}{b}x - \dfrac{c}{b}$

ㄱ. $ab < 0$, 기울기 : $(+)$
   $bc < 0$, y절편 : $(+)$
   따라서 그래프는 제 1, 2, 3사분면을
   지난다.
ㄴ. $ab < 0$, 기울기 : $(+)$
   $bc > 0$, y절편 : $(-)$
   따라서 그래프는 제 1, 3, 4사분면을
   지난다.
ㄷ. $ab > 0$, 기울기 : $(-)$
   $bc > 0$, y절편 : $(-)$
   따라서 그래프는 제 2, 3, 4사분면을
   지난다.

각 보기에 해당하는 그래프의 개형은 다음과
같다.

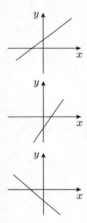

답 ①

필수.예.제 05-L

i) 평행할 때, 두 직선의 기울기가 같다.
   $k - 2 : 3 = k : -1$, $k = \dfrac{1}{2} = p$
ii) 수직일 때, 두 직선의 기울기 곱이 -1이다.
   $-\dfrac{k-2}{3} \times k = -1$, $k = 3$ 또는 $k = -1$,

$q = 3 \ (\because q > 0)$

$\therefore p + q = \dfrac{7}{2}$

답 $\dfrac{7}{2}$

필수.예.제 05-R

수직일 때, 두 직선의 기울기 곱이 -1이다.
따라서 문제에서 구하고자 하는 직선의
기울기는 $-\dfrac{1}{3}$이고, $a = -\dfrac{1}{3}$이다.
이 때 직선이 $(-1, 2)$을 지나므로, 대입해서
계산하면 $b = \dfrac{5}{3}$이다.

$\therefore a + b = \dfrac{4}{3}$

답 $\dfrac{4}{3}$

유제 13

$y = -(a+1)x + 1$
$y = \dfrac{2}{a-2}x - \dfrac{1}{a-2}$ (단, $a \neq 2$)

i) 수직일 때
   $-(a+1) \times \dfrac{2}{a-2} = -1$
   $2a + 2 = a - 2$, $a = -4$, $m = -4$
ii) 평행일 때
   $-(a+1) = \dfrac{2}{a-2}$
   $(a+1)(a-2) = -2$, $a = 0$ 또는 1
   $a = 1$이면 일치하므로 $n = 0$
   $\therefore m - n = (-4) - 0 = -4$

답 -4

유제 14

i) $(2, 4)$, $(6, 5)$를 지나는 직선의 기울기

$$\frac{5-4}{6-2}=\frac{1}{4}$$

따라서 수직인 직선의 기울기는 -4이다.

ii) 점 $(1, -3)$을 지나는 직선의 방정식

$$y-(-3)=-4(x-1)$$
$$y=-4x+1$$

🔍답 $y=-4x+1$

유제 15

수직 : $-\dfrac{1}{a}\times\dfrac{2}{b}=-1$

평행 : $-\dfrac{1}{a}=\dfrac{1}{b-3}$, $a+b=3$

$$a^2+b^2=(a+b)^2-2ab=3^2-2\times2=5$$

🔍답 ②

필.수.예.제 06-L

$\overline{AB}$ 기울기 : $\dfrac{1-3}{5-1}=-\dfrac{2}{4}=-\dfrac{1}{2}$

따라서 문제에서 구하고자 하는 $\overline{AB}$에 수직인 직선의 기울기는 2이다.

또한 $\overline{AB}$를 이등분하므로 중점 $(3, 2)$를 지난다.

$$y-2=2(x-3)=2x-6$$
$$\therefore y=2x-4$$

🔍답 $y=2x-4$

필.수.예.제 06-R

$\overline{AB}$ 기울기 : $\dfrac{b-a}{-1-(-3)}=\dfrac{b-a}{2}$

문제에서 구하고자 하는 직선이 $\overline{AB}$에 수직하므로 $\dfrac{b-a}{2}\times(-2)=-1$, $b-a=1$이다.

또한 $\overline{AB}$를 이등분하므로 직선은 $\overline{AB}$의 중점

$\left(-2, \dfrac{a+b}{2}\right)$을 지난다. 직선에 대입하면

$$\frac{a+b}{2}=4-5=-1, \ a+b=-2$$이다.

🔍답 -2

유제 16

$P(X, Y)$라고 하자.

$\overline{AP}=\overline{BP}$, $\overline{AP}^2=\overline{BP}^2$

$(X-4)^2+(Y-5)^2=X^2+(Y-3)^2$

$X^2-8X+16+Y^2-10Y+25=X^2+Y^2-6Y+9$

$2X+Y=8$

따라서 주어진 조건을 만족하는 점 P의 자취의 방정식은 $2x+y-8=0$이다.

🔍답 ④

유제 17

$A(-2, a)$, $B(4, b)$

$\overline{AB}$ 기울기 : $\dfrac{b-a}{4-(-2)}=\dfrac{b-a}{6}$

수직 : $\dfrac{1}{2}\times\dfrac{b-a}{6}=-1$, $b-a=-12$, $a-b=12$

$\overline{AB}$의 중점 : $\left(1, \dfrac{a+b}{2}\right)$

$$\frac{a+b}{2}=\frac{1}{2}+1=\frac{3}{2}, \ a+b=3$$

$$\therefore a=\frac{15}{2}, \ b=-\frac{9}{2}, \ 4ab=-135$$

🔍답 ①

유제 18

C에서 $\overline{AB}$에 내린 수선 : y축

또한, $\overline{AC}$의 기울기는 2이므로 $B(1, 0)$에서 $\overline{AC}$에 내린 수선의 기울기는 $-\dfrac{1}{2}$이므로 수선은 $y=-\dfrac{1}{2}x+\dfrac{1}{2}$이다. 이 식이 $\left(0, \dfrac{1}{2}\right)$를 지나

므로 교점의 좌표는 $\left(0, \dfrac{1}{2}\right)$, $a+b=\dfrac{1}{2}$이다.

🔍답 $\dfrac{1}{2}$

필.수.예.제 07

삼각형을 이루지 않기 위해서는 두 직선이
평행하거나 세 직선이 한 점에서 만나야 한다.
i) 두 직선이 평행

$x-2y=-2$, $ax-y=2$: $a=\dfrac{1}{2}$

$2x+y=6$, $ax-y=2$: $a=-2$

ii) 세 직선이 한 점에서 만남

$x-2y=-2$, $2x+y=6$: $(2, 2)$

$(2, 2)$를 $ax-y=2$에 대입하면 $a=2$

따라서 가능한 a의 값의 합은

$\dfrac{1}{2}+(-2)+2=\dfrac{1}{2}$

🔍답 $\dfrac{1}{2}$

유제 19

삼각형을 이루지 않기 위해서는 두 직선이
평행하거나 세 직선이 한 점에서 만나야 한다.
i) 두 직선이 평행

$y=-x$, $y=ax+2$: $a=-1$

$y=x-2$, $y=ax+2$: $a=1$

ii) 세 직선이 한 점에서 만남

$y=-x$, $y=x-2$: $(1, -1)$

$(1, -1)$를 $y=ax+2$에 대입하면 $a=-3$

따라서 가능한 a의 값의 합은

$-1+1+(-3)=-3$

🔍답 -3

유제 20

삼각형을 이루지 않기 위해서는 두 직선이
평행하거나 세 직선이 한 점에서 만나야 한다.
i) 두 직선이 평행

$x-y=-1$, $kx-y=k-1$: $k=1$

$3x+2y=12$, $kx-y=k-1$: $k=-\dfrac{3}{2}$

ii) 세 직선이 한 점에서 만남

$x-y=-1$, $3x+2y=12$: $(2, 3)$

$(2, 3)$를 $kx-y=k-1$에 대입하면 $k=2$

따라서 가능한 k값은 $k=1$, $-\dfrac{3}{2}$, 2

🔍답 $k=1$, $-\dfrac{3}{2}$, 2

유제 21

세 직선이 좌표평면을 6개의 영역으로 나누기
위해서는 두 직선이 평행하거나 세 직선이 한
점에서 만나야한다.
i) 두 직선이 평행

$x+2y=5$, $kx+y=0$: $k=\dfrac{1}{2}$

$2x-3y=-4$, $kx+y=0$: $k=-\dfrac{2}{3}$

ii) 세 직선이 한 점에서 만남

$x+2y=5$, $2x-3y=-4$: $(1, 2)$

$(1, 2)$을 $kx+y=0$에 대입하면 $k=-2$

따라서 가능한 k값의 곱은

$\dfrac{1}{2}\times\left(-\dfrac{2}{3}\right)\times(-2)=\dfrac{2}{3}$

🔍답 $\dfrac{2}{3}$

필.수.예.제 08-L

$(x-2y+4)+k(x+y+1)=0$

ㄱ. $\begin{cases}x-2y+4=0 & \cdots \text{㉠} \\ x+y+1=0 & \cdots \text{㉡}\end{cases}$ 에서 ㉠, ㉡을

연립하면 $x=-2$, $y=1$이 나오므로 주어진 식은 항상 점 $(-2, 1)$을 지난다.

ㄴ. $k=2$이면 $3x+6=0$, $x=-2$

ㄷ. $(1+k)x+(-2+k)y+(4+k)=0$,

　　기울기는 $\dfrac{1+k}{2-k}$이고, $\dfrac{1+k}{2-k}=-1$,

　　$1+k=-2+k$, $1=-2$로 식이 성립하지 않는다.

🔍답 ②

필.수.예.제 08-R

$mx-y+m+1=0$을 정리하면

$m(x+1)+(-y+1)=0$이므로 주어진 식은 항상 점 $P(-1, 1)$을 지난다.

$x+y-2=0$은 x축과의 교점이 $A(2, 0)$이고, y축과의 교점이 $B(0, 2)$인 직선이다.

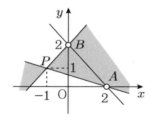

두 직선이 $x>0$, $y>0$인 해를 가지려면 직선 $mx-y+m+1=0$이 선분 AB(점 A, B는 제외)와 만나야 한다. 이때 직선 AP의 기울기는 $-\dfrac{1}{3}$이고, 직선 BP의 기울기는 1이므로 직선 $mx-y+m+1=0$의 기울기 m의 범위는 $-\dfrac{1}{3}<m<1$이다.

🔍답 $-\dfrac{1}{3}<m<1$

유제 **22**

$k(x-y-1)-y+2=0$이 항상 성립하기 위해 $x-y-1=0\cdots\bigcirc$, $-y+2=0\cdots\bigcirc$의 조건을 만족해야한다.

$\bigcirc$, $\bigcirc$ 식을 정리하면 $y=2$, $x=3$

따라서 주어진 점 $P(3, 2)$에서

$\overline{OP}=\sqrt{3^2+2^2}=\sqrt{13}$

🔍답 $\sqrt{13}$

유제 **23**

$4x+y-4=0 \ \cdots\bigcirc$,

$mx-y-2m+2=0 \ \cdots\bigcirc$

$\bigcirc+\bigcirc : (m+4)x-2m-2=0$, $x=\dfrac{2m+2}{m+4}$

$x=\dfrac{2m+2}{m+4}$를 $\bigcirc$에 대입하면

$y=-4x+4=\dfrac{-8m-8}{m+4}+4=\dfrac{-4m+8}{m+4}$

$\dfrac{2m+2}{m+4}>0 : (2m+2)(m+4)>0$

→ $m<-4$, $m>-1 \cdots\bigcirc$

$\dfrac{-4m+8}{m+4}>0 : (-4m+8)(m+4)>0$

→ $-4<m<2\cdots\textcircled{e}$

따라서 $\bigcirc$, $\textcircled{e}$의 공통부분을 찾으면 $-1<m<2$이다.

🔍답 ②

유제 **24**

$y=a(x+2)-1$이 a에 상관없이 $(-2, -1)$을 지나기 때문에 $(-1, 3)$을 대입하면 $3=a-1$, $a=4$이고 $(5, 0)$을 대입하면 $0=7a-1$, $a=\dfrac{1}{7}$

따라서 두 직선이 만나기 위한 a값의 범위는

$\dfrac{1}{7} < a < 4$

$\therefore \dfrac{1}{7} + 4 = \dfrac{29}{7}$

🔍답 $\dfrac{29}{7}$

필.수.예.제 09-L

(1) $3x + 2y + 1 = 0 \cdots \text{㉠}$, $x + 3y - 2 = 0 \cdots \text{㉡}$

㉠ $\times 3 -$ ㉡ $\times 2$: $9x + 3 - 2x + 4 = 0$, $x = -1$,
$y = 1$

따라서 $(-1, 1)$과 $3x - y + 2 = 0$의 거리를 구하면 $\dfrac{|-3-1+2|}{\sqrt{3^2+1}} = \dfrac{2}{\sqrt{10}} = \dfrac{1}{5}\sqrt{10} = \dfrac{\sqrt{10}}{5}$

(2) $y = \dfrac{3}{4}x + k$, $3x - 4y + 4k = 0$

따라서 $(4, -1)$가 $3x - 4y + 4k = 0$의 거리는 3이므로

$3 = \dfrac{|3 \times 4 - 4 \times (-1) + 4k|}{\sqrt{3^2 + 4^2}} = \dfrac{|16 + 4k|}{5}$,

$15 = |16 + 4k|$, $k = -\dfrac{1}{4}$ 또는 $k = -\dfrac{31}{4}$

따라서 가능한 k값의 합은 -8이다.

(3) $2x - y + 1 = 0 \cdots \text{㉠}$, $2x - y - 9 = 0 \cdots \text{㉡}$

두 그래프가 서로 평행하므로 ㉠위의 점 $(0, 1)$과 ㉡과의 거리를 구하면 $\dfrac{|0 - 1 - 9|}{\sqrt{2^2 + 1}}$

$= 2\sqrt{5}$

🔍답 (1) $\dfrac{\sqrt{10}}{5}$, (2) -8 (3) $2\sqrt{5}$

필.수.예.제 09-R

(1) $\dfrac{|2 \times 4 + 3 - 3|}{\sqrt{2^2 + 1}} = \dfrac{8}{5}\sqrt{5}$

(2) $(3, 5)$와 $2x + y - 6 = 0$의 거리를 구하면

$\dfrac{|2 \times 3 + 5 - 6|}{\sqrt{2^2 + 1}} = \sqrt{5}$

🔍답 (1) $\dfrac{8\sqrt{5}}{5}$, (2) $\sqrt{5}$

유제 25

두 식이 평행하므로 $\dfrac{3}{4} = \dfrac{a}{4}$, $a = 3$

$3x - 4y + 8 = 0$위의 점 $(0, 2)$와
$3x - 4y - 2 = 0$의 거리를 구하면

$\dfrac{|0 - 4 \times 2 - 2|}{\sqrt{3^2 + 4^2}} = 2$

🔍답 2

유제 26

$(0, k)$과 $x + 2y = 5$의 거리 : $\dfrac{|0 + 2k - 5|}{\sqrt{1 + 2^2}}$

$= \dfrac{|2k - 5|}{\sqrt{5}}$

$(0, k)$과 $2x - y = 2$의 거리 : $\dfrac{|0 - k - 2|}{\sqrt{2^2 + 1}}$

$= \dfrac{|k + 2|}{\sqrt{5}}$

$\dfrac{|2k - 5|}{\sqrt{5}} = \dfrac{|k + 2|}{\sqrt{5}}$, $|2k - 5| = |k + 2|$

ⅰ) $2k - 5 = k + 2$, $k = 7$

ⅱ) $2k - 5 = -k - 2$, $k = 1$

따라서 가능한 모든 k값의 합은 8이다.

🔍답 ⑤

필.수.예.제 10-L

$\begin{cases} x-y-3=0 & \cdots \text{㉠} \\ x+y+1=0 & \cdots \text{㉡} \end{cases}$, ㉠, ㉡를 연립하면

$x=1,\ y=-2$이므로 $P(1,\ -2)$이다.

따라서 주어진 조건에서 거리가 최대일 때는 직선이 $\overline{OP}$와 수직일 때이고, 이 때의 원점과 직선 사이의 거리는 $\overline{OP}=\sqrt{5}$ 이다.

답 $\sqrt{5}$

필.수.예.제 10-R

$\begin{cases} x-2y+1=0 & \cdots \text{㉠} \\ 2x+y-1=0 & \cdots \text{㉡} \end{cases}$, ㉠, ㉡를 연립하면

$x=\dfrac{1}{5},\ y=\dfrac{3}{5}$

각을 이등분하는 직선 l : $y=m\left(x-\dfrac{1}{5}\right)+\dfrac{3}{5}$,

$5mx-5y-m+3=0$

직선 l 위의 점 $\left(0,\ \dfrac{-m+3}{5}\right)$과 두 직선에 이르는 거리가 같으므로

$$\dfrac{\left|\dfrac{2m-6}{5}+1\right|}{\sqrt{5}}=\dfrac{\left|\dfrac{-m+3}{5}-1\right|}{\sqrt{5}},$$

$|2m-1|=|-m-2|$

$3m^2-8m-3=0,\ m=3$ 또는 $m=-\dfrac{1}{3}$

$m>0$이므로 조건을 만족하는 $m=3$이고, 따라서 $y=3x$이다.

답 $y=3x$

유제 27

$x=y,\ -3x+y-2=0$

두 식을 연립하면 $x=-1,\ y=-1$이고, 따라서 원점과 직선 사이의 거리 $f(k)\le\sqrt{2}$이다.

답 $\sqrt{2}$

유제 28

$2x-y-1=0,\ x+2y-1=0$

두 식을 연립하면 $x=\dfrac{3}{5},\ y=\dfrac{1}{5}$이고, 두 직선이 이루는 각을 이등분하는 직선 l :

$y-\dfrac{1}{5}=m\left(x-\dfrac{3}{5}\right),\ 5mx-5y-3m+1=0$

직선 l 위의 한 점 $\left(0,\ \dfrac{-3m+1}{5}\right)$가 두 직선에 이르는 거리가 같으므로

$$\dfrac{\left|\dfrac{3m-1}{5}-1\right|}{\sqrt{5}}=\dfrac{\left|\dfrac{-6m+2}{5}-1\right|}{\sqrt{5}},$$

$|m-2|=|-2m-1|$,

$m^2-4m+4=4m^2+4m+1,\ m=-3$ 또는 $m=\dfrac{1}{3}$

i) $m=-3$: $3x+y-2=0$

ii) $m=\dfrac{1}{3}$: $y=\dfrac{1}{3}x$

$\therefore 3x+y-2=0,\ 3y-x=0$

답 $x-3y=0,\ 3x+y-2=0$

유제 29

점 $P(2,\ -1)$에서 그은 직선과 $\overline{OP}$가 수직일 때 최댓값이다.

이 때 $\overline{OP}$의 기울기가 $-\dfrac{1}{2}$이므로 문제에서 구하고자 하는 직선의 기울기는 2이다.

답 ⑤

필.수.예.제 11

$\dfrac{1}{2}\times\overline{BC}\times(\text{점 A와 }\overline{BC}\text{ 사이의 거리})=\triangle ABC$

$\overline{BC}=\sqrt{9+49}=\sqrt{58}$

직선 BC : $y-0=-\dfrac{7}{3}(x-5)=-\dfrac{7}{3}x+\dfrac{35}{3}$

$7x + 3y - 35 = 0$, $(1, 2)$

$$\overline{AH} = \frac{|7 + 6 - 35|}{\sqrt{49 + 9}} = \frac{22}{\sqrt{58}}$$

$$\triangle ABC = \frac{1}{2} \times \sqrt{58} \times \frac{22}{\sqrt{58}} = 11$$

🔍답 11

유제 30

$$\frac{1}{2} \times \overline{BC} \times (\text{점 A와 } \overline{BC} \text{ 사이의 거리}) = \triangle ABC$$

$$\overline{BC} = \sqrt{25 + 9} = \sqrt{34}$$

직선 BC : $y - 4 = \frac{3}{5}(x - 4) = \frac{3}{5}x - \frac{12}{5}$,

$3x - 5y + 8 = 0$

$$\overline{AH} = \frac{|3 - 25 + 8|}{\sqrt{9 + 25}} = \frac{14}{\sqrt{34}}$$

$$\therefore \frac{1}{2} \times \sqrt{34} \times \frac{14}{\sqrt{34}} = 7$$

🔍답 7

유제 31

$$\frac{1}{2} \times \overline{BC} \times (\text{점 A와 } \overline{BC} \text{ 사이의 거리}) = \triangle ABC$$

i) 점 A : $\begin{cases} 5x - 3y - 1 = 0 & \cdots \text{㉠} \\ x - 5y - 9 = 0 & \cdots \text{㉡} \end{cases}$

 ㉠, ㉡ 연립하면 $x = -1$, $y = -2$

ii) 점 B : $\begin{cases} 5x - 3y - 1 = 0 & \cdots \text{㉠} \\ 2x + y - 7 = 0 & \cdots \text{㉢} \end{cases}$

 ㉠, ㉢ 연립하면 $x = 2$, $y = 3$

iii) 점 C : $\begin{cases} x - 5y - 9 = 0 & \cdots \text{㉡} \\ 2x + y - 7 = 0 & \cdots \text{㉢} \end{cases}$

 ㉡, ㉢ 연립하면 $x = 4$, $y = -1$

$$\therefore \overline{BC} = \sqrt{2^2 + 4^2} = \sqrt{20}, \quad \overline{AH} = \frac{|-2 - 2 - 7|}{\sqrt{5}}$$

$$= \frac{11}{\sqrt{5}}$$

$$\triangle ABC = \frac{1}{2} \times 2\sqrt{5} \times \frac{11}{\sqrt{5}} = 11$$

🔍답 11

유제 32

$$\square OABC = \triangle OAC + \triangle BCA$$

$$= \frac{1}{2} \times \overline{AC} \times y_C + \frac{1}{2} \times \overline{AC} \times (y_B - y_A)$$

$$= \frac{1}{2} \times 1 \times 1 + \frac{1}{2} \times 1 \times 1 = 1$$

🔍답 1

14 | 원의 방정식

필.수.예.제 01-L

중심의 좌표가 $(3, -2)$이고 원점을 지나므로
원의 반지름은 $\sqrt{3^2+(-2)^2}=\sqrt{13}$ 이다.
따라서 문제에서 구하고자 하는 원의 방정식은
$(x-3)^2+(y+2)^2=13$이다.

답 $(x-3)^2+(y+2)^2=13$

필.수.예.제 01-R

$x^2+y^2-4x-2ay+1=0$
$(x-2)^2+(y-a)^2=3+a^2$

i) 원의 중심
    $(2, a)=(b, -1)$
    $a=-1, \ b=2$

ii) 반지름의 길이
    $r=\sqrt{3+a^2}=2$
    $\therefore a+b+r=-1+2+2=3$

답 3

유제 01

$(-1, 1)$이 중심이고 $(1, 3)$을 지나므로 원의
반지름은 $\sqrt{(-1-1)^2+(1-3)^2}=2\sqrt{2}$ 이다.
따라서 문제에서 구하고자 하는 원의 방정식은
$(x+1)^2+(y-1)^2=8$이다.

답 ②

유제 02

$x^2+y^2-4x+6y+12=0$
$(x-2)^2+(y+3)^2=1$
따라서 중심의 좌표 $(2, -3)$, 반지름의
길이는 1이므로 $a+b-r=-2$이다.

답 -2

유제 03

$x^2+y^2-4x+6y-1=0$
$(x-2)^2+(y+3)^2=14$이므로 중심의 좌표는
$(2, -3)$이다.
중심의 좌표가 $(2, -3)$이고, 점 $(3, -4)$을
지나는 원의 반지름의 길이는
$\sqrt{(2-3)^2+\{-3-(-4)\}^2}=\sqrt{2}$ 이다.
따라서 문제의 조건을 만족하는 원의 방정식은
$(x-2)^2+(y+3)^2=2$이다.

답 ①

필.수.예.제 02-L

$\overline{AB}$가 지름이므로 지름의 길이는
$\sqrt{(5-1)^2+\{3-(-1)\}^2}=4\sqrt{2}$ 이고, 지름의
중점이 원의 중심이므로 원의 중심의 좌표는
$O\left(\dfrac{5+1}{2}, \ \dfrac{3+(-1)}{2}\right)=(3, 1)$이다.
따라서 문제에서 구하고자 하는 원의 방정식은
$(x-3)^2+(y-1)^2=8$이다.

답 $(x-3)^2+(y-1)^2=8$

필.수.예.제 02-R

원의 중심에서 원 위의 점에 이르는 거리는
모두 반지름과 같다.
$$\sqrt{(3-a)^2+(4-b)^2}=\sqrt{(2-a)^2+(-1-b)^2}$$
$$=\sqrt{(-3-a)^2+(-b)^2}$$
$$=r$$

i)
$$\sqrt{(3-a)^2+(4-b)^2}$$
$$=\sqrt{(2-a)^2+(-1-b)^2}$$
$(a-3)^2+(b-4)^2=(a-2)^2+(b+1)^2$
$2a+10b=20, \ a+5b=10 \ \cdots \ \text{㉠}$

ii)

$$\sqrt{(2-a)^2+(-1-b)^2}$$
$$=\sqrt{(-3-a)^2+(-b)^2}$$
$$(a-2)^2+(b+1)^2=(a+3)^2+b^2$$
$$5a-b=-2 \ \cdots \text{○}$$

㉠, ㉡을 연립하면 $b=2$, $a=0$이므로
$r=\sqrt{(-3-0)^2+(-2)^2}=\sqrt{13}$ 이다.
$$\therefore a+b+r=2+\sqrt{13}$$

답 $2+\sqrt{13}$

유제 04

각각 $\text{A}(-1, 3)$, $\text{B}(5, -3)$이라 하면, $\overline{\text{AB}}$가
원의 지름이므로 원의 지름의 길이는
$\sqrt{(-1-5)^2+\{3-(-3)\}^2}=6\sqrt{2}$이다. 또한
지름의 중점이 원의 중심이므로 원의 중심의
좌표는 $\text{O}\left(\dfrac{-1+5}{2}, \ \dfrac{3+(-3)}{2}\right)=(2, \ 0)$이다.
따라서 문제에서 구하고자 하는 원의 방정식은
$(x-2)^2+y^2=18$ 이다.

답 $(x-2)^2+y^2=18$

유제 05

중심의 좌표를 $\text{O}(a, \ b)$라고 하면, 원의
중심에서 원 위의 점에 이르는 거리는 모두
반지름과 같다.
$$\sqrt{(4-a)^2+(1-b)^2}=\sqrt{(6-a)^2+(-3-b)^2}$$
$$=\sqrt{(-3-a)^2+(-b)^2}$$
$$=r$$

i) $\sqrt{(4-a)^2+(1-b)^2}$
$$=\sqrt{(-3-a)^2+(-b)^2}$$
$$(a-4)^2+(b-1)^2=(a+3)^2+b^2$$
$$14a+2b=8, \ 7a+b=4 \ \cdots \text{㉠}$$

ii) $\sqrt{(6-a)^2+(-3-b)^2}$
$$=\sqrt{(-3-a)^2+(-b)^2}$$

$$(a-6)^2+(b+3)^2=(a+3)^2+b^2$$
$$18a-6b=36, \ 3a-b=6 \ \cdots \text{○}$$

㉠, ㉡을 연립하면 $a=1$, $b=-3$이므로
$r=\sqrt{(-3-1)^2+(-3)^2}=5$이다.
따라서 중심의 좌표는 $(1, \ -3)$, 반지름의
길이는 5이다.

답 $(1, \ -3)$, 5

유제 06

중심이 직선 $y=x-2$위에 있으므로 중심의
좌표를 $\text{O}(a, \ a-2)$라고 하자. 원에서 원 위의
점까지의 거리는 모두 같으므로
$$(a-0)^2+(a-2+4)^2=(a-4)^2+(a-2)^2.$$
$a=1$이다. 따라서 원의 중심은
$(1, \ -1)$이므로 반지름의 길이는
$\sqrt{1^2+(-1+4)^2}=\sqrt{10}$ 이다.

답 ⑤

필.수.예.제 03-L

$$x^2+y^2+4x+ky+9=0$$
$$(x+2)^2+\left(y+\dfrac{k}{2}\right)^2=\dfrac{k^2}{4}-5$$

중심이 제 2사분면에 있고 y축에 접하므로
$2=\sqrt{\dfrac{k^2}{4}-5}$, $k=\pm6$이다. 이때, 중심의
y좌표 $-\dfrac{k}{2}>0$, $k<0$이므로 문제의 조건을
만족하는 상수 k는 -6이다.

답 -6

x축과 y축에 접하기 위해서는 원의 중심이 $y=x$위에 있어야 한다. 따라서 조건을 만족하는 중심의 좌표를 $O(a,\ a)$라고 하면, $\sqrt{(a-2)^2+(a-1)^2}=|a|,\ a^2-6a+5=0,$ $(a-1)(a-5)=0,\ a=1$ 또는 $a=5$ 따라서 문제의 조건을 만족하는 두 원의 좌표는 $(1,\ 1)$과 $(5,\ 5)$이고, 두 원의 중심 사이의 거리는 $\sqrt{(1-5)^2+(1-5)^2}=4\sqrt{2}$ 이다.

답 $4\sqrt{2}$

유제 07

$x^2+y^2+4x-2y=10,\ (x+2)^2+(y-1)^2=15$ 문제에서 구하고자 하는 원의 중심의 좌표는 $(-2,\ 1)$이고, x축 위에 접하므로 반지름은 1이다. 따라서 원의 넓이는 $1^2\pi=\pi$이다.

답 ①

유제 08

x축과 y축에 접하기 위해서는 원의 중심이 $y=-x$위에 있어야 한다. 따라서 조건을 만족하는 중심의 좌표를 $O(a,\ -a)$라고 하면, $\sqrt{(a+4)^2+(-a-2)^2}=|a|,$ $a^2+12a+20=0,$ $(a+10)(a+2)=0,$ $a=-2$ 또는 $a=-10$이다. 따라서 큰 원의 반지름의 길이는 10, 넓이는 100π이다.

답 ④

유제 09

원의 중심이 $y=x+3$위에 있으므로, 원의 중심의 좌표를 $(a,\ a+3)$이라고 하자. 원이

x축에 접하기 때문에 원의 반지름은 $|a+3|$이고, 점 $(6,\ 2)$를 지나므로 $\sqrt{(a-6)^2+(a+1)^2}=|a+3|,$ $a^2-16a+28=0,\ (a-2)(a-14)=0,\ a=2$ 또는 $a=14$ 따라서 문제의 조건을 만족하는 원의 중심의 좌표는 $(2,\ 5)$와 $(14,\ 17)$이고, 두 점 사이의 거리는 $\sqrt{(14-2)^2+(17-5)^2}=12\sqrt{2}$ 이다.

답 ⑤

두 원이 외접하기 위해서는 두 원의 중심의 거리가 반지름의 합과 같아야 한다. 원 $x^2+(y-1)^2=4$의 중심의 좌표는 $(0,\ 1)$, 반지름의 길이는 2이고, 원 $(x-3)^2+(y-a)^2=9$의 중심의 좌표는 $(3,\ a)$, 반지름의 길이는 3이다. 따라서 $\sqrt{(0-3)^2+(1-a)^2}=2+3,$ $(a-5)(a+3)=0,\ a=5\ (\because a>0)$이다.

답 $a=5$

두 원이 내접하기 위해서는 두 원의 중심의 거리가 반지름의 차와 같아야 한다. 원 $x^2+y^2=1$의 중심의 좌표는 $(0,\ 0)$, 반지름의 길이는 1이고, 원 $(x-2)^2+y^2=r^2$의 중심의 좌표는 $(2,\ 0)$, 반지름의 길이는 r이다. 따라서 $\sqrt{(0-2)^2+0^2}=|1-r|,$ $(r-3)(r+1)=0,\ r=3$이다.

답 $r=3$

유제 10

$x^2+y^2-2x-4y+1=0$,

$(x-1)^2+(y-2)^2=4$

$x^2+y^2-4x+6y-3=0$,

$(x-2)^2+(y+3)^2=16$

따라서 두 원의 중심 사이의 거리는 $(1,\ 2)$와 $(2,\ -3)$의 거리와 같으므로 $\sqrt{26}$이고, 두 반지름의 차는 2, 합은 6에서

$2<\sqrt{26}<6$이므로 두 원은 두 점에서 만난다.

답 ③

유제 11

$x^2+y^2-8x+15=0$, $(x-4)^2+y^2=1$

$(x-1)^2+(y-4)^2=r^2$

두 원이 서로 외접하므로 두 원의 중심 사이의 거리는 반지름의 합과 같다.

$\therefore\ \sqrt{(4-1)^2+(0-4)^2}=1+r,\ r=4$

답 ④

유제 12

$(x-a)^2+(y-b)^2=1$의 중심의 좌표는 $(a,\ b)$, 반지름의 길이는 1이고,

$x^2+y^2=9$의 중심의 좌표는 $(0,\ 0)$, 반지름의 길이는 3이다.

두 원의 반지름의 길이의 합은 4, 차는 2이고 중심 사이의 거리가 $\sqrt{a^2+b^2}$이며, 서로 다른 두 점에서 만나므로 $2<\sqrt{a^2+b^2}<4$,

$4<a^2+b^2<16$을 만족한다.

답 $4<a^2+b^2<16$

필.수.예.제 05-L

문제에서 주어진 두 원의 교점을 지나는 도형의 방정식은

$(x^2+y^2-2x)+k(x^2+y^2-4x-6y+8)=0$이고, 이 도형이 점 $(0,\ 1)$을 지나기 때문에 대입해서 k값을 구하면 $k=-\dfrac{1}{3}$이다.

따라서 주어진 조건을 만족하는 원의 방정식은

$x^2+y^2-x+3y-4=0$,

$\left(x-\dfrac{1}{2}\right)^2+\left(y+\dfrac{3}{2}\right)^2=\dfrac{13}{2}$이고, 원의 넓이는

$\dfrac{13}{2}\pi$이다.

답 $\dfrac{13}{2}\pi$

필.수.예.제 05-R

두 원을 전개하여 나타내면

$x^2+2x+y^2+2y-1=0$,

$x^2-2x+y^2-2y-1=0$이다. 따라서 공통현의 방정식은 $4x+4y=0$, $x+y=0$이므로 $a=1$, $b=0$이다.

$\therefore\ a+b=1$

답 ④

유제 13

문제에서 주어진 두 원의 교점을 지나는 도형의 방정식은

$(x^2+y^2-2x+y-3)+k(x^2+y^2+x+2y-1)=0$

이고, 이 도형이 원점을 지나기 때문에 대입해서 k값을 구하면 $k=-3$이다. 따라서 k값을 대입해서 문제에서 구하고자 하는 원의 방정식을 구하면 $2x^2+2y^2+5x+5y=0$이다.

답 ⑤

유제 14

두 원의 공통현의 방정식은
$(2a-b)x-6y+(a-b-1)=0$이고, 이 식이
$2x-3y+1=0$와 같으므로 $2a-b=4$,
$a-b-1=2$이다. 두 식을 연립하면 $a=1$,
$b=-2$이고 $a+b=-1$이다.

🔍**답** ②

유제 15

두 원의 공통현의 방정식은 $ax+3y+1=0$,
기울기는 $-\dfrac{a}{3}$이고, $y=3x-\dfrac{1}{3}$에 수직이므로
$-\dfrac{1}{3}=-\dfrac{a}{3}$, $a=1$이다.

🔍**답** $a=1$

필.수.예.제 06

두 원의 공통현의 방정식은 $6x+12=0$,
$x+2=0$이다.
원 $x^2+y^2-4y-16=0$을 정리하면
$x^2+(y-2)^2=20$이므로 중점의 좌표는
$(0, 2)$, 반지름의 길이는 $2\sqrt{5}$이다. 이때
$(0, 2)$에서 $x+2=0$까지의 거리는 2이므로
피타고라스의 정리에 의해 두 원의 교점 사이의
거리는 $2\times4=8$이다.

🔍**답** 8

유제 16

두 원의 공통현의 방정식은 $4x-4y-4=0$,
$x-y-1=0$이다.
원 $x^2+y^2-6x+5=0$을 정리하면
$(x-3)^2+y^2=4$이므로 중점의 좌표는 $(3, 0)$,
반지름의 길이는 2이다. 이때 $(3, 0)$에서
$x-y-1=0$까지의 거리는 $\sqrt{2}$이므로

피타고라스의 정리에 의해 공통현의 길이는
$2\times\sqrt{2}=2\sqrt{2}$이다.

🔍**답** ③

유제 17

$(x+1)^2+(y-1)^2=16$의 반지름의 길이가
4이므로 피타고라스의 정리에 의해
중심에서부터 직선까지의 거리는 $2\sqrt{2}$이다.
이때 원의 중심의 좌표가 $(-1, 1)$이므로
$\dfrac{|-1-1+k|}{\sqrt{2}}=2\sqrt{2}$, 양수 $k=6$이다.

🔍**답** ⑤

유제 18

$x^2+y^2+2x-2y-2=0$,
$(x+1)^2+(y-1)^2=4$이므로 문제에서 주어진
두 번째 원의 중심의 좌표는 $(-1, 1)$이다.
문제의 조건에 의해 공통현의 방정식은
$(a-2)x+4y-3a+2=0$이고, 첫 번째 원이 두
번째 원의 둘레의 길이를 이등분하므로
공통현의 방정식은 두 번째 원의 중심을
지난다. 중심의 좌표를 공통현의 방정식에
대입하면 $a=2$이다.

🔍**답** ④

필.수.예.제 07-L

$x^2+y^2=25$의 중점은 $(0, 0)$이고, 점 A와
중심 사이의 거리는 10이다. 반지름의 길이가
5이므로 최댓값 $\alpha=15$, 최솟값 $\beta=5$이다.
  $\therefore \alpha-\beta=10$

🔍**답** 10

필.수.예.제 07-R

$x^2 + y^2 + 2x - 6y + 2 = 0$,

$(x+1)^2 + (y-3)^2 = 8$이므로 문제에서 주어진 원의 중심은 $(-1, 3)$이고, 반지름은 $2\sqrt{2}$이다.

원의 중심에서부터 직선까지의 거리는 $\frac{5}{2}\sqrt{2}$이고, 반지름의 길이가 $2\sqrt{2}$이므로

최댓값 M은 $\frac{9}{2}\sqrt{2}$, 최솟값 m은 $\frac{1}{2}\sqrt{2}$이다.

$\therefore 4Mm = 18$

답 18

유제 19

$x^2 + y^2 - 4x + 6y - 1 = 0$,

$(x-2)^2 + (y+3)^2 = 14$이므로 문제에서 주어진 원의 중심은 $(2, -3)$, 반지름은 $\sqrt{14}$이다.

점 $A(3, 1)$과 중심 사이의 거리는 $\sqrt{17}$이므로 $\overline{AP}$의 최댓값은 $\sqrt{17} + \sqrt{14}$, 최솟값은 $\sqrt{17} - \sqrt{14}$이므로 곱은 3이다.

답 3

유제 20

$(x+2)^2 + (y+1)^2 = 1$의 중심은 $(-2, -1)$이므로, 중심과 직선 사이의 거리는 4이다. 원의 반지름의 길이가 1이므로 원 위의 점 P와 직선 사이의 거리의 최댓값은 5, 최솟값은 3이다.

답 최댓값 : 5, 최솟값 : 3

유제 21

$A(3, 0)$, $B(0, 4)$를 지나는 직선의 방정식은 $4x + 3y - 12 = 0$이고, 원의 중심 $(0, -1)$부터 직선까지의 거리는 3이므로, 삼각형 $\triangle PAB$에서 밑변을 $\overline{AB}$라고 하면 넓이가 최소일 때의 높이는 2, 최대일 때의 높이는 4이다.

$\overline{AB} = 5$이므로 $\triangle PAB$의 넓이의 최솟값은 5, 최댓값은 10이다.

답 최댓값 : 10, 최솟값 : 5

필.수.예.제 08-L

$\overline{PA} : \overline{PB} = 2 : 1$,

$\overline{PA} = 2 \times \overline{PB}$,

$\overline{PA}^2 = 4 \times \overline{PB}^2$이고, 점 P의 좌표를 (x, y)라고 하면

$(-2-x)^2 + y^2 = 4 \times \{(1-x)^2 + (-y)^2\}$,

$x^2 + y^2 - 4x = 0$이다.

따라서 문제의 문제를 조건을 만족하는 자취의 방정식은 $x^2 + y^2 - 4x = 0$이다.

답 $x^2 + y^2 - 4x = 0$

필.수.예.제 08-R

원 위의 점 P의 좌표를 (X, Y)라고 하자. 원점 O와 점 P를 $1 : 3$으로 내분하는 점의 좌표는 $\left(\frac{X}{4}, \frac{Y}{4}\right) = (a, b)$이고, $X = 4a$,

$Y = 4b$이므로 $(x-4)^2 + (y-6)^2 = 20$에 대입하면 $(4a-4)^2 + (4b-6)^2 = 20$,

$(a-1)^2 + \left(b - \frac{3}{2}\right)^2 = \frac{5}{4}$,

이때, a, b를 각각 x, y로 치환하면 문제의 조건을 만족하는 식은

$(x-1)^2+\left(y-\dfrac{3}{2}\right)^2=\dfrac{5}{4}$ 이다.

답 $(x-1)^2+\left(y-\dfrac{3}{2}\right)^2=\dfrac{5}{4}$

유제 22

점 P의 좌표를 $(x,\ y)$라고 하자. $A(-2,\ 0)$,
$B(2,\ 0)$라고 하면,
$\overline{AP}:\overline{BP}=3:1$,
$\overline{AP}^2:\overline{BP}^2=9:1$,
$\overline{AP}^2=9\times\overline{BP}^2$이므로
$(x+2)^2+y^2=9\times\{(x-2)^2+y^2\}$,
$x^2-5x+y^2+4=0$, $\left(x-\dfrac{5}{2}\right)^2+y^2=\dfrac{9}{4}$,
따라서 문제의 조건을 만족하는 자취는
반지름이 $\dfrac{3}{2}$인 원이고, 따라서 자취의 넓이는
$\dfrac{9}{4}\pi$이다.

답 ⑤

유제 23

원 $(x-1)^2+(y+2)^2=4$위의 점을
$(X,\ Y)$라고 하자. 점 $(3,\ 2)$와 원 위의 점을
이은 선분의 중점의 좌표는
$\left(\dfrac{3+X}{2},\ \dfrac{2+Y}{2}\right)=(a,\ b)$이고, $X=2a-3$,
$Y=2b-2$이므로 $(x-1)^2+(y+2)^2=4$식에
대입하면 $(2a-4)^2+(2b)^2=4$,
$(a-2)^2+b^2=1$로 문제에서 주어진 자취의
방정식은 반지름이 1인 원임을 알 수 있다.
따라서 자취의 길이는 2π이다.

답 ②

유제 24

$x^2+y^2=9$ 위의 동점 P를 $(X,\ Y)$라고 하자.
$\triangle ABP$의 무게중심 G의 좌표는
$\left(\dfrac{6+3+X}{3},\ \dfrac{3+Y}{3}\right)=\left(3+\dfrac{X}{3},\ 1+\dfrac{Y}{3}\right)$
$=(a,\ b)$이고, $X=3a-9$, $Y=3b-3$이므로
$x^2+y^2=9$에 대입하면
$(3a-9)^2+(3b-3)^2=9$,
$(a-3)^2+(b-1)^2=1$이다. a, b를 각각 x,
y로 치환하면 문제의 조건을 만족하는 식은
$(x-3)^2+(y-1)^2=1$이다.

답 $(x-3)^2+(y-1)^2=1$

15 | 원과 직선

필.수.예.제 01

(1) 서로 다른 두 점에서 만난다.
　① 판별식
　$y=-2x+k$을 $x^2+y^2=5$에 대입한 후
　x에 대한 이차방정식의 판별식이 0보다
　크다.
　$x^2+(-2x+k)^2=5,\ 5x^2-4kx+k^2-5=0$
　$D/4=4k^2-5(k^2-5)>0,\ 25>k^2,$
　$-5<k<5$

　② 점과 직선 공식
　중심 $(0,\ 0)$과 직선 $y=-2x+k$ 사이의
　거리가 반지름보다 짧다. 원의 반지름의
　길이가 $\sqrt{5}$이므로 $\dfrac{|-k|}{\sqrt{5}}<\sqrt{5},\ |-k|<5,$
　$-5<k<5$

(2) 접한다.
　① 판별식
　$y=-2x+k$을 $x^2+y^2=5$에 대입한 후
　x에 대한 이차방정식의 판별식이 0과
　같다.
　$x^2+(-2x+k)^2=5,\ 5x^2-4kx+k^2-5=0$
　$D/4=4k^2-5(k^2-5)=0,\ 25=k^2,\ k=\pm5$

　② 점과 직선 공식
　중심 $(0,\ 0)$과 직선 $y=-2x+k$ 사이의
　거리가 반지름과 같다. 원의 반지름의
　길이가 $\sqrt{5}$이므로 $\dfrac{|-k|}{\sqrt{5}}=\sqrt{5},\ |-k|=5,$
　$k=\pm5$

(3) 만나지 않는다.
　① 판별식
　$y=-2x+k$을 $x^2+y^2=5$에 대입한 후
　x에 대한 이차방정식의 판별식이 0보다
　작다.
　$x^2+(-2x+k)^2=5,\ 5x^2-4kx+k^2-5=0$
　$D/4=4k^2-5(k^2-5)<0,\ 25<k^2$
　$k<-5$ 또는 $k>5$

　② 점과 직선 공식
　중심 $(0,\ 0)$과 직선 $y=-2x+k$ 사이의
　거리가 반지름보다 길다. 원의 반지름의
　길이가 $\sqrt{5}$이므로 $\dfrac{|-k|}{\sqrt{5}}>\sqrt{5},\ |-k|>5,$
　$k<-5$ 또는 $k>5$

답 해설참조

유제 01

집합 A가 이루는 원과 집합 B가 이루는
직선이 만나지 않아야 하므로 중심 $(0,\ 0)$과
직선 $y=\sqrt{3}\,x+n$의 거리가 반지름 2보다
길다.
$\dfrac{|n|}{2}>2,\ |n|>4,\ n<-4$ 또는 $n>4$이다.

답 ②

유제 02

문제에서 주어진 원과 직선이 서로 다른 두
점에서 만나기 위해서는 원의 중심과 직선의
거리보다 반지름의 길이가 길어야 한다.
원의 중심의 좌표는 $(1,\ 2)$이고, 직선까지의
거리는 $\dfrac{16}{5}$이므로 반지름의 범위는

$\dfrac{16}{5} < r$이고, 양의 정수 r의 최솟값은 4이다.

🔍답 ④

유제 03

$3x - y + 2 = 0$의 기울기는 3이고, 문제에서 구하고자 하는 직선의 y절편이 k이므로 $y = 3x + k$라고 하자. $x^2 + y^2 = 10$의 중심과 직선의 거리보다 반지름의 길이가 짧거나 같아야 하므로 $\dfrac{|k|}{\sqrt{10}} \le \sqrt{10}$, $|k| \le 10$이므로 조건을 만족하는 정수 k의 개수는 21개다.

🔍답 21개

필.수.예.제 02-L

원의 중심이 $(0, 0)$이므로 문제에서 주어진 점과 중심을 이은 직선의 기울기는 2이고, 따라서 접선의 기울기는 $-\dfrac{1}{2}$이다. 이 때 문제에서 주어진 직선이 $(1, 2)$를 지나므로 $y = -\dfrac{1}{2}x + k$에 대입하여 k값을 구하면 $k = \dfrac{5}{2}$이고, 문제에서 구하고자 하는 식은 $y = -\dfrac{1}{2}x + \dfrac{5}{2}$이다.

🔍답 $y = -\dfrac{1}{2}x + \dfrac{5}{2}$

필.수.예.제 02-R

원의 중심이 $(-2, 0)$이므로 문제에서 주어진 점과 중심을 이은 직선의 기울기는 $\dfrac{1}{2}$이고, 따라서 접선의 기울기는 -2이다. 이 때 문제에서 주어진 직선이 $(0, 1)$을 지나므로 $y = -2x + k$에 대입하여 k값을 구하면

$k = 1$이고, 문제에서 구하고자 하는 식은 $y = -2x + 1$이다. 따라서 x절편은 $\dfrac{1}{2}$, y절편은 1이므로 도형의 넓이는 $\dfrac{1}{4}$이다.

🔍답 ③

유제 04

원의 중심이 $(0, 0)$이므로 문제에서 주어진 점과 중심을 이은 직선의 기울기는 -1이고, 따라서 접선의 기울기는 1이다. 이 때 문제에서 주어진 직선이 $(-2, 2)$을 지나므로 $y = x + k$에 대입하여 k값을 구하면 $k = 4$이고, 문제에서 구하고자 하는 식은 $y = x + 4$이다.

🔍답 $y = x + 4$

유제 05

원 $(x-2)^2 + (y-2)^2 = 5$ 위의 한 점 $(1, 4)$에서의 접선의 방정식은 다음과 같다.
$(1-2)(x-2) + (4-2)(y-2) = 5$
$x - 2y + 7 = 0$

x절편은 -7이고 y절편은 $\dfrac{7}{2}$이므로 접선과 x축, y축이 이루는 도형은 밑변의 길이가 7이고 높이가 $\dfrac{7}{2}$인 직각삼각형이다. 따라서 도형의 넓이는 $\dfrac{1}{2} \times 7 \times \dfrac{7}{2} = \dfrac{49}{5}$

🔍답 ②

유제 06

$2x-y+3=0$의 기울기가 2이므로 문제에서 주어진 접선의 기울기는 $-\dfrac{1}{2}$이다. 중심 $(0, 0)$과 $(2, a)$을 지나는 직선은 접선에 수직하므로 기울기가 2이고, 따라서 $a=4$임을 알 수 있다.

답 ②

필.수.예.제 03-L

기울기가 2인 직선의 방정식을
$y=2x+k$ (k는 상수)
즉, $2x-y+k=0$이라고 하면 이 직선이 원 $x^2+y^2=6$에 접하므로 직선과 원의 중심 $(0,0)$사이의 거리가 반지름의 길이 $\sqrt{6}$과 같으므로 $\dfrac{|k|}{\sqrt{5}}=\sqrt{6}$, $k=\pm\sqrt{30}$이다.
따라서 접선의 방정식은 $y=2x\pm\sqrt{30}$이다.

답 ③

필.수.예.제 03-R

기울기가 2인 직선의 방정식을 $y=2x+k$
즉, $2x-y+k=0$이라고 하면 이 직선이 원 $(x-1)^2+(y+2)^2=4$에 접하므로 직선과 원의 중심 $(1,-2)$사이의 거리가 반지름의 길이 2와 같으므로 $\dfrac{|2+2+k|}{\sqrt{5}}=2$, $k=-4\pm2\sqrt{5}$이다.
이때 두 접선의 y절편은 $k=-4\pm2\sqrt{5}$이므로 따라서 y절편의 곱은 -4이다.

답 ②

유제 07

직선 $3x-y+2=0$와 평행한 직선을 $3x-y+k=0$이라고 하면 이 직선이 원 $x^2+y^2=4$에 접하므로 직선과 원의 중심 $(0,0)$사이의 거리가 반지름의 길이 2와 같으므로 $\dfrac{|k|}{\sqrt{10}}=2$, $k=\pm2\sqrt{10}$이다.
따라서 접선의 방정식은 $y=3x\pm2\sqrt{10}$이다.

답 $y=3x\pm2\sqrt{10}$

유제 08

기울기가 -1인 직선의 방정식을 $y=-x+k$
즉, $x+y-k=0$이라고 하면 이 직선이 원 $(x+1)^2+(y-2)^2=2$에 접하므로 직선과 원의 중심 $(-1,2)$사이의 거리가 반지름의 길이 $\sqrt{2}$와 같으므로 $\dfrac{|-1+2-k|}{\sqrt{2}}=\sqrt{2}$, $k=-1$ 또는 3이다.
따라서 접선의 방정식은 $y=-x-1$ 또는 $y=-x+3$이다.

답 $y=-x-1$ 또는 $y=-x+3$

유제 09

직선 $x-2y-2=0$와 수직인 직선을 $2x+y+k=0$이라고 하면 이 직선이 원 $x^2+y^2=5$에 접하므로 직선과 원의 중심 $(0,0)$사이의 거리가 반지름의 길이 $\sqrt{5}$와 같으므로 $\dfrac{|k|}{\sqrt{5}}=\sqrt{5}$, $k=\pm5$이다.
이때 두 접선의 y절편은 $-k=\pm5$이고, y절편의 값이 큰 직선은 $2x+y-5=0$이다.
따라서 이 직선이 지나는 점은 $(0,5)$이다.

답 ①

점 $(3, -1)$을 지나고 기울기가 m인 직선의 방정식을 $y+1 = m(x-3)$

즉, $mx-y-1-3m=0$이라고 하면 이 직선은 원 $x^2+y^2=5$에 접하고, 이 원의 중심의 좌표가 $(0,0)$이고, 반지름의 길이가

$\sqrt{5}$이므로 $\dfrac{|-1-3m|}{\sqrt{m^2+1}} = \sqrt{5}$이 성립한다.

양변을 제곱하여 정리하면
$2m^2+3m-2=0$, $(2m-1)(m+2)=0$
이므로

$m = \dfrac{1}{2}$ 또는 $m = -2$이다.

따라서 구하는 접선의 방정식은 $y = \dfrac{1}{2}x - \dfrac{5}{2}$ 또는 $y = -2x+5$이다.

답 $y = \dfrac{1}{2}x - \dfrac{5}{2}$ 또는 $y = -2x+5$

점 $(1, 2)$을 지나고 기울기가 m인 접선의 방정식을 $y-2 = m(x-1)$

즉, $mx-y+2-m=0$이라고 하면 이 직선은 원 $(x-3)^2+(y-5)^2=1$에 접하고, 이 원의 중심의 좌표가 $(3,5)$이고, 반지름의 길이가

1이므로 $\dfrac{|3m-5+2-m|}{\sqrt{m^2+1}} = 1$이 성립한다.

양변을 제곱하여 정리하면
$3m^2-12m+8=0$이다.

이때 두 접선의 기울기는 $3m^2-12m+8=0$의 두 근이므로 근과 계수의 관계에 의하여 두 직선의 기울기의 합은 $\dfrac{12}{3}=4$이다.

답 4

점 $(-2,1)$을 지나고 기울기가 m인 직선의 방정식을 $y-1 = m(x+2)$

즉, $mx-y+1+2m=0$이라고 하면 이 직선은 원 $(x-1)^2+(y-2)^2=3$에 접하고, 이 원의 중심의 좌표가 $(1,2)$, 반지름의 길이가

$\sqrt{3}$이므로 $\dfrac{|m-2+1+2m|}{\sqrt{m^2+1}} = \sqrt{3}$이 성립한다.

양변을 제곱하여 정리하면
$3m^2-3m-1=0$이다.

이때 접선의 기울기는 $3m^2-3m-1=0$의 근이므로 근과 계수의 관계에 의하여 두 직선의 기울기의 합은 $\dfrac{3}{3}=1$이다.

답 ⑤

점 $(1,3)$을 지나고 기울기가 m인 직선의 방정식을 $y-3 = m(x-1)$

즉, $mx-y+3-m=0$이라고 하면 이 직선은 원 $x^2+y^2=1$에 접하고, 이 원의 중심의 좌표가 $(0,0)$이고, 반지름의 길이가 1이므로

$\dfrac{|3-m|}{\sqrt{m^2+1}} = 1$이 성립한다.

양변을 제곱하여 정리하면 $m = \dfrac{4}{3}$이므로

구하는 접선의 방정식은 $y = \dfrac{4}{3}(x-1)+3$,

$4x-3y+5=0$이다.

이때 원 밖의 한 점에서 그은 접선은 항상 2개이므로 점 $(1,3)$을 지나고 y축에 평행한 직선인 $x=1$도 접선의 방정식이 된다.

답 ②

유제 12

점 $(5,4)$을 지나고 기울기가 m인 직선의 방정식을 $y-4=m(x-5)$

즉, $mx-y+4-5m=0$이라고 하면 이 직선은 원 $(x-1)^2+(y-2)^2=r^2$에 접하고, 이 원의 중심의 좌표가 $(1,2)$이고, 반지름의 길이가 r 이므로 $\dfrac{|m-2+4-5m|}{\sqrt{m^2+1}}=r$이 성립한다.

양변을 제곱하여 정리하면

$(16-r^2)m^2-16m+4-r^2=0$이고 접선의 기울기는 방정식의 근 이고 수직이므로 근과 계수의 관계에 의하여 두 직선의 기울기의 곱은

$\dfrac{4-r^2}{16-r^2}=-1$, $r=\sqrt{10}$ 이다.

🔍답 $\sqrt{10}$

필.수.예.제 05

원 $x^2+y^2-2x+4y-20=0$에서

$(x-1)^2+(y+2)^2=25$의 중심 $O(1,-2)$, 점 $A(-4,4)$에서 원에 그은 접선과 교점을 P라 하면 삼각형 AOP는 각 P가 $90°$인 직각삼각형이다.

$\overline{OA}=\sqrt{(1+4)^2+(-2-4)^2}=\sqrt{61}$, 선분 OP의 길이는 반지름의 길이와 같고, $\overline{OP}=5$ 이므로 $\overline{AP}=\sqrt{61-5^2}=\sqrt{36}=6$이다.

따라서 점 A에서 접점까지의 거리는 6이다.

🔍답 6

유제 13

원 $x^2+y^2+6x+8y-11=0$에서

$(x+3)^2+(y+4)^2=36$의 중심 $O(-3,-4)$, 점 $A(5,2)$에서 원에 그은 접선의 접점을 P라 하면 삼각형 AOP는 각 P가 $90°$인 직각삼각형이다.

$\overline{OA}=\sqrt{(5+3)^2+(2+4)^2}=\sqrt{100}=10$, 선분 OP의 길이는 반지름의 길이와 같고, $\overline{OP}=6$ 이므로 $\overline{AP}=\sqrt{100-36}=\sqrt{64}=8$이다.

따라서 점 $(5,2)$에서 접점까지의 거리는 8이다.

🔍답 8

유제 14

원 $x^2+y^2+4x-2y+1=0$에서

$(x+2)^2+(y-1)^2=4$의 중심 $O(-2,1)$, 점 $A(3,3)$에서 원에 그은 접선의 접점을 P라 하면 삼각형 AOP는 각 P가 $90°$인 직각삼각형이다.

$\overline{OA}=\sqrt{(3+2)^2+(3-1)^2}=\sqrt{29}$, 선분 OP의 길이는 반지름의 길이와 같고, $\overline{OP}=2$ 이므로 $\overline{AP}=\sqrt{29-2^2}=\sqrt{25}=5$이다.

따라서 점 $(3,3)$에서 접점까지의 거리는 5이다.

🔍답 5

유제 15

원 $(x-2)^2+(y-1)^2=4$의 중심 $O(2,1)$, x축 위의 점 $P(a,0)$, 원에 그은 접선의 접점을 Q라 하면 삼각형 OPQ는 각 Q가 $90°$인 직각삼각형이다.

$\overline{OP}=\sqrt{(a-2)^2+1^2}=\sqrt{a^2-4a+5}$, 선분 OQ의 길이는 반지름의 길이와 같으므로 $\overline{OQ}=2$ 이므로

$\overline{PQ}=\sqrt{a^2-4a+5-2^2}=\sqrt{a^2-4a+1}$ 이다.

이때 접선의 길이가 $\sqrt{6}$이므로 $a^2-4a+1=6$, $a^2-4a-5=0$이다. 따라서 $a=5$또는 $a=-1$이다.

🔍답 $(5,0),(-1,0)$

두 원의 중심 O, O'에서 $\overline{OO'}=9$, 점 O에서 선분 $O'B$에 내린 수선의 발을 H라 하면 $\overline{HO'}=5-2=3$이다. 직각삼각형 OHO'에서 $\overline{AB}=\overline{OH}=\sqrt{9^2-3^2}=\sqrt{72}=6\sqrt{2}$ 이다.

🔍**답** ②

원 O : $x^2+y^2-2x+4y+1=0$에서 $(x-1)^2+(y+2)^2=4$의 중심 $O(1,-2)$이다.
원 O' : $x^2+2x+y^2=0$에서 $(x+1)^2+y^2=1$의 중심 $O'(-1,0)$라 하면 $\overline{OO'}=\sqrt{2^2+2^2}=2\sqrt{2}$
두 원 O,O'와 공통외접선의 교점을 A,B 점 O'에서 선분 OA에 내린 수선의 발을 H라 하면 $\overline{OH}=2-1=1$이다. 직각삼각형 OHO'에서 $\overline{AB}=\overline{O'H}=\sqrt{8-1}=\sqrt{7}$이므로 공통외접선의 길이는 $\sqrt{7}$이다.

🔍**답** ②

원 O : $x^2+y^2+4x-2y+4=0$에서 $(x+2)^2+(y-1)^2=1$의 중심 $O(-2,1)$
원 O' : $x^2+y^2-6x-6y+9=0$에서 $(x-3)^2+(y-3)^2=9$의 중심 $O'(3,3)$라 하면 $\overline{OO'}=\sqrt{5^2+2^2}=\sqrt{29}$이다.
두 원 O,O'와 공통외접선의 교점을 A,B 점 O'에서 선분 OA에 내린 수선의 발을 H라 하면 $\overline{O'H}=3-1=2$이다. 직각삼각형 OHO'에서 $\overline{AB}=\overline{OH}=\sqrt{29-4}=5$이므로 공통외접선의 길이는 5이다.

🔍**답** 5

원 O : $x^2+y^2=9$의 중심 $O(0,0)$
원 O' : $(x-a)^2+(y-b)^2=4$의 중심 $O'(a,b)$라 하면 $\overline{OO'}=\sqrt{a^2+b^2}$ 이다.
두 원 O,O'와 공통외접선의 교점을 A,B 점 O에서 선분 $O'B$에 내린 수선의 발을 H라 하면 $\overline{OH}=3-2=1$이다. 직각삼각형 OHO'에서 $\overline{AB}=\overline{O'H}=\sqrt{a^2+b^2-1}$이고 공통외접선의 길이는 4이므로 $a^2+b^2-1=16$이다. 따라서 (a,b)의 자취의 방정식은 $x^2+y^2=17$이므로 자취의 길이는 $2\sqrt{17}\pi$이다.

🔍**답** $2\sqrt{17}\pi$

점 O에서 $\overline{O'B}$의 연장선에 내린 수선의 발을 H라 하면 $\overline{O'H}=4+2=6$이다.
직각삼각형 OHO'에서 $\overline{AB}=\overline{OH}=\sqrt{7^2-6^2}=\sqrt{13}$이므로 공통내접선 AB의 길이는 $\sqrt{13}$이다.

🔍**답** ③

원 O : $x^2+y^2=4$의 중심 $O(0,0)$이고,
원 O' : $(x-5)^2+(y-4)^2=9$의 중심 $O'(5,4)$라 하면 $\overline{OO'}=\sqrt{5^2+4^2}=\sqrt{41}$이다.
두 원 O,O'와 공통내접선의 교점을 A,B 점 O'에서 $\overline{OA}$의 연장선에 내린 수선의 발을 H라 하면 $\overline{OH}=2+3=5$이다.

직각삼각형 OHO'에서
$\overline{AB}=\overline{O'H}=\sqrt{41-5^2}=\sqrt{16}=4$이므로
공통내접선 AB의 길이는 4이다.

🔍답 ①

유제 **20**

원 $O : (x+2)^2+(y-1)^2=4$의 중심
$O(-2,1)$
원 $O' : (x-5)^2+(y+1)^2=9$의 중심
$O'(5,-1)$라 하면
$\overline{OO'}=\sqrt{7^2+2^2}=\sqrt{53}$ 이다.
두 원 O, O'와 공통내접선의 교점을 A, B
점 O'에서 $\overline{OA}$의 연장선에 내린 수선의 발을
H라 하면 $\overline{OH}=2+3=5$이다.
직각삼각형 OHO'에서
$\overline{AB}=\overline{O'H}=\sqrt{53-5^2}=\sqrt{28}=2\sqrt{7}$ 이므로
공통내접선 AB의 길이는 $2\sqrt{7}$ 이다.

🔍답 ①

유제 **21**

원 $O : x^2+y^2=r^2$의 중심 $O(0,0)$
원 $O' : (x-6)^2+y^2=1$의 중심 $O'(6,0)$라
하면 $\overline{OO'}=6$이고 두 원은 서로 외부에
있으므로 $r+1<6,\ r<5$이다.
두 원 O, O'와 공통내접선의 교점을 A, B
점 O'에서 $\overline{OA}$의 연장선에 내린 수선의 발을
H라 하면 $\overline{OH}=r+1$이다.
직각삼각형 OHO'에서
$\overline{AB}=\overline{O'H}=\sqrt{6^2-(r+1)^2}=\sqrt{11}$ 이고
양변을 제곱하여 정리하면 $(r+1)^2=25$이므로
$r=4$이다.

🔍답 ③

 16 | 도형의 이동

필수.예.제 **01-L**

점 $(a,\ b)$가 평행이동
$(x,\ y) \rightarrow (x+3,\ y-2)$에 의하여 옮겨지는
점의 좌표는 $(a+3,b-2)$라 하면 $a+3=1$,
$b-2=2$
따라서 $a=-2, b=4$ 이므로 $a+b=2$이다.

🔍답 2

필수.예.제 **01-R**

(1) 직선 $3x+4y+1=0$을 x축 방향으로
　 2만큼 평행이동한 직선의 방정식은
　 $3(x-2)+4y+1=0$
　 즉, $3x+4y-5=0$이다.

🔍답 $3x+4y-5=0$

(2) 직선 $3x+4y+1=0$을 y축의 방향으로
　 -3 만큼 평행이동한 직선의 방정식은
　 $3x+4(y+3)+1=0$
　 즉, $3x+4y+13=0$이다.

🔍답 $3x+4y+13=0$

(3) 직선 $3x+4y+1=0$을 x축의 음의 방향으
　 로 2 만큼, y축의 양의 방향으로 3 만큼 평
　 행이동한 직선의 방정식은
　 $3(x+2)+4(y-3)+1=0$
　 즉, $3x+4y-5=0$이다.

🔍답 $3x+4y-5=0$

유제 **01**

점 $(a, -1)$를 x축의 방향으로 -2만큼, y축의
방향으로 b만큼 평행이동한 점의 좌표는
$(0, -3)$이므로
$a-2=0, \ -1+b=-3$
따라서 $a=2, b=-2$ 이므로 $a+b=0$이다.

답 0

유제 **02**

직선 $x+2y-1=0$을 x축의 방향으로

-3만큼, y축의 방향으로 $\dfrac{1}{2}$만큼 평행이동한

직선의 방정식은 $(x+3)+2\left(y-\dfrac{1}{2}\right)-1=0$

즉, $x+2y+1=0$이고 $2x+4y+2=0$이다.
$ax+by+2=0$와 일치하므로
따라서 $a=2, b=4$ 이므로 $a+b=6$이다.

답 6

유제 **03**

직선 $y=ax+b$ 를 x 축의 방향으로 2만큼,
y 축의 방향으로 -1만큼 평행 이동한 직선은
$(y+1)=a(x-2)+b$ 즉, $y=ax-2a+b-1$
직선 $y=-2x+1$과 y 축 위에서 수직으로

만나므로 기울기는 $\dfrac{1}{2}$, 만나는 점은 $(0,1)$이다.

기울기가 $\dfrac{1}{2}$이므로 $a=\dfrac{1}{2}$이고

점 $(0,1)$을 대입하면
$1=-2a+b-1=-1+b-1$

따라서 $a=\dfrac{1}{2}, \ b=3$ 이므로 $ab=\dfrac{3}{2}$이다.

답 ③

$O : x^2+y^2+4x+2y-4=0$ 에서
$(x+2)^2+(y+1)^2=9$
$O' : x^2+y^2-8x+7=0$ 에서
$(x-4)^2+y^2=9$
원 O의 중심 $(-2, -1)$을
평행이동 $(x,y) \rightarrow (x+a, y+b)$에 의하여 평
행이동 한 점의 좌표는 원 O' 의 중심 $(4,0)$
이므로 $-2+a=4, \ -1+b=0$
따라서 $a=6, b=1$ 이므로 $a+b=7$이다.

답 7

포물선 $y=x^2+6x+a=(x+3)^2+a-9$을
평행이동 $(x,y) \rightarrow (x+m, y+n)$에 의하여
평행이동한 식은 $y=(x+3-m)^2+a-9+n$은
$y=x^2$과 일치하므로 $m=3, n=9-a$이다.
직선 $x+2y-1=0$을 평행이동한 식은
$x-m+2(y-n)-1=0$ 이고 m,n의 값을
대입한 식은 $x+2y+2a-22=0$ 이고
$x+2y+a=0$와 일치하므로
따라서 $a=2a-22$ 이므로 $a=22$이다.

답 22

유제 **04**

도형 $(x-2)^2+(y+3)^2=4$를 x축의 방향으로
a, y축의 방향으로 b만큼 평행이동한 식은
$(x-a-2)^2+(y-b+3)^2=4$은
$x^2+y^2-4y=0$을 정리한 식
$x^2+(y-2)^2=4$과 일치하므로
$-a-2=0, \ -b+3=-2$ 이다.

따라서 $a=-2, b=5$ 이므로 $a+b=3$이다.

🔍답 ②

유제 05

이차함수 $y=x^2+4x-5$에서
$y=(x+2)^2-9$를
평행이동 $(x, y) \rightarrow (x+a, y+b)$에 의하여
옮겨진 식은 $y=(x-a+2)^2+b-9$을
x축에 대하여 대칭이동한 식은
$y=-(x-a+2)^2-b+9$은 $y=-x^2$과
일치하므로
$-a+2=0, -b+9=0$이다.
따라서 $a=2, b=9$ 이므로 $a+b=11$이다.

🔍답 11

유제 06

원 $(x-10)^2+y^2=10$ 을
평행이동 $(x, y) \rightarrow (x+a, y+b)$에 의하여
옮겨진 식은 $(x-a-10)^2+(y-b)^2=10$은
원 $x^2+(y-10)^2=10$과 일치하므로
$-a-10=0, -b=-10$ 이므로 $a=-10, b=10$
원 $x^2+y^2-2x+2y=0$에서
$(x-1)^2+(y+1)^2=2$을
평행이동 $(x, y) \rightarrow (x-10, y+10)$에
의하여 옮겨진 식은
$(x+10-1)^2+(y-10+1)^2=2$
이므로 $(x+9)^2+(y-9)^2=2$이다.

🔍답 $(x+9)^2+(y-9)^2=2$

필수.예.제 03-L

점 $A(-3, 4)$를
x축에 대하여 대칭이동한 점
$A'(-3, -4)$이고
점 $B(-2, -8)$을
y축에 대하여 대칭이동한 점 $B'(2, -8)$이다.
따라서 두 점 사이의 거리는
$\sqrt{(2+3)^2+(-8+4)^2}=\sqrt{41}$
$\overline{A'B'}=\sqrt{41}$ 이다.

🔍답 $\sqrt{41}$

필수.예.제 03-R

직선 $x+3y+4=0$의 그래프를 x축에 대하여
대칭이동하면 y의 부호가 변하므로
$x-3y+4=0$이다.
직선 $x+3y+4=0$의 그래프를 y축에 대하여
대칭이동하면 x의 부호가 변하므로
$-x+3y+4=0$ 이므로 $x-3y-4=0$이다.
직선 $x+3y+4=0$의 그래프를 원점에
대하여 대칭이동하면 x, y의 부호가 변하므로
$-x-3y+4=0$ 이므로 $x+3y-4=0$이다.

🔍답 $x-3y+4=0$, $x-3y-4=0$,
$x+3y-4=0$

유제 07

점 $(-1, 2)$을
원점에 대하여 대칭이동한 점 $(1, -2)$을 x축
방향으로 a만큼, y축 방향으로 b만큼 평행이동
한 점은 $(1+a, -2+b)$은 $(2,1)$과 일치하므로
$1+a=2, -2+b=1$
따라서 $a=1, b=3$ 이므로 $ab=3$

🔍답 ④

유제 **08**

(1) 직선 $4x+3y-5=0$의 그래프를 x축에 대하여 대칭이동하면 y의 부호가 변하므로 $4x-3y-5=0$이다.

(2) 직선 $4x+3y-5=0$의 그래프를 y축에 대하여 대칭이동하면 x의 부호가 변하므로 $-4x+3y-5=0$ 이므로 $4x-3y+5=0$이다.

(3) 직선 $4x+3y-5=0$의 그래프를 원점에 대하여 대칭이동하면 x, y의 부호가 변하므로 $-4x-3y-5=0$ 이므로 $4x+3y+5=0$이다.

🔍답 (1) $4x-3y-5=0$, (2) $4x-3y+5=0$
(3) $4x+3y+5=0$

유제 **09**

원 $x^2+y^2-4x+6y+12=0$에서 $(x-2)^2+(y+3)^2=1$의 중심은 $(2, -3)$이다. 점 $(2, -3)$을 원점에 대하여 대칭이동한 점 $(-2, 3)$을 y축에 대하여 대칭이동한 점은 $(2, 3)$이다.

🔍답 ③

필.수.예.제 **04-L**

점 $A(3, -1)$을 $y=x$에 대하여 대칭이동하면 x와 y의 위치가 바뀌므로 점 $P(-1, 3)$이다. 점 $A(3, -1)$을 $y=-x$에 대하여 대칭이동하면 x와 y의 위치와 부호가 바뀌므로 점 $Q(1, -3)$이다. 따라서 두 점 사이의 거리는

$\sqrt{(1+1)^2+(-3-3)^2} = \sqrt{40} = 2\sqrt{10}$ 이므로 $\overline{PQ} = 2\sqrt{10}$ 이다.

🔍답 $2\sqrt{10}$

필.수.예.제 **04-R**

점 $(2, 3)$을 원점에 대하여 대칭이동하면 x와 y의 부호가 바뀌므로 점 $P(-2, -3)$이다. 점 $(2, 3)$을 직선 $y=-x$에 대하여 대칭이동하면 x와 y의 위치와 부호가 바뀌므로 점 $Q(-3, -2)$이다. 두 점 P, Q를 지나는 직선의 기울기는

$\dfrac{-3-(-2)}{-2-(-3)} = \dfrac{-1}{1} = -1$이다.

🔍답 -1

유제 **10**

직선 $2x+y+1=0$을 원점에 대하여 대칭이동한 직선은 $-2x-y+1=0$이므로 $2x+y-1=0$이다. 다시 직선 $y=x$에 대하여 대칭이동하면 $2y+x-1=0$ 이므로 $x+2y-1=0$이다.

🔍답 ④

유제 **11**

① 직선 $3x-y+6=0$을 x에 대하여 대칭이동한 직선의 방정식은 $3x+y+6=0$이다. (○)

② 직선 $3x-y+6=0$을 y에 대하여 대칭이동한 직선의 방정식은 $-3x-y+6=0$이다. (○)

③ 직선 $3x-y+6=0$을 원점에 대하여 대칭이동한 직선의 방정식은 $-3x+y+6=0$이다. (○)

④ 직선 $3x-y+6=0$을 $y=x$에 대하여 대칭이동한 직선의 방정식은 $x-3y-6=0$이다. (○)

⑤ 직선 $3x-y+6=0$을 $y=-x$에 대하여 대칭이동한 직선의 방정식은
$x-3y+6=0$이다. ($\times$)

🔍답 ⑤

유제 12

직선 $3x+4y=5$를 x축 방향으로 3만큼, y축 방향으로 -2만큼 평행이동하면
$3(x-3)+4(y+2)=5$이므로 $3x+4y=6$이다.
다시 직선 $y=x$에 대하여 대칭이동하면
$4x+3y=6$이다.
원의 넓이를 이등분하는 직선은 원의 중심을 지나므로 원의 중심 $(a,-6)$을 직선에 대입하면 $4a-18=6$ 이므로 $a=6$이다.

🔍답 ④

필.수.예.제 05-L

점 $A(-2,\ 3)$을 $P(4,\ 1)$에 대칭한 점을 $A'(a,b)$라 하면 점 P가 두 점 A, A'의 중점이므로 $\dfrac{-2+a}{2}=4$, $\dfrac{3+b}{2}=1$
따라서 $a=10, b=-1$ 이므로 $A'(10,-1)$이다.

🔍답 $(10,\ -1)$

필.수.예.제 05-R

(1) $x+y-1=0$을 점 $(-2,1)$에 대하여 대칭이동한 도형은 x 대신 $-4-x$, y 대신 $2-y$를 대입하면
$(-4-x)+(2-y)-1=0$이므로
$x+y+3=0$이다.

(2) $x^2+y^2+4x+2y+1=0$에서
$(x+2)^2+(y+1)^2=4$을 점 $(-2,1)$에 대하여 대칭한 도형은 중심 $(-2,-1)$을 $(-2,1)$에 대칭이동한 점 $(-2,3)$, 반지름의 길이가 2인 도형이므로 $(x+2)^2+(y-3)^2=4$이다.
따라서 $x^2+y^2+4x-6y+9=0$이다.

🔍답 $x^2+y^2+4x-6y+9=0$

유제 13

직선 $2x-y+2=0$을 점 $(1,2)$에 대하여 대칭이동한 직선은 x대신 $2-x$, y대신 $4-y$를 대입하면 $2(2-x)-(4-y)+2=0$이므로
$2x-y-2=0$이다. 따라서 y절편은 -2이다.

🔍답 ①

유제 14

원 $x^2+y^2-6x+4y=0$에서
$(x-3)^2+(y+2)^2=13$을
점 $A(-1,-1)$에 대하여 대칭이동한 도형은 x 대신 $-2-x$, y 대신 $-2-y$를 대입하면
$(-2-x-3)^2+(-2-y+2)^2=13$이므로
$(x+5)^2+y^2=13$이다.

🔍답 $(x+5)^2+y^2=13$

유제 15

원 $(x+1)^2+(y-2)^2=5$ 을
점 $(a,\ b)$에 대하여 대칭이동한 도형의 방정식은 x 대신 $2a-x$, y 대신 $2b-y$를 대입하면
$(2a-x+1)^2+(2b-y-2)^2=5$이므로
$(x-1-2a)^2+(y-2b+2)^2=5$이다.

$(x-5)^2+(y+4)^2=c$ 와 일치하므로

따라서 $1+2a=5, 2-2b=4, c=5$ 이므로

$a=2, b=-1, c=5$이고 $a+b+c=6$이다.

🔍답 6

필.수.예.제 06-L

직선 $y=2x+3$에 대한 점 $P(5,3)$의

대칭점을 $Q(a,b)$라 하면

(1) 선분 PQ의 중점 $\left(\dfrac{a+5}{2}, \dfrac{b+3}{2}\right)$은

$y=2x+3$위의 점 이므로

$\dfrac{b+3}{2}=2\left(\dfrac{a+5}{2}\right)+3$

이다. 식을 정리하면 $2a-b+13=0$이다.

(2) 선분 PQ와 $y=2x+3$은 수직이므로 선분

PQ의 기울기는 $\dfrac{b-3}{a-5}=-\dfrac{1}{2}$이다.

식을 정리하면 $a+2b-11=0$이다.

(1), (2)을 연립하여 풀면 $a=-3, b=7$이므로

점 $Q(-3,7)$이다.

🔍답 $(-3, 7)$

필.수.예.제 06-R

직선 $x+2y-5=0$위의 임의의 점 $P(x,y)$의

직선

$x-y-2=0$에 대한 대칭점을 $Q(x',y')$이라

하면

(1) 선분 PQ의 중점 $\left(\dfrac{x+x'}{2}, \dfrac{y+y'}{2}\right)$은 직선

$x-y-2=0$위의 점 이므로

$\dfrac{x+x'}{2}-\dfrac{y+y'}{2}-2=0$이다.

(2) 선분 PQ와 $x-y-2=0$은 수직이므로

선분 PQ의 기울기는 $\dfrac{y-y'}{x-x'}=-1$이다.

(1), (2)을 연립하여 풀면 $x=y'+2$,

$y=x'-2$고 $x+2y-5=0$에 대입하면

$(y'+2)+2(x'-2)-5=0$이므로

$2x'+y'-7=0$이다. 따라서 $Q(x',y')$는

$2x+y-7=0$위의 점이고 y절편은 7이다.

🔍답 7

유제 16

원 $(x-1)^2+(y-2)^2=1$의 중심 $(1,2)$를 직선

$y=x-1$에 대하여 대칭이동한 점을 (a,b)라

하자.

(1) 중점 $\left(\dfrac{a+1}{2}, \dfrac{b+2}{2}\right)$이 직선

$y=x-1$ 위의 점 이므로

$\dfrac{b+2}{2}=\dfrac{a+1}{2}-1$이다.

(2) 두 점을 연결한 선분은 직선 $y=x-1$과

수직이므로 $\dfrac{b-2}{a-1}=-1$이다.

(1), (2)를 연립하여 풀면 $a=3, b=0$이므로 원

$(x-1)^2+(y-2)^2=1$을 직선 $y=x-1$에

대하여 대칭이동한 도형의 방정식은

$(x-3)^2+y^2=1$이다.

🔍답 $(x-3)^2+y^2=1$

유제 17

원 $x^2+y^2-8x-4y+16=0$ 에서

$(x-4)^2+(y-2)^2=4$의 중심 $(4,2)$를 직선

$y=ax+b$ 에 대하여 대칭 이동한 점은

원 $x^2+y^2=c$ 의 중심 $(0,0)$과 일치한다.

(1) 두 원의 중심의 중점 $(2,1)$이 직선

　　$y=ax+b$ 위에 있으므로 $2a+b=1$이다.

(2) 두 원의 중심을 연결한 선분은 직선

　　$y=ax+b$ 와 수직이므로 $\dfrac{2}{4}=-\dfrac{1}{a}$이고

　　$a=-2$이다.

(1), (2)를 연립하여 풀면 $b = 5$이다.

대칭이동하더라도 원의 반지름의 길이는

변하지 않으므로 $c = 4$이다.

따라서 $a + b + c = -2 + 5 + 4 = 7$이다.

🔍답 7

유제 18

직선 $x - 2y + 1 = 0$위의 임의의 점 $P(x, y)$의

직선 $x + y - 1 = 0$에 대한 대칭점을

$Q(x', y')$이라 하면

(1) 선분 PQ의 중점 $\left(\dfrac{x + x'}{2}, \dfrac{y + y'}{2} \right)$은 직선

$x + y - 1 = 0$위의 점 이므로

$\dfrac{x + x'}{2} + \dfrac{y + y'}{2} - 1 = 0$이다.

(2) 선분 PQ와 $x + y - 1 = 0$은 수직이므로

선분 PQ의 기울기는 $\dfrac{y - y'}{x - x'} = 1$이다.

(1), (2)을 연립하여 풀면 $x = -y' + 1$,

$y = -x' + 1$이고 $x - 2y + 1 = 0$에 대입하면

$(-y' + 1) - 2(-x' + 1) + 1 = 0$이므로

$2x' - y' = 0$이다. 따라서 직선

$x - 2y + 1 = 0$을 직선 $x + y - 1 = 0$에 대하여

대칭이동한 직선의 방정식은 $2x - y = 0$이다.

🔍답 $2x - y = 0$

필.수.예.제 07

방정식 $f(x, y) = 0$이 나타내는 도형을 직선

$y = x$에 대하여 대칭이동하면 $f(y, x) = 0$

방정식 $f(y, x) = 0$이 나타내는 도형을 y축의

방향으로 -2만큼 평행이동하면

$f(y + 2, x) = 0$이다.

따라서 $f(y + 2, x) = 0$이 나타내는 도형은

주어진 도형을 직선 $y = x$에 대칭이동한 다음

y축의 방향으로 -2만큼 평행이동한 것이므로

①이다.

🔍답 ①

유제 19

방정식 $f(x, y) = 0$이 나타내는 도형을 x축에

대하여 대칭이동하면 $f(x, -y) = 0$

방정식 $f(x, -y) = 0$이 나타내는 도형을 y축의

방향으로 1만큼 평행이동하면

$f(x, -(y - 1)) = 0$이므로

$f(x, -y + 1) = 0$이다.

따라서 $f(x, -y + 1) = 0$이 나타내는 도형은

주어진 도형을 x축에 대하여 대칭이동한 다음

y축의 방향으로 1만큼 평행이동한 것이므로

②이다.

🔍답 ②

유제 20

함수 $y = f(x)$의 그래프를 y축에 대하여

대칭이동하면 $y = f(-x)$

함수 $y = f(-x)$의 그래프를 y축의 방향으로

2만큼 평행이동하면 $y = f(-x) + 2$이다.

따라서 함수 $y = f(-x) + 2$의 그래프를 y축에

대하여 대칭이동한 다음 y축의 방향으로 2만큼

평행이동한 것이므로 ⑤이다.

🔍답 ⑤